# 环境科学与生态保护

袁素芬　李干蓉　李文　著

辽海出版社

**图书在版编目（CIP）数据**

环境科学与生态保护 / 袁素芬, 李干蓉, 李文著.--沈阳: 辽海出版社, 2017.12

ISBN 978-7-5451-4500-7

Ⅰ. ①环… Ⅱ. ①袁… ②李… ③李… Ⅲ. ①环境科学—研究②生态环境保护—研究 Ⅳ. ①X

中国版本图书馆 CIP 数据核字(2017)第 278593 号

责任编辑：丁　凡　高东妮
封面设计：瑞天书刊
责任印制：程　祥
责任校对：齐巧元

北方联合出版传媒（集团）股份有限公司
辽海出版社出版发行
（辽宁省沈阳市和平区 11 纬路 25 号沈阳市辽海出版社　邮政编码：110003）
廊坊市国彩印刷有限公司　全国新华书店经销
开本：710mm×1000mm　1/16　印张：21.5　字数：330 千字
2017 年 12 月第 1 版　2022 年 8 月第 3 次印刷
定价：78.00 元

# 前 言

回首刚刚过去的20世纪，人类在创造了空前的物质文明与精神文明的同时、也带来了空前的环境灾难。全球气候变暖、酸雨污染、臭氧层破坏、生物多样性减少和海洋污染等全球性的环境问题在严重固执和制约着人类社会的发展和经济持续增长。

如何减缓人口的增长速度，如何有效地解决全球性的资源紧缺问题，如何在经济增长过程中解决各类环境问题、正确处理人与自然的关系，实现人类社会的可持续发展是半个世纪以来人类在为之不断探寻的目标。

环境科学正是这一重大课题下的产物。作为综合性学科群体，环境科学在不到半个世纪的时间里得到了快速发展，世界各国的环境教育事业突飞猛进。随着人们环境意识的提高以及人类对环境问题的广泛关注，可以预测，在21世纪的前30年内环境科学必将得到更快的发展，环境科学知识的普及与传播无论是在形式上，还是在内容方面必将与时俱进，不断迎接新的挑战，这对环境科学的基础教育提出了更高、更新的要求。

随着人们对环境的日益重视，环境保护已经成为一个世界关注的焦点。了解环境保护现状，学习环境科学及保护知识，已成为当前高校环境类专业和非环境类专业学生的必然选择。由于环境学科的高速发展，环境科学知识和环境保护技术日新月异，现有的教材很多存在数据信息陈旧、部分学科最新知识和技术不能及时补充等问题；同时，南京信息工程大学环境类专业依托大气和气象学科，学生急需掌握大气环境和全球气候变化方面的知识。出此，希望通过编写本书对现有的和正在发展的环保知识、环保技术及其相关内容做比较全面的介绍和阐述。

人类正处于这样一个历史时期，它比以往任何时候都强烈地意识到世界正面临着严峻的能源问题。一个国家能源消费增长对经济和社会的发展起着积极推动作用。几乎可以用人均年能源消耗量衡量一个国家文明进步的尺度。对于任何国家而言，廉价、丰富、洁净的能源供应都是重要的。随着矿物能源逐渐减少、人口逐渐增多、科学技术迅速进步，不久的未来，现有能量转换系统不可避免地会发生巨大变革。无疑，将会使用新的能源代替旧的能源。太阳能是一种无污染、取之不尽、用之不竭的能源，人类可获利用太阳辐射能的能量比目前世界上所需全部能量还要大若干个数量级。所以，在未来的替代能源中，太阳能是富有吸引力的。近几年太阳能利用普及得到迅猛发展，实际应用情况也证明确实如此。

本书共十八章，合计33万字。由来自广东环境保护工程职业学院的袁素芬担任第一主编，负责第三章至第七章的内容，合计11万字。由来自铜仁职业技术学院工学院的李干蓉担任第二主编，负责第一章、第二章、第八章至第十一章的内容，合计11万字。由来自山东奇威特太阳能科技有限公司的李文担任第三主编，负责第十二章至第十六章、第十八章的内容，合计11万字。

在编写本书过程中，得到了学校、研究部门和产业界诸多专家、教授以及本单位历代同仁的大力支持与帮助，借此谨向他们表示衷心的感谢。由于时间仓促，水平有限，书中缺点和错误在所难免，敬请广大读者批评指正。

# 目 录

# 第一章 环境概述

## 第一节 环境概述

关于“环境”一词的意思，《美国环境百科全书》的解释是：环境（environner）来自法语单词 environ 或 environner，意思是“附近”、“到处”、“周围”、“包围”，是指某一物体（包括人类）周围事物的状况总体，所以环境是相对于中心事物而言的，与某一中心事物有关的事物就是这个事物的环境。

环境是一个极其复杂、又互相影响、互相制约的辩证的自然综合体，客体可以是物质的、精神的和运动的；周边包含地域和非地域的概念，根据主体的影响能力，有一定的“辐射半径”。关于环境概念，不同的学科也只有不同的理解和定义，教科书中有许多种描述，本书的环境是指人类赖以生存并以人为中心围绕着人的物质世界。因此，人类社会周围的物质事物即是所谓的“环境要素”。

环境既有空间尺度上的环境，如人类生存环境（生活区环境、城市环境、区域环境等）、全球环境、星际环境等；也有时间尺度的环境，如古环境、现代环境、未来环境等；按要素类型又可分为社会环境和自然环境，社会环境是人类社会在长期的发展过程中，为了提高人类的物质和文化生活而创造出来的；根据人类对环境的利用和环境功能可分为文化环境、生产环境、交通环境、车间环境、城市环境等。

自然环境是指以人类为中心的客观物质世界。《中华人民共和国环境保护法》明确指出：“本法所称环境，是影响人类生存和发展的各种天然的和经过人工改造的自然因素的总体，包括大气、水、海洋、土地、矿藏、森林、草原、野生动物、自然遗迹、人文遗迹、自然保护区、风景名胜、城市和乡村等。”它有两层含义：第一，所谓的环境是指关系到人类生存与灭亡且以人为中心的人类生存环境，但是，周围的一切自然和社会的客观事物整体并非都是属于环境范畴，比如，其他星系及地球大气层外就不能包括在环境这个概念中，因此，环境保护所指的环境，是人类生存的环境，是作用于人类并影响人类生存和发展的外界事物。第二，传统的环境主要是指以人类为中心的、由土壤、生物、大气等因素组成的自然环境。但是随着人类社会的进步，对环境的定义也在发展，如随着空间科学的发展，地球大气层外月球和太阳系的其他行星将可能成为人类生存环境的组成部分。

环境以人类为中心，而人类又依赖于环境。地球自有了人类，环境就与人类产生了密切的关系，人类与环境的关系通过人类的活动（生产和消费）而体现，人类通过生产活动从环境中获得物质、能量资源，这种获取受环境条件的影响；又通过消费活动向环境中排放“废弃物质”，对环境条件产生影响。

一方面，地球在演变过程中，环境在根据自身的规律发展和演变，不停地形成和转化物质、能量资源，这种变化和转化不以人们的意志为转移，并不在乎人类的存在和需求；另一方面，人类的活动又对环境的演变产生影响，使得环境的变化偏离了自身的规律，进而又对人类的活动产生影响。

因此，在整个人类发展过程中，人类与环境的关系存在着既统一又对立的特殊关系，这种关系，随着人类的发展而强化，矛盾会越来越大。作为人类来说，希望强化统一，消除对立，建立人类与环境的和谐关系，才能保证人类和环境的可持续发展。

## 第二节 环境科学

环境科学是物质文明发展到一定时代产生了环境问题而形成的一门科学，是经济和科学发展到了必须要解决环境问题时必然产生的学科，作为科学来说属于一门年轻的新兴学科，但严格地说，有了人类的活动，就有了环境科学基本原理和行为，只是没有上升到‘定的理论高度。

一、环境科学发展简史

环境科学的发展大致可以概括为干个阶段：环境科学建立前期，环境科学成长期和现代环境科学成长期。环境科学发展史证明环境科学与人类活动密切相关，是伴随着人类文明实践活动而诞生，随着人类实践活动的增多而逐步发展起来的。

（一）环境科学建立前期：进入农业社会以后，人类开始大面积地砍伐森林、开垦耕地，但出于生产方式落后，刀耕火种造成了地区性的环境破坏，这应当是最早出现的环境问题。早期的环境问题主要是农业生产带来的对土壤生态的破坏。随着人类社会的发展，煤炭开始使用，人们不得不面对新的挑战——大气污染。出现环境问题后，人们试图认识这些问题及危害，改变这种情况，减少影响。

公元前 5000 年，我们的祖先在烧制陶瓷的柴窑中就开始利用烟囱进行排烟；公元前 6 世纪，古代罗马人开始修建地下排水道，这些古人发明的设施均是较早的环保工程设施。公元前 3 世纪，荀子在《王制》一文小详细地阐述了保护生物的思想：

“草木荣华滋硕之时，则斧斤不能入林．不夭其生，不绝共性也。官、鱼、鳖、鳝、鳣孕别之时，罔罟毒药不入泽．不夭其生，不绝其长也……”这种思想在目前生态保护中均有指导意义。13世纪英国爱德华一世时期，曾经合对排放煤炭的“有害的气味”提出抗议的记载。公元1661年，英国学者丁•伊林撰写了《驱逐烟气》，并将该书献给查理二世。公元1775年，英国外科医生P．波特指出阴囊癌同接触煤烟有关，分析了环境污染对人类健康的影响。这些应当是早期人类有了环保意识的具体体现，也是环境科学的萌芽。

（二）环境科学建立和成长期；蒸汽机带来的第一次工业革命浪潮，生产力迅猛发展，加速了城镇化进程。科学技术的进步在给人类带来生活便利的同时，也埋下了潜在的威胁、一些工业城市和工矿企业大量的排放废水、废气和废渣，造成环境污染，危害人体健康。当时工业较为发达的英国曼彻斯特，由于煤烟熏黑了树干，使生活在树干上的70种昆虫几乎全部从灰色型转变成黑色型，即所谓的“工业黑化现象”。对于产业革命后的工业发展，恩格斯就指出：“不要过分陶醉于我们对自然界的胜利。对于我们每一次这样的胜利，自然界都报复了我们。”

为了减轻由于工业发展导致环境恶化而带来的危害，一些发达国家纷纷采取了相应的措施。1879年，英国建立了污水处理厂，这些带来了环保工程的革命，开创了现代环保工程设施。20世纪初，环境污染引起了学者的广泛关注：1911年，美国学者E．C．赛普洱出版了《地理环境影响》；1935年，英国生态学家A．G．坦斯利提出了环境科学的理论基础——生态系统的概念，由环境引发了生态学的研究。当环境问题在给人类带来的痛苦逐渐加剧的时候，人类开始了积极的反思，正是这样，迎来了环境科学的诞生。

（三）现代环境科学成长期：第二次世界大战之后．随着工农业生产的迅速发展，燃料动力被广泛地位用，农田开垦速度和农药使用数量也迅猛增加。环境污染、生态破坏加剧，从20世纪50年代开始，一系列震惊世界的范围大、危害严重的环境污染公害事件接连发生：1950～1951年，美国因大气污染造成的损失就达15亿美元；1952年12月，英国伦敦发生了光化学烟雾事件，短短的4天时间，比以往同期多死亡4000人；1955年，美国因大气污染造成的呼吸系统衰竭死亡的65岁以上的老人达400多人。

（四）20世纪中期的环境污染危害引起了当时人们的广泛关注，国际上纷纷建立了环境科学研究机构。1962年，国际水污染研究协会（IAWRR）成立。1964年，成立了防止大气污染协会同际联合会（IUAPPA），同年，联合会通过了《国际生物学大纲》。1962 年，美国生物学家 R. 卡逊出版了《寂静的春天》一书，他在书中指出了杀虫剂污染带来的严重后果，同时，主要阐述了人类与环境的关系，有人认为这本书的出版是环境科学诞生的标志。

20 世纪 70 年代，人们开始认识到人口暴增、森林面积急剧减少、沙漠化面积迅速增加等有关人类生存环境的生态条件在恶化，而内人类活动造成的环境条件亦在恶化，人们治理环境改善生态的意识在增加，对环境科学的研究和探讨愈加重视，对环境科学的概念、定义等探讨日趋热烈。

20 世纪 80 年代初，有学者提出："环境科学就是在科学整体化过程中，以生态学和地球化学的理论和方法作为主要依据，充分运用化学、生物学、地学、物理学、数学、医学、工程学以及社会学、经济学、法学、管理学等各种学科的知识，对人类活动引起的环境变化、对人类的影响，及其控制造径进行系统的综合研究。"

20 世纪 90 年代. 随着气候变化问题的出现，国际社会召开了两次重要的环境与发展大会，两次会议的召开使环境科学发展到了全新的高度，并形成了全新的理论体系，使得环境科学的内涵更加丰富，要运用更加多的自然科学和社会科学的有关学科理论、技术和方法来研究环境问题。20 世纪是人类文明史上的重要转折，环境科学随着人类对环境问题认识的深入而得到了蓬勃的发展。国际社会建立起的庞大的国际环境条约体系，正越来越大地影响着全球经济、政治和技术的未来定向。

近几十年来，环境问题的出现促进了环境科学的产生和发展，同时环境科学也有力地推动了环境保护事业的不断发展。人们对环境科学越来越重视，学科的发展越来越快，研究成果越来越丰硕。

现在环境科学是多学科围绕的共同目标，形成了多学科的相互渗透、交叉。这些分支学科在深入探讨环境科学的基础理论和解决环境问题的途径、方法的过程中，还将出现更多的新的分支学科，使环境科学成为一个枝繁叶茂的庞大学科体系。它的产生使一些古老的学科焕发出新的活力，有力地推动了整个世界的科学文化、技术经济的发展。

二、环境科学的研究对象

明确环境科学的研究对象有助于对环境科学的了解。我国国家自然科学基金项目指南中指出："环境科学的研究对象是人类环境的质量结构与演变。环境科学的任务在于揭示社会进步，经济增长与环境保护相协调发展的基本规律，研究保护人类免于环境因素负影响，保护环境免于人类活动的负影响及为提高人类健康和生活水平而改善质量的途径。"因此，环境科学是对人类生活的周围自然环境进行综合研究的学科，包括人类与大气、土壤、能源、水、矿产资源及生物之间的关系，以及与环境质量和环境保护相关的一系列问题，还要研究出于环境问题和保护环境所带来的经济学、社会学和法学等社会科学方面的问题以及人和环境的辩证关系等，其核心内容是人类——环境系统中的人与环境质量。因此需要充分运场地学、生物学、化学、物理学、医学工程学、数学、计算科学以及社会学、经济学和法学等多种学科的知识综合分析问题。

环境科学的研究任务是探索全球范围内人类与环境的相互作用及演化规律；查明环境质量变化及其对生态系统和人类存在的影响；理论探索区域环境污染防治手段。在宏观上，它研究人类与环境之间的相互作用、相互促进、相互制约的对立统一关系，揭示社会经济发展和环境保护协调发展的基本规律，在微观上，它研究环境个的物质，尤其是人类排放的污染物在有机体内的迁移、转化和积累的过程与运动规律，探索其对生命的影响和作用机理等；研究环境污染和少态环境恶化综合防治技术及管理措施；保障人类社会与环境保护的协调发展。其特点是具有综合性、整体性、不确定性、系统开放性和公众性。

三、环境科学的分支学科

环境科学是交接于自然科学、社会科学和技术科学的综合性基础学科。目前，环境科学已发展为庞大的学科体系，现在很难统一划分它的分支学科。下面按不同的标准加以简单地划分。

按研究的性质可分为基础环境学和应用环境学。其中基础环境学主要包括：环境社会科学、环境数学、环境物理学、环境化学、环境生态学、环境毒理学和环境地理学等；应用环境学主要包括：环境控制学、环境工程学、环境经济学、环境医学、环境法学和环境工效学等。

按交叉学科可划分为；自然科学系统、社会科学系统和技术科学系统。其中自然科学系统主要包括：环境数学、环境物理学、环境化学、环境气象学、环境生物学、环境医学等；社会科学系统主要包括：环境经济学、环境管理学、环境法学、环境教育学、环境伦理学、环境情报学、环境类学、环境史学、环境哲学等；技术科学系统主要包括环境工程学、环境卫小工程学、环境水利下程、环境系统工程和绿色技术等。

环境科学的分支学科和环境科学本身都是为了解决不断出现且日益突出的环境问题，随着学科的研究内容和实践探索的不断深入，已经形成了较为完整的环境科学体系和环境科学理论。

# 第二章 环境问题和环境保护

## 第一节 环境问题概述

无论是自然环境还是社会环境，都存在对人类有利与不利的正反两个方面，如有利于人类生存、繁衍和发展的各种自然要素和社会要素，阻碍人类社会和谐及持续发展的自然灾害和社会公害等。“环境问题”是指那些影响人类生存与和谐持续发展的自然和社会现象。

人类对环境问题的认识最初主要来自于自身的生存和发展过程。人类在利用和改造自然的过程中，对自然环境造成了破坏和污染，并由此产生了危害人类生存和社会发展的各种不利效应。

第一次工业革命之后，出于蒸汽机的发明和推广，使得燃煤量急剧增加。1873～1892 年，英同伦敦曾多次发生有毒烟雾事件。美国的西部大开发，导致了大面积的土地沙漠化，1934 年 5 月，发生了席卷半个美国的特大风暴，刮走西部草原 3 亿多吨土壤，造成了重大的灾害。

人类社会的发展过程与环境的关系如表 2. 1 所示。人类社会发展经历了狩猎文明、农业文明和工业文明等发展阶段，所产牛的环境问题也表现为明显的阶段性特征。随着人类对环境问题认识的不断深化，人类的观念也在不断变革，对自然的态度内改造、征服转而到调节和适应，进而实现人与自然的和谐。人类社会的发展目前正处于由工业文明向绿色文明的转型阶段。

表 2. 1 人类社会进程及人与自然的关系

| | 采集狩猎社会 | 农业社会 | 工业社会 | 信息社会 |
|---|---|---|---|---|
| 延续时间 | 百万年 | 万年 | 百年 | 十年 |
| 技术手段 | 石器、木器等 | 青铜器、铁器 | 机器、电器 | 信息技术 |
| 主要利用能源 | 植物 | 植物、水力、风力 | 煤、石油 | 清洁能源 |
| 主要利用资源 | 天热物品 | 农业资源 | 工业资源 | 信息、可再生资源 |

| 生活要求 | 存活 | 基本需求 | 高物质与精神需求 | 可持续发展 |
|---|---|---|---|---|
| 发展方向 | 依赖天然资源 | 大规模开发农业资源 | 掠夺性利用资源 | 和谐发展 |
| 对自然态度 | 崇拜、敬畏 | 模仿、学习、研究 | 改造、征服 | 调节、适应 |

## 第二节 当今面临的主要环境问题

20 世纪 50 年代以来，全球范围的环境问题日益突出，并影响到人类社会的和谐与健康发展。环境问题多种多样，归纳起来有两大类：一类是自然演变和自然灾害引起的原生环境问题，也叫第一环境问题。如洪涝、地震、台风、滑坡、泥石流等；另一类是人类活动引起的次生环境问题，也叫第二环境问题和“公害”。次生环境问题一般又分为环境破坏和环境污染两大类。主要包括全球变暖、臭氧层破坏、酸雨、淡水资源危机、能源短缺、森林资源锐减、人口问题、土地荒漠化、物种加速灭绝、垃圾成灾及各种环境中有毒化学物品污染等众多方面。

一、全球变暖：IPCC 第四次评估报告指出，过去的 50 年全球温度的平均增幅为 0．13℃／10 年，几乎是过去 100 年间的 2 倍，而 1850 年至今的 12 个暖年中有 11 年是发生在 1995～2006 年间的。

导致全球变暖的主要原因是人类在大量地使用矿物燃料，排放出包括二氧化碳、甲烷、臭氧、氧化亚氮、氟利昂等多种温室气体。这些温空气体在大气中大量吸收地面的长波辐射，使地球表面的热量散发受阻，从而导致全球变暖。全球变暖的后果是气候异常，极端天气事件发生概率增加，还会使全球降水量重新分配，影响到降雨和大气环流的变化，易造成旱涝灾害，气候变暖引起两极冰川融化，导致海平面上升，这些都可能导致生态系统发生变化和破坏，自然灾害频繁发生，既危害自然生态系统的平衡，更威胁人类的食物供应和居住环境。要减缓全球变暖，不仅需要采用清洁能源，提高化石燃料能效，减少 $CO_2$ 的排放，控制人口增长，实行可持续发展战略，保护森林，植树造林，还需要加强政府部门和国际组织的调控，需要全世界每一个国家每一个地区乃至每一个人的参与。为了减缓全球温度增加的速度，2009 年 12 月 7～18 日，气候变化峰会在丹麦的哥本哈根举行，但与会的 192 个国家谈判代表并未达成具有法律约束力的协议。

二、臭氧层破坏：臭氧层存在于地球大气层近地面约 20～30km 的平流层内。它们能够强烈地吸收来自宇宙的紫外线，保护地球上的生命。然而，人类生产和生活所排放出的一些污染物，如冰箱、空调等制冷设备的氯氟碳化合物制冷剂以及其他用途的溴氟碳化合物，受到紫外线的照射后可被激化，形成活性很强的原子将臭氧层的 $O_3$ 变成氧分子 $O_2$，使地球的保护伞——臭氧层遭到破坏，对地球的生物造成伤害，破坏地球的生态平衡。南极的臭氧洞，就是臭氧层破坏的一个最显著的标志，而且青藏高原的上空也发现了臭氧耗损区。2008 年，世界气象组织发表公报说，南极上空的臭氧洞面积已达 2700$km^2$，超过了 2007 年的最大臭氧洞面积。2011 年，北极上空也出现了大范围的臭氧洞。

三、酸雨：酸雨是由于空气中 $SO_2$ 和 $NO_2$，等酸性污染物引起的 pH 值小于 5．6 的大气降水，包括酸性雨、酸性雪、酸性雾和酸性露。近年来，随着研究的深入，过去被大量文献描述的“酸雨”（acid rain，acid Precipitation）的提法已经逐渐被“酸沉降”（acid deposition）所取代。酸性污染物以潮湿（湿沉降，wet deposition）和干燥（干沉降，dry deposition）两种形式从大气中降落到地球表面，一般将这个过程称为酸沉降。酸雨主要是由于矿物燃料的大量使用，大量二氧化硫等含硫化合物和二氧化氮等含氮氧化物等排入大气后，经过种种的物理化学变化，通过固体、液体和气体三种形式沉降到地表面的。

随着研究的深入，相关学者对 pH 值等于 5．6 能否作为降水自然酸化的下限提出了异议，多数学者认为 pH＝5．0 是降水自然酸化的下限。

酸雨能够对人体健康、水生生态系统、陆地生态系统及各种建筑物均产生负面或者破坏性的影响。半个世纪以来，全球各国工业大发展、汽车数量猛增，排放到大气中的二氧化硫、二氧化氮、氮氢化合物急剧增加，导致全球酸雨污染日趋严重。目前全球已形成三大酸雨区：一个是以德、法、英等国为中心，波及大半欧洲的北欧酸雨区；一个是包括美国和加拿大在内的北美酸雨区。这两个酸雨区的总面积大约 1000$km^2$，降水的 pH 值小于 5，有的甚至小于 4；而包含中国在内的东南亚地区，已成为世界第三大酸雨区。

四、淡水资源危机：目前世界上有 100 多个国家和地区缺水，其中 28 个园家被列为严重缺水的国家和地区。联合国《保护世界水资源》报告估算，发展中国家至少有 3／4 的农村人口和 1／5 的城市人口，常年不能获得安全卫生的饮用水，17 亿人没有足够的饮用水。

我国也是个缺水的国家，全国约有缺水城市 190 个，严重缺水的有 40 多个，约有3亿亩耕地受到旱灾的严重威胁，但同时，我国的水污染问题仍然十分严重，所以部分地区(虽然不缺少水，但由于水污染，造成水质性缺水。2008年，被誉为“滇中明珠”的石南省阳宗海，其湖体由于环湖。些企业的非法排污，发生了严重的砷污染事件；2009年，江苏省盐城市，水源地附近一家化工企业公然偷排30t工业废水，造成了20余万市民饮用水出现了问题。

针对日益严重的工业废水和重金属水体污染，环保部门已经开始加大整治力度，并颁布了一系列法律法规，减少由于污染造成的缺水区域。

五、资源、能源短缺：当前，世界上资源和能源短缺问题已经在人多数国家甚至全球范围内出现。20世纪90年代初全世界消耗能源总数约100亿t标准煤，到2000年能源消耗量翻了一番。从目前石油、煤、水利和核能发展的情况来看，未来要满足这种需求量将是十分困难的。此外，其他不可再生性矿产资源的储量也在日益减少，这些资源终究全被消耗殆尽，对子孙历代的生存构成威胁。这种现象的出现，主要是人类无计划、掠夺性、大规模开采所致。

为了应对能源、资源危机，世界各国纷纷优化产业结构，加大新能源和再生能源的利用力度。为改善能源结构，我国同时实行节能、减排等多重目标，同时加快发展核能、风能、太阳能、水电等新能源和可再生能源。国家对新能源及可再生能源的重视程度进一步提高，并出台了一系列优惠政策措施。国家发改委统计表明，我国在今后的20～30年内，每年可以开发的小水电、风能、太阳能和生物质能等可再生能源可达到8亿t标准煤，相当于目前我同煤炭年产量的一半。

六、森林锐减：森林是人类赖以生存的生存系统中的一个重要的组成部分，地球上曾经有76亿$hm^2$的森林，到20世纪初下降为55亿$hm^2$，到1976年已经减少到28亿$hm^2$。由于世界人口的迅速增长，对耕地、牧场、木材的需求量日益增加，导致对森林的过度采伐和开垦，使森林受到前所未有的破坏，据统计，全世界每年约有1200万$hm^2$的森林消失. 其中占绝大多数的是对全球生态平衡至关重要的热带雨林。森林锐减导致的后果主要有：绿洲沦为荒漠、水土大量流失、温室效应加剧、气候失调、干旱缺水严重、洪涝灾害频发、物种纷纷灭绝等。人们毁林开荒的目的是为了多得耕地，多产粮食，可是结果适得其反，农作物反而减产，挨饿的人越来越多。

七、人口问题：所谓的人口问题主要包括世界人口数员迅猛增长和人口老龄化日益严重。这么多人要吃饭、要穿衣、要上学、要就业、要住房……消费的需求是一个庞大的数目。中国的耕地、水资源、森林以及矿产资源本来就稀缺，人均拥有量就少得可怜。除此之外的性别比例和人口素质等问题也困扰着人类。因此，人口问题已成为全球性最主要的社会问题之一，是当代许多社会问题的核心。

为了实现人口与环境的可持续发展，1972 年，联合国召开了斯德哥尔摩人类环境会议，该会议标志着人类对环境问题的觉醒，对推动我国人口和环境关系的认识发挥了重要作用和影响；1992 年 6 月，联合国在巴西里约热内卢召开的环境与发展大会达成了对可持续发展的共识，对我国人口和环境逐步向可持续发展转变起到了重要的推动作用；2002 年 8 月，在南非约翰内斯堡举行的可持续发展世界首脑会议促使我国积极推行可持续发展战略，全面推进人口、资源、环境的协调发展。

八、土地荒漠化：1992 年，联合国环境与发展大会对荒漠化的概念作了这样的定义："荒漠化是由于气候变化和人类不合理的经济活动等因素，使干旱、半干旱和具有干旱灾害的半湿润地区的土地发生了退化。"1996 年 6 月 17 日第二个世界防治荒漠化和干旱日，联合国防治荒漠化公约秘书处发表公报指出：当前世界荒漠化现象仍在加剧。全球现有 12 亿多人受到荒漠化的立接威胁，其中有 1. 35 亿人在短期内有失去土地的危险。荒漠化已经不再是…个单纯的生态环境问题，而是演变为经济问题和社会问题，它给人类带来贫困和社会不稳定。到 1995 年为止，全球荒漠化的土地已达到 3600 万 $km^2$，占到整个地球陆地面积的 1 / 4，接近俄罗斯、加拿大、中国和美国国土面积的总和。全世界受荒漠化影响的国家有 100 多个，尽管各国人民都在进行着向荒漠化的抗争，但荒漠化却以每年 5 万~7 万 $hm^2$ 的速度扩大，相当于爱尔兰的面积。到 20 世纪末，全球将损失约 1 / 3 的耕地。荒漠化的主要影响是土地个产力的下降和随之而来的农牧业减产，相应带来巨大的经济损失和一系列社会恶果，在极为严重的情况下，甚至会造成大量生态难民。

2008 年 1 月，防治荒漠化国际会议成功在北京举行，会议代表原则上通过《北京声明》并达成以下共识：（一）认为荒漠化侵蚀人类赖以生存的土地资源，直接威胁粮食安全、国家生态安全、经济安全和政治安全，已经成为人类经济社会可持续发展面临的重大问题。（二）认为人类生产活动是导致荒漠化的主要成因之一，只有认真反思、总结和改进人类生产和生活方式，实现人与自然的和谐，走可持续发展道路，才能有效地防治荒漠化。（三）认为抗漠化是历史性和全球性生态问题。防治荒漠化是世界各同的共同责任和义务。国际社会应积极推动《联合国防治荒漠化公约》缔约方切实履行公约义务，在能力建设、资金安排和技术转让等方面采取实际行动。（四）认为荒漠化防治应以人为本，统筹保护和发展，把防治荒漠化和改善沙区人民生产生活条件，纳入国家经济社会可持续发展总体规划。（五）认为防治荒漠化要采取综合措施，注重工程措施和生物措施相结合，植树造林和种草是防治荒漠化的有效措施。

中国由于地理和气候的原因，是世界上荒漠化面积大、分布广、受荒漠化危害最严重的同家之一。全同荒漠化土地总面积达 263．62 万 $km^2$，占国土面积的 1 / 3；沙化土地 173．97 万 $km^2$，占国土面积的 1 / 5。中国政府高度重视土地荒漠化治理，始终将防沙治沙作为一项重要战略任务。力争到 2010 年，荒漠化地区生态环境恶化的趋势基本遏制，重点治理地区的生态状况得到明显改善；到 2020 年，完善生态防护体系，使全国一半以上可治理的荒漠化土地基本得到治理，荒漠化地区生态状况得到较大改善。

九、物种加速灭绝：泛指植物或动物的种类不可再生性的消失或破坏，称为物种灭绝。人口增长、人类污染、气候环境变化和物种入侵给全球物种带来了灾难性的影响，自工业革命开始，地球就已经进入了第六次物种大灭绝时期，据统计，全世界每天有 75 个物种灭绝，每小时有 3 个物种灭绝。

澳大利亚、新西兰和邻近的太平洋群岛可能成为灭绝事件的重点地带；中太平洋群岛、西太平洋群岛和西南太平洋群岛的生态系统迫切需要有效的保护政策，否则该地区本已经糟糕的物种灭绝状况格进一步恶化。据《世界自然资源保护大纲》估计，每年有数千种动植物灭绝。英国生态学和水文学研究中心由杰里米·托马斯领导的一文科研团队在出版的《科学》杂志上发表的英国野生动物调查报告称，在过去 40 年中，英国本土的鸟类种类减少了 54%，本土的野生植物种类减少了 28%，而本土的蝴蝶种类更是惊人地减少了 71%。一直被认为种类和数量众多，有很强恢复能力的昆虫也开始面临灭绝的命运。

十、垃圾成灾：随着社会的进步，垃圾问题呈现出来，社会发展程度越高，垃圾问题越严重。全球每年产生垃圾近 100 亿 t，但处理垃圾的能力远赶不上垃圾增加的速度。中国城市生活垃圾年产量超过 1 亿 t，且以每年 10% 的速度增长；历年垃圾堆存量达 60 亿 t 以上。

目前，处理垃圾的主要手段是靠表土掩埋。美国在过去几十年内，已经使用了一半以上可填埋垃圾的土地。我国是世界垃圾较大排放量的国家之一，许多城市周围，排满了一座座垃圾山。它们不仅占用了大量的土地，每年要消耗大量的人力物力清运和处理垃圾，还对环境造成极大的污染。有毒、有害垃圾因其造成的危害更为严重、产生的危害更为深远，已成为当今世界面临的一个新的严峻的环境问题。

十一、有毒化学物品污染：市场上对人体健康和生态环境有危害的约有3．5万种商品，其中约500种有致痛、致畸、致突变作用。近年来，全球多个国家频发中毒事件，我国的重金属中毒开始进入高发期。为了抑制有毒化学物品对人类的危害势头，2009年，来自全球160多个国家和地区的代表当天在日内瓦达成共识，同意减少并再禁止使用9种严重危害人类健康与自然环境的有毒化学物质（α—六氯环己烷；β—六氯环己烷；六溴联苯醚和七溴联苯醚；四溴联苯醚和五溴联苯醚；十氯酮；六溴联苯；林丹；五氯苯；全氟辛烷磺酸、全氟辛烷碳酸盐和全氟辛基磺酰氟）。

环境污染和破坏已经成为我国经济社会发展的一个重要制约因素。保护环境是一项利在当代、功在千秋的伟大事业，热爱环境、改善环境、建设环境，提高全民族的环境意识，是实现科学发展观、建设社会主义物质文明和精神文明的基石。

## 第三节 环境保护概述

一、环境保护的法律

随着环境问题的日益严重，环境保护成了举世瞩目的国际性问题。1972年6月5～15日，联合同在瑞士召开了“斯德哥尔摩”会议。与会的113个国家代表宣读了著名的报告《只有一个地球》，通过并发表了《人类环境宣言》。

1987年，世界环境与发展委员会在《我们共同的未来》报告中第一次阐述了可持续发展的概念，得到了国际社会的广泛共识。

1992年6月3～14日，在巴西里约热内卢举行了“联合国环境与发展大会”，与会的183个国家代表根据全球环境形势和问题，通过了《里约环境与发展宣言》、《21世纪议程》纲领性文件和《关于森林问题的原则声明》，签署了《气候变化框架公约》和《生物多样性公约》。

为了人类免受气候变暖的威胁，1997年12月，《联合国气候变化框架公约》第3次缔约方大会举行。149个国家和地区的代表通过了旨在限制发达国家温室气体排放员以抑制全球变暖的《京都议定书》。为了应对现今产生的新的环境问题，2009年12月，哥本哈根世界气候大会《联合国气候变化框架公约》第15次缔约方会议暨《京都议定书》第5次缔约方会议，在丹麦首都哥本哈根召开。来自192个国家的谈判代表召开峰会，商讨《京都议定书》一期承诺到期后的后续方案，关于2012～2020年的全球减排协议。同时，世界各国纷纷颁布有关法律法规，力争做到保护环境有法可依。

由于国际社会的努力，形成了一系列国际环保公约，包括：《保护臭氧层维也纳公约》、《控制危险废物越境公约》、《濒危野生动植物物种国际贸易公约》、《生物多样性公约》、《生物安全议定书》、《卡特赫纳生物安全议定书》、《联合国气候变化框架公约》，这些环保公约又由一系列的国际公约及修正案所组成，成为国际环保的法律和行动的准则。

英国是进行环境立法较早的同家之一。1821 年关于蒸汽机和火车头的法律就包含了防治大气污染的规定。1847 年的自来水厂供水法也有关于保护水质的规定。1848 年制定了《公共卫生法》，1863 年制定了《制碱法》，1876 年颁布 74 河流污染防治法》。进入 20 世纪后，英国又颁布了一些早期的污染防治法，包括《制碱等工厂管理法》、《公共卫生（食品）法》、《公共卫生（消烟）法》、《城镇与国家规划法》、《原子能法》、《煤矿开采法》和《农业土地法》。50～60 年代初以后，环境立法得到进一步重视，又颁布了《清洁河流法》、《水资源法》、《清洁大气法》、《噪声控制法》、《核设施安装法》、《森林法》、《乡村法》、《农业法》、《油污染控制法》、《天然气法》、《水法》和《海洋倾废法》。1974 年，颁布了《污染控制法》，使英国环境保护及环境立法进入了一个新的阶段。80 年代以后，英同继续加强环境人法，颁布了《天然气法》、《公路法》、《野生生物及乡村法》、《能源保护法》、《建筑物法》、《食品与环境保护法》、《城镇与国家规划法》、《水法》和《野生生物及乡村法》等法律法规，此外，1982 年颁布的刑法，增加了对危害环境的犯罪行为实行刑事制裁的规定。

美国作为世界经济强国，也是较早地关注到了环境问题。早在 1899 年就颁布了关于污染防治方面的法律《河流与港口法》（亦称《垃圾法》）。随后又颁布了《联邦杀虫刑法》、《防止河流油污染法》、《联邦食品、药品和化妆品法》等。20 世纪 50 年代前后，由于环境污染事件增多，美同开始重视联邦的污染防治立法，先后颁布了《联邦水污染控制法》、《联邦杀虫剂、灭菌剂及灭鼠剂法》、《原子能法》、《联邦大气污染控制法》、《联邦有害物质法》、《鱼类和野生生物协调法》、《空气质量法》、《自然和风景河流法》等。此外，还多次修改了《水污染防治法》和《大气污染防治法》。到 1969 年，美国颁布了《国家环境政策法》，标志其环境政策和立法进入了一个新的阶段，从以治为主变为以防为主，从防治污染转变为保护整个生态环境。随后，又颁布了《环境质量改善法》、《美国环境教育法》、《海岸带管理法》、《海洋哺乳动物保护法》、《海洋保护研究及禁渔区法》、《联邦环境杀虫剂控制法》、《噪声控制法》、《安全饮用水法》、《濒危物种法》、《联邦土地政策及管理法》、《有毒物质运输法》、《资源保护与回收法》和《有毒物质控制法》。进入 80 年代后，美国进一步加强了酸、能源、资源和废弃物处置方面的立法，制定了《酸雨法》、《机动车燃料效益法》、《生物量及酒精燃料法》、《固体废物处罗法》、《超基金法》和《核废弃物政策法》。到目前为止，美国联邦政府已经制定下几十个环境法律，上千个环境保护条例，形成了一个庞杂的和完善的环境法体系，美国是个联邦制同家，各州也有自己的环境法，它们都为环境问题的改善做出了重大的贡献。

近 30 年来，我国经济总量大幅度增加，重化工业高速发展，能源消耗翻番，加大了对环境的压力。为此. 党的“十七大”报告将“建设生态文明”作为建设小康社会的新要求，明确提出主要污染物排放得到有效控制，生态环境质量明显改善，生态文明观念在全社会牢固树立的目标；同时，《国家中长期科学和技术发展规划纲要（2006～2020 年）》明确指出“改善生态与环境是事关经济社会可持续发展和人民生活质量提高的重大问题”。

1978 年以来，我国环境法制建设从无到有，从少到多，逐渐建立了由综合法、污染防治法、资源和生态保护法、防灾减灾法等法律组成的环境保护法律体系。迄今为止，我国已颁布了近 30 部与环境保护有关的法律，60 余项行政法规，以及 600 多部环保规章与地方法规。截至 2008 年 8 月 31 日，我国累计颁布各类环境标准达 1187 项，其中国家环境标准 1131 项。现有的关于污染防治的法律主要有：《大气污染防治法》、《水污染防治法》、《环境噪声污染环境防治法》、《固体废物污染环境防治法》、《放射性物质污染环境防治法》，还有《海洋环境保护法》等；在资源和生态保护方面，我们已经有《森林法》、《草原法》、《渔业法》、《土地管理法》、《矿产资源管理法》、《水法》、《煤炭法》、《野生动物保护法》、《水土保持法》等。防灾减灾方面，制定了《防震减灾法》、《防洪法》和《气象法》等。

二、环境保护纪念日

为了使更多的人参与环境保护，提醒人们“保护环境，人人有责”，国际机构规定了一系列的环境保护纪念日，如：国际湿地日、国际生物多样性日、世界粮食日、世界动物日、国际保护臭氧层日、世界水日、世界气象日、地球日、世界无烟日、世界环境日、世界防治荒漠化和干旱日、世界人口日等。

环境保护是指运用环境科学的理论和方法，在更好地利用自然资源的同时，深入认识污染和破坏环境的根源及危害．有计划地保护环境，预防环境质量恶化，控制环境污染。环境保护能够促进人类与环境协调发展，提高人类生活质量，保护人类健康，造福子孙后代。所以，维护生态平衡，保护环境是关系到人类生存、社会发展的根本性问题。

# 第三章 大气环境

大气是人类生活的主要环境部分，因而也就成为人类最早的研究对象。大气是指包围在地球外部的空气层。由大气所形成的围绕地球周围的混合气体称为大气圈，又称大气环境。大气圈是环境的重要组成要素，也是维持地球上一切生命赖以生存的物质基础。大气质量的优劣，对整个生态系统和人类健康有着直接的影响。某些自然过程不断地与大气之间进行营物质和能量交换，直接影响着大气的质量，尤其是人类活动的加强，对大气环境质量产生深刻的影响。

## 第一节 大气的结构和组成

地球的最外层被一层总质量约为 3．9×$10^{15}$t 的混合气体包围着，它只占地球总质量的百万分之一。大气圈的厚度大约在 2000～3000 km。大气的组分和物理性质在垂直方向上有显著的差异，据此可按大气在各个高度的特征分成若干层次。常用的分层法包括：（1）按温度垂直变化的特点分为对流层、平流层、中间层、热成层（电离层）和逸散层（外层）；（2）按大气成分结构分为匀和层和非匀和层；（3）按压力特性可分为气压层和外大气层（边散层）；（4）按电离状态分为中性层、电离层和磁层。此外，还可按特殊的大气化学成分分出臭氧层。

一、大气的结构

大气层受重力吸引，最大密度紧靠地球表面，随高度增加，逐渐变得稀薄，最后与行星际气体没有什么区别、因此大气层没有明确的上限（顶）。如果从地球表面向上推移，可以划分出件质不同、物理现象和化学现象有很大差异的几个区域。

根据大气在垂直方向上温度、化学成分、荷电等物理性质的差异，同时考虑到大气的垂直运动状况，可将大气圈分为 5 层。

（一）对流层

对流层是大气阁的最底层，其下界是地面，上界因纬度和季节而异。对流层的平均厚度亦低纬度地区为 17～18km，中纬度为 10～12km，高纬度为 8～9km。对流层内具有强烈的对流作用，其强度因纬度和季节而有所不同。一般对流作用是在低纬度较强、高纬度较弱，所以对流层的厚度从赤道向两极减小。同大气层的总厚度相比，对流层非常薄，不及整个大气厚度的 1%，但它集中了整个大气团 3 / 4 的质量和几乎全部水汽。因此，对流层是大气圈与一切生物关系员为密切的一个层次，它对人类的生产、生活的影响亦最大。通常所发生的大气污染现象，实际上主要发生存达一层，特别是靠近地面的 1～2km 范围内，因受地表机械、热力强烈作用的影响，通称为摩擦层或边界层，亦称低层大气。

对流层具有以下三个基本特征：

1. 气温随高度增加而减小；

2. 空气对流运动显著；

3. 大气现象复杂多变。

（二）平流层

对流层顶以上至 50km 为平流层，其温度分布为 F 半部随高度变化小，气温趋于稳定，所以又称同温层；上半部在 30～35km 以上，由于 $O_3$ 浓度大，吸收紫外辐射而温度随高度增加，这层大气存在逆温，出而垂直运动弱，只有大尺度的平流运动。这是因为，在高 15～35km 的范围内，合厚约 20km 的一层臭氧层。因臭氧具有吸收太阳光短波紫外线的能力，同时在紫外线的作用下可被分解为原子氧和分子氧。当它们重新化合生成臭氧时，可以热的形式释放出大量的能量，使平流居的温度升高，在乎流层中空气比下层稀薄得多且干燥，水汽、尘埃的含量甚微，大气透明度好，很难出现云、雨等天气现象。

（三）中间层

从平流层顶到 80km 高度这一层称为中间层。该层内臭氧很稀少，氯、氧等气体所能直接吸收的波长更短的太阳辐射，人部分已被上层大气吸收，因而这层大气的气温随高度增加而迅速下降，至该层顶气温降至-83℃以下。中间层内水汽极少，仍有垂直对流运动，故又称此层为高空对流层或上对流层。

（四）热成层

中间层之上为热成层，上界达 80km。该层的下部基本上是出分子氮所组成，而上部是由原子氧所组成。原子氧层可吸收太阳辐射小的紫外光，因而在这层中的气体温度随高度增加而迅速上升。内于太阳和宇宙射线的作用，该层大部分空气分子发生电离，使其兄有较高密度的带电粒子，故称为电离层，电离层能将电磁波反射回地球，故对全球件的无线电通信有重大意义。

（五）逸散层

80km 以上的大气由于太阳辐射作用，N2、02 分子电离成正离子和自出电子，为电离层。向上 90km、100km 和 300km 处比现多个极大值，又称为 D、E、F 层。这些层次出现的高度、厚度以及电子密度有明显的日变化和季节变化，也受太阳活动的影响。在 50km 以上的大气，如 $H_2$、He 等也可克服地球引力而向星际空间逸散，故称之为外层或远散层。

现在，一般将大气环境的研究范围限于对流层和平流层，而将中间层以上的大气归于高层大气学研究的范畴。

二、大气的组成

大气是一个多组分、多相态的体系。其是由多种气体组成的混合物，其中还含有一些悬浮的固体杂质和液体微粒。

（一）干洁空气

大气中除水汽、液体和固体杂质外的整个混合气体，称为干洁空气。其组成成分显主要的是氮、氧、氩三种气体，三者占大气总体积的 99.9%，其他气体不足 1%。除二氧化碳和臭氧外. 其他组成在对流层的大气中是稳定的，甚至在平流层以至中间层，即约在 90km 这段大气层里，这些气体组分的含量几乎可认为是不变的。

$N_2$不易与其他物质起化合作用，只有极少量的 $N_2$可被土壤细菌所摄取。$O_2$则易与其他元素化合，如燃料的燃烧便是一种剧烈的氧化作用形式，它又是地球上一切生命所必需的。大气中的 Ar 约占 1%，是一种惰性气体。在干洁空气中，$CO_2$和 $O_3$含量很少.但变化较大，其对地表自然界和大气温度有着重要的影响。在距地表 20km 以上的大气层中，$CO_2$的平均含量约占 0. 03%，向高空显著减少。$CO_2$主要来自火山喷发、动植物的呼吸以及有机物的燃烧和腐败等。在人口稠密区，$CO_2$含量明显增高，可占空气体积的 0. 05%～0. 07%；在海洋上和人口稀少地区，$CO_2$含量大为减少。$CO_2$可强烈吸收和放射长波辐射，对大气和地表温度有较大的影响，起着“温室”作用。大气中 $O_3$主要是在太阳紫外线辐射作用下形成的，雷雨闪电作用和有机物的氧化也能形成 $O_3$。$O_3$能强烈地吸收太阳的紫外线。对大气起到增温作用，并在高空形成一个暖区。

（二）二氧化碳

二氧化碳在大气中的含量虽然很低，但它是随季节和气象条件的改变而变化的，特别是在人类活动影响下引起的含量增加，正在作为一个重要的环境问题越来越引起人们的关注。

（三）水汽

大气中的水汽主要来内海洋、江河、湖沼，以及其他潮湿物体表面的蒸发和植物的蒸腾。大气中的水汽含量变化较大，按其所占容积，其变化范围在 0%～4%。

一般情况下，空气中水汽含量随高度的增加而减少。据观测，在 1．5～2km 高度，大气中的水汽含量已减少到地面的 1／2；在 5km 高度处，减到地面的 1／10；再向上，含量就更少了。空气中的水汽可以发生气态、液态和固态于相转化，如常见的云、雨、雪等天气现象，都是水汽相变的表现。

（四）固体杂质

悬浮于大气中的固体杂质包括烟粒、尘埃、盐粒等，它们的半径一般在 10-2～10-8cm，多分布于低层大气少。烟粒主要来自于人类生产、生活方面的燃烧；尘埃主要来源于地太松散微粒披风吹扬而进入大气层，另外还有火山爆发后产中的火山灰、流星燃烧的灰烬；盐粒主要是海洋波浪溅入大气的水滴经蒸发后形成的。一般来说，大气中的同体含量，在陆地上空多于海洋上空，城市多于农村，冬季多于夏季，白天多于夜间，愈近地面愈多，固体杂质在大气中能充当水汽凝结的核心，对云雨的形成起着重要作用。

（五）大气污染物

出于人类活动所产生的某些有害颗粒物和废气进入大气层，所以又给大气中增添了许多种外来组分。这些物质可分为两类；一类是有害气体，如 $SO_2$、CO、$CH_4$、$NO_2$、$H_2S$、HF 等；另一类是灰尘烟雾，如煤烟、煤尘、水泥、金属粉尘等。

# 第二节 大气污染和污染物

一、大气污染的概念

大气污染是人类当前面临的重要环境污染问题之一。出于大气污染的作用，可以使某个或多个环境要素发生变化，使生态环境受到冲击或失去平衡，环境系统的结构和功能发生变化。这种因大气污染而引起环境变化的现象，称为大气污染效应。当今人们对大气污染的重视和关注，也正是因大气污染所引起的强烈效应促成的。

大气污染是指大气中污染物质的浓度达到了有害程度，以致破坏生态系统和人类正常生存和发展的条件，对人和物造成危害的现象。大气污染的形成，有自然原因和人为原因。前者如火山爆发、森林火灾、岩石风化等；后者如各类燃烧物释放的废气和工业排放的废气等。目前，世界上各地的大气污染主要是人为因素造成的。随着人类社会经济活动和生产的迅速发展，正大量消耗着各类能源，其中化石燃料在燃烧过程中向大气释放大量的烟尘、硫、氮等物质，这些物质影响了大气环境的质量，对人和物都可造成危害，尤其是在人口稠密的城市和工业区域，这种影响更大，而造成各种形式的大气环境污染。

形成大气污染的三大要素为：污染源、大气状态和受体。大气污染的三个过程是：污染物排放、大气运动的作用和对受体的影响。因之，大气污染的程度与污染物的性质、污染源的排放、气象条件和地理条件等有关。其中，污染源按其性质和排放方式可分为生活污染源、工业污染源、交通污染源。污染源排放的有害物质对大气的污染程度与污染源性质如排放方式、污染物的理化性质、污染物的排放量等内在因素有关，还与受体的性质如环境敏感应、受体距污染源的距离有关，也与气象因素有关，如风和大气湍流、温度层结情况以及云、雾等，都在很大程度上影响大气污染程度。

二、大气污染物的来源

大气污染源是指向大气环境排放有害物质或对大气环境产生有害影响的场所设备和装置。按污染物质的来源可分为天然污染源和人为污染源。

1. 天然污染源

自然界中某些自然现象向环境排放有害物质或造成有害影响的场所，是大气污染物的一个很重要的来源。大气污染物的天然源主要有：

（1）火山喷发：排放出 $SO_2$、$H_2S$、$CO_2$、CO、HF 及火山灰等颗粒物。

（2）森林火灾：排放出 CO、$CO_2$、$SO_2$、$NO_2HC$ 等。

（3）自然尘：风沙、土壤尘等。

（4）森林植物释放：主要为研萜烯类碳氢化合物。

（5）海浪飞沫：颗粒物主要为硫酸盐与亚硫酸盐。

在有些情况下天然源比人为源更重要，有人曾对全球的硫氧化物和氮氧化物的排放作了估计，认为全球氮排放中的93%、硫氧化物排放中的60%来自天然源。

2．人为污染源

人类的生产和生活活动是大气污染的主要来源。通常所说的大气污染源是指由人类活动向大气输送污染物的发生源。大气的人为污染源可概括为4个方面：

（1）燃料燃烧：燃料（煤、石油、天然气等）的燃烧过程是向大气输送污染物的重要发生源。

（2）工业生产过程排放：工业生产过程中排放到大气中的污染物种类多，数量大，是城市或工业区大气的主要污染源。

（3）交通运输过程中排放：现代化交通运输工具如汽车、飞机、船舶等排放的尾气是造成大气污染的主要来源。内燃机燃烧排放的废气中含有一氧化碳、氮氧化物、碳氢化合物、含氧有机化合物、硫氧化物和铅的化合物等多种有害物质。由于交通工具数量庞大，来往频繁，故排放污染物的量也非常可观。

（4）农业活动排放：农药及化肥的使用，对提高农业产量起着重大的作用，但也给环境带来了不利影响，致使施用农药和化肥的农业活动成为大气的重要污染源。

此外，为便于分析污染物在大气中的运动，按照污染源性状特点可分为固定式污染源和移动式污染源。固定式污染源是指污染物从固定地点排出，如各种工业生产及家庭炉灶排放源排出的污染物，其位置是固定不变的；流动源是指各种交通工具，如汽车、轮船、飞机等是在运行中排放废气，向周围大气环境散发出各种有害物质。

根据我国对$SO_2$、$NO_x$、CO和烟尘4种面大而广的污染物的调查表明，燃料燃烧占70%，而非燃料工业生产和交通运输分别占20%和10%。在直接燃烧的燃料中，煤炭一直占最大比例，约为70．6%，液体燃料（包括汽油、柴油、重油等）占17．2%，气体（包括天然气、煤气、液化石油气等）占12．2%。因此，煤炭燃烧是造成我国大气污染的主要来源。我国机动车过去一直不多，但近年来在各大城市增加很迅速，再加上旧车多、耗油高，未安装尾气净化装量，车辆造成的大气污染日益加重。不同国家由于工业发达程度、能源结构、燃烧技术和大气环境标准等的不同，各种来源对大气污染的贡献也不同。研究表明，欧美等发达国家大气污染的主要来源是交通运输，其次才是固定源和工业生产。而对硫氧化物来说，固定源占主要来源。但总体来说，欧美国家大气污染仍然主要是由于化石燃料（煤和石油）的燃烧。

三、大气污染物及大气污染类型

大气污染物系指由于人类活动或自然过程排入大气的并对环境或人产生有害影响的物质。目前被人们注意到或已经对环境和人类产生危害的大气污染物有 100 种左右。其中影响范围广、具有普遍性的污染物有颗粒物质、二氧化碳、氮氧化物、碳氧化物、碳氢化物等。按其存在的物理状态可概括为两大类：气体状态污染物和固体颗粒状态污染物；若按形成过程分类则可分为一次污染物和二次污染物。

（一）一次污染物

一次污染物是指从污染源直接排放的原始污染物，如二氧化硫、一氧化氮、一氧化碳、颗粒物等。它们又可分为反应物和非反应物，前者不稳定，在大气环境中常与其他物质发生化学反应，或者作催化剂促进其他污染物之间的反应，后者则不发生反应或反应速度缓慢。

（二）二次污染物

二次污染物是指由一次污染物与大气中原有成分或几种一次污染物之间经过化学反应生成的新污染物，其毒性比一次污染物还强。最常见的二次污染物如硫酸及硫酸盐气溶胶、硝酸及硝酸盐气溶胶、臭氧、光化学氧化剂 $O_x$，以及许多不同寿命的活性中间物（又称自由基），如 $HO_2$、HO 等。在大气污染中人们普遍重视对二次污染物的控制与研究。

（三）主要大气污染物

1．气溶胶状态污染物：在大气污染中，气溶胶系指固体粒子、液体粒子或它们在气体介质干的悬浮体。其直径为从 0．002～100μm 大小的液滴或固态粒子。从大气污染的角度，作为污染物的气溶胶粒子主要有以下几种；

（1）尘。它指能悬浮于大气中的小固体粒子，其直径一般为 1～100μm。通常是出于固体物质的破碎、分级、研磨等机械过程或土壤、岩石风化等固体过程形成的，粒子形态往往是不规则的。其中飘尘；系指大气中粒径小于 10μm 的固体粒子，它能长时间地在大气中飘浮。降尘：系指大气中粒径大于 10μm 的固体粒子，它在大气中一方面悬浮，一方面由于重力作用而沉降。粉尘：系指粒径小于 75μm 的大气固体粒子。沙（土）尘：系指主要从沙漠和土壤由风吹起的固体粒子，粒径范围很广，从 15μm 起大到 100μm。总悬浮颗粒物：系指大气中粒径小于 100μm 的固体粒子。

（2）液滴。系指大气中悬浮的液体粒子，一般是由于水汽凝结及随后的碰并增长而形成。其中有轻雾或霭：是由许多悬浮的水滴粒子群体组成，在气象上定义其能见度小于 2km。雾：是出现在近地面由许多小水滴组成的群体，小水滴直径一般在 1～15μm，能见度小于 1km。雨：是指由云中降落下来的水滴粒子群，水滴直径为 100μm～6mm，有较大降落速度。从大气污染的角度，人们更关心酸性雾和酸性雨。

（3）化学粒子。或称有机盐粒子和无机盐粒子，系指在大气中由化学过程产生的固态或液态粒子。如硫酸盐粒子、硝酸盐粒子和有机碳粒子等。这类粒子较小，一般不超过 10μm，故多数粒子都小于 1μm。

气溶胶粒子按其来源及其物理形态的不同，又可分天然气溶胶和人为气溶胶，烟、雾、尘等。

气溶胶粒子被消除的过程与其本身大小有关。最大的粒子有相当大的沉降速度。对于大粒子来说，除沉降是一种重要的消除过程外，碰撞（例如与树叶碰撞）和作为云的凝结核也是很重要的，当作为凝结核时，这些粒子就会以夹带在雨滴或水粒的形式被带至地面（雨洗过程）。大的粒子也能在降雨过程中通过云下洗脱作用被去除。相反，对小于 0．1μm 的粒子不能通过上述这些作用被消除，但它们能依布朗运动或其他效应（扩散飘移或热飘移）依附在水滴上，因而也包括在被雨洗之列。凝聚作用也能使小粒子汇集成大粒子。

气态污染物种类较多，主要有四个方面：即二氧化硫为主的含硫化合物；以一氧化氮和二氧化氮为主的含氮化合物，碳的氧化物及碳氢化合物等。

2．硫氧化合物：硫常以二氧化硫和硫化氢的形态进入大气，也有一部分以亚硫酸及硫酸（盐）微粒形式进入大气。大气中的硫约 2／3 来自天然源，其中以细菌活动产生的硫化氢最为重要。人为源产生的硫排放的主要形式是 $SO_2$，主要来自含硫煤和石油的燃烧、石油炼制以及有色金属冶炼和硫酸制造等。$SO_2$ 是一种无色、具有刺激性气味的不可燃气体，是一种分布广、危害大的主要大气污染物。$SO_2$ 和飘尘具有协同效应，两者结合起来对人体危害更大。

$SO_2$ 在大气中极不稳定，最多只能存在 1～2 天。在相对湿度比较大，以及有催化剂存在时，可发生催化氧化反应，生成 $SO_4$，进而生成 $H_2SO_4$ 或硫酸盐，所以，$SO_2$ 是形成酸雨的主要因素。硫酸盐在大气中可存留 1 周以上，能飘移至 1000km 以外，造成远离污染源以外的区域性污染。$SO_2$ 也可以在太阳紫外光的照射下，发生光化学反应，生成 $SO_3$ 和硫酸雾，从而降低大气能见度。

由天然源排入大气的硫化氢，会被氧化为$SO_2$，这是大气中$SO_2$的另一主要来源。

3．氮氧化物：天然排放的$NO_x$主要来自土壤和海洋中有机物的分解，属于自然界的氮循环过程。人为活动排放的$NO_x$大部分来自化石燃料的燃烧过程，如汽车、飞机、内燃机及工业窑炉的燃烧过程；也来自生产、使用硝酸的过程，如氮肥厂、有机化学品生产厂、有色及黑色金属冶炼厂等。据20世纪80年代初估计，全世界每年由于人类活动向大气排放的$NO_x$约5300万t。$NO_x$对环境的损害作用极大，它既是形成酸雨的主要物质之一，也是形成大气中光化学烟雾的重要物质和消耗臭氧的一个重要因子。

此外，$NO_x$还可以因飞行器在平流层中排放废气逐渐积累，而使其浓度增大。$NO_x$再与平流层内的臭氧发生反应生成$NO_2$与$O_2$，$NO_2$与O进一步反应生成NO和$O_2$，从而打破臭氧平衡，使臭氧浓度降低，导致臭氧层的耗损。

4．碳的氧化物：碳氧化物主要有两种物质，即CO和$CO_2$。CO主要是由含碳物质不完全燃烧产生的，而天然源较少。CO是无色、无臭的有毒气体，其化学性质稳定，在大气中不易与其他物质发生化学反应，可以在大气中停留较长时间。CO在一定条件下，可以转变为$CO_2$，然而其转变速率很低。人为排放大量的CO，对植物等会造成危害，高浓度的CO可以被血液中的血红蛋白吸收，而对人体造成致命伤害。

$CO_2$是大气中一种“正常”成分，它主要来源于生物的呼吸作用和化石燃料等的燃烧。$CO_2$参与地球上的碳平衡，有重大的意义。然而，由于当今世界上人口急剧增加，化石燃料的大量使用，使大气中的$CO_2$浓度逐渐增高，这将对整个地——气系统中的长波辐射收支平衡产生影响，并可能导致温室效应，从而造成全球性的气候变化。

5．碳氢化食物（HC）：碳氢化合物是由烷烃、烯烃和芳烃等复杂多样的物质组成。大气中人部分的碳氢化合物来源于植物的分解，人类排放的量虽然小，却非常重要。

碳氢化合物的人为来源主要是石油燃料的不充分燃烧和石油类的蒸发过程。在石油炼制、石油化工生产中也产生多种碳氢化合物。燃油的机动车亦是主要的碳氢化合物污染源，交通线上的碳氢化合物浓度与交通密度密切相关。

碳氢化合物是形成光化学烟雾的主要成分。在活泼的氧化物如原子氧、臭氧、氢氧基等自由基的作用下．碳氢化合物将发生一系列链式反应，生成一系列的化合物，如醛、酮、烷、烯以及重要的中间产物——自由基。自由基进一步促进NO向$NO_2$转化，造成光化学烟雾的重要二次污染物——臭氧、醛、过氧乙酰硝酸酯（PAN）。

碳氢化合物中的多环芳烃化合物，如3，4—苯并芘，具有明显的致癌作用，已引起人们的密切关注。

（四）大气污染类型

大气污染类型主要取决于所用能源的性质和污染物的化学反应特性，但气象条件也起着重要的作用（如阳光、风、湿度、温度等）。从大气污染的历史来看，可根据不同的依据进行分类。

根据污染物的化学性质及其存在的大气环境状况，大气污染可分为：

1. 还原型（煤炭型）污染：这种大气污染常发生在以煤炭为主，同时也使用石油的地区。这类污染的主要污染物是$SO_2$、CO和颗粒物。在低温、高湿度的阴天，且风速很小，伴有逆温存在的情况下，一次污染物受阻，容易在低空进行聚积，生成还原性烟雾。伦敦烟雾事件就是这类还原型污染的典型代表，故这类污染又称伦敦烟雾型。

2. 氧化型（汽车尾气型）污染；这种类型大多发生在以使用石油为燃料的地区，污染物的主要来源是汽车排气、燃油锅炉以及石油化工生产。主要的一次性污染物是一氧化碳、氮氧化物和碳氢化合物。这些大气污染物在阳光照射下能引起光化学反应，并生成二次性污染物——臭氧、醛类、酮类、过氧乙酰硝酸酯等物质。由于它们只有强氧化性质，对人眼睛等黏膜能引起强烈刺激，如洛杉矶的光化学烟雾就属这种类型。

根据燃料性质和大气污染物的组成和反应，亦可把大气污染划分如下4种类型：

（1）煤炭型：代表性污染物是由煤炭燃烧时放出的烟气、粉尘、二氧化硫等所构成的一次污染物，以及由这些污染物发生化学反应而生成的硫酸、硫酸盐类气溶胶等二次污染物。

（2）石油型：主要污染物来自汽车排气、石油冶炼及石油化工厂的排放。主要污染物是氮氧化物、烯烃等碳氢化合物，它们在大气中形成臭氧，各种自由基及其反应生成的一系列中间产物与最终产物。

（3）混合型：这种污染类型包括以煤为燃料的污染源排出的污染物；以石油为燃料的污染源排出的污染物；从工厂企业排出的各种化学物质等。

（4）特殊型：这类污染是指由工业企业生产排放的特殊气体所造成的局部小范围的污染。

我国大气污染严重的主要原因有：

（1）直接燃煤是我国大气污染严重的根本原因；

（2）工业和城市布局不够合理；

（3）能源浪费严重，燃烧技术落后。

## 第三节 大气环境中污染物的光化学特性和光化学烟雾

从污染源排放进入大气中的污染物，在扩散、输送过程中，由于其自身的物理、化学性质的影响和其他条件（如阳光、温度、湿度等）的影响，在污染物之间，以及它们与空气原有组分之间进行化学反应，形成新的二次污染物。这一反应过程称为大气污染的化学转化。它包括光化学过程和热化学过程，其中有发生在气相的均相反应和发生在液相的均相反应，也有发生在气固、液固和气液界面上的非均相反应。

当前受到关注的大气污染化学问题有：气体硫化物（主要是二氧化硫）污染、氮的氧化物污染、光化学烟雾、酸雨及臭氧层的变化问题。研究大气污染的化学转化是一个复杂的过程。这里主要介绍生成光化学烟雾的化学反应过程。

### 一、大气光化学特性

地球表面与大气之间进行着各种形式的运动过程，太阳辐射是维持这些过程的能量的主要源泉。因此，研究地球的能量平衡，应从研究来自太阳辐射的能量输入开始，探讨这一辐射通过地球大气圈和被吸收或转化的全部过程，以及作为次一级辐射体的地球输出能量的机制。对流层大气中所进行的化学反应，往往是以穿过平流层的太阳辐射所产生的光化学反应作为原动力，同时，必须有能吸收太阳光使其发生初级反应的物质，方能在大气中引起光化学反应。

#### （一）太阳辐射

1. 太阳辐射光谱和太阳常数：辐射是指具有能量的称为光量子的物质在空间传播的一种形态，传播时释放出的能量称为辐射能。

2. 大气对太阳辐射的削弱作用：太阳辐射是通过大气圈进入地球表面的。由于大气对太阳辐射有一定的吸收、散射和反射等作用，而使太阳辐射不能全部到达地表。

3. 到达地面的太阳辐射：太阳辐射被大气削弱后，到达地面的辐射有两部分：一是太阳直接投射到地面上的部分，称为直接辐射；二是经散射后到达地面的部分，称为散射辐射。两者之和即为总辐射。

4. 辐射平衡：在某一段时间内物体辐射收入与支出的差值称为辐射平衡或辐射差额。当物体收入的辐射大于支出时，辐射平衡为正；反之，为负。在一天内，辐射平衡在白天为正值，夜间为负值。

（二）光化学特性

大气中存在着吸光物质，可在大气中引起化学反应。这时，一个原子、分子、自由基或离子吸收一个光子所引发的反应，称为光化学反应。

其初级过程包括化学物种吸收光量子，形成激发态物种：

$$A + hv \rightarrow A^*（A^*为A的激发态）$$

随后，激发态物种进一步发生反应。这些反应过程有：

光解（离）过程： $A^* \rightarrow B_1 + B_2 + \cdots$

直接反应： $A^* + B \rightarrow C_1 + C_2 + \cdots$

发生荧光： $A^* \rightarrow A + hv(荧光)$

通过碰撞消耗活化能又回到基态

$$A^* + M \rightarrow A + M$$

式中 M 为吸收能量分子；$B_1$、$B_2$、$C_1$、$C_2$ 为反应产物； $hv$ 为光照。

前 2 个反应导致化学变化，而后 2 个反应使分子回到初始状态。前 2 个反应可能就是光吸收所引起的初始过程。

次级过程，即初级过程中，受激物种经单分子历程或双分子历程形成的产物之间进一步发作的反应，或初级过程形成的产物与其他物种发生的反应。

二、大气污染“光化学烟雾”的形成

（一）光化学烟雾的特征

20 世纪 30～60 年代，世界上发生过无数次公害事件，危害最大的所谓“八大公害事件”中有四起是化学烟雾所致。40 年代在美国洛杉矶发生的光化学烟雾，首次比现了这种污染。此后，这类事件在世界各地屡有发生。它的特征是烟雾呈蓝色，只有强氧化性，刺激人们眼睛，伤害植物叶子，能使橡胶开裂，并使大气能见度降低。

20 世纪 50 年代初，美国加州大学生物有机化学教授施密特（Haggen Smit）确定了空气中的刺激性气体为臭氧，并初次提出了有关烟雾形成的理论。他认为洛杉矾烟雾是由南加利福尼亚的强阳光辐射引发了大气中存在的碳氢化合物（HC）和氮氧化物（$NO_x$）之间的化学反应造成的，并认为城市大气中，HC和$NO_x$，的主要来源是汽车尾气。因此，这种含有氮氧化物和烃类的大气，在阳光中紫外线照射下发生反应所产生的产物及反应物的混合物被称为光化学烟雾。

继洛杉矶之后，光化学烟雾的污染在世界各地不断出现，已成为大气污染的严重问题之一。自20世纪50年代至今，世界各国对光化学烟雾做了大量的研究工作，并已取得较好的效果。化学烟雾有两种基本类型，即还原型和氧化型。引起还原型烟雾的主要污染源是燃煤的各类工矿企业，初生污染物是$SO_2$、CO和粉尘，次生污染物是硫酸和硫酸盐气溶胶。氧化型烟雾形成过程中光化学反应起了主导作用，所以又称光化学烟雾。引起氧化型烟雾的主要污染源是燃油汽车、锅炉和石油化工企业排气，所以事件多发生在工厂集中区和具有众多数量汽车的大城市。

（二）光学烟雾的形成

1．NO向$NO_2$转化是产生烟雾的关键：低层大气中的一般成分和一次污染物如NO、$N_2$、$O_2$、CO、$C_3H_6$等都不吸收紫外辐射（≥290nm），在污染空气中吸收紫外辐射的只有$NO_2$。空气中痕量的$NO_2$来源于燃料燃烧。在大气中一旦$NO_2$出现，在光化学作用下，$NO_2$会直接分解出$O_3$。NO和$O_2$作用结果产生$NO_2$，而低层大气中$O_3$主要是由$NO_2$的光解产生。因此，大气中$NO_2$、$O_2$和NO之间的反应形成了循环。但如果大气中仅仅发生氮氧化物的光化学反应，尚不敢产生光化学烟雾，主要是受下面因素决定的。

2．碳氢化合物是产生光化学烟雾的主要成分：在氮氧化物——空气体系的光化学反应中，要使O3在空气中能不断积累，必然存在着能使NO向NO2转化，从而使NO2浓度不断提高的因素。观测和实验发现，被污染的大气中有碳氢化合物出现时，氮氧化物光分解的均衡就被破坏了。因生成的氧原子O、$O_3$和$NO_2$均可与碳氢化合物反应，使得污染大气中的NO能快速地向NO2转化，随即$O_3$的浓度大大增加，进而形成“系列的带有氧化性、刺激性的中间和最终产物，从而导致光化学烟雾的生成。

3．光化学烟雾形成的简化机制：Seiufield（1986）用12个反应概括地描述了这个过程：

引发反应：

$$NO_2 + hv \rightarrow NO + O$$
$$O + O_2 + M \rightarrow O_3 + M$$
$$NO + O_3 \rightarrow NO_2 + O_2$$

基传递反应： $RO + OH \rightarrow RO_2 + H_2O$　$RCHO + OH \rightarrow RC(O)O_2 + H_2O$

$$RCHO + OH \rightarrow RC(O)O_2 + H_2O$$
$$RCHO + hv \rightarrow RO_2 + HO_2 + CO$$
$$HO_2 + NO \rightarrow NO_2 + RCHO + HO_2$$
$$RO_2 + NO \rightarrow NO_2 + RCHO + HO_2$$
$$RC(O)O_2 + NO \rightarrow NO_2 + RO_2 + CO_2$$
$$OH + NO_2 \rightarrow HNO_3$$

终止反应：

$$RC(O)O_2 + NO_2 \rightarrow RC(O)O_2NO_2(PAN)$$
$$RC(O)O_2 \rightarrow NO_2 \rightarrow RC(O)O_2 + NO_2$$

由上述反应式可以看出，光化学烟雾的形成过程是由一系列复杂的链式反应组成的，是以 $NO_2$ 光解生成 O 的反应为引发，导致了臭氧的生成。由于碳氢化合物的存在，促使 NO 向 $NO_2$ 的快速转化，在此转化中自由基（特别是 HO 基）起了重要的作用，致使不需要消耗臭氧而能使大气中的 NO 转化成 $NO_2$，$NO_2$ 又继续光解产生臭氧。同时转化过程中产生的自由基又继续与碳氢化合物反应生成更多的自由基，如此继续不断地进行链式反应，直到 NO 或碳氢化合物消失为止。所产生的醛类、$O_3$、PAN 等二次污染物是最终产物。

## 第四节 大气污染的影响和危害

一、对人体健康的影响和危害

大气污染侵入人体主要有 3 条途径：表面接触、食入含污染物的食物和水以及吸入被污染的空气。其中以第 3 条途径最为重要。大气污染对人体健康的危害主要表现为引起呼吸道疾病。在突然的高浓度作用下造成急性中毒，甚至短时间内死亡。长期接触低浓度污染物，会引起支气管炎、支气管哮喘、肺气肿和肺癌等疾病。污染物沉降到人体，产生表面接触，可引起皮肤和眼睛的刺激和过敏，引起眼疼和咳嗽等。此外，还发现一些尚未查明的可能与大气污染有关的疑难病症。

二、对植物的影响和危害

对植物生长产生明显影响和危害的大气污染物有二氧化硫、氟化物、二氧化氮、臭氧、酸雾和酸雨等。大气污染物对植物的危害可以有多种形式，如直接伤害、间接伤害、急性伤害、慢性和潜在伤害等。在高浓度污染物影响下植物会产生直接的急性伤害，叶子表面会出现坏死斑点，损伤了叶子表面的毛孔和气孔，从而破坏其光合作用和分泌作用。当污染物通过气孔或角质层进行扩散后，使植物细胞中毒，导致在叶片、花、嫩枝上出现深度坏死或衰老的斑点，当植物长期暴露在低浓度大气污染环境中，植物会受到慢性伤害，会干扰植物养分和能量的吸收，影响植物的生长和发育，会干扰植物的繁殖过程，降低花粉的活力，减少果实，降低种子的发芽能力，会干扰正常的代谢或生长过程．导致植物器官异常发育和提前衰老。大气污染物还可以通过影响土壤来伤害植物。研究表明，大气污染物的沉降使土壤变质、酸化，使土壤淋失营养物质，以及使土壤溶出有害金属离子，从而危害植物根系的生长和发育，伤害植物的生存。另外大气污染还会降低植物对病虫害的抵抗能力，诱发严重的病虫害。

三、对建筑物和材料的影响和危害

研究表明，大气污染对建筑物、文物、金属材料及制品、皮革、纸张、纺织、橡胶等都会有严重损害，其中暴露于大气中的矿石、石灰岩、大理石和金属材料最易遭到腐蚀和伤害。酸性污染物降落到金属表面，发生电化学反应，在金属表面形成许多原电池，使金属腐蚀。大气污染物与建筑石料发生化学反应，形成容易脱落的硫酸钙，使许多文物、雕刻损害，失去原来面貌。涂料与 $SO_2$、$H_2S$ 等接触．能化合成硫化铅，使油画等美术作品失去艺术价值。$SO_2$ 和酸性沉降物可以使工艺品、纸品、皮革、纺织品等变质易碎，降低和失去其价值。

大气中的飘尘、烟雾及一些污染物硫氧化物、氮氧化物的增多，使大气变得混浊，能见度降低，太阳直接辐射减弱。人类活动排放出的热、水汽、各种粒子，对局部及区域大气的温度、湿度、云、降雨会产生影响。由于人类活动日益增加的温室气体排放，他们将吸收太阳辐射，使全球或区域气候变暖，海平面升高，可能对人类生存及环境产生重大影响。

# 第五节 大气污染综合防治与管理

随着工业、交通运输等国民经济各部门的迅速发展，城市化程度的提高，大气环境污染问题已引起世界各国的重视。大气污染防治是环境保护的根本任务之一。实施大气污染防治，一是运用法律和政策等手段限制和控制污染物排放数量和扩散影响范围；二是运用技术手段（包括各种人为的技术途径和技术措施）减少或防止污染物的排放，治理排出的污染物，合理利用环境的自净能力，从而达到保护环境的目的。

一、主要大气污染物控制技术

1．颗粒污染物的控制技术

大气中固体颗粒污染物与燃料燃烧关系密切。减少固体颗粒物的排放可采取两种措施：一是改变燃料的构成，以减少颗粒物的生成，比如用天然气代替煤，用核能发电取代燃煤发电等；二是在烟尘排放到大气环境之前，采用控制设备将尘除掉，以减轻大气环境污染程度。

从废气中将颗粒物分离出来并加以捕集、回收的过程称为除尘。实现上述过程的设备装置称为除尘器。由燃料及其他物质燃烧或以电能加热等过程产生的烟尘，以及对固体物料破碎、筛分和输送等机械过程产生的粉尘，都是以固态或液态的粒子存在于气体小，从气体中除去或收集这些固态或液态粒子的设备称为除尘装置。

依照除尘器工作原理可将其分为机械式除尘器、过滤式除尘器、湿式除尘器、静电除尘器等 4 类。

在选择除尘装置时除要考虑所处理的粉尘特性外，还应考虑除尘装置的气体处理量、除尘装置的效率及压力损失等技术指标和有关经济性能指标。

2．气态污染物控制技术

主要有以下几种方法。

（1）吸收法：吸收是利用气体混合物中不同织分在吸收剂中溶解度的不同，或者与吸收剂发生选择性化学反应，从而将有害组分从气流中分离出来的过程。吸收法用于治理气态污染物，技术上比较成熟，操作经验比较丰富，适用性强，各种气态污染物如：$SO_2$、$H_2S$、HF、$NO_x$ 等一般都可以选择适宜的吸收剂和设备进行处理，并可回收合用产品。因此，该法在气态污染物治理方面得到广泛应用。

（2）吸附法：气体温合物与适当的多孔性固体接触，利用固体表面存在的未平衡的分子引力或化学键力，把混合物中某一组分或某些组分吸留在固体表面上，这种分离气体混合物的过程称为气体吸附。作为工业上一种分离过程，吸附已广泛应用于化工、冶金、石油、食品等工业部门。由于吸附法具有分离效率高、能回收有效组分、设备简单、操作方便、易实现自动控制等优点，已成为治理环境污染的主要方法之一。在大气污染控制中，吸附法可用于中低浓度废气净化。例如用吸附法回收或净化废气中有机污染物，治理含低浓度二氧化硫（烟气），以及废气中氮氧化物等。

（3）催化法：催化法净化气态污染物是利用催化剂的催化作用，将废气中的气体行害物质转变为无害物质或转化为易于去除的物质的一种废气治理技术。催化法与吸收法吸附法不同，应用催化法治理污染物过程中，无需将污染物与主气流分离，可直接特有害物质转变为无害物质，不仅可以避免产生二次污染，而且可简化操作过程。

（4）燃烧法：燃烧法是通过热氧化作用将废气中的可燃有害成分转化为无害物质的方法。例如含烃废气在燃烧中被氧化成无害的 $CO_2$ 和 $H_2O$。此外燃烧法还可以消烟、除臭。燃烧法已广泛用于石油化工、有机化工、食品工业、涂料和油漆的生产、金属漆包线的生产、造纸、动物饲养、城市废物焚烧处理等主要含有机污染物的废气治理。该法工艺简单，操作方便，可回收含烃废气的热能。但处理可燃组分含量低的废气时，需要预热耗能，应注意热能回收。

（5）冷凝法：此法是利用物质在不同温度下具有不同饱和蒸气压这一性质，采用降低系统温度或提高系统压力，使处于蒸气状态的污染物冷凝并从废气中分离出来的过程。该法特别适用于处理污染物浓度在 10000 PPm 以上的有机废气。

（6）生物法：该法是利用微生物的生命活动过程把废气中的气态污染物转化成少害甚至无害的物质。自然界存在各种各样的微生物，因而几乎所有无机和有机的污染物都能被微生物所转化。生物处理不需要再生过程和其他高级处理，与其他净化法相比，其设备处理简单，费用低廉，并可达到无害化目的。

（7）膜分离法；混合气体在压力梯度作用下，透过特定薄膜时，不同气体具有不同的透过速度，从而使气体混合物中不同组分达到分离效果。研究不同结构的膜，就可分离不同的气态污染物，根据构成膜物质的不同，分离膜有固体膜和液体膜两种。液膜技术尚未投入工业规模运行。目前一些工业部门实际应用的主要是固体膜。

二、大气污染综合防治

大气污染具有明显的区域性、整体性特征。其污染程度受该地区的自然条件、能源构成、工业结构和布局、交通状况及人口密度等的影响，只有纳入区域环境综合防治之中，才能真正解决大气环境的污染问题。

目前我国城市和区域大气污染仍然十分严重，而形成这种状况的原因是能耗大、能源结构不合理、污染源的不断增加、来源复杂以及污染物种类繁多等多种因素。因此，只靠单项治理或末端治理措施解决不了大气污染问题．必须从城市和区域的整体出发，统一规划并综合运用各种手段及措施，才有可能有效地控制大气污染。

所谓大气污染综合防治，是指从区域环境整体出发，综合运用各种防治大气污染的技术措施和对策，充分考虑区域的环境特征，对影响大气质量的多种因素进行综合系统分析，提出最优化对策和控制技术方案，以期达到区域大气环境质量控制目标。

（一）全面规划、合理布局

（二）选择有利污染物扩散的排放方式

（三）区域集中供暖、供热

（四）改变燃料构成

（五）植树造林

（六）大气污染控制技术

三、大气环境标准

为消除日趋严重的大气污染，除抓紧对大气污染源治理。尽量减少以致消除某些大气污染物的排放之外，还应通过其他一系列措施做好对大气质量的管理工作，包括制定和贯彻执行环境保护方针政策，通过立法手段建立健全环境保护法规，加强环境保护管理等。制定大气环境标准是执行环境保护法规、实施大气环境管理的科学依据和手段。

（一）大气环境标准的种类和作用

大气环境标准按其用途可分为：大气环境质量标准、大气污染物排放标准、大气污染控制技术标准及大气污染警报标准。按其适用范围可分为：国家标准、地方标准和行业标准。

1．大气环境质量标准：大气环境质量标准是以保障人体健康和正常生活条件为主要目标，规定出大气环境中某些主要污染物的最高允许浓度。它是进行大气污染评价，制定大气污染防治规划和大气污染物排放标准的依据，是进行大气环境管理的依据。

2．大气污染物排放标准：这是以实现大气环境质量标准为目标，对污染源排入大气的污染物容许含量作出限制，是控制大气污染物的排放量和进行净化装置设计的依据，同时也是环境管理部门的执法依据。大气污染物排放标准可分为国家标准、地方标准和行业标准。

3. 大气污染控制技术标准：这是大气污染物排放标准的一种辅助规定。它根据大气污染物排放标准的要求，结合生产工艺特点、燃料、原料使用标准、净化装置选用标准、烟囱高度标准及卫生防护带标准等，都是为保证达到污染物排放标准而从某一方面作出的具体技术规定，目的是使生产、设计和管理人员易掌握和执行。

4. 警报标准：这是大气环境污染不致恶化或根据大气污染发展趋势，预防发生污染事故而规定的污染物含量的极限值。超过这一极限位时就发生警报，以便采取必要的措施。警报标准的制定，主要建立在对人体健康的影响和生物承受限度的综合研究基础之上。

（二）大气环境质量标准

1. 制定原则：首先要考虑保障人体健康和保护生态环境这一大气质量目标。为此，需综合研究这一目标与大气中污染物浓度之间关系的资料，并进行定量的相关分析，以确定符合这一目标的污染物的容许浓度。

目前各国判断空气质量时，一般多依据世界卫生组织（WHO）1963 年 10 月提出的空气质量四级水平：

第一级：在处于或低于所规定的浓度和接触时间内，观察不到直接或间接的反应（包括反射性或保护性反应）。

第二级：在达到或高于所规定的浓度和接触时间内，对人体的感觉器官有刺激，对植物有损害，并对环境产生其他有害作用。

第三级：达到或高于规定的浓度和接触时间时，开始引起人的慢性疾病，使人的生理机能发生障碍或衰退，从而导致寿命缩短。

第四级：达到或高于规定的浓度和接触时间时，开始对污染敏感的人引起急性中毒或导致死亡。

标准的确定还应充分考虑地区的差异性原则。要充分注意各地区的人群构成、生态系统的结构功能、技术经济发展水平等的差异性。除了制定国家标准外，还应根据各地区的特点，制定地方大气环境质量标准。

2. 我国的大气环境质量标准：我国于 1982 年制定出《GB3095—82 大气环境质量标准》列入了总悬浮微粒（TSP）、飘尘、二氧化硫、氮氧化物、一氧化碳、光化学氧化剂（03）6 种污染物的浓度标准。

根据环境质量基准，各地大气污染状况、国民经济发展规划和大气环境的规划目标，按照分级分区管理的原则，规定我国大气环境质量标准分为三级：

一级标准：为保护自然生态和人群健康，在长期接触情况下，不发生任何危害性影响的空气质量要求。

二级标准；为保护人群健康和城市、乡村的动、植物，在长期和短期的接触情况下，不发生伤害的空气质量要求。

三级标准：为保护人群不发生急、慢性中毒和城市一般动、植物（敏感者除外）正常生长的空气质量要求。

根据各地区地理、气候、生态、政治、经济和大气污染程度．确定大气环境质量分为三类区：

一类区：国家规定的自然保护区、风景游览区、名胜古迹和疗养地等。

二类区：城市规划中确定的居民区、商业交通用居民混合区、文化区、名胜古迹和广大农村地区。

三类区：大气污染程度比较重的城镇和工业区，以及城市交通枢纽、干线等。

该标准规定，一类区由国家确定，二、三类区以及适用区域的地带范围由当地人民政府划定。上述三类区一般分别执行相应的二级标准。但是，凡位于二类区内的工业企业，应执行二级标准；凡位于三类区内的非规划的居民区，应执行三级标准。此外，标准中还规定了各项污染物的监测分析方法。

3．我国工业企业设计卫生标准：我国于1962年颁发并于1979年修订的《工业企业设计卫生标准》TJ36—79，规定了《居住区大气中有害物质的最高容许浓度》标准和《车间空气中有害物质的最高容许浓度》标准。

动物实验研究资料为依据而制定的。鉴于居民中有老、幼、病、弱，且有昼夜接触有害物质的特点，故采用了较敏感的指标。这一标准是以保障居民不发生急性或慢性中毒，不引起黏膜的刺激，闻不到异常气味和不影响生活卫生条件为依据而制定的。这一标准，在我国大气环境质量标准未制定出来之前，多年来起到替代大气环境质量标准的作用。

车间空气中有害物质最高允许浓度的数值，是以工矿企业现场卫生学调查、工人健康状况的观察以及动物实验研究资料为主要依据而制定的。最高容许浓度是指工人在该浓度下长期进行生产劳动，不致引起急性和慢性职业性危害的数值，在具有代表性的采样测定中均不应超过的数值。

4．大气污染物排放标准：制定大气污染物排放标准应遵循的原则是，以大气环境质量标准为依据，综合考虑控制技术的可能性和地区的差异性。排放标准的制定方法，大体上有两种：

（1）按最性适用技术确定的方法；

（2）按污染物在大气中的扩散规律推算的方法。

最佳实用技术是指在现阶段效果最好、且经济合理的实际应用的污染物控制技术。按该技术确定污染物排放标准的方法，就是根据污染现状、最佳控制技术的效果和对现有控制得好的污染源进行损益分析来确定排放标准。这样确定的排放标准便于实施，便于监督，但有时不一定能满足大气环境质量标准，有时又可能显得过严。

按污染物在大气中扩散规律推算排放标准的方法，是以大气环境质量标准为依据，应用污染物在大气中的扩散模式推算中不同烟囱高度时的污染物容许排放量或排放浓度．或者根据污染物排放量推算出最低烟囱向度。这样确定的排放标准，由于计算式的被确性和可靠性可能存在一定问题，各地区的自然环境条件和污染源密集程度等并不相同，对不同地区可能偏严或偏宽。

1973 年颁发的《GBJ4—73 工业“三废”排放试行标准》，暂定了 13 类有害物质的排放标准。它是以居住区大气中有害物质最高容许浓度标准为依据，应用大气扩散模式核算的不同烟囱向度时污染物容许排放量或排放浓度的标准。

四、大气污染综合防治的政策与措施

为实现上述目标与标准．除继续执行过去已有的法律、法规、政策和管理措施外，还应有针对性地进一步实施更有效的综合治理措施。

1．制订“两控区”综合防治规划并纳入当地国民经济和社会发展计划组织实施。

2．限用高硫煤，必须从源头抓起，限制高硫煤的开采、生产、运输和使用，推进高硫煤矿配套建设洗选设备，同时优先向“两控区”供应低硫煤和洗选动力煤。

3．重点治理火电厂污染，削减 $SO_2$ 排放总量。

4．抓好其他工业 $SO_2$ 排放控制工作，主要防治化工、冶金、有色金属、建材等行业生产过程排故的 $SO_2$。

5．大力研究开发 $SO_2$ 污染防治技术和设备。成熟的 S02 污染控制技术和设备是实现“两控区”控制目标的关键因素。

6．加强环境管理，强化环保执法。除强化排污收费、运用经济手段促进治理外，还应强化“两控区”环境监督管理。

# 第四章 水体环境

水是地球上分如最广和最重要的物质，是参与生命的形成和地表物质能量转化的重要因素。水也是人类社会赖以生存和发展的自然资源。20世纪以来，出于世界各国工农业的迅速发展，城市人口的剧增，缺水已是当今世界许多国家面临的重大问题，尤其是城市缺水状况越来越加剧。

根据《1992年世界发展报告》的资料统计．全世界有22个国家严重缺水，其人均水资源占有量都在1000$m^3$以下。另外还有18个国家的人均水资源占有量不足2000$m^3$，如遇到降水少的年份．这些国家也会出现较严重的缺水局面。我国目前有300多个城市缺水，其中近50个百万以上人口的大城市的缺水程度更为严重。这不仅影响居民的正常生活用水，而且制约着经济建设发展。据有关资料，目前全国城市日缺水量$16\times10^5m^3$，影响工业产值约1200亿元。

防治水污染，保护水资源是当今世界性的问题．更是我国城乡普遍面临的当务之急。

## 第一节 水体环境概述

一、天然水在环境中的循环

（一）天然水资源

我们居住的地球，是富水的行星。地球诞生后，当火山爆发时，大气只能容纳进入其中很小一部分水汽质量，地球表面最早的火山活动必定产生云和雨，通过这一过程形成了地球表面上的水体。自从地球诞生的那天起，水也就应运而生了。地球不仅总水量多，而且水量恒定不变、受其自身存在者的“水分循环”的影响。

地球表面的广大水体，在太阳辐射作用下，大量水分被蒸发，上升到空中，被气流带动输送到各地，遇冷凝结而以降水形式落到地面或水体，再从河道或地下流入海洋。水分这样往复循环不断转移交替的现象称为水的自然循环。形成水循环的内因是水的物理特性．外因是太阳的辐射和地心引力。

地球上水的总量约有14亿$km^3$，其中97%以上分布在海洋中，淡水量仅占2.8%。而且淡水大部分以两极的冰盖、冰川和深度在750m以上的地下水的形式存在。

水资源定义通常是指可供人们经常可用的水量，即大陆上由大气降水补给的各种地表、地下淡水体的储存量和动态水量。地表水包括河流、湖泊、冰川等，其动态水量为河流径流量，则地表水资源是内地表水体的储存量和河流径流量组成。地下水的动态水量为降水渗入和地表水渗入补给的水量，则地下水资源是由地下水的储存量和地下水的补给量组成的。水资源的可利用量不到1%，仅是河流、湖泊等地表水和地下水的一部分。

（二）天然水在环境中的循环

地球上各种形态的水，在太阳辐射和地心引力作用下，不断地运动循环、往复交替。在太阳辐射作用下，洋面受热开始蒸发，蒸发的水分升入空中并被气流输送至各地，在适当条件下凝结而成降水，其中降落在陆地表面的雨雪，经截留、下渗等环节而转化为地表与地下径流，最后又回归海洋，这种不断蒸发、输送、凝结、降落的往复循环过程就称为水循环。

海水被蒸发后，又以大气降水形式回归海洋的称为局部的海洋水分循环；陆地水自地表蒸发到大气中，又以降水形式回到陆地的称为局部的内陆水分循环。如海水蒸发后的水汽被吹到陆地上空，又以大气降水的形式落到陆地表面，其中一部分又可能在地表重新蒸发再被气流带进更远的内陆，然后降落到地表，再经河川或地下径流形式回到海洋，形成比较复杂的水分循环，称为全球水分循环。

通过水的循环，包括蒸发、降水、渗透及径流，地球上的水不断循环往复，在全球范围内蒸发与降水的总量是平衡的。

水循环是一个巨大的动态系统，它将地球上各种水体连接起来构成水图，使得各种水体能够长期存在，并在循环过程中渗入大气国、岩石圈和生物因，将它们联系起来形成相互制约的有机整体。水循环的存在使水能周而复始地被重复利用，成为再生性资源。水循环的强弱直接影响到一个地区水资源开发利用的程度，进而影响到经济的持续发展。

（三）水资源的利用现状

世界各国和国民经济各部门对水资源的使用情况各有不同，一般可分为工业用水、农业用水和生活用水三类。

工业企业各部门的用水情况差别较大。如发电、造纸、人造纤维等部门的需水量最大，而水泥、机械制造等部门用水量最少。

农业用水星的大小取决于各地的气候条件、水利化程度和作物种类等。

人们的生活用水量，由于人们的生活习惯和生活水平及气候条件不问，生活需水量差异悬殊，随着生活水平的提高，特别是现代化城市的大量建设，城市居民用水量日益增加，随着工业、农业和城市建设的迅速发展，对淡水的需求量急剧增长。随之将产生越来越多的工业废水和生活污水，有相当多的废水不经合理处理直接排入附近水体，造成对水资源的严重污染。

（四）世界性的水荒

当一个地区的需水量大于水资源的供水能力时，则会出现缺水现象，人们称之为“水荒”。1972 年，在瑞典斯德哥尔摩举行的联合国人类环境会议上，许多国家的报告中都提到城市缺水问题。会议提要中指出：“遍及世界的许多地区，内于工业的膨胀和每人消费量的提向，需水量已增长到超过天然来源的境地。地下水被取竭，而且受到污染。为不断增长的人口和膨胀的工业提供清洁水，已是许多国家的一个技术、经济和政治上的复杂问题，而且是日益深化的问题。在各国的报告中，还没有其他环境问题受到如此重视。”

1982 年 5 月，在内罗毕召开了纪念“联合国人类环境会议”10 周年特别会议，并发表了“内罗毕宣言”。从斯德哥尔摩到内罗毕的 10 年来，由于人口的增长和经济的大发展，水质恶化、水资源紧缺的矛盾更加尖锐，第二次环境问题的高潮开始出现。近年来世界总需水量平均每年约递增 5%～6%，每过 15 年淡水消耗量就要增长 1 倍，有些国家平均每 10 年增长 1 倍，出此，世界性水荒日益严重。

二、天然水的水质

在自然界，不存在化学报念上的“纯水”，因为天然水在循环过程中不断地和周围物质相接触，并且或多或少地溶解一些物质．使天然水成为一种溶液，并且是成分极其复杂的溶液。据有关材料说明，溶于天然水中的氧可占水中溶解物总量的 34%、氮占 61%，天然水中的氧和氮与它们在大气中的比例不同。

（一）天然水化学成分的形成

天然水从本质上来看，应属于未受人类排污影响的各种天然水体中的水。这种水目前的范围在日益减少，只有在河流的源头、荒凉地区的湖泊、深层地下水、远离陆地的大洋等处，才可能取得代表或近似代表天然水质的天然水。天然水的化学成分决定于它的形成环境，也就是说，一方面决定与水接触的物质的成分和溶解度；另一方面决定于这一作用进行的条件。

从水循环来看，天然水是在其循环过程中改变了其成分与性质的。在太阳辐射的热力作用下，由海洋水面蒸发的水蒸气。虽近似纯水，但它在空中再凝结成雨滴时，则需有凝结核。在大气层中可做凝结核的物质有海盐微粒、土壤的盐分、火山喷出物和大气放电产生的 $NO$ 和 $NO_2$ 等。因此，从雨水开始天然水中已含有各种化学物质，如$Cl^-$、$SO_4^{2-}$、$CO_3^{2-}$、$HCO_3^-$、$NO_3^-$、$Ca^{2+}$、$Mg^{2+}$、$NH_4^+$、$I^-$、$Br^-$等。雨水补给到各水体中，其化学成分会进一步增多。

在天然水中进行的化学及物理化学作用主要有：1.固体物质的溶解和沉淀；2.酸碱反应，3．水化学平衡体系中离子成分与气相间的平衡；4．氧化—还原作用；5．固体物质与水中离子成分之间的交换反应；6．有机物的矿化作用；7．生物化学作用等。上述各种作用，在自然界表现出水与周围介质的相互作用，或富集各种离子和分子，或从水中析出。

（二）天然水的化学组成

通过分析发现，天然水中含有的物质几乎包括化学元素周期表中所有的化学元素。现在仅将天然水中的溶质成分概略地分成以下几类。

溶解气体
- 主要气体：$N_2$（61%）、$O_2$（34%）、$CO_2$、$H_2S$
- 微量气体：$CH_4$、$H_2$、He

主要离子
- 阴离子：$Cl^-$、$SO_4^{2-}$、$HCO_3$、$CO_3^{-2}$
- 阳离子：$K^+$、$Na^+$、$Ca^{2+}$、$Mg^{2+}$

微量元素：$I$、$Br$、$F^-$、$BO_2^-$、$Fe$、$Cu$、$Ni$、$Ti$、$Pb$、$Zn$、$Mn$

生物源物质：$NH_4^+$、$NO_2^-$、$NO_3^-$、$HPO_4^{2-}$、$H2PO_4^- / PO_4^{3-}$

胶体
- 无机胶体：$SiO_2nH_2O$、Fe（OH）$_2\cdot nH_2O$、$Al_2O_3\cdot nH_2O$
- 有机胶体：腐殖质胶体等

另外还有固体悬浮物质：硅铝酸盐颗粒、沙粒、黏土等。

（三）各种类型天然水水质

1．大气降水：大气降水是由海洋和陆地蒸发的水蒸气凝结而成的，它的水质组成在很大程度上决定了地区条件，靠近海岸处的降水可混入由风卷送的海水飞沫；内陆的降水可混入大气中的灰少、细菌；城市和工业区上空的降水可混入煤烟、工业粉尘等。但总的来说，大气降水是杂质较少而矿化度很低的软水。

雨水的含盐量一般从每升数毫克到30～50mg，其组成在靠海岸处与海水相似，以$Na^+$、$Cl^-$为主，而内陆地区与河水相似，以$Ca^{2+}$、$HCO_3^{2-}$为主，$SO_4^{2-}$的含量有时常偏高。雨水中的溶解气体如$O_2$、$CO_2$等常是饱和或过饱和的。还常含有雷电击生成的含氮化合物。雨水的 pH 值一般在 5．6～7．0 的范围内。在城市上空因受工业气体污染影响，常出现酸化的情况，pH 值明显降低，形成酸雨，成为重要的环境问题。

一般初降雨水或下旱地区雨水中杂质较多，而长期降雨后或湿润地区雨水中杂质较少。

2．河水：河水的化学成分受多种因素的影响：①受河流集水面积内被侵蚀的岩石性质的影响；②受河流的流动过程中补给水源成分的影响；③受流域面积地区的气候条件的影响；④受生物活动的影响。在局部河段内受人类活动的影响明显，成为造成河流水质污染的重要地段。

河水中溶解氧在一般情况下是呈饱和状态的，但若受到有机物的污染会出现缺氧状态，待有机污染物被氧化分解后又可恢复正常。

3．湖泊，湖水具有不同的化学成分，这与它的补给和形成条件有关。湖泊是由河流及地下水补给而形成的，其水的组成成分与湖泊所处的气候、地质、生物等条件有密切关系。湖泊有着与河流不同的水文条件，湖水流动缓慢而蒸发表面积大，有相对稳定的水体而具有调节性。因此流入和排出的水量、水质，日射和蒸发的强度等因素也强烈地影响着湖泊水质，因而可能形成淡水湖泊或咸水湖。

湖水中的气体有$O_2$、$CO_2$，某些湖中还会有$H_2S$、$CH_4$等，气体物质的含量受湖水中生物的影响，并随深度而急剧变化。大部分湖水 pH 接近 7．0，湖水 pH 值反映了湖中化学过程和生物化学过程的变化，它们往往与气体成分和生物活动有关。

水库是人工形成的湖泊，一般为淡水湖性质，其水质状况从河水及库区的特点向湖泊演变，具有与湖泊相似的性质。

4.地下水:地下木乃是以滴状液体充填于构成地壳的岩石及沉积物孔隙中的水，地下水与各种成分的沉积物和岩石相互接触，因之它们之间具有很密切的联系，决定地下水化学成分具有重要意义。同时，地下水埋藏在地下被弱透水层或不透水层分开成为孤立的水体，使得水的交换变弱，甚至停顿，这样便促使地下水水质成分的多样性。地下水与地表及大气团的接触具有局限性，只是距地表最近的含水层才受到外界的某些影响，与地表水的交流可能性也较多。地下水埋藏较深，因地下没有光和游离氧使得植物不可能在地下水中生长，但微生物的作用却相对加强，在很深的地下水中仍能见到特种微生物的发育。总的说来，地下水水质的基本特征是：悬浮杂质少，水清澈透明，有机物和细菌的含量极少，受地面的污染不那样直接，溶解盐类含量增加，硬度和矿化度较大。

三、水体概念及水体污染

（一）水体的概念

水体是地表水圈的重要组成部分，指的是以相对稳定的陆地为边界的天然水域，包括有一定流速的沟渠、江河和相对静止的塘堰、水库、湖泊、沼泽，以及受潮汐影响的三角洲与海洋。把水体当作完整的生态系统或综合自然体来看待，其中包括水中的悬浮物质、溶解物质、底泥和水生生物等。

水体可以按类型区分，也可以按区域区分。按类型区分时，地表贮水体可分为海洋水体和陆地水体；陆地水体又可分为地表水体和地下水体。按区域划分的水体，是指某一具体的被水覆盖的地段，如太湖、洞庭湖、鄱阳湖，是三个不同的水体，但按陆地水体类型划分，它们同属于湖泊；又如长江、黄河、珠江，它们同为河流，而按区域划分，则分属于三个流域的三条水系。

在环境污染研究中，区分“水”和“水体”的概念十分重要。如重金属污染物易于从水中转移到底泥中（生成沉淀，或被吸附和整合），水中重金属的含量一般都不高，仅从水着眼，似乎水未受到污染；但从整个水体来看，则很可能受到较严重的污染。重金属污染由水转向底泥可称为水的自净作用，但从整个水体来看，沉积在底泥中的重金属将成为该水体的一个长期次生污染源，很难治理，它们将逐渐向下游移动，扩大污染面。

（二）水体污染

水体污染是指排入水体的污染物在数量上超过了该物质在水体中的本底含量和水体的环境容量，从而导致水体的物理特征、化学特征和生物特征发生不良变化，破坏了水中固有的生态系统，破坏了水体的功能及其在经济发展和人民生活中的作用。

造成水体污染的因素是多方面的，如向水体排放未经过妥善处理的城市污水和工业废水；施用的化肥、农药及城市地面的污染物，被雨水冲刷，随地面径流而进入水体；随大气扩散的有意物质通过重力沉降或降水过程而进入水体等。其中第一项是水体污染的主要因素。

四、水体污染源和污染物

水体污染源是指造成水体污染的污染物的发生源。通常是指向水体排入污染物或对水体产生有害影响的场所、设备和装置，也包括污染物进入水体的途径。水体污染最初主要是自然因素造成的，如地面水渗漏和地下水流动将地层中某些矿物质溶解，使水中的盐分、微量元家或放射性物质浓度偏高而使水质恶化。在当前的条件下，工业、农业和交通运输业高度发展，人口大量集中于城市，水体污染主要是人类的生产和生活活动造成的。

（一）水体污染物质的来源

人类活动造成水体污染的来源主要有三方面：工业废水、生活污水、农业退水。

（二）水体污染的主要污染物

影响水体污染的主要污染物按释放的污染种类可分为物理、化学、生物等几方面。

1. 物理方面：指的是颜色、浊度、温度、悬浮固体和放射性等。

2. 化学方面：水体中的污染物按其种类和性质一般可分为四大类：即无机无毒物、天机有毒物、有机无毒物和行机有毒物。除此以外，对水体造成污染的还有放射性物质、生物污染物质和热污染等。所谓有章、无毒是根据对人体健康是否直接造成毒害作用而分的。严格来说，污水中的污染物质没有绝对无毒害作用的，所谓无毒害作用是相对而有条件的，如多数的污染物在其低浓度时，对人体健康并没有毒害作用，而达到一定浓度后，即能够只现出毒害作用。

# 第二节 污染物在水体中的运动

污染物进入水体之后，随着水的迁移运动、污染物的分散运动以及污染物质的衰减转化运动，使污染物在水体中得到稀释和扩散，从而降低了污染物在水体少的浓度，它起着一种重要的“自净作用”。根据自然界水体运动的不同特点，可形成不同形式的扩散类型，如河流、河口、湖泊以及海湾中的污染物扩散类型。这里重点介绍河流中污染物的扩散。

一、推流迁移

推流迁移是指污染物在水流作用下产生的迁移作用。推流作用只改变水流中污染物的位置，并不能降低污染物的浓度。

在推流的作用下污染物的迁移通量可按下式计算

$$f_x = u_x c，f_y = u_y c，f_z = u_z c$$

式中 $f_x$、$f_y$、$f_z$ 为 $x$、$y$、$z$ 方向上的污染物推流迁移通量；$u_x$、$u_y$、$u_z$ 为在 $x$、$y$、$z$ 方向上的水流速度分量；$c$ 为污染物河流水体中的浓度。

二、分散作用

污染物在河流水体中的分散作用包含 3 个方面内容：分子扩散、湍流扩散和弥散。

在确定污染物的分散作用时，假定污染物质点的动力学特性与水的质点一致。这一假设对于多数溶解污染物或呈胶体状污染物质是可以满足的。

分子扩散是由分子的随机运动引起的质点分散现象。分子扩散过程服从费克（Fick）第一定律，即分子扩散的质量通量与扩散物质的浓度梯度成正比，即

$$\Gamma_x = -E_M \frac{\partial c}{\partial x}，\Gamma_y = -E_M \frac{\partial c}{\partial x}，\Gamma_z = -E_M \frac{\partial c}{\partial x}$$

式中 $\Gamma_x$、$\Gamma_y$、$\Gamma_z$ 为 $x$、$y$、$z$ 方向分子扩散的污染物质通量；$E_M$ 为分子扩散系数；$c$ 为分子扩散所传递物质的浓度。

分子扩散是各向同性的，上式中的负号表示质点的迁移指向负梯度方向。

湍流扩散是在河流水体的流湍流场中质点的各种状态（流速、压力、浓度等）的瞬时值相对于其平均值的随机脉动而导致的分散现象。当水流体的质点的亲流瞬时脉动速度为稳定的随机变量时，湍流扩散规律可以用费克第一定律表达，即

$$I_x^2=-E_x\frac{\partial\overline{c}}{\partial x}, \quad I_y^2=-E_y\frac{\partial\overline{c}}{\partial y}, \quad I_z^2=-E_z\frac{\partial\overline{c}}{\partial z}$$

式中 $I_X^2$、$I_y^2$、$I_z^2$ 为 $x$、$y$、$z$ 方向上由湍流扩散所导致的污染物质量通量；$E_x$、$E_y$、$E_z$ 为 $x$、$y$、$z$ 方向的湍流扩散系数；$\overline{c}$ 为通过湍流扩散所传递物质的平均浓度。

由于湍流的特点，湍流扩散系数是各向异性的。湍流扩散作用是由于计算中采用时间平均值描述湍流的各种状态导致的，如果直接用瞬时值计算，就不会出现湍流扩散项。

弥散作用是由于横断面上实际的流速分布不均匀引起的，在用断面平均流速描述实际运动时，就必须考虑一个附加的由流速不均匀引起的作用——弥散。弥散作用可以定义为：由空间各点湍流流速（或其他状态）时平均值与流速时平均值的空间平均值的系统差别所产生的分散现象。弥散作用所导致的质量通量也可以按费克第一定律来描述

$$I_x^3=-D_x\frac{\partial\overline{\overline{c}}}{\partial x}, \quad I_y^3=-D_y\frac{\partial\overline{\overline{c}}}{\partial y}, \quad I_z^3=-D_z\frac{\partial\overline{\overline{c}}}{\partial z}$$

式中 $I_x^3$、$I_y^3$、$I_z^3$ 为 $x$、$y$、$z$ 方向上由弥散作用所导致的污染物质量通量；$D_x$、$D_y$、$D_z$ 为 $x$、$y$、$z$ 方向上的弥散系数；$\overline{\overline{c}}$ 为湍流时平均浓度的空间平均值。

由于在实际计算中一般都采用湍流时平均值，因此必然要引入湍流扩散系数。分子扩散系数的数值在河流中为 $10^{-5}\sim10^{-4}m^2/s$ 湍流扩散系数要大得多，在河流少的量级为 $10^2\sim100m^2/s$。

弥散作用只有在取湍流时平均值的空间平均值时才发生，因此弥散作用大多发生在河流中。一般河流中弥散作用的量值为 $10^1\sim10^4m^2/s$。

三、污染物的衰减和转化

进入水环境中的污染物可以分为两大类：保守物质和非保守物质。

保守物质进入水环境以后，随着水流的运动而不断变换所处的空间位置，还由于分散作用不断向周围扩散而降低其初始浓度，但它不会因此而改变总量。重金属，很多高分子有机化合物都属于保守物质。对于那些对生态系统有害或暂时无害但能在水环境中积累，从长远来看是有害的保守物质，要严格控制排放，因为水环境对

它们没有净化能力。

非保守物质进入水环境以后，除了随着水流流动而改变位置，并不断扩散而降低浓度外，还因污染物自身的衰减而加速浓度的下降。非保守物质的衰减有两种方式：一是由其自身的运动变化规律决定的，另一种是在水环境因素的作用下，由于化学的或生物的反应而不断衰减，如可以生化降解的有机物在水体中的微生物作用下的氧化分解过程。

试验和实际观测数据都证明，污染物在水环境小的衰减过程基本上符合一级反应动力学规律，实际污染物质在进入河流水体后作着复杂的运动，用以描述这种运动规律的是一组复杂的模型。

## 第三节 污染物在水体中的变化

一、水体中耗氧有机物降解

水体中耗氧有机物主要指动、植物残体和生活污水及某些工业废水中的碳水化合物、脂肪、蛋白质等易分解的有机物，它们在分解过程中要消耗水中的溶解氧，使水质恶化。

有机物在水体中的降解是通过化学氧化、光化学氧化和生物化学氧化来实现的。其中生物化学氧化作用具有最重要的意义。

（一）有机物生物化学分解

有机物生物化学分解基本反应可分为两大类。

1. 水解反应；水解反应是指复杂的有机物分子在水解酶参与下加以水分子分解为较简单化合物的反应。其中一些反应可发生在细菌体外，如蔗糖本身包含葡萄糖和果糖两部分，在水解后即分为 2 个分子。

2. 氧化反应：生物氧化作用主要有两类，脱氢作用和脱羧作用。

（1）脱氢作用。又可分两种。一种是从—CHOH—基团脱氢，例如乳酸形成丙酮酸的反应；另一种是从—$CH_2CH_2$—基因脱氢，例如由琥珀酸脱氢形成延胡索酸的反应。

（2）脱羧作用。这是生物氧化中产生 $CO_2$ 的主要过程。

（二）代表性耗氧有机物的生物降解

1. 碳水化合物的降解：碳水化合物是由 C、H、O 组成的不含氮的有机物，一般以通式 $C_n(H_2O)_m$ 表示。碳水化合物根据分子构造的特点通常分为三类：单糖、二糖、多糖。单糖包括戊糖（$C_5H_{10}O_5$）和己糖（$C_6H_{12}O_6$），戊糖以木糖和阿拉伯糖为代表，己糖如葡萄糖、果糖等；二糖（$C_{12}H_{22}O_{11}$）的代表如蔗糖、乳糖、麦芽糖等；多糖是己糖的产物和其他单糖凝聚而成，以淀粉、纤维素最具代表性。

细菌或其他微生物首先在细胞膜外通过水解使碳水化合物从多糖至少转化为：糖后，才能透入细胞膜内。

2. 脂肪和油类的降解：脂肪和油类也是不含氮的有机物，是由脂肪酸和甘油生成的酯类物质，常温下为固体的是脂肪，多来自动物；液体状态的是油，多来自植物。这类物质比碳水化合物难于被生物降解，可能是由于不溶于水的原因而聚集成团，因缺少其他元素，使细菌不易生长和繁殖，如果有乳化剂将它们分散开，特有利于发生降解。

3. 含氮有机物降解：合氮有机物是指除 C、H、O 外，还含有 N、S、P 等元素的有机化合物，其中包括蛋白质、氨基酸以及尿素、胺类、腈类、硝基化合物等。一般说来，含氮有机物的生物降解难于不含氮有机物，其产物污染性强。同时，它的降解产物与不含氯有机物的降解产物会发生相互作用，影响整个降解过程。

二、水体富营养化过程

“营养化”（eutrophication）是一种氮、磷等植物营养物质含量过多所引起的水质污染现象。现代湖沼学也把这一现象当作湖泊演化过程中逐渐衰亡的一种标志。

（一）水体富营养化类型

1. 天然富营养化：自然界的许多湖泊，它们在数千万年前，或者更远年代的幼年时期，处于贫营养状态。然而，随着时间的推移和环境的变化，湖泊一方面从天然降水中接纳氮、磷等营养物质；一方面因地表土壤的侵蚀和淋溶，也使大量的营养元素进入湖内，逐渐增加了湖泊水体的肥力，大量的浮游植物和其他水生植物的生长就有了可能，这就为草食性的甲壳纲动物、昆虫和鱼类提供了丰富的食料。当这些动植物死亡后，它们的机体沉积在湖底，积累形成底泥沉积物。残存的动植物残体不断分解，由此释放出的营养物质又被新的生物体所吸收。

按照这样的方式和途径，经过千万年的天然演化过程，原来的贫营养湖泊就逐渐地演变成为富营养湖泊。湖泊营养物质的这种天然富集，湖水营养物质浓度逐渐增高而发生水质变化的过程，就是通常所称的天然富营养化。

2. 人为富营养化：随着工农业生产大规模地迅速发展，城市化现象愈加明显，使得不断增长的人口集中在一些水源丰富的特定的地区。人口集中的城市排放出大量含有氮、磷营养物质的生活污水排入湖泊、河流和水库，增加了这些水体营养物质的负荷量。同时，在农村，为了提高农作物产量，施用的化学肥料和牲畜粪便逐年增加，经过雨水冲刷和渗透，以面源的形式使一定数量的植物营养物质最终输送到水体中。据估计，农业地区输出的总磷可达森林地区输出量的10倍以上，而城市径流中的总磷量又可以是农业集水区径流量的7倍左右，城市、农业、森林地带的地表径流都可能是某种水体富营养化的重要因素。

富营养化是湖泊分类和演化的一种概念，是湖泊水体老化的一种自然现象。在自然界物质的正常循环过程中，湖泊将由贫营养湖发展为富营养湖，进一步又发展为沼泽地和干地，但这一历程需要很长的时间，在自然条件下需几万年甚至几十万年，但富营养化将大大地促进这一进程。如果氯、磷等植物营养物质大量而连续地进入湖泊、水库及海湾等缓流水体，将促进各种水生生物的活性，刺激它们异常繁殖（主要是藻类），这样就带来一系列的严重后果。

（1）藻类在水体中占据的空间越来越大，使鱼类活动的空间越来越少；衰死藻类将沉积塘底。

（2）藻类种类逐渐减少，并由以硅藻和绿藻为主转为以蓝藻为主，蓝藻有不少种有胶质膜，不适于作鱼饵料，而其中有一些种属是有毒的。

（3）藻类过度生长繁殖，将造成水体中溶解氧的急剧变化，藻类的呼吸作用和死亡的藻类的分解作用消耗大量的氧，有可能在一定时间内使水体处于严重缺氧状态，严重影响鱼类生存。

在这里应当着重指出的是硝酸盐对人类健康的危害。硝酸盐本身是无毒的，但是，现在发现硝酸盐在人胃中可能还原为亚硝酸盐，亚硝酸盐与仲胺作用可生成亚硝胺，而亚硝胺则是致癌、致变异和致畸胎的所谓三致物质。此外，饮用水中硝酸氮过商还会在婴儿体内产生变性血色蛋白症，因此，国家规定饮用水中硝酸氮含量不得超过10mg / L。

湖泊水体的富营养与水体中的氮、磷含量有密切关系，据瑞典46个湖泊的调查研究资料证实，一般当总磷和无机氮分别为20mg / $m^3$和300mg / $m^3$时，就可以认为水体已处于富营养化的状态。富营养化问题的关键，不是水中营养物的浓度，而是连续不断地流入水体中的营养盐的负荷量，因此不能完全根据水体中营养盐浓度来判断水体富营养化程度。

水体出现富营养化现象时主要表现为浮游生物大量繁殖，因占优势的浮游生物的颜色不同水面往往呈现蓝色、红色、棕色、乳白色等，这种现象在江河湖泊中称为“水华”，在海洋则称为“赤潮”。

（二）植物营养物氮、磷在水体中的转化

植物营养的组成、各种营养成分之间的含量比例、单位时间的负荷量以及营养元素的限制性是决定湖泊水体营养贫富程度的基本因素。由于水体富营养化的过程是水体自养型生物（主要是浮游植物）在水体中形成优势的过程，所以目前的研究也着重于和这些生物生长需求有关的营养成分如磷、氮、二氧化碳、硅、钾、钠、铁等，这里某些营养成分在水体中含量甚微，但又为浮游植物生长所必需，在水体中含量过低时，对生物的生长产生抑制作用。这种营养成分被称为富营养化过程的限制性因素。其中磷和氮在水体富营养化的限制因素中起了重要作用。下面着重介绍磷和氮在水体中的转化过程。

1. 含氮化合物在水体中的转化：水体中的含氮化合物可分为有机氮和无机氮两大类。有机氮大多是农业废弃物和城市生活污水中的含氮有机物，它们包括蛋白质、氨基酸和尿素等；无机氮指的是氨氮、亚硝态氮和硝态氮等，它们一部分是有机氮经微生物分解转化作用而产生的，一部分直接来自施用化肥的农田退水和工业排水。

有机氮化合物的降解转化过程在前面已做介绍。含氮有机物在水体中的降解过程包括氯化和硝化过程。氨化可以在有氧或无氧条件下进行，硝化则只在有氧条件下进行。氢化的产物是 $NH_3$ 或者 $NH_4^+$，硝化的产物为硝酸盐，此两类物质可以被植物吸收。在缺氧条件下，一些嫌气细菌把 $NO_3$ 以及 $NO_2$ 作为呼吸作用的受氢体，使它们发生还原反应，逐步又转化为还原态，其主要形态是气体的 $N_2O$ 和 $N_2$ 又回到大气中去，这就是所谓反硝化作用。

从需氧污染物在水体中的转化过程来看，上述两种反应可作为需氧污染物的自净过程的判断标志，但在水中它们提供了植物营养所需的氮元素。

2. 含磷化合物在水体中的转化：水体中的磷是以多种形态存在的，所有的无机磷几乎完全以磷酸盐形态存在，也就是磷的完全氧化态，天然水中的磷是由矿石风化、侵蚀、淋溶、细菌作用、农业肥料、污水和洗涤剂排入等来源构成。此外还有呈胶体和颗粒态的有机磷化合物存在。水体中可溶性磷含量较少，因它们很容易与 $Ca^{2+}$、$Fe^{3+}$、$Al^{3+}$ 等生成难溶性的沉淀物。

聚积于底泥中磷的存在形式和数量，一方面决定于污染物输入和通过地表与地下径流的排出情况；另一方面决定于水中的磷与底泥中的磷之间的交换情况。水中的无机磷经生物吸收及有机磷沉淀，从表层除去。沉积物中的磷，通过颗粒态磷的悬浮作用和湍流扩散作用，释放到上层水体中去。

在湖泊水体中磷的循环，大体可以看作是一个动态的稳定体系，其中在各不同部分中磷含量的变化在稳定环境条件下是很小的，并且是很缓慢的，它影响到湖泊水体中磷的有效状态。

（三）氮、磷污染与水体富营养化

造成水体富营养化最直观的表现是藻类的数量增多和种类的变化。如果在一个确定的湖泊水体，它在光照、温度、降水以及形态、地质构造等都是相对稳定的情况下，湖水中藻类的变化很可能是与外界输入的某些营养物质有关。这些营养物质进入水体，使得湖泊水体中营养物质的浓度产生了改变，刺激了藻类的增殖，从而最终导致了水质的恶化。

天然水体中藻类生长的整个新陈代谢过程中，需要阳光以进行光合作用。在这个过程中，藻类将自身所需要的养料，例如无机盐类等，摄入自身体内，合成细胞内新的有机物质，藻类因此得以不断增殖。

斯塔姆（Stumm）曾对水体中藻类新陈代谢过程，在光合生产 P（有机物生产速度）和异养呼吸 R（有机物分解速度）之间早静止状态。可用简单的化学计量关系式来表征这种状态。反应式为：

$$106CO_2+16NO_3^-+HPO_4^{2-}+122H_2O+18H_2+(\text{痕量元素和能量})$$
$$P\downarrow\uparrow R$$
$$\{C_{106}H_{263}O_{110}N_{16}P_1\}+138O_2$$

反应式的化学计量关系以一种简单的方式反映了利贝格最小值定律（liebig law of the minimum）：植物生长取决于外界供给它所需要的养料中数量最少的那一种。可以看出，在藻类分子量中所占的重要百分比中，磷最小，氮次之。磷和氮需要量可根据上式定量地计算出，每生成 3550g 藻类，就需要 31g 磷和 224g 氮；也可以计算得到氧、氢和碳的供应量。

可以看出，藻类的生产量主要取决于水体中磷的供应量。当水体中的酶供应充足时，藻类可以得到充分增殖；如果磷供应量受到限制，那么，藻类的生产量就将随着受到限制。

在研究氮、磷营养物质与水体富营养化过程中，水体氮、磷浓度的比值与藻类增殖有着密切的关系。

水体富营养化的结果，破坏了水体生态系统原有的平衡。富营养化使水体中有机物大量生长的结果，会引起水质污染，藻类、植物及水生物、鱼类衰亡甚至绝迹。这些现象可能周期性地交替出现，破坏水域的生态平衡，并且加速湖泊等水域的衰亡过程。

（四）水体富营养化状态判断标准

目前，根据湖水营养物质浓度、藻类所含叶绿素 a 的量、湖水透明度以及溶解氧等项指标来划分水质营养状态，也常常以此作为判断水质营养状态的标准。

吉克斯塔特（Gekstatter）提出了划分水质营养状态的标准，并为美国环境保护局（EPA）在水质富营养化研究中得到采用。

沃伦威德（R. A. Vollenweider）根据多年对氮、磷营养物质与湖泊富营养化相互关系研究的成果，提出了不同水深的湖泊单位面积氮、磷允许负荷量和危险负荷量的标准。所谓允许负荷且是指水质从贫营养状态向中营养状态过渡的临界量；危险负荷量则是中营养状态向富营养状态过渡的临界量。

三、重金属在水体中的迁移转化

重金属元素是无机有毒物质的主要组成部分，是具有潜在危害的重要污染物。目前在环境污染研究中所说的重金属主要是指汞、镉、铅、铬以及类金属砷等毒性显著的元素。

（一）重金属元素在水环境中的污染特征

1．至金属元素在自然界的分布：重金属普遍存在于岩石、土壤、大气、水体和生物体内，并不断地进行自然环境中的迁移循环，其含量虽然均低于 0．1%，但污染危害在局部地区却相当明显。

2．重金属属于过渡性元素：从化学性质上看，重金属大多属于周期表中的过渡性元素，它们的许多基本化学特性都是由这类元素的电子层结构决定的，使金属在水环境中的行为具有价态变化较多、配位络合能力强、表现出对生物的毒性效应明显。

3．重金属在水环境中的迁移转化：可分为机械迁移、物理化学迁移和生物迁移 3 种基本类型。机械迁移是指重金属离于以溶解态或颗粒态的形式被水流机械搬运。物理化学迁移指重金属以简单离子、络离子或可按性分子在水环境中通过一系列物理化学作用所实行的迁移与转化过程，这种迁移转化过程决定了重金属在水环境中的存在形式、富集状况和潜在危害程度。生物迁移指重金属通过生物体的新陈代谢、生长、死亡等过程所实现的迁移，这是一种复杂的迁移，服从于生物学规律。

4. 重金属的毒性效应：重金属能被生物吸收，并与生物体内的蛋白质和酶等高分子物质结合，产生不可逆的变性，导致生理或代谢过程的障碍，或者与脱氧核糖核酸等相互作用而致突变。从化学结构来看，人体组织中的生理活性高分子拥有的主要官能团$-SH$、$-NH_2$、$-NH$、$-COOH$、$-PO_4$、$-OH$等，都可能与重金属元素配位生成稳定的络合物或螯合物，从而失去活性。对不同的官能团，各种金属有不同的相对亲和能力。不过，到目前为止，不同重金属的毒性强弱仍然缺乏一种适当的定量判断指标，只能做些定性的描述。

（二）重金属在水体中的迁移转化

天然水体是一个包括多种无机物和有机物的复杂的多相电解质系统，其化学行为必然要受到整个系统的影响。重金属污染物进入水体后，参与多方面的化学反应。影响重金属元家在水体中发生迁移转化主要表现为：

1. 重金属化合物的沉淀—溶解作用：重金属化合物在水中的溶解度可以直观地表示其在水体中的迁移能力，溶解度大者迁移能力大，溶解度小者迁移能力小。水作为一种溶剂对许多物质都有很强的溶解能力，对离子键化合物来说，溶解度随着离子半径的增大和电价的减少而增加，如$Na_2PO_4$、$Na_2SO_4$、$Na_2CO_3$均易溶，而$Ca_3(PO_4)_2$、$CaSO_4$、$CaCO_3$均难溶。同理，Mg、Ca、Sr、Ba等的氟化物难溶，而Na、K、Rb、Cs等的氟化物较易溶。

在沉淀的最初阶段，溶液中金属离子的浓度决定于溶液中相应的阴离子的种类和浓度及PH值。在地表水和沉积物的孔隙水中存在着的主要阴离子是$Cl^-$、$SO_4^{2-}$、$HCO_3$在还原条件下还有由$H_2S$衍生出来的阴离子$HS$与$S^{2-}$等。重金属的所有氯化物与硫酸盐（$Agcl$、$HgCl$和$PbCl_2$除外）都是易溶的，其碳酸盐、氢氧化物和硫化物是难溶的。

2. 重金属的氧化还原转化：重金属的迁移转化趋势和污染效应均与此有密切关系。

氧化—还原电位（Eh）表示元素的氧化还原能力的测量单位。在一个氧化还原反应系统中，既含有氧化剂也含有还原剂的情况下，存在着放出电子与取得电子的趋势，而产生一个可以测量的电位，即氧化还原电位。电位值愈大，表明该体系内氧化剂的强度愈大。

自然环境是一个由水、土、气、生物等要素组成的省结构的整体，也是一个由许多无机和有机的单系统组成的复杂的氧化—还原系统。在一般环境中，氧系统是“决定电位”系统，即该系统的氧化—还原电位决定于天然水、土壤和底泥中的游离氧含量。在有机质累积的缺氧环境中，有机质系统是“决定电位”系统。研究表明，有机质是还原过程的产物，它的分解是一个氧化过程，需要消耗大量氧，在通气良好的情况下，它彻底分解为二氧化碳和水等氧化态产物，在嫌气分解下往往形成一系列中间产物累积起来，最终结果是氢、硫化氢和甲烷等还原态产物，形成还原环境。出此，确切地说，在自然环境中，决定电位的系统应该是氧系统和有机系统的综合。除此而外，铁、锰元素是自然环境中分布相当普遍的变价元素，它们在自然环境物质的氧化—还原中起着重要的作用。

天然水含有许多天机及有机的氧化剂和还原剂，是一复杂的氧化—还原混合体系，在多数情况下，天然水中起决定电位作用的物质是溶解氧，而在有机物积累的缺氧水中，有机物起着决定电位的作用。

3．重金属元素络合作用：在水环境中存在着多种多样的天然和人工合成的配位体，它们能与五金属离子形成稳定度不同的络合物或整合物，对重金属元素在水环境中的迁移有很大影响。

重金属离子的水解过程实际上是它们用羟基的络合过程。除$OH^-$基外，重金属在天然水中的其他重要无机配位体还有$Cl$、$CO_3^{2-}$和$SO_4^{2-}$离子，其次$F^-$、$S^{2-}$和$PO_4^{3-}$离子。近年来，在水环境金属元素化学的研究中，人们特别重视羟基络合作用及氯离子的络合作用，认为这两者是影响一些重金属难溶盐类溶解度的重要因素，尤其是$Cl^-$离子被认为是天然水中重金属的最稳定的络合剂。

4．重金属的胶体化学吸附迁移转化：在水体中的悬浮颗粒物和底泥中含有丰富的胶体，能够强烈地吸附各种分子和离子，对重金属离子在水环境中的迁移有明显影响，胶体的吸附作用是使重金属从不饱和的溶液中转入固相的主要途径。在天然水体中，重金属发生的许多现象和污染过程在固、液、气三相界面上进行，而与胶体吸附作用关系密切。

天然水就是一个多相分散系统。其中固体分散相包括三类：无机粒子、有机粒子、无机和有机粒子的聚集体。无机粒子主要有石英及黏土矿物微粒和铁、铝、锰、硅等水合氧化物，石英微粒半径一般大于 10μm，在水中形成粗多相系统。黏土矿物微粒是具有层状结构的硅铝酸盐，粒径一般小于 10μm，在水中形成胶体或悬浮系统。铁、铝、硅、锰水合氧化物大多是水中相应成分通过反应形成的，基本组成有（FeO）OH、Fe（OH）$_3$、Al（OH）$_3$、MnOOH、$MnO_2$、Si（OH）$_4$、$SiO_2$等；有机粒子有天然和人工合成的高分子化合物，种类繁多。已知的腐殖质是最重要的有机粒子之一；无机—有机粒子的聚集体，主要是以黏土矿物微粒为中心，再结合其他无机或有机粒子（主要是腐殖质）的聚集体。

各种微胶可吸附水中的污染物，而使污染物的存在形态、环境行为发生明显变化，污染物的毒性也有可能发生变化。

（1）肢体微粒吸附重金属离子的机制。主要有三种：离子交换吸附；溶液中水解，而后吸附，吸附、并在表面上水解。

腐殖质微粒对重金属离子的吸附，主要是通过它的螯合作用和离子交换作用。由于腐殖质中活性羧基、酚基的氢可以质子化，所以能与重金属离子进行离子交换而将它吸附。

总之，各种吸附机制基本上可分为物理吸附和化学吸附两大类。物理吸附是由微粒表面与吸附物之间的分子间作用力引起的。分子间作用力包括取向、色散和诱导力，并以前面两种力为主，疏水作用吸附在能量上大约相当于分子间作用力吸附，故可将它纳入物理吸附范围。化学吸附则是由微粒表面与吸附物之间的化学键或氢键、离子交换等作用引起的。一般化学键的形成首先取决于作用双方的本性。所以，化学吸附具有选择性，而物理吸附则无选择性。化学键又显若大于分子间作用力，化学吸附热效应就比物理吸附大很多。物理吸附的活化能小，因而物理吸附速度较快，容易达到平衡。化学吸附的活化能则较大，所以化学吸附在常温下速度较慢，不容易达到平衡。

（2）水体中胶体微粒的凝聚。天然水体中有机和无机胶体微粒带有负电荷，外电层吸附阳离子。溶液中存在大量某些其他阳离子时，会引起胶体发生凝聚作用。

重金属化合物被吸附在有机肢体、无机胶体和矿物微粒上以后，就随它们在水体中运动。如果这些胶体微粒能够相互聚集到一起，形成比较粗大的絮状物，就可能在水流中沉降下来，沉积在水体底部，最终成为沉积物。

胶体微粒的聚集可分为两种不同作用过程：第一种是微粒在水中相反电荷物质的作用下实现电中和作用，消除微粒间的排斥势能，使彼此可以接近到吸引力占优势的距离，这称为凝聚作用。影响天然水中无机胶体微粒凝聚的因素是复杂的，除电解质外，还有胶体微粒浓度、水的温度、pH 值及其流动状况、带相反电性的胶体微粒的相互作用、光的作用等因素；第二种是水中高聚物若含有能同胶体微粒表面某些部位发生结合的基团，则有可能被该胶粒吸附，高聚物的其他活性基团也有可能被其他胶粒吸附，以此类推，便形成以高聚物为桥连的胶粒—向聚物—胶粒的庞大聚体，可在重力作用下沉降。这种通过桥连吸附而聚集的方式，称为胶体微粒的絮凝。

## 第四节 水环境污染控制及管理

一、水体污染的管理

（一）水环境质量标准

1．水质标准；水质标准是指为了保障人体健康、维护生态平衡、保护水资源、控制水污染，在综合水体自然环境特征、控制水环境污染的技术水平及经济条件的基础上，所规定的水环境中污染物的容许含量、污染源排放污染物的数量和浓度等的技术规范。

按照水体的类型，水质标准可分为地面水水质标准、海水水质标准和地下水水质标准；按照水的用途，又可区分为生活饮用水水质标准、渔业用水水质标准、农业灌溉水质标准、娱乐用水水质标准和工业用水水质标准等。由于各种标准制定的目的、适用范围和要求不同，同一污染物在不同标准中所规定的数值也不同。

世界各国都十分重视水环境质量标准的制定，普遍认识到它是控制水体污染的重要措施之一。但对于天然水体应保持什么样的水质标准，认识并不完全一致。多数认为，保护水体的目标，应该是使受污染水体恢复到符合当地人们需要的最有利的用途。水的用途不同，对水质的要求也不一样，水质标准自然也就不同。

2．工业废水排放标准：要使天然水体水质达到规定的环境质量标准，必须控制工业废水的排放。1988 年我国重新修订颁布了《污水综合排放标准》。本标准适用于排放污水和废水的一切企、事业单位。标准中将排放的污染物按其性质分为两类；第一类染物指能在环境或动植物体内蓄积，对人体健康产生长远不良影响者，含有此类有害污染物质的污水，不分行业和行水排放方式，也不分受纳水体的功能类别，一律在车间处理设施排出口取样，其最高允许排放浓度必须符合规定；第二类污染物，指其长远影响小于第一类的污染物质，在排污单位排出口取样，其最高允许排放浓度和部分行业最高允许排水定额必须符合规定，并以此作为环境管理监督的依据。

（二）水环境污染防治对策

1. 减少耗水量

2. 建立城市污水处理系统

3. 调整工业布局

4. 加强水资源的规划管理

总而言之，水环境保护必须遵循合理开发、节约使用和防治污染二者并行的方针，使我国水资源在经济建设少发挥更大的作用。

二、污水处理方法

（一）污水处理方法的分类

现代的污水处理技术，按其作用原理可分为物理法、化学法、物理化学法和生物处理法四大类。

1. 物理法：通过物理作用，以分离、回收污水中不溶解的呈悬浮状的污染物质包括油膜和油珠，在处理过程中不改变其化学性质。物理法操作简单、经济，常采用的有重力分离法、离心分离法、过滤法及气浮法等。

2. 化学法：向污水中投加某种化学物质，利用化学反应来分离、回收污水中的某些污染物质，或使其转化为大会的物质。常用的方法有化学沉淀法、混凝法、中和法、氧化还原（包括电解）法等。

3. 物理化学法：利用萃取、吸附、离子交换、膜分离技术、气提等操作过程，处理或回收利用工业废水的方法称为物理化学法。工业废水在应用物理化学法进行处理或回收利用之前，一般均需先经过预处理，尽量去除废水中的悬浮物、油类、有害气体等杂质，或调整度水的 pH 值，以便提高回收效率及减少损耗。

4. 生物法：污水的生物处理法就是利用微生物新陈代谢功能，使污水中呈溶解和胶体状态的有机污染物被降解并转化为无害的物质，使污水得以净化。属于生物处理法的工艺，又可以根据参与作用的微生物种类和供氧情况分为两大类，即好氧生物处理及厌氧生物处理。

（二）污水处理流程

污水中的污染物质是多种多样的，不能预期只用一种方法就能够把污水中所有的污染物质去除殆尽，一种污水往往需要通过几种方法组成的处理系统，才能达到处理要求的程度。

按污水的处理程度划分，污水处理可分为一级、二级和二级（深度）处理。一级处理主要是去除污水中呈悬浮状的固体行染物质，物理处理法中的大部分用作一级处理。经一级处理后的污水，BOD只能去除30%左右，仍不且排放，还必须进行二级处理，因此针对二级处理来说，一级处理又属于预处理。二级处理的主要任务是，大幅度地去除污水中呈胶体和溶解状态的有机件污染物质（即BOD物质），常采用生物法，去除率可达90%以上，处理后水中的$BOD_5$含量可降至20～30mg/L，一般河水均能达到排放标准。但经二级处理后的污水中仍残存有微生物不能降解的有机污染物和氮、磷等天机盐类。深度处理往往是以污水回收、再次复用为目的而在二级处理工之后增设的处理工艺或系统，其目的是进一步去除废水中的悬浮物质、无机盐类及其他污染物质。污水复用的范围很广，从工业上的复用到充作饮用水，对复用水水质的要求也不尽相同，一般根据水的复用用途而组合三级处理工艺，常用的有生物脱氮法、混凝沉淀法、活性炭过滤、离子交换及反渗透和电渗析等。

污水处理流程的组合，一般应遵循先易后难、先简后繁的规律，即首先去除大块垃圾及漂浮物质，然后再依次去除悬浮固体、肢体物质及溶解性物质。亦即，首先使用物理法，然后再使用化学法和生物法。

对于某种污水，采取由哪几种处理方法组成的处理系统，要根据污水的水质、水量，问收其中有用物质的可能性和经济性，排放水体的具体规定，并通过调查、研究和经济比较后决定，必要时还应当进行一定的科学试验。调查研究和科学试验是确定处理流程的重要途径。以下介绍一些常用的污水处理工艺流程。

以去除污水中的BOD物质为主要对象的，一般其处理系统的核心是生物处理设备（包括二次沉淀池）。污水先经格栅、沉沙池，除去较大的悬浮物质及砂粒杂质，然后进入初次沉淀他，去除呈悬浮状的污染物后进入生物处理构筑物（或采用活性污泥曝气池，或采用生物膜构筑物）处理，使污水中的有机污染物在好氧微生物的作用下氧化分解。生物处理构造物的出水进入二次沉淀池进行泥水分离，澄清的水排出二沉池后再经消毒直接排放；二沉池排放出的剩余污泥再经浓缩、污泥消化、脱水后进行污泥综合利用；污泥消化过程产生的沼气可回收利用，用作热源能源或沼气发电。

（三）污泥处理、利用与处置

污泥是污水处理的副产品，也是必然产物。在城市污水和工业废水处理过程中产生很多沉淀物与漂浮物。有的是从污水中直接分离出来的，如沉沙池中的沉渣、初沉池中的沉淀物、隔油池和浮选池中的浮渣等；有的是在处理过程中产生的，如化学沉淀污泥与生物化学法产生的活性污泥或生物膜。一座二级污水处理厂，产生的污泥量约占处理污水量的0．3%～5%（含水率以97%计）。如进行深度处理，污泥量还可增加0．5～1．0倍。污泥的成分非常复杂，不仅含有很多有毒物质，如病原微生物、寄生虫卵及重金属离子等，也可能含有可利用的物质如植物营养素、氮、磷、钾、有机物等。这些污泥若不加妥善处理，就会造成二次污染。所以污泥在排入环境前必须进行处理，使有毒物质得到及时处理，有用物质得到充分利用。一般污泥处理的费用约占全污水处理厂运行费用的20%～50%。所以对污泥的处理必须予以充分的重视。

三、水污染综合防治

水污染综合防治是指从整体出发，综合运用各种措施，对水环境污染进行防治。包括：城市水污染综合防治和整个水系的水污染综合防治（或某一水域的污染综合防治）。

（一）水污染综合防治的必要性和迫切性

从两个方面进行论述。一是水资源紧缺、供需不平衡的矛盾突出，而水环境污染严重使这一矛盾更加突出，迫切需要解决；二是以点源治理为基础的排污口净化处理，不能有效地解决水污染问题，必须从区域或水系的整体出发进行水污染综合防治，由点源治理的尾部控制过渡到源头控制，才能从根本上控制水污染。

1．我国水污染现状及原出分析：据《1998年环境年鉴》统计，1997年我国七大水系、湖泊、水库、部分地区地下水和近岸海域受到不同程度的污染，北方干旱、半干旱地区和许多城市严重缺水。水资源缺乏和水域污染已成为我国经济与社会发展的制约因素。

1997年，全国废水排放总量416亿t，其中工业废水排放量227亿t，约占总排量的54．6%。废水中，化学需氧量（COD）排放量1757万t，其中，工业废水COD排放量为1073在全国七大水系中，长江、珠江和黄树干流水质尚可。长江干流污染较轻，水质基本良好，监测的67．7%的河段为III类或优于III类水质，没有超V类水质河段，黄河面临污染和断流的双重压力，监测的66．7%的河段为IV类水质；珠江监测的62．5%的河段为III类或优于III类水质，29．2%的河段为IV类水质，其余的为V类和超V类水质；淮树干流水质有所好转，尤其是往年高污染河段的状况明显改善，干流水质以III、IV类为主，但支流污染仍然严重；松花江水质与往年相比也有所改善，监测的 70．6%的河段为 IV 类水质；海滦河水系与大辽河水系污染严重，总体水质较差，监测的河段均有 50%为 V 类和超 V 类水质。全国江河水质污染类型为有机污染，主要污染物为氨氮、高锰酸盐指数、生化需氧量和挥发酚。

我国城市河段及其附近河流污染仍较严重，监测的 142 条城市河段中，绝大多数受到不同程度的污染。总体情况为城市河流污染程度北方至于南方，工业较发达城镇附近水域污染突出，污染型缺水城市数量早上升趋势。城市地面水仍以有机污染为主，主要污染指标是石油类、高锰酸盐指数和氨氮。城市地下水总体质量较好，但也受到一定程度的点源和面源污染。

在湖泊和水库市，大淡水湖泊的污染程度为中度，水库污染相对较轻。与 1996 年相比，2003 年巢湖、滇池污染程度有所加重。突出的环境问题是严重富营养化和耗氧有机物增加。

我国水污染严重的主要原因是经济增长方式仍是传统的“粗放型”，即以大量消耗资源、粗放经营为特征的传统模式，投入大、产出小、排污量大，不但严重地损害环境，长此以往经济发展也难以为继。我同约 90%的企业设备陈旧、技术落后、管理水平低、资源利用率低，乡镇工业尤为严重。但是，我同人口众多，底子薄，在相当长一段时期内不可能拿出大量投资用于水污染治理，只能走转变经济增长方式，减少排污，以防为主、防治结合、综合治理的道路。

2．水污染综合防治是发展的必然趋势：我国 20 世纪 70 年代初的水污染治理，基本上走的是先污染、后治理的道路，十分被动，收效不大。70 年代中期开始提出水污染综合防治，并逐步被越来越多的人所接受。但这时的水污染综合防治虽然已摆脱了点源治理的束缚，却并未摆脱污染以后再去治理的范畴。污染防治还没和经济增长方式联系起来，还没能提出工业生产、商品交换应遵守的环境原则，也还没有真正认识水质、水量的辩证关系。

1983 年 12 月 31 日在北京召开的第二次全国环境保护会议提出：“把自然资源的合理开发和充分利用作为环境保护的基本政策”。1984 年中共中央在《关于经济体制改革的决定》中提出，要搞好城市环境综合整治，水环境综合整治是重要内容之一。至此，水污染综合防治已形成了比较完整的概念。1992 年“环发大会”以后更加明确，水污染防治的着眼点已不是污染了以后再去研究怎么办，而是着眼于对人类的发展活动进行调节与控制，使之与水环境（水资源）相协调。

（二）水污染综合防治的基本原则

1．转变经济增长方式，提向资源利用率与水污染治理相结合

2．合理利用环境的自净能力与人为措施相结合

3．污染源分散治理与区域污染集中控制相结合

4．生态工程与环境工程相结合

5．技术措施要与管理措施相结合

（三）水污染综合防治的主要对策

水环境功能分区是进行水污染综合防治的依据:根据水环境的现行功能和经济、社会发展的需要，依据地面水环境质量标准进行水环境功能区划，是水源保护和水污染控制的依据。

# 第五章 土壤环境

“万物土中生，有土斯有粮”；“民以食为天，食以安为先”。土壤环境是农业生产的基础，是粮食生产安全化的基石。保护和净化土壤环境关乎人类生存大计。本章主要介绍土壤环境的组成；土壤中主要的污染物种类、来源、危害、在土壤中的行为；土壤污染的防治等问题。

## 第一节 土壤及其生态系统

一、土壤的组成及功能

不同行业从各自角度可以给土壤以不同的定义，总的来讲，土壤是岩石表层的风化物，是地球表面的岩石在内然条件下经过长期风化作用而形成的。从农业生产的角度讲，土壤是覆盖于地球表面岩石圈表层的能够生长植物的疏松表层。

（一）土壤的组成

土壤无论从态相、物质组成等方面均为复杂体系。从相态分为固态、液态和气态；从物质种类分为无机物、有机物等。土壤的基本组成可划分为矿物质、有机质、水分或溶液、空气和括的有机质（土壤微生物等）5 种成分。土壤矿物质是土壤的主要组成成分，占土按总量的 98% 以上。土壤的固态组成物还包括土壤有机质，所以说土壤是以固态物质为主的多相复杂体系。在土壤物质组成中，由黏土矿物和腐殖质组成的无机和有机胶体、有机和无机复合体以及土壤生物是土壤性质的重要支撑，土壤的很多重要性质，如物质的迁移转化等均由该成分体现。

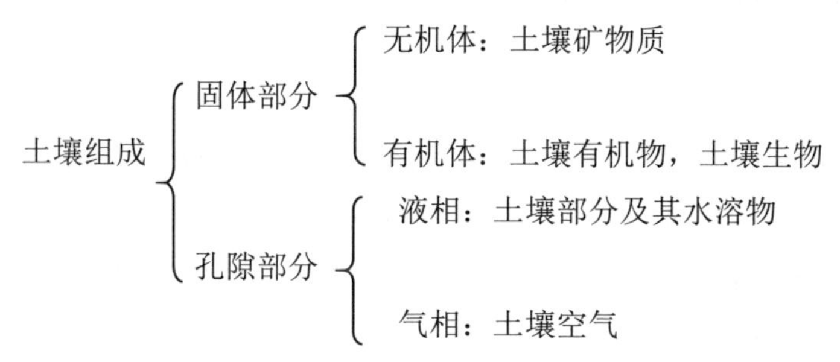


1. 土壤矿物质：土壤矿物质是土壤固相的主要成分，是由岩石经过物理风化和化学风化形成的。土壤矿物质按成因类型可分为两类：原生矿物，即由各种岩石（主要是岩浆岩）受到程度不同的物理风化而未经化学风化的碎屑物，其原来的化学组

成和结晶构造都没有发生改变；次生矿物，大多数是由原生矿物经化学风化后形成的新矿物，其化学组成和品体结构都有所改变。在土壤形成过程中．原生矿物以不同的数量与次生矿物混合成为土壤矿物质。

2．有机质、土壤生物：土壤有机质包括动物和植物死亡后的残体、施入的有机肥、微生物以及微生物作用所形成的腐殖质，占有机质的70%～90%，对土壤肥力的影响很大，是土壤组成的主要成分。

土壤有机质的基本成分是纤维素、木质素、淀粉、糖类、脂肪、蛋白质等，这些物质都是由C、H、O、S、P、Fe、Mg等元素组成的。

土壤有机质对土壤肥力具有重要意义。土壤有机质分解可以释放出N、P等营成分，供植物生长发育的需要，分解时产生CO2可供光合作用的需要。

土壤中还有一部分特殊组成，即土壤微生物，它们是土壤有机质的重要来源，在土壤有机质转化过程起主要作用。土壤生物对土壤中有机污染物的降解以及无机污染物（重金属等）的形态转化起着重要作用，是土壤净化功能的主要贡献者。

3．空气和水：土壤中的气相和液相即指土壤空气和水。土壤只有大小不同的孔隙，而空气和水是自然流入土壤颗粒空隙之间的成分，它在植物呼吸和营养物质传递方面起着重要的作用。

土壤水分主要来自降雨、降雪和灌溉。水分进入土壤后，靠土壤表面的吸附力和微细的空隙把水保持住。不同土质对水的保持能力不同，一般来说，沙质土壤由于疏松、孔隙大，存不住水；黏质土壤，由于土粒细小、孔隙小，能保住水。在黏质土中，还有两种情况，土壤中有机质多则保水能力强，有机质少则保水能力差。

水是土壤中很多成分的主要溶剂。当水分进入土壤后，立即和土壤中的其他成分发生作用，土壤中的可溶物质——盐类和空气，都将溶解于水中，这种溶有盐类和空气的土壤水分成为土壤溶液。土壤溶液中含有植物生长发育所必需的营养物质，如N、P以及Ca、Mg、Na等。

土壤中的气体主要来自于大气，但氧比大气中少，而$CO_2$却比大气中多，主要原因是植物根系和微生物的呼吸消耗了大量的$O_2$，从而又产生了大量$CO_2$。

4．土壤中的营养元素：土壤中含有大量的营养元素，对植物生长起到主要的作用。研究表明，土壤中几乎含有所有植物生长发育所必需的主要营养和微量元素。

土体物质组成和结构的复杂性决定了土体中物质和能量的迁移转化过程和性质的复杂性；既有物理过程、化学过程、物理化学过程，也材生物过程。其中比较重要的基本过程有：矿物质的分解和次生动土矿物质的合成过程；有机质的分解和腐殖质的形成过程；毛机物质、无机物质的淋溶和沉淀过程；土壤胶体对离子的吸附交换作用；土壤的酸碱中和及其缓冲作用；土壤的还原作用等。

（二）土壤的功能

土壤功能的界定主要取决于对其开发利用的目的。

土壤是农业生产的物质基础和生产手段，是人类宝贵的自然资源。因此，从农业生产的角度来看：土壤具有一定的天然肥力和生产植物的能力，它可以为植物生长提供机械支持能力，同时能不断供应和调节植物生长发育所需要的水分、肥料、空气、热量等肥力要素和环境条件。

土壤对环境中的有害物质具有一定的净化能力。因此，从环境科学的角度来看，土壤具有同化和代谢外界环境进入土体物质的能力。即土壤能将输入的物质经过土壤的迁移转化，变为土壤的组成部分或向外界环境输出的物质。

二、土壤的理化性质

（一）土壤的酸碱性及缓冲性

由于土壤是一个复杂的体系，其中存在着各种化学和生物化学反应，因而使土壤表现出不同的酸性或碱性。

我国土壤的pH值大多在4．5～8．5，并有由南到北pH值递增的规律性，长江（33° N）以南的土壤多为酸性和强酸性，如华南、西南地区广泛分布的红壤、黄壤，pH值大多在4．5～5．5，有少数低至3．6～3．85；华中、华东地区的红壤，pH值在5．5～6．5。长江以北的土壤多为中性或碱性，如华北、西北的土壤大多含Ca2CO3，pH值一般在7．5～8．5，少数强碱性土壤的pH值高达10．5。

土壤的缓冲性能是指土壤具有缓和其酸碱度发生激烈变化的能力，这种能力可以保持土壤反应的相对稳定，为植物生长和土壤生物的活动创造比较稳定的生活环境。土壤的缓冲性能是土壤的重要性质之一。

土壤胶体是土壤中活跃的组分之一，对污染物在土壤中的迁移、转化有重要作用。土壤胶体以巨大的比表面积和带电性，而使土壤具有吸附性。

（二）土壤胶体的性质

1．电性：土壤胶体微粒具有双电层，微粒的内部称微粒核，一般带负电荷，形成一个负离子层（即决定电位离子层）；其外部由于电性吸引，而形成一个正离子层（又称反离子层，包括非活动性离子层和扩散层），即合称为双电层。决定电位层与液体间的电位差通常叫做热力电位，在一定的胶体系统内它是不变的。在非活动性离子层与液体间的电位差叫电动电位，它的大小视扩散层厚度而定，随扩散层厚度增大而增加。扩散层厚度决定于补偿离子的性质，电荷数量少，而水化程度大的补偿离子（如 $Na^{+}$），形成的扩散层较厚；反之，扩散层较解。

2. 凝聚性和分散性：由于胶体的比表面和表面能都很大，为减少表面能，胶体具有相互吸引、凝聚的趋势，这就是胶体的凝聚性。但是在土壤溶液中，肢体常带负电荷，即具有负的电动电位，所以肢体微粒又因相同电荷而相互排斥，电动电位越高。相互排斥力越强，胶体微粒呈现出的分散性也越强。

3. 巨大的比表面和表面能：比表面是单位重量（或体积）物质的表面积。一定体积的物质被分割时，随着颗粒数的增多，比表面也显著地增大。

物体表面的分子与该物体内部的分于所处的条件是不相同的。物体内部的分子在各方面都与它相同的分子相接触，受到的吸引力相等；而处于表面的分子所受到的吸引力是不相等的，表面分子具有一定的自由能，即表面能。物质的比发面越大，表面能也越大。

4. 离子交换吸附：在土壤胶体双电层的扩散居中，补偿离子可以和溶液中相同电荷的离子以离子价为依据作等价交换，称为离子交换（或代换）。

（三）土壤的氧化还原性

氧化还原反应是土壤中无机物和有机物发生迁移转化过程中发生的化学过程，对土壤生态系统具有重要影响。

土壤的氧化还原能力可以用土壤的氧化还原电位（Eh）来表征，其值是以氧化态物质与还原态物质的相对浓度比为依据的。由于土壤中氧化态物质与还原态物质的组成十分复杂，因此计算土壤的实际氧化还原电位（Eh）很困难。主要以实际测量的土壤氧化还原电位（Eh）来衡量土壤的氧化还原性。一般旱地土壤的氧化还原电位（Eh）为+400～+700mV；水田为-200～+300mV。根据土壤的 Eh 值可以确定土壤中有机物和无机物可能发生的氧化还原反应和环境行为。

三、土壤生态系统

土壤生态系统是土壤中生物与非生物环境的相互作用通过能量转换和物质循环构成的整体。

土壤生态系统是陆地生态系统的一个亚系统，其结构组成包括：①生产者。高等植物根系、藻类和化能营养细菌。②消费者。土壤中的食草动物和食肉动物。③分解者。细菌、真菌、放线菌和食腐动物等。④参与物质循环的无机物质和有机物质。⑤土壤内部水、气、固体物质等环境因子。土壤生态系统的结构主要取决于构成系统的生物组成分及其数量、生物组成分在系统中的时空分布和相互之间的营养关系，以及非生物组成分的数量及其时空分布。土壤生态系统的功能主要表现在系统内物质流和能流的速度、强度及其循环和传递方式。不同土壤生态系统的上述功能各不相同，反映了土壤生产力相异的实质。土壤生态系统的结构和功能可通过人为管理措施加以调节和改善。土壤中物质转化和能量流通的能力与水平、土壤生物的活性、土壤中营养物质和水分的平衡状况及其对环境的影响等，是土壤生态系统研究的主要内涵。土壤水态系统物质和能量的输入、循环、转化、输出等过程，直接影响环境成分、结构、物质的变化，从而影响环境的发展。

人类生存繁衍的过程伴随着环境问题的发展。人类的生产生活离不开环境中自然资源和能源的支持，而在该过程中，又求可不避免地向自然环境中排放废物。这是一个辩证的过程，人类和环境之间的作用是相互的。一旦人类能够做到实行科学有序的生产生活方式，科学理智地面对环境问题，既可以给自身生存发展带来好处、也可以使环境得到了良好的发展。要做到这些，必须认清环境问题存在的根源，污染的原理。所以，我们在研究土壤环境问题时，要研究污染物质在土体内的迁移转化，研究土壤污染物在食物链中的传递、富集和转化特征，研究防止土壤污染的措施。解决这些问题，对环境保护具有重要意义。

## 第二节 土壤环境污染

### 一、土壤污染概述

#### （一）土壤污染的概念

1. 土壤污染的概念：土壤污染是人为活动产生的污染物进入土壤并积累到一定程度，超过了土壤的容纳能力和净化速度，引起土壤质量恶化，并进而造成农作物中某些指标超过国家标准的现象。

2. 土壤的自净作用：土壤的自净作用是土壤本身通过吸附、分解、迁移、转化而使土壤污染物浓度降低甚至消失的过程。土壤自净作用对土壤生态平衡具有重要意义，由于土壤具有内净作用，当少量有机物进入土壤后，经生物化学降解可降低其活性变为无毒物质，进入土壤的重金属元素通过吸附、沉淀、络合、氧化还原等化学作用可变为不解性化食物，使得某些重金属元素暂时退出生物循环，脱离食物链。土壤的净化作用主要包括物理净化作用、物理化学净化作则、化学净化作用、生物净化作用等 4 种。

作为复合体系，土壤具有一定的净化功能，即能够进入土壤的污染性物质有害性降低。

土壤所以具有净化功能，这是由于土壤在环境中起着以下作用：首先，出于土壤中含有各种各样的微生物和土壤动物，对外界进入土壤小的各种物质都能被分解转化；其次，由于土壤中存在有复杂的有机和无机胶体体系，通过吸附、解吸、代换等过程，对外界进入土壤少的各种物质起着“蓄积作用”，使污染物发生形态变化；另外，土壤是绿色植物生长的基地，通过植物的吸收作用，土壤中的污染物质起着转化和转移的作用。

（二）土壤污染物及污染源

1．土壤污染物：凡进入土壤并影响到土壤的理化性质和组成，而导致土壤自然功能失调、土壤质量恶化、作物产量和质量降低，有害于人体健康的物质，统称为土壤污染物。土壤污染物的种类繁多，按污染物的性质一般可大致分为无机污染物和有机污染物两大类。

（1）无机污染物。无机污染物主要是重金属、放射性污染物、营养物质和其他无机污染物等。重金属（包括类金属）如 Hg、Cd、Cu、Zn、Cr、Pb、Ni、As、Se 等；放射性元素主要指 Sr、Cs、U 等；营养物质主要是 N、P、S、B 等；其他物质主要指 F、酸、碱、盐等。

（2）有机污染物。土壤有机污染物主要是有机农药。目前大量使用的化学农药约有 50 多种，其中主要包括有机氯类、有机磷类、氨基甲酸酯类、苯氧羧酸类、苯酰胺类等。酚类、氰化物、石油、稠环芳烃、洗涤剂以及有害微生物、高浓度好氧有机物等，也是土壤中常见的有机污染物。

2．土壤污染源：土壤是一个开放体系，土壤与其他环境要素间进行着物质和能量的交换。因而造成土壤污染的物质来源是极为广泛的。大致可将土壤污染源分为人为源和自然源两种。

（1）人为污染源。土壤污染物主要是工业和城市的废水和固体废物、农药和化肥、牲畜排泄物、生物残体及大气沉降物等。①污水灌溉或污泥作为肥料使用，常使土壤受到重金属、无机盐、有机物和病原体的污染。②工业及城市固体废弃物任意堆放，引起其中有害物的淋溶、释放，也可导致土壤及地下水的污染。③工业废气，如大气中的二氧化硫、氮氧化物及颗粒物通过干沉降或湿沉降到达地面，可引起土壤酸化。④现代农业大量使用农药和化肥，也可造成土壤污染。例如，六六六、DDT 等有机氯杀虫剂能在土壤中长期残留，并在生物体内富集；氮、磷等化学肥料，凡未被植物吸收利用和未被根层土壤吸附固定的养分，都在根层以下积累，或转入地下水，成为潜在的环境污染物。⑤禽畜饲养场的厩肥和屠宰场的废物，其性质近似人粪尿，利用这些废物作肥料，如果不进行适当处理，其中的寄生虫、病原菌和病毒等可引起土壤和水体污染。

（2）自然污染源。在某些矿床或元素和化合物的富集中心周围，由于矿物的自然分解与风化，往往形成自然扩散带，使附近土壤中某些元素的含量超出一般土壤的含量。另外，地展、火山爆发、森林火灾等自然现象造成的有害物质进入天然也称之为自然源。

3．土壤污染的类型：根据土壤污染源、主要污染物质及其分布的特点，研究和划分土壤污染的发生类型有一定的理论和实际意义。现根据土壤污染发生的途径，可把土壤污染类型归纳如下。

（1）水体污染型。工矿企业废水和城市生活污水，未经处理不实行清污分流，就直接排放，使水系和农田遭到污染、尤其是缺水地区，引用污水灌溉，使土壤受到重金属、无机盐、有机物和病原体的污染。污水灌溉的土壤污染物质一般集中于土壤表层，但随着污灌时间的延长，污染物质也可由上部土体向下部土体扩散和迁移，以致达到地下水深度。水污染型的污染特点是沿河流或于支渠呈枝形片状分布。

（2）大气污染型。污染物质来源于被污染的大气，其特点是以大气污染源为中心呈环状或带状分行，长轴沿主风向伸长。其污染的面积、程度和扩散的距离，取决于污染物质的种类、性质、排放量、排放形式及风力大小等。由大气污染造成的土壤污染其污染物质主要集中在土壤表层，其主要污染物是大气中的二氧化硫、氮氧化物和颗粒物等，它们通过沉降和降水而降落到地面。因大气中的酸性氧化物形成的酸沉降，可引起土壤酸化，破坏土壤的肥力与生态系统的平衡；各种大气颗粒物中包括重金属、非金属有毒方害物质及放射性散落物等多种物质，可造成土壤的多种污染。

（3）农业污染型。污染物主要来自施入土壤的化学农药和化肥，其污染程度与化肥、农药的数量、种类、利用方式及耕作制度等有关。有些农药如有机氯杀虫剂DDT、六六六等在土壤中长期停留，并在生物体内富集。氮、磷等化学肥料，凡木被植物吸收利用和未被根层土壤吸收吸附固定的养分部在根层以下积累或转入地下水，成为潜在的污染物。残留在土壤中的农药和氮、磷等化合物在地面径流或土壤风蚀时，就会向其他环境转移，扩大污染范围。

（4）固体废弃物污染型。主要是工矿企业排出的尾矿废渣、污泥和城市垃圾在地表堆放或处置过程中通过扩散、降水淋滤等直接或间接地影响土壤，使土壤受到不同程度的污染。

二、土壤重金属污染及农药化肥污染

（一）土壤重金属污染

1. 土壤重金属污染：土壤重金属污染是指由于人类活动，土壤中的微量有害元素在土壤中的含量超过背景值，过量沉积而引起的含量过高。污染土壤的重金属主要包括汞、镉、铅、铬和类金属砷等生物毒性显著的元素，以及有一定毒性的锌、铜、镍等元素。主要来自农药、废水、污泥和大气沉降等，如汞主要来自含汞废水，镉、铅污染主要来自冶炼排放和汽车废气沉降，砷则被大量用作杀虫剂、杀菌剂、杀鼠剂和除草剂。过量重金属可引起植物生理功能紊乱、营养失调，镉、汞等元素在作物籽实中富集系数较高，即使超过食品卫生标准，也不影响作物生长、发育和产量，此外汞、砷能减弱和抑制土壤中硝化、氨化细菌活动，影响氮素供应。重金属污染物在土壤中移动性很小，不易随水淋滤，不为微生物降解，通过食物链进入人体后，潜在危害极大，应特别注意防止重金属对土壤的污染。

2. 重金属在土壤中的迁移：重金属在土壤中的迁移是十分复杂的。影响重金属迁移的因素很多，如金属的化学特性（金属的氧化还原性质；不同形态的沉淀作用和溶解度；水解作用；金属离子在水市的缔合和离解；离子交换过程；络合物及螯合物的形成和竞争；烷基化和去烷基化作用；化学吸附和解吸作用等）、生物特性（金属在生物系统中的富集作用；进入食物链的情况；生物半衰期的长短；微生物的氧化还原作用；生物甲基化和去甲基化作用；对生物的毒性及生物转化反应等）、物理特性（金属及其化分物的挥发性；金属颗粒物的吸附和解吸特性；金属的不同形态在类脂性物质中的溶解性；金属透过生物膜扩散迁移的性质以及吸收特性等）和环境条件（pH；Eh；厌氧条件和好氧条件；有机质含量；土壤对金属的结合特性；环境的肢体化学特性以及气象条件等）等。

重金属在土壤中的化学行为受土壤的物理化学性质的强烈影响，其中首当其冲的就是土壤胶体的吸附。土壤胶体吸附在很大程度上决定着土壤中重金属的分布和富集，吸附过程也是金属离子从液相转入固相的主要途径。其次，重金属在土壤中常和腐殖质形成络合物或螯合物。其迁移性取决于化合物的溶解度。例如，除碱金属外，胡敏酸与金属形成的络合物一般是难溶性的，而富里酸与金属形成的络合物一般是易溶性的。Fe、Al、Ti、U、V 等金属与腐殖质形成的络合物易溶于中性、弱酸性或弱碱性土壤溶液中，所以它们也常以络合物形式迁移。腐殖质对金属离子的吸附交换和络合作用是同时存在的。一般情况是，在高浓度时，以吸附交换为主，这时金属多集中在浓度为 30cm 以上的表层土壤中；低浓度时，以络合作用为主，若形成的络合物是可溶性的，则有可能渗入地下水。再有，土壤的氧化还原电位也是影响重金属转化迁移的重要因素。在 Eh 大的土壤里，金属常以高价形态存在。高价金属化合物一般比相应的低价化合物容易沉淀，故也较难迁移，危害也轻，如 Fe、Mn、Sn、Co、Pb、Hg 等；在 Eh 很小的土壤里，比如土壤处于淹水的还原条件下，Cu、Zn、Cd、Cr 等也能形成难溶化合物而固定在土壤中，就迁移困难而言，危害减轻。因为在淹水条件下，$SO_4^{2-}$ 还原为 $S^{2-}$，后者与上述重金属离子会形成硫化物而沉淀。第四，土壤的 pH 值显著影响重金属的迁移。一般规律是：低 pH 时吸附量较小；PH 在 5～7 时，吸附作用突然增强；pH 继续增加时，重金属的化学沉淀占了优势。土壤施用石灰等碱性物质后，重金属化合物可与 Ca、Mg、Al、Fe 等生成共沉淀。pH＞6 时，由于重金属阳离子可生成氢氧化物沉淀，所以迁移能力强的主要是以阴离子形式存在的重金属。第五，生物转化也是重金属迁移的一个重要因家。金属甲基化或烷基化的结果，往往会增加该金属的挥发性，提高了金属扩散到大气圈的可能性。生物还能大量富集几乎所有的重金属，并通过食物链而进入人体，参与生物体内的代谢排泄过程。一般规律是，高价态金属对生物的亲和力比低价态强；重金属比其他金属更容易为生物所富集。

在土壤中生长的植物通过根系从土壤中吸收某些化学形态的重金属，并在植物体内积累，这一方面可以看做是生物对土壤重金属污染的净化；另一方面也可看做是重金属通过土壤对作物的污染。如果这种受污染的植物残体再进入土壤，会使土壤层进一步富集重金属。从重金属的归宿看，环境中的重金属最终都进入了土壤和水体。

（二）土壤农药污染

1. 农药的危害：化学农药的发明和使用使农产品产量显著上升，仅其使用中还存在一些问题，有些问题是十分严重的，必须引起我们高度的重视。比如抗药性问题、药害问题、残遗农药问题、毒性过大问题、危害天敌及益虫问题、环境污染问题等。农药的不当使用可以造成大气污染、水体污染、土壤污染和食品污染。

2. 土壤中农药的迁移：农药进人环境最初是通过人为喷洒实现的，之后又通过挥发、扩散、随水迁移等进入土壤以外的大气和水体环境。

农药在土壤中的迁移速度受到很多因素的影响，如土壤的孔隙度、质地、结构、土壤水分含量、农药的蒸气压和环境的温度等。农药的蒸气压愈高，环境的温度愈高，则气迁移的速度愈快。而农药在土壤溶液中的迁移、扩散速度一般较慢。实验证明，土壤对一般农药的吸附为放热反应，降低温度，有利于吸附的进行；升高温度，则有利于解吸。此外，农药的热气压也随温度的升高而增大。因此，环境的温度升高，使农药的气迁移速度增大。土壤中的农药，即能溶于水中，也能悬浮于水中，或者以气态存在，或者吸附于土壤固体物质上，或存在于土壤有机质中，而使它们能随水和土壤颗粒一起发生质体流动。

农药在土壤环境守的移动性与农药本身的溶解度有密切关系。一些在水中溶解度大的农药可直接随水流入江河、湖泊，一些难镕性的农药主要附着于土壤颗粒上，随雨水冲刷，连同泥沙流入江河。此外，农药在土壤中的移动性与土壤的吸附性能也有关。例如，在吸附容量小的沙土中，农药易随水迁移，而在黏质和富含有机质的土壤中则不易随水迁移。一般农药在土壤环境中移动均较慢，最慢的是氯代烃类，如 DDT、六六六等；而酸性农药，如三氯醋酸、茅草枯等移动最快，其次是取代脲类和均三氮杂苯类。由于一般农药在土壤环境中的移动性都很弱，所以，残留在土壤中的农药多存在于上部 30cm 的表土层内，而土体深处就很少。因此，农药对地下水的污染没有对地皮水的污染严重。

（三）土壤化肥污染

1. 化肥使用过程中存在的问题：化肥对于农业生产的增产效果是有目共睹的，但化肥的使用过程中存在的一些问题不容忽视，如盲目过量施用，N、P、K 肥比例失调，地区间施肥不平衡等。这些问题除了导致肥料利用率下降之外，还造成严重的环境问题。

2. 化肥使用对环境的影响：长期不当使用化肥会对土壤环境、水体环境和大气环境造成很大的影响。首先，长期使用化肥能够破坏土壤环境组成，造成土壤酸化板结。这是出为在我们使用的化肥中，有些化肥属于生理酸性肥料，长期施用使土壤中 $H^1$ 增加，易造成土壤酸化。如果化肥使用过多，还能使土壤胶体分散，土壤结构被破坏，导致土壤板结。如果在过量施用氮肥和大量灌溉的情况下，肥料氮主要以硝酸态形式从土壤小淋溶损失。另外，制造化肥的矿物原料及化工原料中，含有多种重金属放射性物质和其他有害成分，它们随施肥进入农田土壤造成污染。其次，长期使用化肥，使氮、磷等营养元素大量进入水体，容易造成水体富营养化。氮肥进入土壤后，经硝化作用产生 $NO_3$，除了能被作物吸收利用外，多余的 $NO_3^-$ 水能被带负电的土壤胶体吸附，因而随降雨及灌溉水下渗而污染地下水。最后，化肥还能造成对大气的污染，化肥对大气的污染主要是指氮肥分解成氨气以及在反硝化过程中生成的氮氧化物对地球臭氧层的破坏作用。

三、土壤污染的特点与危害

（一）土壤污染的特点

土壤环境遭受污染具有隐蔽性（不易察觉）、潜伏性（较长时期才能产生后果）、几乎不可逆性（不易修复）与长期性（长期积累）等特点。

（二）土壤污染的危害

土壤是生态系统的重要组成部分，土壤环境的污染会对整个生态系统环境造成破坏，会对人体健康造成严重危害，会对工农业生产造成影响，也会对水环境与大气环境造成连带污染。土壤污染造成的各种危害都是严重的，都应该受到我们人类的足够重视。

## 第三节 土壤污染防治

一、土壤污染防治方法概述

出于土壤组成的复杂性及污染物在土壤中存在方式和迁移转化等的复杂性，使土壤环境污染防治相对于大气和水体污染的防治而言还存在很多有待于完善的方面。目前主要的防治方法有：

（一）工程方法

即用物理或物理化学原理治理污染土壤且工程数量较大的一类方法。主要包括：

1．换土法：换土法就是部分或全部把污染土壤取走，换人新的无污染的干净土壤，一般换土厚度越大，降低土壤中污染物的效果愈显著。换土法对小面积严重污染且污染物是有放射性和易扩散性的土壤是十分必要的，但要注意将换出的污染土壤妥善处理以防止二次污染。

2．客土法：客土法是在被污染的土壤中加入大量非污染的干净土壤，覆盖在污染土壤表层或混匀，使土壤中污染物的浓度降低，从而减轻污染危害。客人的土壤应选择土壤有机质含量丰富的黏质土壤，这样有利于增加土壤环境容量，减少客土工程数量。

3．热解法：热解法就是把污染土壤加热，使土壤小污染物采取热分解的方法。这种方法常用于能够热分解的有机污染物，如石油污染等。

4．清洗法；清洗法也称水洗法，就是采用清水灌溉稀释或洗去土壤中污染物质，污染物被冲至根外层，要采取稳定络合或沉淀固定措施，以防止污染地下水。这种方法只适用于小面积严重污染土壤的治理。

5. 电化法：电化法也称电动力学法，就是应用电动力学方法去除土壤中污染物的方法。国外已有采用电化法净化土壤中重金属及部分有机污染物的报道，这种方法适于其他方法难以处理的透水性差的黏质土壤，对沙性土壤污染治理不宜采用这种方法。

6. 隔离法：隔离法就是用各种防渗材料，如水泥、黏土、石板、塑料等，把污染土壤就地与非污染土壤或水体分开，以阻止污染物扩散到其他土壤和水体的方法。

（二）生物措施

即利用生物包括某些特定的动、植物和微生物较快地吸走或降解净化土壤中污染物质，而使土壤得到治理的技术措施。在现有的土壤污染治理技术中，生物措施也称生物修复技术措施，被认为是最有生命力的方法。生物修复措施包括两种类型：一是利用微生物作用分解降低土壤中污染物毒性，已有研究表明，不少细菌产生的特殊酶能还原土壤中重金属等污染物；二是利用植物对污染土壤进行修复，具体技术包括：植物固定、植物挥发及植物吸收。

（三）农业措施

治理污染土壤的农业措施包括：①增施有机肥料；②控制土壤水分；③改变耕作制度；④选择抗污染作物品种；⑤选择合适的化肥种类和形态。一般来讲农业措施投资少，无副作用，但治理效果相对较差，周期也比较长，仅适于轻度污染土壤的治理，最好与生物措施和下面提及的改良剂措施配合使用。

（四）施用改良剂

施用改良剂治理土壤污染的主要作用是降低土壤污染物的水溶性、扩散性和有效性。具体技术措施包括：加入钝化剂使污染物沉淀；加入抑制剂或吸附剂；利用污染物之间的拮抗作用。改良剂措施治理效果及费用都适中，比较适于中等程度污染土壤的治理，若与农业措施和生物措施相结合，治理效果会更佳。

二、土壤污染治理方法选择的影响因素

土壤污染的防治方法多种多样，如何选择合适的方法至关重要。在实际工作中，应根据土壤污染物种类、性质、污染程度、土壤特性、气候特征、地形地貌条件及当地的经济技术水平与农业生产习惯等。来选择合适的方法。

（一）土壤条件及污染程度

土壤条件直接影响土壤污染物的有效性，进而影响到污染程度。土壤条件直接决定了某些治理方法的使用。如生物措施对土壤条件有严格的要求，清洗法只适合在中壤土、沙壤土和沙土等透水性好的土壤上使用，在黏性土壤上却难以实行，但电化学法却适于黏性壤土。又比如，土壤的 pH 值大小直接决定了能否选用施石灰性物质进行钝化，对于酸性土壤的污染治理（如镉污染），施石灰性物质是较好的治理方法，而在石灰性土壤上该法效果不大，还会加重土壤的碱性，增加对作物的危害。

不同污染程度的土壤应采取相应的治理方法。例如，工程措施适宜于重度污染的土壤，如用于治理轻污染的土壤，费用较高，得不偿失；而农业措施适于轻度污染的土壤，对重污染的土壤则可能达不到治理目标。

（二）土壤污染物的种类

不同的污染物质因各自的性质及在土壤中存在的状态不同，直接影响治理方法的选用。比如，清洗法适用于重金属污染的土壤，对多数有机污染物不适用。而用稀盐酸或 EDTA 淹水清洗重金属，以 Fe、Zn 效果最好，对 Mn、Ni 效果则较差。防治铬污染，可以采用清洗法、在酸性土壤施石灰物质、施还原剂等措施，但对汞来说，清洗法和施用还原剂等措施只会加重汞的危害，对钼施加石灰不仅不会使钼沉淀、还会提高钼的溶解度，引起二次污染。

（三）治理方法的效果和费用

在所有污染防治中，以最小的投入获得最大的效益为基本原则。投入污染防治方法众多，其费用也不尽相同。如工程措施和生物措施能去除土壤中的污染物，效果较好，但工程措施费用较高，某些生物措施也费时费工，主要用于重金属污染土壤。其余治理方法不能直接去除土壤污染物，主要是使它们加速分解、降低活性、减少植物吸收等。改变耕作制度、施加抑制剂，治理效果明显，费用不高，可用于重度和小度污染土壤。增施有机肥、控制土壤水分、选择适宜形态的化肥和选择抗污染作物品种，可与常规农事操作结合起来进行，费用较低，某些方法效果也较明显，适用于中度和轻度污染的土壤。

三、几种具体土壤污染的防治

（一）重金属污染土壤的防治

重金属污染的防治方法主要有：①工程措施，主要包括清洗法、电化法、客土、换土翻土法以及相关的工程技术。②生物措施，即利用某些特定的动植物和微生物能够较快地吸走或降解土壤中的重金属污染物而达到净化土壤的目的。③施用改良剂，降低重金属的水溶性、扩散性和生物有效性，从而降低它们进入植物体、微生物体和水体的能力，减轻它们对生态环境的危害。其主要机理包括：沉淀作用、加入抑制剂或吸附剂和拮抗作用。④农业措施，包括增施有机肥、调节土壤水分、选择合适形态的化肥、选种抗污染农作物品种等。

（二）农药污染土壤的防治

农药污染土壤的防治方法主要有：

1. 控制化学农药的使用：对残留量高、毒性大的农药，应控制使用范围、使用量和次数。大力试制和发展高效、低毒、低残留或无公害农药新品种。有机协调地使用农业的、化学的、生物的和物理的防治措施以及其他行效的生态手段，把病、杂草的发生数量控制在经济允许水平以下，尽可能减少有毒农药的使用。

2. 合理使用农药：安全会理地使用农药是彻底防治病虫草害、保护人畜安全、防止环境污染的重要措施．安全合理使用农药的原则是安全、有效、经济和简便。因此，使用农药时要严格执行相关标准，尽量减少用药量，提高防治效果，降低农药对土壤环境和食品的污染；应综合考虑药剂种类、剂型及其施药方法、药量、施药时期、次数和安全间隔期等；应避免长期在同一地区使用同一种农药防治一种虫、草害；采用不同类型的药剂交替使用或混合施用，或药剂与化肥混用。

3. 控制土壤中残留农药的积累：化学添加剂通过改变农药的吸附、吸收、迁移、淋溶、挥发、扩散和降解，就能增强或减弱农药在土壤中的残留累积。例如，利用表面活性剂可以调节农药在土壤剖面中的渗透深度、活性和持久性；施入大量二氧化二铁可使土壤中的砷对植物的毒性降低；石灰硫磺合剂可加速西玛津在土壤中的降解；施用石灰通过改变土壤中的 pH 可调控一些农药在土壤中的滞留时间。

4. 生物降化法：在被农药污染的土壤上种植抗病虫害强、对农药吸收量大的植物，通过吸收和分解可以从土壤中去除残留农药，之后通过收割植物将部分不易分解的有害成分带离土体；为了防止毒性强的残留农药进入食物链，可改种经济作物，使农药残留量降低至最大允许浓度以下后再种植食用作物。

（三）化肥污染土壤的防治

化肥的过量与不合理施用、有效利用率是化肥污染产生的主要原因，其危害主要表现在使土壤中有毒有害物质累积增加，土壤养分状况失调、理化性质恶化，使作物中污染物质残留超标，对水、大气环境造成二次污染等方面。因此，科学施肥、提高化肥利用率是防治化肥污染的关键。化肥污染的防治方法主要有：采用科学的施肥方法，制定合理的施肥量，选择适宜的肥料品种．强调氮、磷、钾肥配合使用、同时重视有机肥与无机肥的结合开发，应用微生物肥料与各种改性肥料品种等。

# 第六章 固体废物与环境

## 第一节 固体废物概述

一、基本概念

固体废物：凡人类一切活动过程产生的，且对所有者已不再具有使用价值而被废弃的固态或半固态物质，通称为固体废物。固体废物亦指在生产、生活和其他活动中产生的丧失原有利用价值或者虽未丧失利用价值但被抛弃或者放弃的固态、半固态和置于容器中的气态的物品、物质以及法律、行政法规规定纳入团体废物管理的物品、物质。此处半固态指介于固态和液态之间，是由固体颗粒物和液体组成的黏稠混合物，如湿式除尘所得泥渣和废水，生物处理所得剩余污泥等也可称为固体废物。

危险固体废物：简称危险废物（又称有害废物），一般指具有腐蚀性、毒性、反应性和感染性的固体废物。根据我国1998年1月4日颁布的《国家危险废物名录》，目前我国危险废物共分为47大类，根据较新的申报登记数据，我国年产生危险废物约2500万t，其中综合利用约44%，堆放贮存约27%，处理处置约13．5%，而排效率约15．4%，即每年约390万t危险废物排放到环境中去，这一数据尚不包括城市生活垃圾中混杂的危险废物。

固体废物利用：废物是相对而言的概念，往往一种过程少产生的固体废物可以成为另一过程的原料或可转化成另一种产品，故固体废物有“放错地点的原料”之称。将固体废物进行资源化的积极利用，对保护环境和社会可持续发展是十分有益的。同体废物利用包括生产工艺过程中的循环利用、回收利用及交由其他单位利用。

固体废物处理：将固体废物转化为适于运输、贮存、利用和处置的过程或操作，即采取防污措施后将其排放于允许的环境中，或暂存于特定的设施中等待无害他的最终处置。

固体废物处置：是将无法回收利用且不打算回收的固体废物长期地保留在环境中所采取的技术措施，是解决固体废物最终归宿的手段，故也称最终处置。

二、固体废物污染及固体废物的分类

固体废物的来源大体有两方面：一是生产过程中新产生的废物，称为生产废物；

二是产品进入市场后在流通过程中或使用消费后产生的固体废物，称为生活废物。生产废物包括工业和农业两方面，生活废物则主要是城市垃圾。人们在资源开发及产品制造过程中，必然有废物产生。任何产品经过使用和消费后，都会变成废物。

（一）固体废物污染现状

我国工业固体废物产生量逐年增加，生活垃圾无害化处理率低下，全国有 2 / 3 的城市陷入垃圾包围之中。自 2008 年 6 月 1 日开始我国实行“限塑令”后，有效抑制了塑料包装物用量，缓解了“白色污染“。

（二）固体废物污染来源

固体废物主要包括城市生活固体废物、工业固体废物和农业废弃物。

1. 城市生活固体废物：城市生活固体废物主要指在城市日常生活中或者为城市日常生活提供服务的活动中产生的固体废物，即城市生活垃圾。主要包括居民生活垃圾、医院垃圾、商业垃圾、建筑垃圾。

2. 工业固体废物，工业固体废物是指在工业、交通等生产活动中产生的采矿废石、选矿尾矿、燃料废渣、化工生产及冶炼废渣等固体废物，又称工业废渣或工业垃圾。工业固体废物按照其来源及物理性状大体可分为 6 类。而依废渣的毒性又可分为有毒与无毒废渣两类。凡含有氟、汞、砷、铬、镉、铅、氰等及其化合物和酚、放射性物质的。均属有毒废渣。它们可通过皮肤、食物、呼吸等渠道侵犯人体，引起中毒。工业废渣不仅要占用土地、破坏土壤、危害生物、淤塞河床、污染水质，而且不少废治（特别是有机质）是恶臭的来源，有些重金属废渣的危害还是潜在性的。

3. 农业废弃物：农业废弃物也称为农业垃圾，是农业生产、农产品加工、畜禽养殖业和农村居民生活排放废弃物的总称。主要包括：农田和果园残留物，如秸秆、残株、杂草、落叶、果实外壳、藤蔓、树枝和其他废物；牲畜和家禽粪便以及栏圈铺垫物；农产品加工废弃物；人粪尿以及生活废弃物。

（三）固体废物分类

固体废物有多种分类法．按其化学性质可分为有机废物和天机废物；按其危害状况可分为有害废物（危险废物）和一般废物；按其形状一般可分为固体的（颗粒状、粉状、块状）和泥状的（污泥）。通常为便于管理，可按来源进行分类，可分为矿业固体废物、工业固体废物、城市垃圾、农业废弃物和放射性废物 5 类。矿业废物来自矿物开采和矿物选洗过程；工业废物来自治金、煤炭、电力、化工、交通、食品、轻工、石油等工业的生产和加工过程；城市垃圾主要来自城镇居民的消费、市政建设和维护、商业活动；农业废弃物主要来自农业生产和禽畜饲养；放射性废物主要来自核工业和核电的生产、核燃料循环、放射性医疗和核能应用及有关的科学研究等。

三、固体废物的危害及处理原则

（一）固体废物对环境的危害

固体废物对环境的危害很大，其污染往往是多方面和多要素的。

1. 侵占土地：固体废物需要占地堆放。每堆积 1 万 t 废物，约需占地 667$m^2$，随着我国生产的发展和消费的增长，城市垃圾受纳场地日益显得不足，垃圾与人争地的矛盾日益尖锐。我国仅煤矸石一项存积量就达 10 亿 t，侵占农田 5 万亩，全国有堆肥厂 30 多个、无害化垃圾处理厂（场）29 个，越来越多的城市垃圾还在继续形成。这些城市垃圾、矿业民矿、工业废渣等侵占了越来越多的土地，从而直接影响了农业生产、妨碍了城市环境卫生，而且埋掉了大批绿色植物，大面积地破坏了地球表面的植被，这不仅破坏了自然环境的优美景观，更重要的是破坏了大自然的生态平衡。

2. 污染土壤：废物堆置或没合采取防渗措施的垃圾简易填埋，其中的有害成分很容易随渗沥液浸出而污染土壤。如果直接利用来自医院、肉类联合厂、生物制品厂的废渣作为肥料施人农田，其中的病菌、寄生虫等，就会污染土壤。土壤是许多细菌、真菌等微生物聚居的场所，这些微生物形成了一个生态系统，在大自然的物质循环中担负着碳循环和氮循环的一部分重要任务。工业固体废物，特别是有害固体废物，经过风化、雨淋，产生高温、毒水或其他反应，能杀伤土壤中的微生物和动物，降低土壤微生物的活动．并能改变土壤的成分和结构，使土壤被污染。

3. 污染水体：固体废物随天然降水径流进入河流、湖泊，或因较小颗粒随风飘迁，落入河流、湖泊，造成地表水污染；任意堆放或简易填埋的垃圾，其内所含水和淋入堆放垃圾中的雨水所产生的渗沥液流入周围地表水体，或渗入土壤后进入地下水，使地下水受污染；废渣直接排入河流、湖泊或海洋，亦会造成上述水体的污染。

4. 污染大气：固体废物一般通过下列途径可使大气受到污染：在适宜的温度和湿度下，某些有机物被微生物分解，释放出有害气体；细粒、粉末受到风吹日晒可以加重大气的粉尘污染。

（二）对人体健康的危害

大气、水和土壤污染对人体健康有危害，而危险废物则会作用于大气、水和土壤从而对人体产生危害。危险废物的特殊性质（如易燃性、腐蚀性和毒性等）表现在它们的短期和长期危险性上。就短期而言，是通过摄入、吸入、皮肤吸收和眼镜接触而引起毒害或发生燃烧、爆炸等危险性事件；长期危害包括重复接触引起的致癌、致畸和致突变等。

（三）固体废物污染的控制原则

固体废物占主导地位的是丁业废物和城市垃圾。为有效地控制固体废物的产生量和排放量，相关控制技术的开发主要在 3 个方向（又称“三化”政策）：过程控制技术（减量化）、处理处置技术（无害化）、回收利用技术（资源化）。其中资源化回收利用技术是目前的重点研究内容。

## 第二节 固体废物的综合处理及资源化

在固体废物的资源化方面，我国从 2003 年起实施了《清洁生产促进法》，在法律上明确规定发展循环经济，促进企业在资源和废物综合利用等领域进行合作，实现资源的高效利用和循环利用。2004 年，我国又修订了《固体废物污染环境防治法》，对固体废物资源化提出了具体的要求。我国遵循了环境上无害性、经济上效益性和技术上可行性的原则，使固体废物资源化朝着环境效益、经济效益和社会效益“三同步”的方向发展，并取得了初步成效。据统计，2004 年，我国工业固体废物产生量为 12．0 亿吨，工业固体废物综合利用员为 6．8 亿吨，综合利用率为 55．7%，“三废”综合利用产品产值为 573．3 亿元，与 2002 年 385．6 亿元的工业“三废”综合利用产值相比，增长了 48．7%；各地也通过公众和企业自发及政府引导和规范，在固体废物资源化方面进行了大量的实践。

一、工矿业固体废物的处理利用

（一）一般工矿业固体废物的综合利用

冶金、电力、化工、建材、煤炭等工矿行业所产生的固体废物如冶金酒、粉煤灰、炉渣、化工液、煤矸石、尾矿粉等，不仅数量大，而且还具有再利用的良好性能，因而受到人们的广泛重视。美国早在 20 世纪 50 年代和 70 年代就已将当年产生的 1 亿吨高炉渣和 1 亿吨钢渣在当年用完，丹麦等国家的粉煤灰利用率也已于 20 世纪 60 年代达到 100%。目前各发达国家的这几类固体废物的利用和处理、处置问题均已基本解决，工矿业固体废物不再成为环境污染源。

我国目前正处于由粗放型生产方式向节约型生产方式转变的阶段，相对于发达国家来说单位GDP的固体废物产生量是较大的。

1．用作建筑材料：工业及民用建筑、道路、桥梁等土木工程每年耗用大量砂、石、土和水泥等材料。粉煤灰、炉渣、化工渣、尾矿粉等可以用来替代水泥、砂、石等建筑材料，用作混凝土的骨料，用作路基填料，生产砖块等。

2．用作冶炼金属的原料：在某些废石层矿和废渣中常常含有一定量的有用金属元素或冶炼金属所需的辅助成分，如能大规模地建立资源回收系统，必将减少原材料的采用量、废物的排放量、运输量和处理量。这样不仅可以解决这些固体废物对环境的危害，而且还可做到物尽其用，同时又可节约能源，收到良好的经济效益。

3．回收能源：煤矸石、粉煤灰和炉渣中往往含有燃烧不充分的化石燃料。如有粉煤灰和锅炉渣中含有10%以上的未燃尽炭，可从中直接回收炭或用以和黏土混合烧制砖瓦，可同时节省黏土和能源。

4．用作农肥、改良土壤：固体废物常含有一定量促进植物生长的肥分和微量元素，钢铁治、料煤灰和煤矸石中所含的硅、钙等成分能有效增强植物的抗倒伏能力，工业脱硫过程中产生的石膏亦可用于酸碱土壤的改良。

（二）一般工矿业固体废物的处理

1．露天堆存法：露天堆存是一种最原始、最简便和应用最广泛的处理方法。对于数量大、又可堆置的废石和废油都可采用露天堆存法。适合于处理不溶或低溶且浸出液无毒、不腐烂的固体废物。

2．筑坝堆存法：筑坝堆存法常用于堆存湿法排放的尾矿粉、砂和粉煤灰等。坝体材料一般是采用天然的土石方材料。场地一般多用山沟或谷地。同时要考虑水力运输的最佳距离。为节约建新坝的用地，近年来发展了多级筑坝堆存技术，该技术是利用土石材料堆筑一定高度的母坝，随即贮存尾矿粉、砂和粉煤灰等废物，当库存将满时，再在母坝体上堆筑子坝。堆筑子坝时使用已贮存的尾矿粉、砂或粉煤灰作坝体材料，并继续堆存新的尾矿粉、砂和粉煤灰，如此不断逐层堆筑成多级坝。

3．压实干存法：出于筑坝堆存法堆存粉煤灰存在占地多、征地图难、水力输灰能耗多、水资源浪费大风湿排灰用途有限等问题，近年来，不少发达国家改用压实干存法。压实干存法是将电除尘器收集的于粉煤灰用适量水拌和，其湿度以手捏成饼且不黏手为度，然后分层铺洒在贮灰场上，用压路机压实成板状。这样不但节约水资源，而且占地少、贮量大，还有利于粉煤灰的综合利用。在实施上述处理中，为防止废石和尾矿受水冲刷或被风吹扬而形成扩散污染，可以用以下方法处理：①物理法——向粒状矿屑喷水，再覆盖上泥土和石灰．最后以树皮革根覆盖顶部。②

化学法——用水泥、石灰、硅酸盐作化学反应剂与尾矿表面作用，形成凝固硬壳以防止水和空气的侵蚀。③土地复原再植法——在被开采后破坏的土地上填埋废石和尾矿，然后加以平整，并覆盖泥土、栽培植物或建造房屋，最后使土地复原。

（三）危险固体废物的处理和处置

工业生产中排放的有害固体废物，是可怕的灾害源，是极为严重的环境污染源。处理危险固体废物的方法种类繁多，主要与废物的来源、性质、成分和数量等有关，一般需要在处理前取适量样品进行试验，以寻求最合适的处理方法。常采用的方法有：磁选、液固分离、干燥、蒸馏、蒸发、洗提、吸收、溶剂萃取、吸附、膜工艺和冷冻等物理处理法；中和、沉淀、氧化还原、水解和辐照等化学处理法；生物降解、生物吸附等生物处理法以及固化和包胶法等。

经上述处理后的危险固体废物还要进行最后的处量，这是危险固体废物管理中最重要的一环。常用的处置技术主要有焚烧和安全填埋。

焚烧法是利用处理装置使废物在高温条件下分解，转化为可向环境排放的产物和热能的过程。设计原则应考虑使用方便、运行费用低、建设投资省、余热可利用，能适应废物成分变化以及有配套的处置尾气和灰渣的装置，适用于处置有机废物。

填埋法是应用最早、最广泛的处置固体废物的方法。填埋法的关键技术即利用填埋场的防渗漏系统，将废物永久、安全地与周围环境隔离。一般处置有害固体废物采用安全填埋法，处置一般固体废物采用卫生填埋法。前者在技术上要求更严格，必须首先进行地质和水文调查，选好干旱或半干旱地作填埋场地，将经适当预处理的危险固体废物掩埋，保证不发作渗漏而污染地下水和空气，填埋后应覆土、植树，以改善环境。

二、城市垃圾的利用与治理

（一）处理城市垃圾的原则

城市垃圾是指城镇居民生活活动中废弃的各种物品。包括生活垃圾、商业垃圾、市政设施及其管理和房屋修建中产生的垃圾或渣土。其中有机成分有纸张、塑料、织物、炊厨废物等；无机成分有金属、玻璃瓶罐、家用什物、燃料灰渣等。国外有的还包括大量的大型垃圾，诸如家庭器具、家用电器和各种车轴等。

针对不同类型的垃圾，宜采用不同的处理方法。一般情况下，有机物含量高的垃圾，宜采用焚烧法；无机物含量高的垃圾，宜采用填埋法；垃圾中的可降解有机物多、宜采用堆肥法。瑞士、荷兰、瑞典和丹麦等国的经济技术实力较强，且可供用埋垃圾的场地又少，所以，他们利用焚烧法处理垃圾的比重较大。

我国城镇垃圾的产生量大，无害化处理率低，为防止城镇垃圾污染，保护环境和人体健康，处理、处置和利用城镇垃圾具有重要意义。

（二）城市垃圾的资源化处理

1．物资回收

城市垃圾的成分复杂，要资源化利用，必须先进行分类。近年来，国内外均大力提倡将垃圾分类收集，以利于垃圾的回收利用，降低处理成本。不少发达国家实行电池以旧换新并实行由居民将自家的废纸本、金属和塑料、玻璃容器等单独存放，供收运者定期收集。美国有的城市甚至将每月收运两次的收运日期印在日历上，以方便居民。西欧、北欧发达国家的许多城市则在街头放置分类、分格的垃圾箱和垃圾桶，供行人使用。德国、瑞典甚至为分别收集白色和杂色玻璃而设置白色和绿色的垃圾筒。

近些年，我国许多城市也在推行垃圾分类收集工作。垃圾分选技术在城市垃圾预处理中占有十分重要的作用。由于垃圾中有许多可作为资源利用的组分，有目的地分选出需要的资源，可达到充分利用垃圾的目的。凡可用的物质如旧衣服、废金属、废纸、玻璃和旧器具等均可由物资公司回收。无法用简单方法回收的垃圾，可根据垃圾的化学和物理性质（例如颗粒大小、密度、电磁性和颜色）进行分选。垃圾的分选方法有手工分选、风力和重力分选、筛选、浮选、光分选、静电分选和磁力分选等。

垃圾分类回收有利于物资的回收，我国于 2000 年选择了北京、上海、广州、南京、杭州、厦门、深圳、桂林等 8 个城市作为生活垃圾的分类回收试点城市，以期在大范围内推动垃圾的分类回收。

2．热能回收

（1）可燃固体废物的焚烧。许多固体废物含有潜在的能量，可通过焚烧回收利用。固体废物经过焚烧，体积一般可减少 80%～90%，而在一些新设计的焚烧装置中，焚烧后的废物体积只是原体积的 5%或更少。一些有害固体废物通过焚烧，可以破坏其组成结构或杀灭病原菌，达到解毒、除害的目的。所以，可燃固体废物的焚烧处理，能同时实现减量化、无害化和资源化，是一条重要的城市垃圾处理、处置途径。

（2）可燃固体废物的热值：固体废物的热值是指单位质量的固体废物燃烧释放出来的热量，以 kJ / kg 表示。

要使物质维持燃烧，就要求其燃烧释放出来的热量足以提供加热废物到达燃烧温度所需要的热量和发生燃烧反应所必需的活化能。否则，便要消耗辅助燃料才能维持燃烧。有害废物燃烧，一般需要热值为 18600kJ / kg。

热值有两种表示法，高位热值和低位热值。高位热值是指化合物在一定温度下反应到达最终产物的焓的变化。低位热值与高位热值的意义相同，只是产物水的状态不同，前者水是液态，后者水是气态。所以，二者之差，就是水的汽化潜热。用氧弹量热计测量的是高位热值。将高位热值换算成低位热值可以通过下式计算

$$LHV = HHV - 2420\left[H_2O + 9\left(H - \frac{CI}{35.5} - \frac{F}{19}\right)\right]$$

式中 $LHV$ 为低位热值（kJ/kg）；$HHV$ 为高位热值（kJ/kg）；$H_2O$ 为焚烧产物中水的质量百分率（%）；H、CI、F 分别为废物中氰、氯、氟含量百分率（%）。

若废物的元素组成已知，则可利用 Dulong 方程式近似计算出净热值。

$$LHV = 2.32\left[14000m_C + 45000\left(m_H - \frac{1}{8}m_O\right) - 760m_{CI} + 4500m_S\right]$$

式中 $LHV$ 为低位热值（kJ/kg）；$m_C$、$m_O$、$m_H$、$m_{CI}$、$m_S$ 分别代表碳、氧、氢、氯和硫的质量分散。

（3）废物热值利用：可燃固体物质的燃烧过程比较复杂，通常由热分解、熔解、蒸发和化学反应等传热、传质过程所组成。一般根据不同可燃物质的种类，有 3 种不同的燃烧方式：①蒸发燃烧。固体受热熔化成液体，继而化成蒸气，与空气扩散混合而燃烧，蜡的燃烧属这一类；②分解燃烧。固体受热后首先分解，轻的碳氢化合物挥发，留下固定碳的表面与空气接触进行表面燃烧，木材和纸的燃烧属这一类；③表面燃烧。如木炭、焦炭等固体受热后不发生熔化、蒸发和分解等过程，而是在固体表面与空气反应进行燃烧。挥发份的燃烧是均相的反应，反应速度快，而固体表面的燃烧是不均相的，速度要慢得多。含碳固体废物的燃烧大部属分解燃烧，可分成分解与燃烧两个过程。

固体废物焚烧热的利用包括供热和发电。在用于发电时，一般在下列设备中进行：产生蒸汽的锅炉、蒸汽轮机或燃气轮机及发电机。由热能转变为机械功再转变为电能的过程，能量损失很大，热效率不高，一般来说焚烧炉—废热锅炉典型热效率是 63%，蒸汽轮机—发电机系统典型效率只有 30%左右，如果采用焚烧炉—锅炉—蒸汽轮机—发电机系统以回收利用其能量，整个热效率只有 20%。若产生的动力中一部分利用于其前端加工系统（破碎、分选），则净输出的动力只占整个热效率

的17．5%，因此固体废物的有效热值不够大时回收能量发电是不合算的，往往用于热交换器及废热锅炉产生热水或蒸汽。

城镇垃圾的焚烧温度一般在800～1000℃，所以其适用的炉型各国普遍采用固定式焚烧炉和流化床（沸腾炉）焚烧炉。近年来，利用热解技术处理垃圾，也可使尾气排放达到标准。

（4）固体废物的热解。固体废物小有机物可分为天然的和人工合成的两类。天然的有橡胶、水材、纸张、蛋白质、淀粉、纤维素、麦秆、废油脂和污泥等。人工合成的有塑料、合成橡胶、合成纤维等。随着现代工业发展和人民生活水平的提高，人们的衣、食、住、行中应用到越来越多的有机高分子材料。因此，在固体废物中有机物质的组分不断增加，这些废物都具有可燃性，能通过热解或焚烧回收能量。

①热解概念：固体废物热解是利用有机物的热不稳定性，在无氧成缺氧条件下受热分解的过程。热解法与焚烧法相比是完全不同的两个过程，焚烧是放热的，热解是吸热的；焚烧的产物主要是二氧化碳和水，而热解的产物主要是可燃的低分子化合物：气态的有氢、甲烷、一氧化碳，液态的有甲醇、丙酮、醋酸、乙醛等有机物及焦油、溶剂油等，固态的主要是焦炭或炭黑。焚烧产生的热能量大的可用于发电，热能量小的只可供加热水或产生蒸汽，就近利用。而热解产物是燃料油及燃料气，便于贮藏和远距离输送。

热解原理应用于工业生产已有很长的历史，木材和煤的干馏、重油裂解生产各种燃料油等早已为人们所知。但将热解原理应用到固体废物制造燃料，还是近几十年的事。国外利谢热解法处理固体废物已达到工业规模，虽然还存在一些问题，但实践表面这是一种有前途的固体废物处理方法。

1927年，美国矿业局进行过一些固体废物的热解研究。20世纪60年代，人们开始以城市垃圾为原料的资源化研究，证明热解过程产生的各种气体可作为锅炉燃料。1970年，Sanner等进行实验证明，城市垃圾热解不需要加辅助燃料，就能够满足热解过程中所需热量的要求。1973年，Battle研究使用垃圾热解过程所产生的能量超过固体废物含能量的80%获得成功。原联邦德国于1983年在巴伐利亚的Ebenhausen建设了第一座废轮胎、废塑料、废电缆的热解厂，年处理能力为600～800t废物，而后，又在巴伐利亚州的昆斯堡建立了处理城市垃圾的热解工厂，年处理能力为35000t废物，成为原联邦德国热解新工艺的实验工厂。美国纽约市也建立了采用纯氧高温热解法日处理能力达3000t的热解工厂。

1981年，我国农机科学研究院，利用低热解的农村废物进行了热解燃气装置的试验取得成功。小型农用气化炉已定点生产，为解决农用动力和生活能源，找到了方便可行的代用途径。

②热解原理：固体废物热解过程是一个复杂的化学反应过程。包含大分子的键断裂，异构化和小分子的聚合等反应，最后生成各种较小的分子。热解过程可以用通式表示为

有机固体废物$\xrightarrow{\Delta}$（$H2$、$CH4$、$CO$、$CO2$）气体
+（有机酸、防烃、焦油）有机液体+炭黑+炉渣

例如，纤维素热解

$$(C_6H_{10}O_5)\xrightarrow{\Delta}8H_2O+C_6H_8O+2CO+2CO_2+CH_4+H_2+7C$$

其中$C_6H_8O$代表液态的油品。

③热解方式：热分解过程出于供热方式、产品状态、热解炉结构等方面的不同，热解方式也各异。按供热方式可分成内部加热和外部加热。外部加热是从外部供给热解所需要的能量，内部加热是供给适量空气使可燃物部分燃烧，提供热解所需要的热能。外部供热效率低，不及内部加热好，故采用内部加热的方式较多。按热分解与燃烧反应是否在同一设备中进行，热分解过程可分成单塔式和双塔式。按热解过程是否生成炉渣可分成造渣型和非造渣型。按热解产物的状态可分成气化方式、液化方式和碳化方式。还有的按热解炉的结构将热解分成固定层式、移动层式或回转式。由于选择方式的不同，构成了诸多不同的热解流程及热解产物。

（三）城市垃圾的其他无害化处理

1．好氧堆肥：自然界的许多微生物具备氧化、分解有机固体废物的能力。利用微生物的这种能力，处理可降解的有机废物，达到无害化和资源化，这是固体废物处理利用的一条重要途径。

2．厌氧发酵：厌氧发酵也称沼气发酵或甲烷发酵，是指有机废物在厌氧细菌作用下转化为甲烷（或称沼气）和二氧化碳的过程。利用有机垃圾、植物秸秆、人畜粪便和活性污泥等制取沼气工艺简单且质优价廉，是替代不可再生资源的途径。制取沼气的过程可杀死病虫卵，有利于环境卫生，沼气渣还可以提高肥效、因而利用城镇垃圾制沼气有广泛的发展前途。

3．城镇垃圾的卫生填埋：卫生填埋是处置城市垃圾的最基本的方法之一。由于填埋场占地量大，因此该方法只应用于处理无机物含量多的垃圾。垃圾卫生填埋场关闭后，只有等其稳定（一般约 20 年时间）之后，才可以将其作为运动场、公园等的场地使用，但不应成为人们长期活动的建筑用地。

# 第七章 物理性污染及其防治

物理污染有别于其他环境污染，物理污染是物理因素引起的非化学性污染，物理污染形成时很少给周围环境留下具体污染物，但已经成为现代人类尤其是城市居民感受到的公害。例如，噪声就是影响最大、最易激起受害者强烈不满的环境污染，而反映噪声污染问题的投诉也高居各类污染的首位。但是有的物理性污染如电磁波和光，无色无味很隐蔽，无明显和直接危害，因而还没引起人们的足够重视。

## 第一节 噪声污染

一、环境噪声的特征与噪声源分类

人类生存的空间是一个有声世界，大自然中合风声、雨声、虫鸣、鸟叫，社会生活中有语言交流、美妙音乐。人们在生活中不但要适应这个有声环境，也需要一定的声音满足身心的支撑。但如果声音超过了人们的需要和忍受力就会使人感到厌烦，所以噪声可定义为对人而言不需要的声音。需要与否是由主观评价确定的，不但取决于声音的物理性质而且和人类的生理、心理因素有关。例如，听音乐会时，除演员和乐队的声音外，其他都是噪声；但当睡眠时，再悦耳的音乐也是噪声。

（一）噪声特征

环境噪声是一种感觉公害。噪声对环境的污染与工业“三废”一样，都是危害人类环境的公害。它具有局限性和分散性：即环境噪声影响范围上的局限性和环境噪声源分布上的分散性，噪声源往往不是单一的。噪声污染还具有暂时性，噪声对环境的影响不积累，也不持久，声源停止发声，噪声即时消失。

（二）声源及其分类

向外辐射声音的振动物体称为声源。噪声源可分为自然噪声源和人为噪声源两大类。目前人们尚无法控制自然噪声、所以噪声的防治主要指人为噪声的防治。人为噪声按声源发生的场所，一船分为交通噪声、工业噪声、建筑施工噪声和社会生活噪声。

1. 交通噪声：包括飞机、火车、轮船、各种机动车辆等交通运输工具产生的噪声。其中以飞机噪声强度最大。

交通噪声是活动的噪声源，对环境影响范围极大。尤其是汽车和摩托车，它们量大、面广，几乎影响每一个城市居民。有资料表明，城市环境噪声的70%来自于交通噪声。在车流量高峰期，市内大街上的噪声可高达90dB。遇到交通堵塞时，噪声甚至可达100dB以上，以致有的国家出现警察戴耳塞指挥交通的情况。

机动车辆噪声的主要来源是喇叭声（电喇叭90～95dB、汽喇叭105～110dB）、发动机声、进气和排气声、启动和制动声、轮胎与地面的摩擦声等。汽车超载、加速和制动、路面粗糙不平都会增加噪声。

2．工业噪声：工业噪声主要是机器运转产生的噪声，如空压机、通风机、纺织机、金属加工机床等，还有机器振动产生的噪声，如冲床、锻锤等。一般工厂车间噪声级在70～105dB，也有部分在75dB以下，少数车间或设备的噪声级高达110～120dB。生产设备的噪声大小与设备种类、功率、型号、安装状况、运输状态以及周围环境条件有关。工业噪声强度大，是造成职业性耳聋的主要原出，它不仅给生产工人带来危害，而且厂区附近的居民也深受其害。但是，工业噪声一般是有局限性的，噪声源是固定不变的，因此，污染范围比交通噪声要小得多，防治措施相对也容易些。

3．建筑施工噪声：建筑施工噪声包括打桩机、混凝土搅拌机、推土机等产生的噪声。它们虽然是暂时性的，但随着城市建设的发展，兴建和维修工程的工程量与范围不断扩大，影响越来越广泛。此外，施工现场多在居民区，有时施工在夜间进行，严重影响周围居民的睡眠和休息。

4．社会生活噪声：主要指出社会活动和家庭生活设施产生的噪声，如娱乐场所、商业活动中心、运动场、高音喇叭、家用机械、电器设备等产生的噪声。社会生活噪声一般在80dB以下，虽然对人体没有直接危害，但却能干扰人们的工作、学习和休息。

## 二、噪声的评价和检测

噪声的描述方法可分为两类：一类是把噪声作为单纯的物理扰动，用描述声波特性的客观物理量来反映，这是对噪声的客观量度；另一类则涉及入耳的听觉特性，根据人们感觉到的刺激程度来描述，因此被称为对噪声的主观评价。现分别陈述如下。

### （一）噪声的客观量度

简单地说．噪声就是声音，它具有声音的一切声学特性和规律。

1．频率与声功率：声音是物体的振动以波的形式在弹性介质（气体、固体、液体）中进行传播的一种物理现象。这种波就是通常所说的声波，频率等于造成该声波的物体振动的频率，其单位为赫兹（Hz）。一个物体每秒钟的振动次数，就是该物体的振动频率的赫兹数，亦即由此物体引起的声波的频率赫兹数。例如某物体每秒钟振动 100 次，则该物体的振动频率就是 100Hz，对应的声波频率也是 100Hz。声波频率的高低，反映了声调的高低。频率高，声调尖锐；频率低，则声调低沉。人耳能听到的声波频率范围是 20～20000Hz。20Hz 以下的称为次声，20000Hz 以上的称为超声。人耳有一个特性，即从 1000Hz 起，随着频率的减少，听觉会逐渐迟钝。换句话说，人耳对低频率噪声容易忍受，而对高频率噪声则感觉烦躁。

声功率是描述声源在单位时间内向外辐射能量本领的物理量，其单位为瓦（W）。一架大型的喷气式飞机，其声功率为 10kW；一台大型鼓风机的声功率为 0．1kW。

2．声强和声强级：为了表示声波的能量以波速沿传播方向传输的情况，定义通过垂直于声波传播方向的单位面积的声功率为声强度，或简称声强，用 I 表示，单位为每平方米瓦（$W/m^2$）。声场中某一位置声强的量值越大，则穿过垂直于声波传播方向上的单位面积的能量越多。在自由声场中（无障碍物和声波反射体）有一非定向辐射源，其声功率为 W，辐射的声波可视为球面波，在距声源 r 处，球面的总面积为 $4\pi r^2$，则在球面上：垂直于球面方向的声强为

$$I_n = \frac{W}{4\pi r^2}$$

由上式可以看出，声强 $I_n$ 以与 $r^2$ 成反比的关系发生变化，即距声源越远声强越小，并且降幅比距离增加更显著。

对于频率为 1000Hz 的声音，入耳能够感觉到的最小声强约等于 $10^{12}W/m^2$。这一量值用 $I_0$ 表示，常作为声波声强的比较基准，即 $I_0=10^{-12}W/m^2$，因此又称人为基准声强。于频率为 1000Hz 的声波，正常人的听觉所能忍受的最大声强约为 $1W/m^2$，这一量值常用 $I_m$ 表示，$I_m=1W/m^2$。声强超过这一上限时，就会引起耳朵的疼痛，损害入耳的健康。声强小于 $I_0$，人耳就觉察不到了，所以 $I_0$ 又称为人耳的听闻阈，$I_m$ 又称人耳的痛阈。

声强级是描述声波强弱级别的物理量。声强大小固然客观上反映声波的强弱，但是根据声学实验和心理学实验证明，人耳感觉到的声音的响亮程度，即入耳对感受到的声音的强弱程度的主观判断，并不是简单地和声强 I 成正比，而是近似与声强 I 的对数成正比。又因为能引起正常听觉的声强值的上下限相差悬殊（$I_m/I_0=10^{12}$ 倍），如用声强以及它通常使用的能量单位来量度可听声波的强度极不方便。基于上述两个原因，所以引入声强级作为声波强弱的量度。声强级是这样定义的：将声强 I 与基准声强 $I_0$ 之比的对数值，定义为声强 I 的声强级，声强级

以 $L_1$ 表示，即

$$L_1 = \lg(I/I_0) \quad (B)$$

出于 B 单位较大，常取分贝（dB）作声强级单位，其换算关系为：1B=10dB，即

$$L_1 = 10\lg(I/I_0) \quad (dB)$$

3. 声压与声压级：声压是描述声波作用效能的宏观物理量。声波与传感器（如耳膜）作用时，与无声波情况相比较，多出的附加压强称为声波的声乐，用 p 表示，单位为帕（Pa），1Pa＝1N／$m^2$。有声波的声强为基准声强 $I_0$ 时，其表现的声压约为 $2\times10^5$Pa（在空气中），这一最值也常被用做比较声波声压的衡量基准，称为基准声压，记做 $p_0$，即 p0＝$2\times10^{-5}$Pa。

理论表明，在自由声场中，在传播方向上声强 I 与声压 p 的关系为

$$I = \rho^2/\rho c \quad (W/m^2)$$

式中 p 为媒质密度（kg／$m^3$），c 为声速（m／s），两者的乘积就是媒质的特性阻抗。在测量中声压比声强容易直接测量，因此，往往根据声乐测定的结果间接求出声强。

声压级是描述声压级别大小的物理量。上式表明声强与声压的平方成正比，即

$$I_1/I_2 = \rho_1^2/\rho_2^2$$

上式两边取对数，则

$$\lg(I_1/I_2) = \lg(p_1^2/p_2^2) = 2\lg(\rho_1/\rho_2)$$

为了表不声波强弱级别的统一，人们希望无论用声强级或声压级表示同—声波的强弱级别具有同一量值，特按如下方式定义声压级，即声压级 $L_p$ 等于声压 p 与基准声压 $p_0$。比值的对数值的 2 倍，即

$$L_\rho = 2\lg(\rho/\rho_0)(B) = 20\lg(\rho/\rho_0)(dB)$$

声压和声压级可以互相换算。

如果有几种声音同时发生，则总的声压级不是各声压级的简单算术和，而是按照能量的叠加规律，即压力的平方进行叠加的。

（二）噪声的主观评价

1. A 声级：声乐级只是反映了人们对声音强度的感觉，并不能反映人们对频率

的感觉，而由于人耳对高频声音比对低频声音敏感，因此声压级和频率不同的声音听起来很可能一样响。因此，要表示噪声的强弱，就必须同时考虑声压级和频率对人的作用，这种共同作用的强弱称为噪声级。噪声级可用吸声计测量，它能把声音转变为电压，经处理后用电表指示出分贝数。噪声计中设有 A、B、C 三种特性网络。其中 A 网络可将声音的低频大部分过滤掉，能较好地模拟人从的听觉特性。由 A 网络测出的噪声级称为 A 声级，其单位亦为分贝（dB）。A 声级越高，人们越觉吵闹。因此，现在大都采用 A 声级来衡量噪声的强弱。

2. 统计声级：统计声级是用来评价不稳定噪声的方法。例如在道路两旁的噪声，当有车辆通过时 A 声级就大，当没有车辆通过时 A 声级就小，这时就可以等时间间隔地采集 A 声级数据，并对这些数据用统计的方法进行分析，以表示噪声水平。

3. 其他噪声评价方法：如昼夜等效声级、感觉噪声级等。

（三）噪声的评价方法

在城市区域环境质量评价和工程建设项目环境影响评价中，环境噪声污染往往是评价工作的内容之一。在交通工程建设项目中，噪声影响评价直接涉及居民搬迁和噪声防治工程措施。环境噪声影响评价的具体工作程序如下。

1. 拟定评价大纲：评价大纲是开展环境影响评价工作的依据。它包括了建设项目工程概况；污染源的识别与分析，确定评价范围；环保目标（这里主要指噪声敏感点）；噪声敏感点的地理位置及其环境条件，评价标准；评价工作实施方案；评价工作费用。

2. 收集基础资料：基础资料包括建设项目中噪声污染源源强与参数；噪声源与敏感点的分布位置图，并注明相对距离和高度；声传播的环境条件（如建、构筑物屏障等）。

3. 进行现状调查：主要是噪声敏感点的背景噪声的调查。

4. 选定预测模式：根据噪声源类别，如车间、道路机动车及其流量、速度类型架次，飞机程序，声传播的衰减修正等，按点、线声源特征选定预测模式。据各建设行业有关环境评价规范来选定。

5. 噪声影响评价：根据预测评价量与采用的评价标准，给出各敏感点超标分贝值及评价结果。

6. 提出噪声治理措施：敏感点超标值达到 3dB 或其以上时，应考虑噪声治理措施。具体措施应给出技术和环境效益的技术论证，以便为工程设计与施工以及日常管理提供依据。

三、环境噪声的危害

随着工业生产、交通运输、城市建设的高度发展和城镇人口的迅猛膨胀，噪声污染日趋严重。据《中国环境状况公报》显示，1997 年、我国多个城市噪声处于中等水平。其中，生活噪声影响范围大并呈扩大趋势，交通噪声对环境冲击最强，各类功能区噪声普遍超标。城市中功能区超标的百分率分别为：特殊住宅区 57．1%；居民、文教区 71．7%；居住、商业、工业混杂区 80．4%；工业集小区 21．7%；交通干线道路两侧 50．0%。归纳起来，噪声的危害主要表现在以下几个方面。

（一）损伤听力

噪声可以给人造成暂时性的或持久性的听力损伤，后者即耳聋。一般说来，85dB 以下的噪声不至于危害听觉，而超过 85dB 则可能发生危险。噪声达到 90dB 时，耳聋发病率明显增加。但是，即使高至 90dB 的噪声，也只是产生暂时性的病患，休息后即可恢复。因此噪声的危害，关键在于它的长期作用。

（二）干扰睡眠和正常交谈

1．干扰睡眠：睡眠对人是极为重要的，它能够调节人的新陈代谢，使人的大脑得到休息，从而使人恢复体力，消除疲劳。保证睡眠是人体健康的重要因素。噪声会影响人的睡眠质量和数量。连续噪声可以加快熟睡到轻睡的回转，缩短人的熟睡时间；突然的噪声可使人惊醒。一般情况下，40dB 的连续噪声可使 10%的人受影响，70dB 时可使 50%的人受影响，突然噪声达 40dB 时，可使 10%的人惊醒，60dB 时，可使 70%的人惊醒。对睡眠和休息来说，噪声最大允许值为 50dB，理想值为 30dB。

2．干扰交谈和思考；噪声对交谈产生干扰。

（三）引起疾病

噪声对人体健康的危害，除听觉外，还会对神经系统、心血管系统、消化系统等有影响。噪声作用于人的中枢神经系统，会引起失眠、多梦、头疼、头昏、记忆力减退、全身疲乏无力等神经衰弱症状。

噪声可使神经紧张，从而引起血管痉挛、心跳加快，心律不齐、血压升高等病症。对一些工业噪声调查的结果表明：长期在强噪声环境中工作的人比在安静环境中工作的人心血管系统的发病率要高。有人认为，20 世纪生活中的噪声是造成心脏病的一个重要因素。

噪声还可使人的胃液分泌减少、胃液强度降低、胃收缩减退、蠕动无力，从而易患胃溃疡等消化系统疾病。有资料指出，长期置身于强噪声下，溃疡病的发病率要比安静环境下高 5 倍。

噪声还会使儿童的智力发育迟缓，甚至可能会造成胎儿畸形。

当然，噪声不一定是引起以上疾病的唯一原因，但它对人体健康的危害不可低估。

（四）杀伤动物

噪声对自然界的生物也是有危害的。如强噪声会使鸟类羽毛脱落，不产蛋，甚至内出血直至死亡。1961 年，美国空军 F—104 喷气战斗机在俄克拉荷马市上空做超音速飞行试验，飞行高度为 10000m，每天飞行 8 次，6 个月内使一个农场的 1 万只鸡被飞机的轰响声杀死 6000 只。

（五）破坏建筑物

20 世纪 50 年代曾有报道，一架以 1100 km／h 的速度（亚音速）飞行的飞机，做 60m 低空飞行时，噪声使地面一幢楼房遭到破坏。在美国统计的 3000 起喷气式飞机使建筑物受损害的事件中，抹灰开裂的占 43%，损坏的占 32%，墙开裂的占 15%，瓦损坏的占 6%。

四、噪声的控制

（一）噪声标准与立法

1．环境噪声标准：控制噪声污染已成为当务之急，而噪声标准是噪声控制的基本依据。毫无疑问，制定噪声标准时，应以保护人体健康为依据，以经济合理、技术可行为原则，同时，还应从实际出发，因人、因时、因地不同而有所区别。此外，噪声标准并不是固定不变的，它将随着国家经济、科学技术的发展而不断提高。我国由于立法工作的加快，已制定了若干有关噪声控制的国家标准。

2．立法：噪声立法是一种法律措施。为了保证已制定的环境噪声标准的实施，必须从法律上保证人民群众在适宜的声音环境中生活与工作，消除人为噪声对环境的污染。

国际噪声立法活动从 20 世纪初期就已经开始。早在 1914 年瑞士就有了第一个机动车辆法规，规定机动车必须装配有效的消声设备。20 世纪 50 年代以后，许多国家的政府部门陆续制定和颁布了全国性的、比较完整的控制法，这些法律的制定时噪声污染的控制起了很大作用，不仅使噪声环境有了较大改善，而且促进了噪声控制和环境声学的发展。

我国 1996 年颁布了《中华人民共和国环境噪声污染防治法》，基本内容包括交通运输噪声污染、建筑施工噪声污染、社会生活噪声污染、工业噪声污染等。

（二）噪声控制的一般原则

声是一种被动现象，它在传播过程中遇到障碍物会发生反射、干涉和衍射现象。在不均匀媒质中或从某媒质进入另一种媒质时，会发生透射和折射现象。声波在媒质中传播时，由于媒质的吸收和波束的扩散作用，声波强度会随着距离的增加发生衰减。对于声波的这些认识是控制噪声的理论基础。在噪声控制中，首先是降低声源的辐射功率。工业和交通运输业可选用低噪声生产设备和生产工艺，或者改变噪声源的运动方式（如用阻尼、隔振等措施降低固体发声体的振动；用减少涡流、降低流速等措施降低液体和气体的声源辐射）。其次是控制噪声的传播，改变噪声传播的途径，如采用隔声和吸声的方法降噪。再次是对岗位工作人员的直接防护，如采用耳塞、耳罩、头盔等护耳器具，以减轻噪声对人员的损害。

（三）噪声控制的技术措施

1. 声源控制：声源是噪声系统中最关键的组成部分，噪声产生的能量集中在声源处。所以对声源从设计、技术、行政管理等方面加以控制，是减弱或消除噪声的基本方法和最有效的手段。

（1）改进机械设计。在设计和制造机械设备时，选用发声小的材料、结构形式和传动方式。

（2）改进生产工艺。

（3）提高加工精度和装配质量。

（4）加强行政管理。

2. 传播途径控制：由于条件的限制，从声源上降低噪声难以实现时，就需要在噪声传播途径上采取以下措施加以控制。

（1）闹静分开、增大距离。利用噪声的自然衰减作用，将声源布置在离工作、学习、休息场所较远的地方。

（2）改变方向。利用声源的指向性（方向不同，其声级也不同）．将噪声源指向无人的地力。

（3）设置屏障。在噪声源和接受者之间设置声音传播的屏障，可有效地防止噪声的传播，达到控制噪声的目的。合数据太明，40m 宽的林带能降低噪声 10～15dB，绿化的街道比没有绿化的街道降低噪声 8～10dB。设置屏障，除了用林带、砖墙、土坟、山冈外，主要指采用声学控制方法。常用的几种声学控制方法如下。

吸声：主要利用吸声材料或吸声结构来吸收声能，常用于会议室、办公室、剧场等室内空间。由于吸声材料只是降低反射的噪声，故它在噪声控制中的效果是有限的。

隔声：用隔声材料阻挡或减弱在大气中传播的噪声，多用于控制机械噪声。典型的隔声装置行将声源封闭，使噪声不外逸的隔声罩（降噪 20～30dB），有防止外界噪声侵入的隔声室（降噪 20～40dB），还有用于露天场合的隔声屏。

消声：利用消声器（一种既允许气流通过而又能衰减或阻碍声音传播的装量）控制争气动力性噪声简便而又合效。例如，在通风机、鼓风机、压缩机、内燃机等设备的进出口管道中安装合适的消声器，可降噪 20～40dB。

阻尼减振：当噪声是由金属薄板结构振动引起时，常用阻尼材料减振。如将阻尼材料涂在产生振动的金属板材上，当金属薄板弯曲振动时，其振动能量迅速传递给阻尼材料。由于阻尼材料的内损耗、内摩擦大，使相当一部分振动能量转化为热能而损耗掉，这样就减小了振动噪声。常用的阻尼材料有沥青类、软橡胶类和高分子涂料。

隔振：由机器设备振动产生的噪声，可使用橡胶、软木、毛毡、弹簧、气垫等隔振材料或装置，隔绝或减弱振动能量的传送，从而达到降噪的目的。

3. 接受有的防护：这是对噪声控制的最后一道防线。实际上，在许多场合，采取个人防护是最疗效、最经济的办法。但是个人防护措施在实际使用中也存在问题，如听不到报警信号，容易出事故。因此立法机构规定，只能在没有其他办法可用时，才能把个人防护作为最后的手段暂时使用。

个人防护用品有耳塞、耳罩、防声棉、防声头盔等。

在消除和控制噪声过程中，为了积极主动地消除噪声，人们发明了“有源消声”这一技术，找到一种与要消除的噪声的频谱完全一样且相位刚好相反的声音，两者叠加后就可以将这种噪声完全抵消掉。在消除飞机噪声新技术中，飞机噪声主要是由于废气排放而产生的，当废气喷发速度超过声速时就发出噪声，这种噪声被称为“马赫浪”。美国宇航专家发明从发动机上引出一股新的气流，其方向与废气一致，这样，废气与周围空气之间的速度差就会大大缩小，以至低于声速，马赫浪就难以形成，噪声可立即降低 10dB，新技术的优点是无须安装机械消声器，燃料消耗也不受影响。日本研究的一种消除列车噪声的新型吸声材料，从焚烧不掉的物质中提取的再生材料具有吸收噪声的效果，经实验证明，其吸声效果十分明显。联邦德国在柏林的希尔街搞了一项被称做“绿浪”的降噪工程，当汽车以恒速在街上行驶时，汽车将一直遇到绿灯。这样，既能保证行使的平稳，又能降低油耗，减少废气的排放，还能减少起步、停车次数，保证发动机一直在良好状态中运转，降低噪声的辐射。

控制噪声除上述几种方法外，还有搞好城市道路交通规划和区域建设规划、科学布局城市建筑物、合理分流噪声源、加强宣传教育工作等措施，都能取得控制噪声污染的良好效果。

（四）噪声的利用

噪声是一种污染，这是它有害的一面；此外，噪声也有许多有用的方面。人们在控制噪声污染的同时，也可将其化害为利，利用噪声为人类服务。另外，噪声是能量的一种表现形式，因此，有人试图利用噪声做一些有益的工作，使其转害为利。

噪声可用作工业生产中的安全信号。煤矿中为了防止塌方、瓦斯爆炸带来的危害，研制出了煤矿声报警器。当煤矿冒顶、瓦斯喷出之前，会发出一种特有的声音，煤矿声报警器记录到这种声音后就会立即发出警报，提醒人们离开现场或采取安全措施，以防止事故的发生和蔓延。强噪声还可作为防盗手段，有人发明了一种电子警犬防盗装置，电子警犬处于工作状态时，能发出肉眼看不见的红外光，只要有人进入监视范围，电子警犬就会立即发出令人丧胆落魄的噪声，目前各种防盗柜也安装了这种防盗发声装置。

噪声还有很多其他方面的可利用性，如可用在农业上．提高作物的结果率和除杂草，也可用于干燥食物等。噪声是一种有待开发的新能源，化害为利、变废为宝是解决污染问题的最好途径。相信随着人类科学技术的发展，不仅是噪声，还有其他的各种污染，人类都可以解决，并能利用它们来为人类服务。

# 第二节 振动污染

一、振动的危害

振动是一种周期性往复运动，任何一种机械都会产生振动，而机械振动产生的主要原因是旋转或往复运动部件的不平衡、磁力不平衡和部件的相互碰撞。

振动和噪声有着十分密切的联系，声波就是由发声物体的振动而产生的。当振动的频率在 20～2000Hz 的声频范围内时，振动源同时也是噪声源。振动能量常以两种方式向外传播而产生噪声：一部分内振动的机器直接向空中辐射，称之为空气声；另一部分振动能量则通过承载机器的基础，向地层或建筑物结构传递。在固体表面，振动以弯曲波的形式传播，因而能激发建筑物的地板、墙面、门窗等结构振动，再向空中辐射噪声，这种通过固体传导的声叫做固体声。

振动不仅能激发噪声，而且还会直接作用于设备、建筑物和人体，产生很多不良后果。

（一）对建筑物及其他的损害

振动使机械设备本身疲劳和磨损，从而缩短机械设备的使用寿命，其致使机械设备中的构件发生刚度和强度破坏。对于机械加工机床，如振动过大，就会使加工精度降低；大楼会由于振动而坍塌；飞机机翼的额振、机轮的摆振和发动机的界常振动，曾多次造成飞行事故。这些机械设备的振动，不但自身危害甚大，而且振动辐射的强烈噪声还会严重污染环境。

（二）对人体健康的危害

振动作用于人体，会伤害到人的身心健康。振动对人体的影响可分为全身振动和局部振动。全身振动多由环境振动引起，是指人直接位于振动物体上时所受到的振动。全身振动对人体健康的影响是多方面的，如呼吸加速、血压改变、心率加快、胃液分泌和消化能力下降、肝脏的解毒功能代谢发生障碍等。局部振动是指手持振动物体时引起的人体局部振动，它只施加在人体的某个部位。长期局部振动引起的振动病，主要表现为肢端血管痉挛、周围神经末梢感觉障碍和上肢骨与关节改变，称之为职业性雷诺氏症、血管神经症和振动性白指病。

1.振动的频率对人体的影响：人能感觉到的振动按频率范围分为低频振动（30Hz 以下）、中频振动（30～100Hz）和高频振动（100Hz 以上）。对于人体最有害的振动频率是与人体某些器官固有频率相吻合（共振）的频率。这些固有频率是：人体在 6Hz 附近；内脏器官在 8Hz 附近；头部在 25Hz 附近；神经中枢则在 250Hz 左右；低于 2Hz 的次声振动其至有可能引起人的死亡。

2．振动的振幅及加速度对人体的影响：振动对人体的影响，常因振幅或加速度的不同而表现出不同效应。当振动频率较高时．振幅起主要作用，比如作用于全身的振动频率为 40～102Hz 时，一日振幅达 0．05～1．3mm．就会对全身都有害。高频振动主要对人体各组织的神经末梢发生作用，引起末梢血管痉挛的最低频率是 35Hz。

当振动频率较低时，则振动加速度起主要作用。试验表明，人体处于匀速运动状态下是无感觉的，而且匀速运动的速度大小对人体也不产生任何影响。当人处在变速运动状态时，就会受到影响，也就是加速度对人体会有影响。加速度以 $m/s^2$ 作为单位，考虑其对人体振动的影响则以重力加速度 g 来表示，g＝9．8$m/s^2$。

频率为 15～20Hz 范围的振动，加速度在 0．49$m/s^2$以下，对人体不致造成有害影响。随着振动加速度的增大，会引起前庭器官反应，导致内脏、血液产生位移。如果时间极短，人体所能忍受的加速度比上述值大很多。如果持续时间不超过 0．1s，人体直立向上运动时能忍受（不受伤害）的加速度为 1 56．8$m/s^2$，而向下运动时为 98$m/s^2$，横向运动时则为 392$m/s^2$。如果加速度超过这一数值，便会造成皮肉青肿、骨折、器官破裂、脑震荡等损伤。

3．振动对人体的影响与作用时间有关：在振动作用下的时间越长，对人体的影响就越大。因此，评价振动对人体是否有危害，必须考虑人体暴露在振动下的时间长短。

4．振动对人体的影响与人的体位、姿势有关：立位时对垂直振动比较敏感，而卧位时对水平振动比较敏感。人的神经组织和骨骼都是振动的良好传导体。

二、振动的评价

根据振动强弱对人体的影响，大致分为 4 种情况：

（一）振动的“感觉阈”

人体则能感觉到的振动信息，就是通常所说的“感觉阈”。人们对刚超过感觉阈的振动，一般不会觉得不舒适，大多数人对这种振动是能忍受的。

（二）振动的“不舒适阈”

振动的强度增加到一定程度，人就会感觉到不舒服，或者有“讨厌”的反应，这就是“不舒适阈”。“不舒适”是一种心理反应，是大脑对振动信息的一种判断，并没有产生生理的影确。

（三）振动的“疲劳阈”

振动的强度进一步增加到某种程度，人对振动的感觉就由“不舒适阈”进入“疲劳阈”。对超过“疲劳阈”的振动，人们不仅会产生心理反应，相应的生理反应也随之产生。也就是说，人的感觉器官和神经系统受到振动的刺激，并通过神经系统对其他器官产生影响，如注意力转移、工作效率降低等。当振动停止以后，这些生理影响是能够消除的。

（四）振动的“危险阈”

当振动的强度继续增加并超过一定限度时，不仅对人的心理、生理有影响，还会产生病理性的损伤，这就是“危险阈”，也称“极限阈”。超过“危险阈”的振动将使感觉器官和神经系统产生永久性病变．即使振动停止也不能复原。

三、振动污染的控制

控制振动的方法与控制噪声的方法有所不同，比噪声控制复杂，通常有以下 3 类方法。

1．减少扰动

减小或消除振动源的激励，即采用各种平衡方法来改善机器的平衡性能，修改或重新设计机器的结构以减小振动，改进和提高制造质量，减小构件加工误差，提高安装中的对中质量，控制安装间隙，对具有较大辐射表面的薄壁结构采取必要的阻尼措施，也称为阻尼减振。

2．防止共振

防止或减小设备、结构对振动的响应。共振是振动的一种特殊状态，它使设备振动得更加厉害，甚至起到放大作用。必须要改变振动系统的固有频率，改变振动系统的扰动频率，采用动力吸振器，增加阻尼，减小共振时的振幅。

3．采取隔振措施

减小或隔离振动的传递，使振动运输不出去，从而消除振动的不良影响。通常是在振源与受控对象之间添加一个子系统来实现隔振，用以减少受控对象对根源激励的响应。按照传递方向的不同，分为隔离振源和隔离响应两种。隔离振源又称为主动隔振或积极隔振，目的在于隔离或减小动力的传递，使周围环境或建筑结构不受振动的影响，一般动力机器、回转机械、锻冲压设备的隔振都属于这一类；隔离响应又称为被动隔振或消极隔振，目的在于隔离或减小运动的传递，使精密仪器与设备不受基础振动的影响，一般电子仪器、贵重设备、精密仪器、易损件、录音室人体坐垫的隔振都属于这一类。两类隔振尽管不同，但实施方法相通，均通过在设备和基座间装设隔振器，使大部分振动被隔振装置所吸收来实现隔振。常用的隔振装置有弹簧、橡胶隔振器等。

“振源消振”，消除或减弱振源，这是最彻底和最有效的方法。因为受控对象的响应是由振源激励引起的，振源消除或减弱，响应自然也消除或减弱。

为了保护在强烈振动环境里工作的人免受伤害，除了控制振动外，还可以采取防护措施，例如防振鞋的使用，利用其弹性减轻人在站立时所受到的振动；防振手套主要用来减轻风动工具的反冲力和高额振动对人的影响。

## 第三节 放射性污染

一、放射性及其度量单位

（一）放射性物质

凡具有自发地放出射线特征的物质，即称之为放射性物质。这些物质的原子核处于不稳定状态，在其发生核转变的过程中，自发地放出由粒子或光子组成的射线，并辐射出能量，同时本身转变成另一种物质，或是成为原来物质的较低能态。其所放出的粒子或光子，将对周围介质包括机体产生电离作用，造成放射性污染和损伤。射线的种类很多，主要有以下3种：

α射线：其本质是氦（$_2^4H$）的原子核，具有高速运动的α粒子。

β射线：它是一种电子流。

γ射线：它是波长在$10^{-8}$以下的电磁波。

（二）放射线性质

1.每一射线都具有一定的能量：例如α射线具有很高的能量，它能击碎$_{13}^{27}Al$核，产生核反应

$$_{13}^{27}Al+_2^4He\rightarrow_{15}^{30}P+_1^0n$$

其中$_{15}^{30}P$就是人工产生的放射性核素，它可通过衰变产生正电子

$$_{15}^{30}P\rightarrow_{14}^{30}Si+_1^0e$$

2.它们都具有一定的电离本领：所谓电离是指使物质的分子或原子离解成带电

离子的现象。α粒子或β粒子会与原子中的电子有库仑力的作用，从而使原子中的某些电子脱离原子，而原子变成了正离子。带电粒子在同一物质中电离作用的强弱主要取决于粒子的速率和电量。α粒子带电量大、速率较慢，因而电离能力比β粒子强得多。γ光子是不带电的，在经过物质时由于光电效应和电子偶效应而使物质电离。所谓电子偶效应是指能量在1．02mV以上的光子，可转变成一个正电子和一个负电子，即电子对，它们附着于原子则产生离子对。γ射线的电离能力最弱。

3．它们各自具有不同的贯穿本领：所谓贯穿本领是指粒子在物质中所走路程的长短。路程又称射程，射程的长短主要是由电离能力决定的。每产生一对离子，带电粒子都要消耗一定的动能，电离能力越强，射程越短。因此3种射线中α射线的贯穿能力最弱，用一张厚纸片即可挡住；β射线的贯穿能力较强，要用几毫米厚的铅板才能挡住；γ射线的贯穿能力最强，要用几十毫米厚的铅板才能挡住。

4．它们能使某些物质产生荧光：人们可以利用这种致光效应检测放射性核素的存在与放射性的强弱。

5．它们都具有特殊的生物效应：这种效应可以损伤细胞组织，对人体造成急性和慢性伤害，有时还可以改变某些生物的遗传特性。

（三）放射性度量单位

为了度量射线照射的量、受照射物质所吸收的射线能量以及表征生物体受射线照射的效应，采用的单位有以下几种。

1．放射性活度（A）：放射性活度也称放射性强度，是指处于某一特定能态的放射性核素在给定时间内的衰变数，即放射性物质在单位时间内所发生的核衰变的数目

$$A = dN / dt$$

式中dN为衰变核的个数，dt为时间。活度单位为贝可勒尔，简称贝可（Bq）。1Bq表示放射性核素在1s内发生1次衰变，即

$$1Bq = 1J / s$$

2．吸收剂量（D）：电离辐射在机体的生物效应与机体所吸收的辐射能量有关。吸收剂量是反射物体对辐射能量的吸收状况，是指电离辐射给予一个体积单元中的平均能量，即

$$D = de / dm$$

吸收剂量单位为戈瑞（Gy），1戈瑞表示任何1kg物质吸收1J的辐射能量，即

$$1Gy = 1J/kg = 1m^2/s^2$$

其吸收剂量率是指单位时间内的吸收剂量，单位为 Gy / s 或 J / （kg·s）。

（3）剂量当量（H）：电离辐射所产生的生物效应与辐射的类型、能量等有关。尽管吸收剂量相同，但若射线类型、照射条件不同时，对生物组织的危害程度是不同的。因此在辐射防护工作中引入了剂量当量这一概念，以表征所吸收的辐射能量对人体可能产生的危害情况。H 是指衣人体组织内某一点上的剂量当量等于吸收剂量与其他修正因素的乘积，其单位为希沃特（S）。1S＝1J / kg，关系式如下

$$H = DQN$$

式中 H 为剂量当量（S）；D 为吸收剂量（Gy）；Q 为品质因子；N 为是所有其他修正因数的乘积。

品质因子 Q 用以粗略地表示吸收剂量相同时各种辐射的相对危险程度。Q 越大，危险性越大。Q 值是依据各种电离辐射带电粒子的电离密度而相应规定的。

（4）照射量（X）：照射量只适用于 X 和 γ 辐射，它是用于 X 或 γ 射线对空气电离程度的度量。

照射量（X）：是指在一个体积单元的空气中（质量为 dm），内光子释放的所有电子（负电子和正电子）在生气中全部被阻时，形成的离子总电荷的绝对值（负电子或正电子）。关系式如下

$$X = dQ/dm$$

照射量单位为库仑 / 千克（C / kg）。单位时间的照射量率，单位为库仑 /（千克·秒）[C / （kg·s）]。

二、放射性污染源

（一）放射性污染及特点

1. 定义：放射性污染，是指在生产、生活活动中排放放射性物质，造成改变环境放射性水平，使环境质量恶化，危害人体健康或者破坏生态环境的现象。

2. 放射性污染的特点：放射性污染之所以被人们强烈关注，主要是由于放射性的电离辐射具有以下特征：

（1）绝大岁数放射性核素毒性，按致毒物本身重量计算，均远远高于毒物。

（2）按辐射损伤产生的效应，可能影响遗传，给后代带来隐患。

（3）放射性剂量的大小，只有辐射探测仪器方可探测，非人的感觉器官所能

知晓。

（4）射线的辐照具有穿透性，特别是$\gamma$射线可穿过一定厚度的屏障层。

（5）放射性核素具有蜕变能力，当形态变化时，可使污染范围扩散。如$^{226}Ra$的衰变，子体$^{222}Rn$为气态物，可在大气中逸散，而此物的衰变子体$^{218}Po$则为固态，易在空气中形成气溶胶，进入人体后会在肺器官内沉积。

（6）放射性活度只能通过自然衰变而减弱。

此外，放射污染物种类繁多，在形态、射线种类、毒性、比活度以及半衰期方面均有极大差异，在处理上相当复杂。

（二）放射性污染源

放射性污染包括天然辐射源污染和人工辐射源污染。人工辐射污染源如下。

1．核工业产生的核废料：核燃料生产和核能技术的开发、利用的各生产环节均会产生和排放含放射性的固体、液体及气体，是导致环境放射性污染的“三废”之一，成为人们关心的问题。

2．核武器试验：核爆炸后，裂变产物最初以蒸汽状态存在，然后凝结成放射性气溶胶。粒径＞0．1mm的气溶胶在核爆炸后一天内即可在当地降落，称为落下灰；粒径＜25μm的气溶胶粒子可在大气中长期漂浮，称为放射性尘埃。放射性尘埃在大气平流层的滞留时间一般认为在4个月至3年。核试验造成的全球性污染要比核工业造成的污染严重得多。1970年以前，全世界大气层核试验进入大气平流层的$^{90}Sr$达5．757×$10^7$Gy，其中97％已沉降到地面。核工业后处理厂每年排放的$^{90}Sr$一般仅相当于前者数量级的万分之一。因此，全球已严禁在大气层做核试验，严禁一切核试验和核战争的呼声也越来越高。放射性落下物成为环境放射性污染的重要来源之一。

3．意外事故：难以预测的意外事故的发生，可能会泄露大量的放射性物质，从而引起环境的污染。

4．放射性同位素的应用：核研究单位、科研中心、医疗机构等使用放射性同位素用于探测、治疗、诊断、消毒中，导致所谓的“城市放射性废物”。在医疗上，放射性核素常用于“放射治疗”以杀死癌细胞；有的也采用各种方式有控制地注入人体，作为临床上诊断或治疗的手段；工业上放射性核素可用于探伤；农业上放射性核素可用于育种、保鲜等。如果使用不当或保管不善，也会造成对人体的危害和环境的污染。

目前，由于辐射在医学上的广泛应用，它已构成主要的人工污染源，约占全部污染源的90%。在医学中使用的放射性核素已经达几十种，如$^{60}Co$照射治癌、$^{131}I$治疗甲状腺机能亢进等。它们必然也会给医务工作者和病人带来内、外照射的危害，如一次X射线远视照射者受到0.01～10mGy的剂量；一次全部牙科X光拍片所受剂量高达0.6Gy。在一般日用消货品中，也常常包含天然的或人工的放射性物质。如放射性发光表盘，家用彩色电视机，甚至燃煤、住房内的放射等。

（三）放射性物质进入人体的途径

放射性物质进入人体主要有3种途径：呼吸道进入、消化道食入、皮肤或黏膜入侵。

从不同途径进入人体的放射性核素，人体具有不同的吸收蓄积和排出的特点，即使同一核素，其吸收率也不尽相同。现分述如下。

（1）呼吸道吸入：由呼吸道吸入的放射性物质，其吸收程度与气态物质的性质和状态有关。难溶性气溶胶吸收较慢，可溶性较快。气溶胶粒径越大，在肺部的沉积越少。气溶胶被肺泡膜吸收后，可直接进入血液流向全身。

（2）消化道食入：食入的放射性物质出肠胃吸收后，经肝脏随血液进入全身。

（3）皮肤或黏膜侵入：可溶性物质易被皮肤吸收，由伤口侵入的污染物吸收率极高。

三、放射性污染的危害

（一）放射性作用机理

放射性核素释放的辐射能被生物体吸收以后，要经历辐射作用的不同阶段的各种变化。它们包括物理、物理化学、化学和生物学的4个阶段。当生物体吸收辐射能之后，先在分子水平发生变化，引起分子的电离和激发，尤其是生物大分子的损伤。有的发生在瞬间，有的需经物理的、化学的以及生物的放大过程才能显示所致组织器官的可见损伤，因此时间较久，甚至延迟若干年后才表现出来。人体对辐射最敏感的组织是骨髓、淋巴系统以及肠道内壁。

（二）急性效应

大剂量辐射造成的伤害表现为急性伤害。当核爆炸或反应堆发生意外事故时，其产生的辐射生物效应立即呈现出来。1945年8月6日和9日，美国在日本的广岛和长崎分别投了两颗原子弹，几十万日本人死于非命。急性损伤的死亡率取决于辐射剂量。辐射剂量在6Gy以上，通常在几小时或几天内大即引起死亡，死亡率达100%，称为致死量；辐射剂量在4Gy左右，死亡率下降到50%，称为半致死量。

（三）远期效应

放射性核素排入环境后，可造成对大气、水体和土壤的污染，这是由于大气扩散和水流输送可在自然界稀释和迁移，放射性核素可被生物富集，使一些动物、植物，特别是一些水生生物体内放射性核素的浓度比环境浓度高许多倍。例如牡蛎肉中的锌的同位素 $^{65}Zn$ 的浓度可以达到周围海水中浓度的 10 万倍。环境中的核素，其中危害最大的是 $^{89}Sr$、$^{90}Sr$、$^{137}Cs$、$^{131}I$、$^{14}C$ 和 $^{239}Pu$ 等。进入人体的放射性核素，不同于体外照射可以隔离、回避，这种照射直接作用于人体细胞内部，这种辐射方式称为内照射。

内照射具有以下几个特点：

1. 单位长度电离本领大的射线损伤效应强。同样能量的 α 粒子比 β 板子损伤效应强。如果是外照射的话，α 粒子穿透不过衣物和皮肤。

2. 作用持续时间长。核素进入人体内持续作用时间要按 6 个半衰期时间计算，除非因新陈代谢排出体外。

3. 绝大多数放射性核素都具有很高的比活度（单位质量的活度）。

4. 放射性核素进入人肌体后，不是平均分配地分散于人体，而常显示其在某一器官或某一组织选择性蓄积的特点。

综合放射性核素内照射的上述特点可以看出，一旦环境污染后，内照射难以早期觉察，体内核素难以清除，照射无法隔离，照射时间持久. 即使小剂量，长年累月之后也会造成不良后果。内照射远期效应的结果会出现肿瘤、白血病和遗传障碍等疾病。

四、放射性污染的防治

（一）控制污染源

放射性污染的防治首先必须控制污染源，核企业厂址应选强在人口密度低、抗震强度高的地区，保证出事故时居民所受的伤害最小，更重要的是将核废料进行严格处理。

1. 放射性废液处理：处理放射性废液的方法除置放和稀释之外，主要有化学沉淀、离子交换、蒸发、蒸馏和固化五种类型。

2. 放射性废气处理：在核设施正常运行时，任何泄漏的放射性废气均可纳入废液中，只是在发生大事故及以后一段时间，才会有放射性气态物释出。通常情况下，采取预防措施将废气中的大部分放射性物质截留极为重要。可选取的废气处理方法有：过滤法、吸附法和放置法等。

3．放射性固体废物处理：处理含放射性核素固体废物的方法主要有：焚烧法、压缩法、包装法和去污法等。

（二）加强防范意识

其实放射性污染可能就发生在你的身边，只不过由于剂量轻微，你没有意识到罢了。

1．居室的氧气污染：氡是惰性气体。通常对人体有害的氡的同位素是 $^{222}Rn$，它的半衰期为3．8天，释放出α粒子后变成固态放射性核素 $^{218}Po$（钋），随后再经过7次衰变，最终变成稳定性元素 $^{206}Pb$。在衰变过程中，既有α辐射，也有β辐射和γ辐射，以α辐射能量最多。氡是铀和镭的衰变产物，由于铀和镭广泛存在于地壳内，因此在通风不良的情况下，几乎任何空间都可能有不同程度的氡的积累。例如矿井、隧道、地穴，甚至普通房间内也有氡。当然，氡浓度最高的场所是矿井，特别是铀矿井。这些问题已经引起人们的重视。而居民室内氡及其子体水平和致肺病的危险，近几年开始受到国内外注意。

居民室内氡的主要来源是建筑材料、室内地面泥土、大气等。居民接受室内氡子体照射所造成的肺癌危险为人口的47／（100万·年）。据有关媒体报道，美国每年有2万人所患肺癌与室内氧气有关，法国每年有1500人与此有关。

我国在建材的制砖工艺中，广泛使用煤渣，即将煤渣粉碎后掺入泥土，焙烧过程中煤渣中的未燃尽炭可生余热，因而节约燃煤又可烧透。但是煤中原含有的放射性核素，既不改变放射性且又被浓缩，因此某些产地的煤渣砖中铀的放射性比活度较大。此外许多建筑使用花岗料作为装饰材料，据最近我国有关部门检测，某些品种（如我国北方所产的某种绿色和红色花岗岩）中镭和铀的含量超标。室内氡气是镭和铀的衰变生成物，会慢慢地从建筑中释放到空气中。

预防室内氧气辐射应当引起人们重视。可以采取的措施有以下几方面：第一，建材选择要慎重，可以事先请专业部门做鉴定。例如，最近我国对花岗岩放射性核素含量制定了分类标准。一类只适用于外墙装潢，一类适用于空气流通的过道与大厅，一类适用于室内。如果自己不知道某些花岗岩属于哪一种类型的话，千万别用来做居室装潢材料，尤其是色彩艳丽的，特别要慎重选择；第二，室内要保持通风，以稀释氡的室内浓度。这是最有效也最简便的方法；第三，市场有售一种检测片，形状如同硬币大小，放在室内，如果氧浓度过大能使其变色，则提示主人采取预防措施。这种检测片价格不贵，在国外已得到推广应用。

2．防止意外事故：医院里的X光片和放射治疗、夜光手表、电视机、冶金工业用的稀土合企添加材料等，都含有放射性，需要谨慎接触。

现在一些医院、工厂和科研单位因工作需要使用的放射棒或放射球，有时保管不当遗失，或当作废物丢弃了。因为它一般制作比较精细，在夜晚还会发出各种荧光，很能吸引人，所以有人把它当作什么稀奇之物，甚至让亲友一起玩，但不知它会造成放射性污染，轻者得病，重者甚至死亡，这是特别需要引起注意的。

## 第四节 光污染与防护

光对人类的生产生活至关重要，是人类永不可缺少的。超量的光辐射，包括紫外、红外辐射对人体健康和人类生活环境造成不良影响的现象称为光污染。在电磁辐射波谱中，光包括红外线、可见光和紫外线 3 种，它们各自具有一定的波长和频率范围。可见光是波长为 390～760nm 的电磁辐射体，按其光波长短可区分为不同的七色。当光的亮度过高或过低，对比过强或过弱时，均可引起视觉疲劳，导致工作效率降低。

激光光谱除部分属于红外线和紫外线外，大多属于可见光范围。因其具有指向性好、能量集中、颜色纯正等特点，在医学、生物学、环境监测、物理、化学、天文学以及工业上的应用日见广泛。激光强度在通过人眼晶状体聚焦到达眼底时，可增大数百至上万倍，从而对眼睛产生较大伤害；大功率的激光能危害人体深层组织和神经系统，故激光污染日益受到重视。

紫外线辐射（简称紫外线）是波长范围为 10～390nm 的电磁波，其频率范围在（0．7～3）$\times 10^{15}$Hz，相应的光子能量为 3．1～12．4eV。自然界中的紫外线来自于太阳辐射，不同波长的紫外线可被空气、水或生物分子吸收。而人工紫外线是由电弧和气体放电所产生，可用于人造卫星对地面的探测和灭菌消毒等方面。适量的紫外线辐射量对人体健康有积极的作用。若长期缺乏这种照射，会使人体代谢产生一系列障碍。

波长在 220～320nm 波段的紫外线对人体有损伤作用，轻者能引起红斑反应，重者可导致弥漫性或急性角膜结膜炎、皮肤癌、眼部烧灼，并伴有高度畏光、流泪和睑痉挛等症状。

当皮肤受到短期红外线照射时，可使局部升温、血管扩张，出现红斑反应，停照后红斑会消失。适量的红外线照射，对人体健康有益；若过量照射，除产生皮肤急性灼烧外，透入皮下组织的红外线可使血液和深层组织加热；当照射面积大且受照时间又长时，则可能出现中暑症状。

若眼球吸收大量红外线辐射，可导致角膜热损伤，当过量接触远及极远范围红外线照射时，能完全破坏角膜表皮细胞；长期接触中区范围红外照射的工作人员，可引起白内障眼疾；近区范围的红外线可以对视网膜黄斑区造成损伤。以上的一些症状，多出现于使用电焊、弧光灯、氧乙炔等的操作人员中。

眩光也是一种光污染。汽车夜间行驶所使用的车头灯、球场和厂房中布置不合理的照明设施都会造成眩光污染。在眩光的强烈照射下，人的眼睛会因受到过度刺激而损伤，甚至有可能导致失明。

杂散光是光污染的又一种形式。在阳光强烈的季节，饰有钢化玻璃、釉面砖、铝合金板、磨光石面及高级涂面的建筑物对阳光的反射系数一般在65%～90%，要比绿色草地、深色或毛面砖石建筑物的反射系数大10倍，从而产生明显刺眼的效应。在夜间，街道、广场、运动场上的照明光通过建筑物反射进入相邻住户，其光强有可能超过人体所能承受的范围。这些杂散光不仅有损视觉，而且还能导致神经功能失调，扰乱体内的自然平衡，引起头晕目眩、食欲下降、困倦乏力、精神不集中等症状。

## 二、光污染的分类

依据不同的分类原则，光污染可以分为不同的类型。国际上一般将光污染分成3类，即白亮污染、人工白昼和彩光污染。

### （一）白亮污染

当太阳光照射强烈时，城市里建筑物的玻璃幕墙、釉面砖墙、磨光大理石和各种涂料等装饰反射光线，明晃白亮、炫眼夺目。专家研究发现，长时间在白色光亮污染环境下工作和生活的人，视网膜和虹膜都会受到不同程度的损害，视力急剧下降，白内障的发病率高达45%。还使人头昏心烦，甚至发生失眠、食欲下降、情绪低落、身体乏力等类似神经衰弱的症状。

夏天，玻璃幕墙强烈的反射光进入附近居民楼房内，增加了室内温度，影响正常的生活。有些玻璃幕墙是半圆形的，反射光汇聚还容易引起火灾。烈日下驾车行驶的司机会出其不意地遭到玻璃幕墙反射光的突然袭击，眼睛受到强烈刺激，很容易诱发车祸。

据光学专家研究，镜面建筑物玻璃的反射光比阳光照射更强烈，其反射率高达82%～90%，光几乎全被反射，大大超过了人体所能承受的范围。长时间在白色光亮污染环境下工作和生活的人，容易导致视力下降，产生头昏目眩、失眠、心悸、食放下降及情绪低落等类似神经衰弱的症状，使人的正常生理及心理发生变化，长期下去会诱发某些疾病。

（二）眩光污染

汽车夜间行驶对照明用的头灯，厂房中不合理的照明布置等都会造成眩光。某些工作场所，例如火车站和机场以及自动化企业的中央控制室，过多和过分复杂的信号灯系统也会造成工作人员视觉锐度的下降，从而影响工作效率。焊枪所产生的强光，苦无适当的防护措施，也会伤害人的眼睛。长期在强光条件下工作的工人（如冶炼工、熔烧工、吹玻璃工等）也会由于强光而使眼睛受害。

（三）人工白昼

夜幕降临后，商场、酒店上的广告灯、霓虹灯闪烁夺目，令人眼花缭乱。有些强光束甚至直冲云霄，使得夜晚如同内天一样，即所谓人工白昼。在这样的“不夜城”里，夜晚难以入睡，扰乱人体正常的生物钟，导致白天工作效率低下。人工白昼还会伤害鸟类和昆虫，强光可能破坏昆虫在夜间的正常繁殖过程。

目前，大城市普遍、过多使用灯光，使天空太亮，看不见星星，影响了天文观测、航空等，很多天文台因此被迫停止工作。据天文学统计，在夜晚天空不受光污染的情况下，可以看到的星星约为 7000 个，而在路灯、背景灯、景观灯乱射的大城市里，只能看到大约 20～60 个星星。

（四）彩光污染

舞厅、夜总合安装的黑光灯、旋转灯、荧光灯以及闪烁的彩色光源构成了彩光污染。据测定，黑光灯所产生的紫外线强度大大高于太阳光中的紫外线，且对人体有害影响持续时间长。人如果长期接受这种照射，可诱发流鼻血、脱牙、白内障，甚至导致白血病和其他癌变。彩色光源让人眼花缭乱，不仅对眼睛不利，而且干扰大脑中枢神经，使人感到头晕目眩，出现恶心呕吐、失眠等症状。科学家最新研究表明，彩光污染不仅有损人的生理功能，而且对人的心理也合影响。“光谱光色度效应”测定显示，如以白色光的心理影响为 100，则蓝色光为 152，紫色光为 155，红色光为 158，黑色光最高，为 187。要是人们长期处在彩光灯的照射下，其心理积累效应，也会不同程度地引起倦怠无力、头晕、神经衰弱等身心方面的病症。

另外，有些学者还根据光污染所影响范围的大小将光污染分为“室外观环境污染”、“室内视环境污染”和“局部视环境污染”。其中，室外视环境污染包括建筑物外墙、室外照明等；室内视环境污染包括室内装修、室内不良的光色环境等；局部视环境污染包括书簿纸张和某些工业产品等。

（五）激光污染

激光污染也是光污染的一种特殊形式。由于激光具有方向性好、能量集中、颜色纯等特点，而且激光通过人眼晶状体的聚焦作用后，到达眼底时的光强度可增大几百至几万倍，所以激光对人眼有较大的伤害作用。激光光谱的一部分属于紫外和红外范围，会伤害眼结膜、虹膜和晶状体。功率很大的激光能危害人体深层组织和神经系统。近年来，激光在医学、生物学、环境监测、物理学、化学、天文学以及工业等多方面的应用日益广泛，激光污染愈来愈受到人们的重视。

（六）红外线污染

红外线近年来在军事、人造卫星以及工业、卫生、科研等方面的应用日益广泛，因此红外线污染问题也随之产生。红外线是一种热辐射，对人体可造成高温伤害。较强的红外线可造成皮肤伤害，其情况与烫伤相似，最初是灼痛，然后是造成烧伤。红外线对眼的伤害有几种不同情况，波长为750～1300nm的红外线对眼角膜的透过率较高，可造成眼底视网膜的伤害。尤其是1100nm附近的红外线，可使眼的前部介质（角膜、晶体等）不受损害而直接造成眼底视网膜烧伤。波长1900nm以上的红外线，几乎全部被角膜吸收，合造成角膜烧伤（混浊、白斑）。波长大于1400nm的红外线的能量绝大部分被角膜和服内液所吸收，透不到虹膜。只是1300nm以下的红外线才能透到虹膜，造成虹膜伤害。人眼如果长期暴露于红外线可能引起白内障。

7．紫外线污染

紫外线最早是应用于消毒以及某些工艺流程。近年来它的使用范围不断扩大，如用于人造卫星对地面的探测。紫外线的效应按其波长而有所不同，波长为100～190nm的真空紫外部分，可被空气和水吸收；波长为190～300nm的远紫外部分，人部分可被个物分子强烈吸收；波长为300～330nm的近紫外部分，可被某些生物分子吸收。

紫外线对人体的伤害主要是眼角膜和皮肤。造成角膜损伤的紫外线主要为250～305nm部分，而其少波长为288nm的作用最强。角膜多次暴露于紫外线，并不增加对紫外线的耐受能力。紫外线对角膜的伤害作用表现为一种叫做畏光眼炎的极痛的角膜白斑伤害。除了剧痛外，还导致流泪、眼睑痉挛、眼结膜充血和睫状肌抽搐。紫外线对皮肤的伤害作用主要是引起红斑和小水疱，严重时会会使皮坏死和脱皮。人体胸、腹、背部皮肤对紫外线最敏感，其次是前额、肩和臀部，再次为脚掌和手背。不同波长的紫外线对皮肤的效应是不同的，波长280～320nm和250～260nm的紫外线对皮肤的效应最强。

三、光污染的防护

防治光污染关键在于加强城市规划管理，合理布置光源，使它起到美化环境的作用而不是制造光污染。在工业生产中，对光污染的防护措施包括在有红外线及紫外线产生的工作场所，应适当采取安全办法。例如，采用可移动屏障将操作区围住，以防止非操作者受到有害光源的直接照射等。个人防护光污染的最有效措施是保护眼部和裸露皮肤勿受光辐射的影响。如在有些医院的传染病房安装有紫外线杀菌灯，杀菌灯不可在有人时长时间开着，否则就会灼伤人的皮肤，造成危害。在有光污染下作场所作业，要戴防护眼镜和防护面罩。因此，防治光污染的措施主要有下列几方面：

1．加强城市规划和管理，改善工厂照明条件等，以减少光污染的来源。

2．对有红外线和紫外线污染的场所采取必要的安全防护措施。

3．采用个人防护措施，主要是戴防护眼镜和防护面罩。光污染的防护镜有反射型防护镜、吸收型防护镜、反射—吸收型防护镜、爆炸型防护镜、光化学反应型防护镜、光电型防护镜、变色微晶玻璃型防护镜等类型。

## 第五节 电磁波污染

一、电磁辐射及辐射污染

（一）电磁辐射

以电磁波形式向空间环境传递能量的过程或现象称为电磁波辐射，简称电磁辐射。电磁波有很多种，各种电磁波的波长（$\lambda$）与频率（$f$）各不相同。电磁波波长与频率的关系式为

$$f\lambda = c$$

式中 c 为真空中的光速，其值为 $3\times10^8$m／s，实际应用中常以空气代表真空。由此可知，在空气中，不论电磁波的频率如何，它每秒传播距离均为固定值（$3\times10^8$m）。因此，频率越高的电磁波，波长越短。二者呈反比例关系。

电磁波的频带范围为 0～1025nm，包括无线电波、微波、红外线、可见光、紫外线、X 射线、γ 射线和宇宙射线均在其范畴内。

（二）电磁辐射污染

电磁辐射强度超过人体所能承受的或仪器设备所允许的限度时就构成电磁辐射

污染，简称电磁污染。

二、电磁辐射源

电磁辐射源有两大类：一类是自然界电磁辐射源，另一类是人工型电磁辐射源。自然界电磁辐射源来自于某些自然现象；人工型电磁辐射源来自于人工制造的若干系统或装置与设备，其中又分为放电型电磁辐射源、工频电磁辐射源及射频电磁辐射源。

人工型电磁辐射源按电磁能量传播方式划分，可分为发射型电磁场源与泄漏型电磁场源两类。前者主要有广播、电视、通信、遥控、雷达等设施；后者主要是工业、科研与医用射频设备，简称 ISM 设备（即工、科、医设备）。

人类生活在充满电磁波的环境里。电磁波可在空中传播。也可经导线传播。全世界约有数万个左右的无线广播电台和电视台，在日夜不停地发射着电磁波。此外，还有为数很多的军用、民用雷达，无线电话传设备。各种电磁波设备和仪器，以及电热毯和微波炉等也在不断地发射电磁波。电磁波的影响可经常感觉到，如会场里扩音器刺耳的啸叫，打电话时收音机距离过近发出的尖叫，洗衣机、吹风机开动时对电视图像的干扰，无绳电话对电视接收的干扰等。这些都是人为的电磁辐射污染源。

三、电磁辐射污染的危害与控制

1. 污染危害

电磁辐射污染是指电磁辐射能量超过一定限度，所引起的有机体异常变化和某些物质功能的改变，并趋于恶化的现象。电磁辐射危害主要包括：

（1）高强度的电磁辐射以热效应与非热效应两种方式作用于人体，导致身体发生机能障碍和功能紊乱，从而造成危害。

（2）工业干扰，尤其是信号干扰与破坏非常突出。

（3）引燃引爆，特别是高场强作用下引起火花而导致可燃性油类、气体和武器弹药的燃烧与爆炸事故。

电磁辐射可对人体产生不良影响，其影响程度与电磁辐射强度、接触时间、设备防护措施等因素有关。如果人体长期受到较强的电磁辐射，将造成中枢神经系统及植物神经系统机能障碍与失调。常见的以有头晕、头痛、乏力、睡眠障碍、记忆力减退等为主的神经衰弱症候群及食欲不振、脱发、多汗、心悸、女性月经紊乱等症状。反应在心血管系统可见心律不齐，心动过缓等。电磁辐射对人体的影响除上述症状外，还可能造成眼睛损伤（如晶体浑浊、白内障等），甚至会影响男性睾丸功能。

电磁辐射污染是一个隐藏在人们身边的无形杀手，时时刻刻、不声不响地对生命体造成危害，人们早已发现，牛、马、羊传动物都不愿意在郊区高压电线下活动，甚至地下的老鼠也搬到别处生活了。有些地方把高大的电视塔或转播塔建在人口稠密的市中心，对周围居民造成严重污染，周围树木也往往发生大面积死亡。

2．污染控制

为了消除电磁辐射对环境的危害，要从辐射源与电磁能量传播的方向控制电磁辐射污染。通过产品设计，合理降低辐射源强度，减少泄漏。尽量避开居民区安置设备。拆除辐射源附近不必要的金属体（防其内感应而成为二次辐射源或反射微波而加大辐射源周围的辐射强度）以控制辐射源。

屏蔽是电磁能量传播的有效控制手段之一。所谓屏蔽，是指用一切技术手段，将电磁辐射的作用与影响局限在指定的空间范围之内。

电磁屏蔽装置一般为金属材料制成的封闭壳体。当电磁波传向金属壳体时，一部分被金属壳体反射，一部分被壳体吸收，这样透过壳体的电磁波强度便大大减弱了。电磁屏蔽装置有屏蔽罩、屏蔽室、屏蔽头盔、屏蔽衣、屏蔽眼罩等。

## 第六节 热污染及其防治

一、热污染及其对环境的影响

简单地说，热污染就是人类活动影响和危害热环境的现象，也就是使环境温度反常的现象。

从大范围看，人类活动改变了大气的组成，从而改变了太阳辐射的穿过率，造成全球范围的热污染。由于工业的发展，能源消耗量的增加，排放 $CO_2$ 的速度大大加快；而另一方面，作为大自然中 $CO_2$ 的主要吸收者的绿色植物，如森林和草地都在人面积减少，因此，大气中 $CO_2$ 浓度迅速上升。由于大气中 $CO_2$ 含量的提高，全球平均气温已经上升了 0．3～0．8℃。科学家预测，如果大气中 $CO_2$ 含量再提高 1 倍，地球平均湿度将再上升 1．5～5℃，这将给地球生态系统带来灾难性的影响。

（一）水体热污染的影响

工业冷却水是水体遭受热污染的主要污染源，其中 80％是发电厂冷却水，一般热电厂只有 1／3 的热能转为电能，其余 2／3 能流失在大气和冷却水中。一个大型核电站每 1s 需要 42．5$m^3$ 的冷却水，这相当于直径 3m 的水管、24km／h 流速的流量。这些来自河流、湖泊或海洋的水在发电厂的冷却系统流动过程中，水温升高了大约

11℃，然后又返回来源地。

水体温度升高后，首先影响鱼类的生存。这是因为，一般来说，温度每升高 10℃，生物代谢速度增加 1 倍，从而引起生物需氧量的增加。而在同一时间里，水中溶解氧却随温度的升高而下降。出此，半个物对氧的需要量增加时，所能利用的氧反而少了。溶解氧减少的第二个原因是当温度升高时，废物的分解速度加快了，分解速度越快，需要的氧气越多。结果水中的溶解氧在大多数情况下不能满足鱼生存所必需的最低值，从而使鱼难以活下去。

其他物种也有适于存活的湿度范围。在具有正常混合藻类种群的河流中，硅藻在 18～20℃之间生长最佳，绿藻为 30～35℃．蓝藻为 35～40℃。水体里排入热废水后有利于蓝藻生长，而蓝藻是一种质地粗劣的饵料，一般还认为有些情况下对鱼是食毒的。夏季，大量蓝藻的爆发，易导致湖泊水质的恶化。

（二）大气热污染的影响

通常在燃料燃烧时会有碳氧化物等产生，在完全燃烧的条件下，$CO_2$的产量最高。由于能源的大量消费，据估算近 30 年来大气中的 $CO_2$ 含量每年以 0．7mg／L 的速率亦增长。大气中的 $CO_2$ 含量已从 19 世纪的 300ppm 增加到 2009 年的 387ppm。大气中的 $CO_2$分子（或水蒸气）的增加，不仅能加大太阳透过大气层辐射到地球表面的辐射能，而且还能吸收从地球表面辐射出的红外线，再逆辐射到地球表面。如此多次反复，最终使近地层大气升温。大气层温度升高将导致极地冰层融化。

（三）热污染引起的城市“热岛”效应

由于城市人口集中，城市建设使大量的建筑物、混凝土代替了田野和植物，改变了地表反射率和蓄热能力，形成了同农村有很多差别的热环境。工业生产、机动车辆行驶和居民生活等排出的热量远远高于郊区农村，可造成温度高于周围农村 1～6℃的现象。夏季危害尤其严重，为了降温，机关、单位、家庭普遍安装使用空调，又新增了能耗和热源，形成恶性循环，加剧了环境的升温。资料表明，大城市市中心和郊区温差在 5℃以上，中等城市在 4～5℃，小城市市内外也差 3℃左右。尤其像南京、重庆、武汉、南昌这类“火炉”城市，有时市内外温差高达 7～8℃。城市成了周围凉爽世界中名副其实的“热岛”。

二、热污染的控制与综合利用

热污染对气候和生态平衡的影响，已渐渐受到重视，许多国家的科学工作者为控制热污染正在进行有益的探索。

（一）改进热能利用技术，提高发电站效率

目前所用的热力装置的效率一般都比较低，工业发达的美国1966年平均热效率为33%，近年才达到44%。将热直接转换为电能可以大大减少热污染。如果把有效率的热电厂和聚变反应堆联合运行的话，热效率可能高达96%。这种效率为96%的发电方法，和今天的发电厂浪费60%～65%的热能相比，只浪费4%的热能，有效地控制了热污染。

（二）开发和利用无污染或少污染的新能源

从长远来看，现在应用的矿物能源将会被已开发和利用的、或将要开发和利用的无污染或少污染的能源所代替。这些无污染或少污染的能源有太阳能、风力能、海洋能及地热能等。

（三）废热的利用

利用废热既可以减轻污染，向时又有助于节约燃料资源。如今人们对于使用发电站的热废水取暖的可能性特别感兴趣，就是用冷却水的废热供家庭取暖，使用的装置是热力泵，但它是用来供热，而不是进行冷却的制冷机。

（四）城市及区域绿化

绿化是降低城市及区域热岛效应及热污染的省效措施，但需要注意树种的选择和搭配，同时加强空气流通和水面的结合，从而使效果更加显著。

# 第八章 全球环境问题

## 第一节 全球气候变化

气候变化指气候状态的变化，而这种变化可以通过其特征的平均值和 / 或变率的变化予以判别（如通过运用统计检验），这种变化还将持续一段时期，通常为几十年或更长的时间。全球气候变化，是指在全球范围内，气候平均状态统计学意义上的巨大改变或者持续较长一段时间（典型的为 10 年或更长）的气候变动。气候变化的原因可能是由于自然的内部过程或外部强迫，或是由于大气成分和土地利用中持续的人为变化。由于全球气候变化是一个新兴的跨学科概念，所包括内容广泛，因此长期以来有关其科学内涵即存在较多互有差别的理解。

《联合国气候变化框架公约》（UNFCCC）第一条将“气候变化”定义为“在可比时期内所观测到的在自然气候变率之外的直接或间接归因于人类活动改变全球大气成分所导致的气候变化”。UNFCCC 因此将因人类活动而改变大气组成的“气候变化”与归因于自然原因的“气候变率”区分开来；美国 1990 年通过的《全球变化研究议案》将全球变化定义为“可能改变地球承载生物能力的全球环境变化（包括气候、土地生产力、海洋和其他水资源、大气化学以及生态系统的改变）”。我国科学家从 20 世纪 80 年代以来也对全球气候变化的定义进行了广泛的讨论，其科学内涵一直处于不断的丰富和发展之中。综合认为，全球气候变化是指对人类现在和未来生存与发展有重要的直接或潜在影响的，由自然因素或人类因素驱动的，在全球范围内所发少的地球环境的变化，或与全球环境有重要关联的区域环境的变化。

对于气候变化的定义和程度各国科学界和政府还存在着不同的认识，争议颇多，即使承认气候变化，对引起气候变化的原因还存在着许多争议，认为存在着许多不确定因素，但大多数政府和科学家仍认为现在的气候变化是人为造成的，应及时采取预防措施。针对气候变化，联合国气候变化框架条约（UNFCCC）应运而生。1992 年 UNFCCC 阐明了其行动框架，力求把温室气体的大气浓度稳定在某一水平，从而防止人类活动对气候系统产生“负面影响”。

目前为止，UNFCCC 已经收到来自 192 个国家的批准、接受、支持或添改文件，并成功地举行了 15 次省各缔约国参加的缔约方大会。尽管目前各缔约方还没有就气候变化问题综合治理所采取的措施达成共识，但全球气候变化会给人带来难以估量的损失，气候变化会使人类付出巨额代价的观念已为世界所广泛接受，并成为广泛关注和研究的全球性环境问题。

气候作为人类赖以生存的自然环境的一个重要组成部分，它的任何变化都对有然生态系统以及社会经济产生不可忽视的影响，研究全球气候变化，在于研究其对生态系统的影响及生态系统对其的反应，寻找应对策略，最大限度地减少全球气候变化带来的不利影响，使得地球向着可持续发展的方向发展。科学研究表明，近百年来，全球气候正经历一次以变暖为主要特征的显著变化。

联合国政府间气候变化专门委员会（IPCC）是1988年11月，由世界气象组织（WMO）和联合国环境规划署（UNEO）联合组建的，其主要任务是定期对气候变化的科学事实、气候变化对社会和经济的潜在影响以及适应和减缓气候变化的可能对策进行评估，为各国政府和国际社会提供权威的科学信息。IPCC评估报告反映的是科学界对气候变化问题最权威、最全面的认识，代表了目前对全球气候变化研究的科学认知水平，是各国制定相关政策的重要依据，出于其杰出贡献，2007年获得诺贝尔和平奖。

一、气候变化的事实及未来变化趋势

（一）温度升高

根据目前的研究，全球气候变暖已经是“毫无争议”的事文了，IPCC2007年2月2日发表的第4份气候变化评估报告梗概得出了这个结论。最新分析表明，全球平均地表气温自1861年以来一直在升高。20世纪增幅最大的两个时期入1910～1945年和1976～2000年。

IPCC第二次评估报告认为：全球平均地面气温20世纪升高了0.6（±0.2）℃；而第四次气候变化评估报告明确指出，过去100年（1906～2005年）地球表面平均温度上升了0．74℃（0．74℃±0．18℃），而且，全球变暖速度正在加快，近50年的变暖变率是每10年升高0．13℃（0．13℃±0．03℃），几乎是过去100年来变暖变率的2倍，自1850年以来（开始有全球表面温度仪器记录）的12个最暖的年份中，就包括了过去12年（1995～2006年）中的11个年份。根据最近的全球模式模拟结果，几乎所有陆区都比全球平均增暖更快，特别是北半球向纬度区的冬季温暖化现象比夏季显著。

在全球变暖的大背景下，近百年来，中国年平均气温升高了0．5～0．8℃，略高于同期全球增温平均值，近50年变暖尤其明显。1986～2005年中国连续出现了20个全国性暖冬。其中2001／2002年的冬季为近40年来第二个最暖的冬天(第一个为1998／1999年冬季）。

从地域分布看，西北、华北和东北地区气候变暖明显，长江以南地区变暖趋势不显著；从季节分布看，冬季增温最明显。丁一汇等研究指出，在未来气候变暖的背景下，所有的模式都预测了高纬地区未来的降水和温度会增加。我国各地的年平均气温将明显上升；增温幅度将明显高于全球的增温值（1．5～4．5℃）；冬季的增温幅度一般要高于夏季；低纬地区的增温幅度一般要小于高纬地区；沿海地区的增温幅度一般小于内陆地区。

具体地说，虽然近40年来我同年平均气温以0．04℃／10年的速度上升，但各个区域有很大差异，东北、华北、华南和西北区的年平均气温增速是正的，最大增温区在东北，高达0．192℃／10年；其次是华北，为0．104℃／10年；长江中上游、中下游及西南区均为负增速，最大降温在长江中上游区，达到-0．141℃／10年。冬季，除西南区外，其他6个区均为正增速，最大增温在东北和华北，增速分别为0．467℃／10年和0．462℃／10年。夏季则相反，除华南区外，其他6个区均为负增长，最大降温在长江中上游区，增速为-0．297℃／10年。

（二）降水变化

理论上说，温室效应导致全球温暖化也会提高陆地和海洋表面的蒸发量，从而提高大气中水汽的含量。事实上从20世纪80年代以来，陆地、海洋和上层对流层的大气水蒸气平均含量都在增加，而且其增加量与更暖的大气可以保存更多的水蒸气量有很好的相关性。

IPCC第三次评估报告指出，全球气候增暖后，21世纪全球降水趋于增多，但降水变化远较温度复杂，具有明显的区域性和季节性特征。一般认为，全球平均降水趋势不如温度受化明显。大多数热带地区平均降水将增多，副热带大部分地区平均降水将减少，中高纬度地区降水有所增加，高纬度大陆地区冷季降水增加较多，其中俄罗斯和加拿大近100年来防水量显著增多，而其他地区变化趋势不很显著。此外，预计气候变暖后北半球夏季季风降水的年际变化可能加大。

近百年来，中国年均降水量变化趋势不显著，但区域降水变化波动较大。中国降水的总趋势大致是从18～19世纪较为湿润的时期向20世纪较为干燥的时期转变。在过去50年中，中国平均降水量变他趋势不明显，主要表现出明显的年际变化和区域性差异。从中国来看，20世纪50年代降水明显偏多，60年代降水大幅度减少，平均每10年减少2．9㎜，70年代降水继续减少至最低值，1991～2000年略有增加，90年代比 80 年代降水量有所增加，但仍未达到 50 年代、60 年代的水平。中国降水减少趋势主要表现在夏季，从地域分布看，中国呈现南涝北旱，华北大部分地区、西北东部和东北地区降水量明显减少，平均每 10 年减少 20～40mm，其中华北地区最为明显；华南与西南地区降水明显增加．平均每 10 年增加 20～60mm。

（三）二氧化碳浓度升高

水汽是第一重要的温室气体，二氧化碳是第二重要的温室气体。温空气体是大气中的微量气体，包括水汽、二氧化碳、甲烷、氧化亚氮等，因为地球水汽变化不大，而二氧化碳变化较大，所以对气候变化影响最大的是二氧化碳，它产生的增温效应占所有温室气体总增温效应的 63%，并且在大气中的保留期很长，最长可达到 200 年，并充分混合，因而最受关注。

二氧化碳气体具有吸热和隔热的功能。它在大气中增多的结果像是形成一种无形的玻璃罩，使太阳辐射到地球上的热量无法向外层空间发散，其结果是地球表面变热起来，大气中温室气体的增减是通过温室效应来影响全球气候或使气候变暖的。据全国气候模式的数值模拟结果，如果 CO2 浓度增加 1 倍，约在 2020 年前后，全球平均气温将升高 1～4．3℃（平均 2．65℃）；约在 2030 年前后，全球平均气温将升高 1．5～4．5℃（平均 3℃）；2030～2050 年，温度仍将进一步升高，约 0．5～1．5℃（平均 1℃）。

二氧化碳气体增加使地球变暖后，大气中保存的水蒸气的数量也会增加。水蒸气是一种非常重要的温室气体，可以导致气候变暖。地面气温变暖后，覆盖在地面上的冰雪将会融化，反射阳光减少，致使地球变暖。

在过去 40 年里对大气进行的直接观测表明，大气中 $CO_2$ 的含量在稳定地增长。积雪层中捕获的气泡表明，自 1765 年工业革命开始以来，大气中的 $CO_2$ 已增加了 30% 以上（相对于过去的 750 年）。$CO_2$ 增加的主要原因是矿物燃料的燃烧、森林大火。温室气体的寿命很长，会有几十年乃至几百年，而且由于海洋对于热量变化的响应也很慢，因而温室一旦变暖，其逆转变化将会很慢。

（四）全球云量发生变化

据研究，自 20 世纪以来，全球的云量有增加趋势，如欧洲 80 年内增加了 8%，而北美在过去的 90 年中增加了 9%，但这些变化是由于观测误差引起，还是起因于大气成分的变化导致云量增加，争论很大，目前还不能做定论，未来云量的变化具有不确定性。

（五）海平面上升

据 IPCC（2001）评估，过去 100 年全球平均海平面上升了 10～20cm。由于全球温暖化现象还将继续持续，由此引起的海洋热膨胀和极地冰川融化将导致海平面高度继续上升，到 2100 年平均海平面将比 1990 年上升 9～88cm。而 IPCC（2007）评估，全球海平面 1961～2003 年每年平均上升 1．8mm（1．3～2．3mm），而 1993～2003 年每年平均上升 3．1mm（2．4～3．8mm），20 世纪上升估计值为 0．17m（0．12～0．22m），从人类工业时代开始到 2100 年，海平面至少上升了 19～37cm，最多升高 28～58cm。

近 50 年来，我国沿海海平面年平均上升速率为 2．5mm，略高于全球平均水平。

（六）极端事件增加

最近几十年来，天气和气候极端事件（高温天气、强降水、热带气旋、强风等）的次数和强度都是惊人的。与 20 世纪后半叶观测的事实相比，21 世纪极端事件发生的可能性有增加和扩大的趋势。IPCC（2007）第四次评估报告指出，热带风暴强度可能会增大，并且已经观测到的热带风暴增强同海面温度的升高密切相关。

根据分析，全球气候变暖，厄尔尼诺事件不断增加，厄尔尼诺事件不仅引起全球的旱涝灾害，也给沿海城向的渔业带来了严重的影响。一次特强的厄尔尼诺事件发生于 1982～1983 年，异常高的表层水温距平达 7℃，1984 年，几乎所有各大洲发生的干旱部与该次厄尔尼诺事件有关。最近的预测显示，未来 100 年厄尔尼诺强度还会有一定的增加，导致很多地区严重干旱和暴雨的发生，以及伴随厄尔尼诺发生干旱和洪涝的危险程度将增加。

近 50 年来，我国主要极端天气与气候事件的频率和强度出现了明显变化。华北和东北地区干旱趋重，长江小下游地区和东南地区洪涝加重。1990 年以来，多数年份全国年降水量高于常年，出现南涝北旱的雨型，干旱和洪水灾害频繁发生。

（七）气候的未来变化趋势

IPCC（2007）评估，按正常的排放方案（即温室气体按以前的排放速度继续增长）那么未来的状况将是：

1．全球气候将继续变暖，综合多模式多排放情景的预估结果表明，在未来 50 年左右的时间，全球平均温度将升高 2～3℃，到 21 世纪末，全球地表平均增温 1．1～6，4℃，在未来 20 年中，气温大约每 10 年升高 0．2℃，如果 21 世纪 GHG（温室气体）的排放速率不低于现在的水平，将导致气候的进一步变暖，全球温度每 10 年仍将升高 0．1℃。并且这种增温的分布在全球是不均匀的，即热带地区增温小，约为全球平均增温的一半，两极地区增温大，约为全球平均值的一倍。

2. 全球平均降水量约增加3%～15%，高纬度和非洲季风区，年降水量呈现增加，冬季中纬度地区的降水也是增加的。2100年我国年平均降水量可能增加14%（11%～17%），但地区差异较大，其中西北、华北和华南可能增加10%～25%，而渤海沿岸和长江地区可能会变干。北方降水日数增加，南方大雨日数增加，局部尺度强降水事件也可能增多。

3. 高纬度冬季土壤湿度增加，北半球中纬度大陆地区变干。

4. 海冰和季节性雪盖面积减少，全球海平面将要上升。2007年5月，113个国家的科学家在巴黎发布了具有里程碑意义的报告，预测到21世纪末，如果人类不采取措施，气温会上升1. 1～6. 4℃，海平面会升高18～58cm。如果最近令人意外的极地冰层融化持续下去，那么海平面还可能再升高10～207cm。

同时，在全球变暖的背景下，根据科学家的预测结果，我国未来的气候变化趋势表现为：

1. 2020年年平均气温将升高1. 3～2. 1℃，2050年将升高2. 3～3. 3℃。全国温度升高的幅度由南向北递增，西北和东北地区温度上升明显。预测到2030年，西北地区气温可能上升1. 9～2. 3℃，西南可能上升1. 6～2. 0℃，青藏高原可能上升2. 2～2. 6℃。

2. 未来50年我国年平均降水量将呈增加趋势，预计到2020年，全国年平均降水量将增加2%～3%，到2050年可能增加5%～7%：其中东南沿海增幅最大。2100年年均降水量可能增加14%（11%～17%），但地区差异较大，总的趋势是南涝北旱，西北、华北和华南可能增加10%～25%，而渤海沿岸和长江口地区可能会变干。北方降水日数增加，南方大雨日数增加，局部尺度强降水事件也可能增多。

3. 未来100年我国境内的极端大气与气候事件发生的频率可能性增大，将对经济社会发展和人们的生活产生很大影响。

4. 青藏高原和天山冰川将加速退缩，一些小型冰川将消失，我国沿海海平面仍将继续上升。

二、全球气候变化的影响

气候变化将对人类产生巨大影响，这种影响是多尺度、全方位、多层次的，正面和负面影响并存，在预报气候变化对未来影响方面，IPCC报告认为更多的是不利影响，而且负面影响更多地受科学界和社会的普遍关键。全球气候变化将给我们带来一系列的生态和环境问题，主要表现气候变化对自然生态系统、农业生态系统、社会经济系统和人体健康的影响等方面。

（一）气候变化对自然生态系统的影响

全球气候变暖对全球许多地区的自然生态系统已经产生了可见的影响，如海平面外高，冰川退缩，冻土融化，河湖封冻期缩短，中高纬生长季节的延长，动植物分布范围而南、北两极和高海拔地区延伸，某些动植物数量减少，一些植物开花期提前等。主要改变了动、植物群落结构，多样性减少，湖泊水位下降及盐碱化，植被的退化等，气候变化在一定程度上也加剧了土地抗漠化的过程。

气候变暖使自然植被的地理分布与物种组成发生明显变化。气候是决定生物群落分林的主要因素之一，全球生物群落的分都与全球年平均气温和年降水量有很好的对应关系，自然植被分布的变化最能反应气候变化的影响。如果气候变化，生物多样性也将发生变化，气候变化决定了物种的变化。物种迁移后与环境之间的适应性平衡在变化过程中，生态系统并不是作为一个单元整体移动的，它将产生一个新的生态结构系统，生物物种构成及其优势物种都将会发生变化，这种变化的结果可能会滞后气候变化几年、几十年甚至几百年。植被模拟研究表明，气候变化使某些物种由于不能适应新环境而面临灭绝的危险．也可能出现新的物种体系，并改变植被的水平、垂直分布面积、结构及生产力等，进一步改变植被的组成、结构及生物量，使森林分布格局发生变化，生物多样性减少等。

气候变化对植物的物候期产生影响，使得植物生育期缩短。Rotzer 等依据 1951～1995 年间中欧 10 个地区的 4 个春季物候期的观测，发现植物生长季有提前 1．3～4．0 天／10 年的趋势。对欧洲国际物候园收集的 1959～1996 年间的资料分析表明，叶片展开每年提前了 6．3 天，而叶片变色每年推迟了 4．5 天，因此平均年生长季延长了 10．8 天，对 1959～1996 年间的同样资料分析表明．一些植物物种呈现出春季物候期平均提前 2．1 天／10 年，秋季物候期平均推迟 1．6 天／10 年，而整个生长季延长 3．6 天的线性趋势。从 1951 年起瑞士开始了全国物候观测，清楚的趋势是春季物候的提前和秋季物候的推迟。另有报道，从北欧斯堪的纳维亚到欧洲东南部的马其顿地区，白杨展叶期比 30 年前提前了 6 天，而秋季叶变色期推迟了 5 天。在地中海地区的生态系统中，现在大多数落叶植物叶子的生长比 50 年前平均提早了 16 天，落叶时间平均推迟了 13 天。

根据目前的观测，气候变化已经对我国生态系统产生了一定的影响．主要表现为近 50 年我国西北冰川面积减少了 21%，西藏冻土最大减薄了 4～5m，湖泊减少。未来气候变化将对我园森林和其他生态系统产生不同程度的影响，具体表现为：（1）

由于地表温度特别是冬春温度升高，森林类型的分布北移。从南向北分布的各种类型森林均向北推进，山地森林垂直带谱向上（高）移动。（2）由于$CO_2$浓度增加，森林净生产力和产量呈现不同程度的增加，纬度越高，生产力和产量增加越高，森林生产力在热带、亚热带地区将增加1%～2%，暖温带增加2%左右，温带增加5%～6%，寒温带增加10%左右。（3）由于温度升高和降水变化，森林火灾及病虫害发生的频率和强度将增高。（4）温度升高引起的蒸发加剧，内陆湖泊和湿地加速萎缩。少数依赖冰川融水补给的高山、高原湖泊最终将缩小。（5）冰川与冻土面积将加速减少。到2050年，预计西部冰川面积将减少27%左右，青藏高原多年冻土空间分布格局将发生较大变化。（6）温度升高，积雪量可能出现较大幅度的减少，且年际变率显著增大。（7）将对物种多样性造成威胁，可能对大熊猫、滇金丝猴、藏羚羊和秃杉等产生较大影响。

气候变暖使海平而上升、海岸带和海岸生态系统产生变化。随着温室效应的增强，气温升高，海水温度也随之升高。海水由于升温而膨胀，促进海平面升高。加之气温升高使南北极和高山冰雪融化，也会导致海平向上升。海平面的升高将会使大洋中的部分岛国消失或者国土面积缩小，严重影响珊瑚礁、珊瑚岛。礁岛、盐沼以及红树林等海岸生态系统和海洋生物资源，影响海岸带环境和经济。海平面上升主要使沿海地区受到威胁，沿岸、沿海低地有被淹没的危险，海拔稍高的海岸和海滩也会受到海水侵蚀，需耗费巨资修建海岸维护工程。还会引起海水倒灌、洪水排泄不畅、土地盐渍化等后果。航运、水产养殖业也会受到影响，从而造成海岸、海湾、河口自然生态环境的失衡，给海岸带白然生态系统带来灾难，同时也将对社会经济产生严重影响。

气候变化已经对我国海岸带环境和生态系统产生了一定的影响，主要表现为近50年来我国沿海海平面上升有加速趋势。未来气候变化将对我国的海平面及海岸带生态系统产生较大的影响：一是我国沿岸海平面仍将继续上升，少数东部沿海发达城市会受淹。二是造成海岸侵蚀及海水入侵。三是滨海湿地、红树林和珊瑚礁等典型生态系统损害程度也将加大。四是可能会掩没东部沿海地区部分肥沃的低地，并造成地表水排泄受阻，地下水位提高，带来沼泽化或潜育化；加上海水倒灌，沿海土地盐渍化，良田将退化。

气候变暖导致冰川和冻土减少。高山生态系统对气候和环境的变化都非常敏感，而高山冰川的不断消融也是现今全球变暖现象的重要指标。在过去的15年中，60%的比利牛斯山脉冰川都有不同程度的融化，冰川统计数据表明，极快的融化速度已经造成了所有小冰川以及50%～60%的大冰川的退化，这已经危害到了自然生态系统的平衡，也对周边人民的居住环境构成了极大的威胁。气候变暖将导致冻土面积继续减小，未来50年，青藏高原多年冻土空间分布格局将发生较大变化，80%～90%的岛状冻土发生退化，季节融化深度增加，高山季节性积雪持续时间将缩短，春季大范围积雪提前消失，积雪量年际变率显著增大。到2100年，大范围积雪可能于3月份提前消失，将导致春旱加剧，融雪对河川径流的调节作用大大减少。

气候变暖导致湖泊水位下降和面积萎缩。湖泊作为降水和蒸发的历史和现代记录，更能反映气候变化的空间变化和区域特征。通过湖泊变化研究表明，在未来气候增暖而河川径流量变化不大的情况下，平原湖泊由于水体蒸发加剧，湖泊的开发利用，而入湖河流的来水量不可能增长，将会加快萎缩，含盐量增长，并逐渐转化为盐湖，对湖泊水资源的过度开发利用，高山、高原湖泊中少数依赖冰川融水补给的湖泊，因冰川缩小融水减少而缩小。地处山间盆地以降水、河川径流或降水与冰川融水补给的大湖，其变化趋势非常明显，根据观测，截至目前，世界各地湖泊均有萎缩之趋势。我国西北各大湖泊，除天山西段赛里木湖外，水量平衡均处于入不敷出的负平衡状态，自20实际50年代以来，湖泊均向萎缩方向发展，有的甚至干涸消亡。

气候变暖将会加速大气环流过程，引起水循环发生变化，使得水资源量的时空分布发生变化，对区域水资源有重大影响，导致我国水资源短缺的问题更加突出，水环境生态问题可能会进一步恶化，使得洪涝和干旱等极端天气事件的发生强度也进一步提高。

气候变化已经引起了我国水资源分布的变化，主要表现为近40年来我国海河、淮河、黄河、松花江、长江、珠江等六大江河的实测径流量多呈下降趋势，北方干旱、南方洪涝等极端水文事件频繁发生。我国水资源对气候变化最脆弱的地区为海河、滦河流域，其次为淮河、黄河流域，而整个内陆河地区由于干旱少雨非常脆弱。未来气候变化将对我国水资源产生较大的影响：一是未来50～100年，我国呈现南涝北旱的局面，全国多年平均径流量在北方的宁夏、甘肃等部分省（区）可能明显减少，在南方的湖北、湖南等部分省份可能显著增加，这表明气候变化将可能增加我国洪涝和干旱灾害发生的几率。二是未来50～100年，我国北方地区水资源短缺形势不容乐观，特别是宁夏、甘肃等省（区）的人均水资源短缺矛盾可能加剧，将导致居民因为缺水而被迫迁移。三是在水资源可持续开发利用的情况下，未来50～100年，全国大部分省份水资源供需基本平衡，但内蒙古、新疆、甘肃、宁夏等省

（区）水资源供需矛盾可能进一步加大，水分的过分利用，加大水土流失、加剧土地的沙漠化。

气候变暖导致极端天气与气候事件的频率增加，气候变暖将使得气候变率发生变化，而气候要素平均值与极端事件（气象灾害）发生概率的变化之间，往往存在着一定的关系：气温或降水平均值发生微小变化，也可能造成气象灾害发生频率的显著增加。最近几十年来，天气和气候极端事件（洪涝、干旱、高温热浪、低温冷害、冰雪、热带气旋频繁等）频发，据统计，20 世纪 90 年代全球发生的重大气象灾害比 50 年代多 5 倍，这对经济社会发展和农业生产带来了显著的影响。近 50 年来，我国极端最低温度和平均最低温度都出现了增高的趋势，尤以北方冬季最为突出。我国极端气候事件的改变首先表现在极端降水事件趋多、趋强，夏季高温热浪也有增强的趋势，冬季冻雨雪和极端低温频繁出现。而我国北方大范围的干旱，引发沙尘暴的危害加剧，造成的损失越来超重，每年给国家造成巨大经济损失。

（二）气候变化对农业的影响

气候是农业生产的重要环境和不可缺少的主要自然资源，气候始终是影响农业生产稳定的主要决定因素，气候变化会对农业的生产环境、布局、结构和生产力等产生影响。气候变化对农业生产的影响大致可分为两个方面：一是由 $CO_2$ 浓度升高造成的影响；二是气候变化〔主要表现为气候变暖）造成的影响。对于前者，由于 $CO_2$ 浓度的上升可促进光合作用，抑制呼吸作用，并提高档物水分利用率，因此将可能提高作物的产量。对于后者，气候变暖可能引起土壤含水量不足。病虫害发生率提高，有机质降解加快，土壤侵蚀加强，旱涝灾害增加等，可能降低作物的产量。

气候变化对我国农业会产生或利或弊的影响，但总的来说是弊大于利，由于作物种类、区域、环境条件等因素的不同而不同。我国科学家对气候变化对农业的影响进行了大量的研究，预测气候变化将使我国未来农业生产的影响主要表现在三个方面：

1. 农业生产的不稳定性增加，产量波动加大：到 2030 年，我国种植业户量总体上出全球变暖可能会减少 5%～10%左右，其中小麦、水稻和玉米三大作物均以减产为主。

2. 农业生产布局和结构将出现变动：气候变暖将使我国作物种植制度发生较大的变化。到 2050 年，气候变暖将使三熟制的北界北移 500km 之多，从长江流域移至黄河流域；而两熟制地区将北移至目前一熟制地区的中部，一熟制地区的面积将减少 23．1%。华北目前推广的冬小麦品种（强冬性），将不得不被其他类型的冬小麦品种（如半冬性）所取代。

3. 农业生产条件改变，农业成本和投资大幅度增加：气候变暖后，土壤有机质的微生物分解将加快，造成地力下降。施肥量增加，农药的施用量将增大，投入增加。

（1）气候变化对农业种植制度和生产的影响。气候变化使高纬度地区热量资源改善，生育期延长，喜温作物界限北移，引起农业地理分布格局的变化，促进了作物种植结构调整。热量条件的改善同时使低温冷害有所减轻，晚熟作物品种面积增加。气候变化将会缩短我国三大粮食作物（即水稻、小麦和玉米）的生育期，降低最终产量。总之，气候变化将对我国的农业生产产生重大影响，并将严重影响我国长期的粮食安全。

（2）气候变化对粮食品质的影响。$CO_2$浓度的升高，会导致农作物品质的变化。其中，冬小麦、棉花品质呈良性变化，利大于弊；玉米品质可能有所下降，弊大利小；大豆品质变化不明显。另外，也要重视优质稻米的育种研究和生产。

（3）气候变化对农业经济的影响。虽然气候变化使部分地区的粮食生产得到发展和提高，仅综合而言，气候变化，尤其是极端气候条件对粮食生产的冲击强度加大。极端气候是造成我国农业大幅度减产和粮食产量波动的重要因素，对畜牧业生产会产生致命损失。

（4）气候变化对农田管理的影响。农业是主要的用水部门之一，温度升高条件下，作物用水量加大，直接导致农业单位面积用水量增加。气候变暖会加剧病虫害的流行和杂草蔓延，农药的施用量将增大，控制难度提高。另外气候变暖后各种病虫出现的范围也可能扩大，向高纬度地区延伸，目前局限在热带的病原和寄生组织会蔓延到亚热带甚至温带地区。所有这些都意味着，气候变暖后不得不增加施用农药和除草剂，而这特大幅度增加农业生产成本。

（5）气候变化对土壤质量等的影响。气候变化增加了土壤有机质和氮的流失，加速了土壤退化、侵蚀的发展，削弱了农业生态系统抵御自然灾害的能力，干旱区土壤风蚀严重，高蒸发也会造成土壤盐演化。

同时，未来气候变化将会对我国农业的种植制度、作物生产和畜牧生产产生不利影响，使我国农业生产的脆弱性增加，改变我国当前的农业空间布局，降低主要作物的产量，引起农业生产环境的感化，危及区域的粮食供给能力等。我国应加紧制定农业生产的适应性对策。

（三）气候变化对社会经济系统的影响

气候变化不仅影响我国的农业生产，也将继续对我国社会经济系统产生更要影响，尤其是对能源生产、能源密集型工业生产、沿海地带等的影响较为显著，而且这些影响以负面为主，某些影内具有不可逆性。气候变暖对经济、社会系统和可持续经济发展具有潜在的影响，对未来各工业部门和运输业有不同程度的影响，由于各部门是相互联系的整体，生产过程中有密切的相互联系，因此气候变化所带来的影响将波及其他各部门，根据气候变暖对工业影响的统计模型，气候变暖使各部门总产出有不同程度的减少，而且随着增温幅度的上升，总产出的减少量增加。

气候变化带来的经济损失是巨大的。据统计，20 世纪 90 年代，由于气候异常造成的全球经济损失相当于 20 世纪 50 年代的 10．3 倍，每年达 400 亿美元。相关研究资料表明，如果全球气候变暖得不到有效的“遏制”，那么从现在到 2050 年的近 50 年里，每年将给全球造成的经济损失最多可达 3000 亿美元，将是今天全球变暖损失的 7．5 倍，将占一些沿海国家的财富的 10％之多。根据有关模式预测，在 2080 年前，海平面水位将上升 40cm，对埃及、荷兰、越南等国家基础设施方面的损失可能各达数百亿美元。经济学家对气候变化造成的损失进行的定量评估表明，温室气体（GHG）加倍在美国造成的损失占 GDP 的 1％，其他经济合作发展组织（OECD）所属国家的 GDP 损失与美国相同，而发展中国家的损失达 GDP 的 2％～8％。全球因 GHG 加倍造成的损失占总 GDP 的 1％～2％。可以说气候变化影响重大，预计 2100 年全球 GDP 为 170 万亿美元，到时由气候变化所造成的损失将高达每年 1．7 万亿～3．4 万亿美元。

（四）气候变化对人类健康的影响

根据 IPCC 报告，目前国际上气候变化对人类健康影响的研究已开展多年，但仍处于初级阶段。已公开发表的论文大多研究的是气候异常对健康的影响（季节异常、热浪、厄尔尼诺现象等），而气候变化与人类健康变化之间的关系则研究很少，未来气候变化对人类健康影响的数学模型根本没有，因而难见未来人类健康方面的预测文章。

气候变化对人类健康产生威胁。气候变化能够通过多种途径分阶段影响人类健康，包括直接和间接影响。直接影响包括冷胁迫和热胁迫以及洪水和暴风雨导致人员伤亡；间接影响包括通过传染性病源生物、环境污染等影响人体健康。

未来生态恶化、气候变化使得人们适应了居住地的环境改变；气候变暖将使得气候变率发生变化，使旱涝灾害频繁。这些均会殃及人类，导致人类生活的舒适度下降，意外伤害、非病死亡增加，抵抗力下降，心理疾病数量上升等。

在一些地区，气候变化将对农业、牧业、渔业生产产生影响，气温升高、降水发生变化，使得农、牧、渔业产量下降；海平面上升、土地减少、气象灾害增多、农作物减产，这些将使得人类部分地区出现饥饿、营养不良，长期结果危害健康，特别是儿童。

出于海平面升高所引起的自然、社会和人口统计的混乱，也将合影响人类的健康。

1. 人类健康取决于良好的生态环境：对人类健康的直接影响是极端高温产生的效应。气候变暖，夏天的气温升高，使得夏天热浪（极端气温）出现的频率增加，即使气候变率没有变化，平均温度的升高也将增加夏天热浪的数量。夏天气温的升高加上湿闷往往使得人的白蛋白降低、血压升高，有心动过速倾向，对时间、空间判断力降低，反应时间延长，意外事故增多，精神改变，注意力集中减退，从而引起中暑、癫痫、胃病，心血管疾病、肺病等疾病和死亡的增加，特别是心和肺部。极端气温的升高常会引起心理和其他生理疾病，使得心脑血管、肝硬化、肺病的死亡率增加，尤其每年的第一次热浪特别易造成易感人群的死亡。研究资料表明，在出现异常高温的日子里，人类死亡率将增加1～2倍，热浪冲击频繁加重可致死亡率及某些疾病、特别是心脏呼吸系统疾病发病率增加。每年因为酷暑而死亡人数将增2800人左右。但在暖冬，与寒冷有关的死亡的减少将抵消这些与热浪相关的死亡。具体的关系尚不能确定，不同的人群结果不同。

人口死亡率冬天要比夏天高10%～25%，暖冬将降低人口死亡率。冬季平均气温的增加意味着寒潮的减少，而寒潮是诱发心脑血管疾病、呼吸道疾病的主要原因，所以气候变化带来的暖冬降低了整个冬季的死亡人数。据研究，在英格兰和威尔士，冬天气温升高2．5℃，人口死亡人数减少9000人。

极端气候事件如干旱、水灾、暴风雨等，使死亡率、伤残率及传染病疾病率上升，并增加社会心理压力。日前，俄罗斯科学家的最新研究也认为，全球气候变暖会导致人的居住环境发生变化，从而导致人的健康状况恶化。研究发现，在降水比较多的部分陆地地区，由于水位上升，人们食用最多的是靠近地表的水。而地表水的水质会因地表物质污染而下降，人们食用了这样的水，就会患上诸如皮肤病、心血管疾病、肠胃病等各类传染性疾病。随着居住环境的变化，人的肌体抵抗力和适应能力都会下降，伤寒、痢疾、疟疾等传染性疾病就会成为常见病。

2. 降水量发生变化加上厄尔尼诺现象的出现，极端事件和气象灾害（干旱、洪水、暴风雨等）数量急剧增加：以前几十年一遇的洪涝灾害会经常光顾，据国际保险公司分析，过去的 10 年气象“灾难”的数量与 20 世纪 60 年代相比增加了 3 倍，对人民生命财产构成威胁，使得伤害人数上升，特别是干旱、半干旱地区。

受气象灾害影响的人口数与受气象灾害死亡人数之比约为 1000：1，在 1972～1996 年，平均每年受灾死亡人数大约是 12．3 万，受害地区主要是亚洲，受害者主要是儿童和妇女。

旱涝灾害的频繁出现，使国家经济受损呈上升趋势，发展中国家受这种事件的影响最大（贫穷国家受气象灾害的影响是工业化发达国家的 20～30 倍，世界上报道的 100 个气象灾害，仅有 20 个发生在非洲，但受害人数却相当于世界受害人数的 60%），例如，1982～1983 年与洪水、干旱相联系的厄尔尼诺现象使得不发达国家的 GNP（国民生产总值）下降了 10%。在这些国家中如玻利维亚、智利、秘鲁等国，这一比例相当于他们公民税收的 50%。从而这使得这些国家粮食匮缺，儿童营养不良。

洪涝灾害的频繁导致部分地区的水源性疾病（如甲肝、痢疾、伤寒、霍乱等）经常流行，由于水受污染，腹泻病人急剧增加；肺病患者增多（由于受灾后灾民居住地拥挤所致）；血吸虫病患者数量上升。1988 年在对孟加拉国由洪水后被移置的灾民的死亡和生病的起因研究中发现，腹泻是最普通的，其次是肺病。洪涝灾害对人类精神支面的影响很大，而且持久，亦对身体有害。同时有研究表明，气候变暖引起湖水变暖是霍乱流行的一个原因。

干旱主要影响粮食产量，从而影响人类食物，使人营养不良。同时干旱缺水时水仅被用来烹饪，清洁及盥洗用水减少，被迫忽视饮食卫生和个人卫生，极易引起消化道疾病（腹泻）和水洗病（沙眼、疥疮）患者增加。干旱缺水，引入其他水源灌溉或饮用时，可能引起血吸虫或其他水源性疾病。另外．水缺乏时，必须使用水质较差的锁水资源，也会引起霍乱，第 7 次霍乱因此遍及亚洲、非洲、南美。

3. 平流层中的臭氧层减少，将导致阳光中紫外线辐射增加，破坏人体基因，使各种皮肤癌、白内障和雪盲的发病率提高：英国有关部门预测，到 2050 年皮肤癌患者联可能因此每年增加 5000 人，白内障患者增加 2000 人。另外，一些空气污染物如氮氧化物、臭氧等可增加过敏性疾病与心脏呼吸系统疾病的发病率和死亡率。

4. 气候变暖增加了疾病的传播范围和发作时间，导致新发传染病增加，将严重危及人类健康：这是因为全球气候变暖，使得植物、动物生存带发生变化，必然使得病菌携带体地理分布发生变化或传染性寄生虫的生命周期发生变化，这些通常会使得病菌传播引起的疾病迅速增加，会影响人类疾病控制效果，从而导致诱发产生和制定新的传染病。据研究，到 21 世纪的后半期，瘴气传播区的人口比例将由 45% 增加到 60%。

当前全球范围的“暖化”趋势很可能使数以百万计的人们面对许多新疾病的侵袭。对气候变化敏感的传染性疾病如疟疾和登革热的传播范围可能增加。全球变暖和较大规模的气候波动，正在全球疾病大爆发中重新起着重要作用，特别是那些涉及害虫传播的疾病，对环境变化反应就更为敏感。例如，脑炎的流行就与严重的干旱条件相联系。某些媒介疾病的加重也可能与气候变化有间接的关系，气候变暖，尤其是冬春气候变暖，使得蚊蝇等害虫能存活下来，由病菌携带体引起的疾病（疟疾、乙脑、流脑、瘟疫、回归热、登革热、黄热病、黑热病等）流行，暖冬常会使流感大暴发。我国 1994 年疟疾的发病率为 5．3408 / 10 万，居全国法定传染病的第六位。血吸虫病的发展与高温及灌溉系统的扩增有关。我国 1994 年南方 12 省（市）血吸虫病患者的检出率高达 3．67%，不能忽视气候变化对此的可能影响。

未来气候变化对人口死亡率特产生影响，但是有利影响还是不利影响，应从两个方面来讨论。从理论上来说，忽略其他因素的影响，气候变化本身将导致人口死亡率的增加，其原因就是气候变化不利于人类的舒适生活却有利于疾病的发生、加剧或传播。但全面分析，未来气候变化将会导致人口死亡率的下降，因为人民生活水平、科学技术及医疗水平在提局，携带体引起的疾病和水泥性疾病大多有疫苗接种或消毒处理，可预防疾病的大流行和大爆发；人们改善生活小气候的能力大大提高，减少了许多疾病的发作或加重；而且冬春气温的升高将使得心脑血管疾病、呼吸道疾病等引起的死亡大大减少。

# 第二节 臭氧层破坏

一、臭氧及其观测

（一）臭氧的基本概念

臭氧（$O_3$）是德国化学家C. F. Schanbein 1839年发现并命名的，是地球大气中一种微量气体，它是由于大气中氧分子受太阳辐射分解成氧原子后，氧原子又与周围的氧分子结合而形成的，含合3个氧原子，故又名三原子氧，其分子式是$O_3$，是氧分子的同素异形体。臭氧的相对分子量为47．99828，具有等腰三角形结构，三个氧原子分别位于三角形的3个顶点，顶角为116．79° 气态臭氧厚层带蓝色，伴有一种自然清新的味道，浓度高时与氯气气味相像；液态臭氧深蓝色，固态臭氧紫黑色，臭氧稳定性极差，在常温下可自行分解为氧气，不能贮存。臭氧的氧化能力极强，其氧化还原电位仅次于$F_2$，能将金属银氧化为过氧化银，将硫化铅氧化为硫酸铅，它还能氧化有机化合物，如靛蓝遇臭氧会脱色。臭氧在水中的溶解度较氧大，0℃和10Pa时．溶解度为49．4ml臭氧每100ml水。

在大气分子中臭氧所占比例不到200万分之一，但却是重要的大气微量气体。全球平均整层气柱含量为0．3cm（标准温度和压力STP）或者300DU（Dobson Unit，$1DU=10^{-3}cm$）．即若把所有的臭氧集中起来．均匀地覆盖在地球表面，其厚度也只有不到3mm。大气臭氧含量大多分布在10～50km处，主要集中在平流层，极大值在20～25km附近，对流层大气中臭氧含量只占整层大气臭氧含量不到十分之一。

（二）好臭氧在减少，坏臭氧在增加

大气层中的氧气在波长小于240nm的紫外线照射下发生光化学反应可产生臭氧。尽管臭氧在整个大气中占的份额很小，但却是影响对流层—平流层大气动力、热力、辐射、化学等过程的关键因子，并对地球气候和地球生态条件产生巨大影响。大气中90%以上的臭氧存在于大气层的上部或平流层，在离地面垂直高度10～50km处形成臭氧层（浓度为0．2ppm），平流层臭氧可强烈吸收太阳紫外辐射，在很大程度上决定了平流层和对流层顶的温度；同时使得到达地表的太阳紫外辐射大大减少。另外，臭氧在可见光谱区和红外光谱区有许多吸收带，特别是在9．6μm处有一很强的吸收带，因而它是一种重要的“温室”气体，在平流层上层产生冷却效应，在平流后底层和对流层中产生增暖效应。因为平流层臭氧能吸收紫外线等大部分的太阳短波射线，起着保护人类和其他生物的作用，被称为“好臭氧”。但氯气和氟化物促使臭氧分解为氧，破坏了臭氧保护层，成为人类关注的重要环境问题之一。

还有少部分的臭氧分子徘徊在近地面（含量为0．01～0．04ppm），瀑布区、海边、森林区含量最多。地面自然产生臭氧的途径有两种，一是太阳光的紫外线被小水滴聚光后，将水滴内的氧气反应变为臭氧；二是闪电。空气中这些微量臭氧不但在一定程度上阻挡了紫外辐射对人体的伤害，还能有效地抑制自然界中细菌、霉菌的异常繁殖而保持生态平衡。但由于交通运输、化石燃料使用、氮肥施用等多种人类活动向大气排放了大量 $NO_x$，和 VOCs，破坏了臭氧的自然生消机制，导致过去 60 年里地面臭氧浓度以每年 0．5%～2%的速率上升，全球对流层平均臭氧浓度已经从工业革命前的 0．038ppm（夏季每天 8h 平均）上升到 2000 年的 0．05PPm，按照目前的变化趋势，2100 年对流层大气臭氧浓度将上升到 0．08ppm，有 $NO_x$ 和 VOCs 参与的光化学反应已成为对流层臭氧的主要来源。目前，臭氧已成为对作物产量影响最大的空气污染物，还严重影响了人体健康，被称为“坏臭气”。

（三）平流层臭氧的观测

自发现臭氧以来，大气臭氧问题的研究已经历了 150 多年的历程。1876 年开始用化学的方法定量地测量空气中的臭氧含量并连续进行了 31 年；1880～1881 年发现了可见光谱区和紫外线光谱区的臭氧吸收带；1924 年 Dobson—UV—分光光度计开始用于测量臭氧总量；1926 年首先在欧洲建立了 6 个臭氧总量观测站；1929 年在巴黎召开了第一次国际臭氧会议；1934 年采用“逆转法”计算了大气臭氧垂直分布；同年首次实现了对大气臭氧层垂直分布的直接测量，计算与实测结果表明，臭氧层的最大浓度位于 22km 高度上；1936 年在 Oxford 举行了第二次国际臭氧会议。在这以后的一段时间里，由于二次大战的影响，臭氧问题的研究进展十分缓慢。1957～1958 国际地球物理年（IGY）促使臭氧的研究工作飞速发展，建立了世界臭氧观测台站网；采用了新型 Dobson 分光光度计和臭氧探空仪；1960 年研制出的 Brewer-Mast 电化学臭氧探空仪，被认为是直接测量臭氧垂直分布的标准型仪器，一直沿用到现今；1967 年开始用紫外线后向散射法（BUV）在轨道地球物理观测（OGO4）卫星上连续两年测量大气臭氧分布，从而获得了臭氧的全球分布资料。从 1974 年开始的世界范围的大气臭氧总量的系统观测进一步确认，臭氧含量有明显的地区和季节变化，其范围为 200～450DU。同时，发现近几十年来臭氧含量发生了变化，其中对流层臭氧增加，而平流层臭氧含量却逐年减小，臭氧总量日趋下降。

在这一期间，北半球臭氧总量的长期变化研究结果表明，20 世纪 60 年代初期臭氧总量达到最低值，随后开始回升，到 20 世纪 70 年代初臭氧总量达最大值，20

世纪 80 年代以来又呈下降趋势。用 1978～1990 年 TOMS 资料计算了全球各纬度平均臭氧的年变化趋势，发现趋势随纬度而变，赤道附近近似为零，向两极逐渐增加，臭氧减少主要在冬春季节。而 1991～1994 年全球臭氧变化最大的区域是每年冬春季节北半球中纬度地区，特别是在 1992～1993 年期间，超过了 1993 年春季的南半球高纬度地区。

我国科学家对大气臭氧的研究做出了较为重要贡献，早在 20 世纪 30 年代，严济慈等在 1933 年就测量了中心在 2553A 的哈特耶莱带的吸收系数，一直被广泛引用。在 50 年代末期，我国开始了臭氧层的研究，60 年代初在北京正式建站观测大气臭氧。从 60 年代初到 80 年代，开展了大气臭氧垂直分布的地面遥测的理论和方法的研究，魏鼎文（1964）提出了测量大气臭氧垂直分布的逆转法<C>方法，并研究了北半球臭氧的长期演变趋势。到 1979 年前后，北京（香河）和昆明又建站观测，这两站同时成为 WMO 全球观测系统（GO3OS）的正式成员。这两站中使用的 Dobson 臭氧仪在安装前均被送往加拿大进行了标定和电子改造，并与区域标准仪 Dobson77 号做了比对。而长期以来，中国科学院大气物理研究所 Dobson 观测组非常重视我国两个臭氧观测站的观到质量，因此观测数据是非常可靠的，提供了系统完整的大气

臭氧观测资料。从 80 年代起，我国科学家又先后在兰州、北京、黑龙江五常龙凤山、浙江临安、山东青岛以及青海瓦里关等地区，进行了臭氧的观测分析研究。同时我国的大气臭氧观测研究工作在国内发展的同时，在南极中山站也开展了持续的地基臭氧总量、紫外辐射测量和臭氧探空测量，对南极臭氧洞的结构取得了实际资料。

通过观测、判读卫星资料或计算等方法，人们进一步了解了臭氧的时空分布规律、成因、未来变化趋势和对地球大气及人类的影响。魏鼎文等采用 1979～1993 年的地面观测资料，认为北京及昆明两地臭氧总量在不断减少，尤其是在 1991～1993 年。周秀骥等利用 1979～1991 年的 TOMS 卫星资料，发现整个我国臭氧总量都在不断减少，其平均年递减率随纬度增高而增大，每年的 6～10 月，在青藏高原上空形成一个臭氧总量低值区，首次揭示出了中低纬地区臭氧减少的事实。这是我国臭氧研究的一个极为重要的发现，其成因以及区域环境和气候效应是一个重要的研究方向。石广玉等采用施放探空气球的方式研究我国臭氧的垂直分布规律及青藏高原臭氧低值的原因，石广玉、樊小标、周秀骥、任传森等还分别采用大气化学模式估算了未来大气臭氧总量的变化趋势，取得了许多有意义的结果。史久恩等对我国南部地区大气臭氧总量进行了研究，发现我国南部地区臭氧变化存在显著的准两年

振荡。对于长江三角洲地区春季低空大气臭氧垂直分布特征的探空观测研究表明，臭氧浓度垂直分布与湿球位温、风场有密切的关系。臭氧浓度在 2km 以下变化幅度很大，明显的东风分量伴随臭氧增高，而 5km 以下臭氧垂直分布可以分为峰值型、均匀型、分层结构型、低空污染型和线性增长型 5 个基本类型。杨景梅等基于标准 Umkehr 反演算法，利用北京地区 Dobson 仪器逆转观测资料，反演计算了北京地区臭氧的垂直分布。发现 1990～2002 年期间，臭氧总量的变化呈现出缓慢下降的趋势，但不同高度臭氧含量的变化趋势有所不同。韦惠红和郑有飞在提出目前我国存在着臭氧研究主要采用较早年份的资料和数据，而对近年来臭氧总量变化的研究相对较少，且多数研究往往仅集中于某一区域（城市）研究问题的基础上，根据臭氧总量的地理分布特征，把我国划分成 7 个区域，利用卫星观测的 TOMS 和 SBUV 资料对这 7 个区域上空的臭氧总量多年（1979～2003 年）的纬向偏差分布、年际变化、周期分布等特征进行了分析。结果表明，东部地区的臭氧总量常年大于西部地区的臭氧总量，青藏高原、西北高原与东部同纬度地区相比，在夏季差别最大，冬季最小。四川盆地上空的臭氧总量常年比周围地区要高。同时研究还表明了每个区域都存在准 2 年、4～5 年和 8～10 年的周期振荡。而且，鉴于目前使用的 TOMS 大气臭氧资料大多为 V7 版本和 V8 版本，为了更好地利用 TOMS 资料，管成功等对两个版本在空间分布上的差异做了比较分析。此外，国内部分学者也利用了紫外差分吸收激光研究了大气臭氧的分布特征，根据 Brewer 和 TOMS 卫星资料联合分析和验证大气臭氧总量变化特征的研究。

二、平流层中的好臭氧

（一）平流层臭氧的生消机制及其对地球生态系统的保护作用

查普曼（Chapman）于 1930 年提出了一个纯氧体系的光化学反应机制来解释平流层臭氧的生成和消耗：

1．高能紫外辐射使高空中的氧气发生分解，生成两个氧原子

$$O_2 + hv\ (\lambda < 240nm) \rightarrow O + O$$

式中 $hv$ 为光照

2．单个氧原子与氧气反应生成臭氧

$$O_2 + O \rightarrow O_3$$

3．臭氧在平流层吸收紫外辐射发生光解，为臭氧的自然损耗机制

$$2O_3 + hv \rightarrow 3O_2$$

以前认为，如此反复循环，使得平流层的臭氧维持一定的平衡。但 1974 年美国科学家约翰斯顿（Johinston）对查普曼机制进行了定量的计算，发现查普曼机制中的臭氧损耗即使加上平流层向对流层的臭氧输送，也只占其机制中臭氧生成量的 20%，即在平流层臭氧的动态平衡中还存在其他更重要的臭氧损耗过程。平流层大气尽管远比对流层稀薄，但也含有一定量的水汽、含氮化合物和含卤族化合物等。除了查普曼提出的臭氧去除反应外，平流层臭氧更重要的去除途径是催化反应机制

$$Y + O_3 \rightarrow YO + O_2$$
$$YO + O \rightarrow Y + 0_2$$

上述两式的总反应为

$$O_3 + O \rightarrow 2O_2$$

式中 Y 主要是指平流层中的三类物质，即奇氮（NO、$NO_2$）、奇氢（OH、$HO_2$）和奇氯（Cl、ClO）等。在上述反应过程中，物质 Y 破坏了一个臭氧分子，但 Y 本身却并没有被消耗，它还可以继续破坏另一个臭氧分子。化学反应中起这样作用的物质称为催化剂，上述的反应称为催化反应。

通过以上的臭氧生成及消耗反应过程，臭氧和氧气之间达到动态的化学平衡，大气中形成了一个较为稳定的富含臭氧的大气层，其中臭氧浓度最大的高度大约在距离地球表面 15～25km 处．这一高度的大气层就是目前已为人们熟知的臭氧层。

太阳辐射中的紫外线波长为 200～400nm，一般依生物效应不同可分为 3 个区：弱效应波段 A 区（315～400nm），对生物影响不大；强效应波段 B 区（280～315nm）为生物有效辐射；超强效应波段 C 区（200～280nm），属灭生性辐射。

UV—A 辐射是地表生物所需要的，它可促进人体的固醇类转化成维生素 D，补充钙质，如果缺乏钙会引起软骨病，尤其对儿童的发育产生不良的影响；UV—B 辐射增强将直接影响生物的生存，导致许多动、植物在形态结构、生理功能、遗传特性、生长周期等方面发生改变，进而对人类生产、生活等构成严重威胁；UV—C 波长短，能量高，属灭生性辐射。在正常情况下，平流层臭氧能够吸收太阳光中的波长＜306．3nm 的紫外线，即 90%UV—B（280～300nm）和全部的 UV—C（200～280nm）、从而保护地球上的人类和动植物免遭短波紫外线的伤害。可以说，直到臭氧层形成之后，生命才有可能在地球上生存、延续和发展，臭氧层是地表生物系统的“保护令”。

此外，臭氧层还有两个重要的作用，一是加热作用，臭氧吸收太阳光中的紫外

线并将其转换为热能加热大气，由于这种作用，大气温度结构在高度 50km 左右有一个峰，地球上空 15～50km 存在着升温层。正是由于存在着臭氧才有平流层的存在，而地球以外的星球因不存在臭氧和氧气，所以也就不存在平流层。大气的温度结构（平流层和对流层）对于大气的循环具有重要的影响，这一现象的起因也来自臭氧随高度分布。二是温室气体的作用，在对流层上部和平流层底部，即在气温很低的这一高度，臭氧的作用同样非常重要。如果这一高度的臭氧减少，则会产生使地面气温下降的动力。因此，臭氧的高度分布及变化是极其重要的。

（二）平流层臭氧的减少

前面已述，如果在 0℃，1 大气压条件下，将大气中的臭氧全部压缩到地表，其总厚度只有 3mm 左右。这种用从地面到高空垂直柱中臭氧的总层厚来反映大气中臭氧含量的方法叫做柱浓度法，采用 Dobson 单位（Dobson unit，DU）来表示，正常大气少的臭氧的柱浓度约为 300DU。

近年来的探测资料表明，人类活动排放的化学物质（氯氟碳化合物——CFCs、含臭卤代烃化合物——Halons 等）导致平流层臭氧浓度减少，据观测，1969～1988 年，全球范围内臭氧浓度减少了 1．7%～3%，南极地区竟然减少了 40%～50%，出现了臭氧层“洞”。同时，WMO 评估公报（2002）指出，在 1997～2001 年期间，全球平均臭氧总量比 1964～1980 年全球平均臭氧量减少了 3%，而且，这种趋势还将加剧，2010～2019 年期间，平流层臭氧水平下降将最为严重。

随着大气平流层臭氧浓度的下降，地表接受到的 UV—A 和 UV—B 大大增加，尤其是 UV—B 辐射增加许多。据研究报道，大气中臭氧浓度每减少 1%，到达地表的太阳 UV 辐射就增加 2%。WMO 评估报告（2002）显示，由于臭氧的减少，紫外辐射全球绝大部分地区均有明显升高。尽管，WMO2002 年利 2006 年评估报告均报道了平流层臭氧目前存在一个短暂的恢复过程，在未来几十年内到达地面的紫外辐射可能存在减少的趋势，但是初步预计建到 2040～2070 年才可能恢复到 1980 年左右的水平，且在南半球这种现象可能会在更晚出现。同时，根据 GISS 模型估算，2010～2020 年，地面紫外线强度仍将会有 20%（北半球）～40%（南半球）的增加。此外，最新的报告还指出．出于气候、云、气溶胶以及空气污染的变化对紫外辐射的变化所起的作用越来越显著，这位未来紫外辐射的增加或减少变得更加的不确定。

（三）臭氧洞的发现与发展

20 世纪 50 年代末到 70 年代就发现南极臭氧浓度有减少的趋势。1984 年日本科学家 Chubachi 发现了南极臭氧洞，但以日语形式发表在日本的科学杂志上，没有引起国际社会的重视。1985 年，英国科学家法尔曼（Farmen）等总结他们在南极哈雷湾观测站（Halley Day）的观测结果，发现从 1975 年以来，那里每年早春（南极 10 月份）总臭氧浓度的减少超过 30%，并将这一观测结果发表在 1985 年的《Nature》上，引起国际科学界的震动，法尔曼成为这一方面的著名科学家。这一发现得到了许多国家的南极科学站观测结果的证实，其实早在 1977 年，美国 Nimbus—7 卫星就已探测到这一现象，只是美国宇航局认为这是观测误差而没有引起足够的重视。进一步的测量表明，在过去 10～15 年间，每到春天南极上空的平流层臭氧都会发冷急剧的大规模的耗损，极地上空臭氧层的中心地带，近 95%的臭氧被破坏。从地面向上观测，高空的臭氧层已极其稀薄，与周围相比值是形成了一个“洞”，直径达上千千米，“臭氧洞”就是因此而得名的。卫星观测表面，臭氧洞的覆盖面积有时甚至比美国的国土面积还要大。

臭氧洞被定义为臭氧的校浓度小于 200DU，也就是臭氧的浓度较臭氧洞发生前减少超过 30%的区域。臭氧洞可以用一个三维的结构来描述，即臭氧洞的面积、深度以及延续的时间。1987 年 10 月，南极上空的臭氧浓度降到了 1957～1978 年期间的一半，臭氧洞面积则扩大到足以覆盖整个欧洲大陆。从那以后，臭氧浓度下降的速度还在加快，有时甚至减少到只剩 30%；臭氧洞的面积也在不断加大，1994 年 10 月 17 日观测到的臭氧洞曾一度蔓延到了南美洲最南端的上空。近几年臭氧洞的深度和面积等仍在继续扩展，1995 年观测到的臭氧洞发生期间是 77 天，到 1996 年南极平流层的臭氧几乎全部被破坏，臭氧洞发生期间增加到 80 天。1997 年至今观测到的臭氧洞发生的时间也在提前，连续两年南极臭氧洞从每年的冬初即开始，1998 年臭氧洞的持续时间超过了 100 天，是南极臭氧洞发现以来的最长记录，而且臭氧洞的面积达到 2500 万 $km^2$，比 1997 年增大约 15%，几乎相当于 3 个澳大利亚。这一切迹象表明，南极臭氧洞的损耗状况仍在恶化之中。2008 年 11 月初美国海洋和大气管

理局（NOAA）宣布，本年度平流层臭氧洞面积为有历史记录来第五大臭氧洞面积在 9 月 12 日达到最大，面积为 2718．45 万 km2，深度达 6．436km。历史记录最大的臭氧洞发生在 2006 年，那时它覆盖面积为 2951．46 万 km2。

进一步的研究和观测还发现，臭氧层的损耗不只发生在南极，在北极上空和其他中纬度地区也都出现了不同程度的臭氧层损耗现象。尽管在历史上没省在北极发现类似南极洞的臭氧损失，但据世界气象组织的报告，1994 年发现北极地区上空平流层中的臭氧含量也在减少，在某些月份比 20 世纪 60 年代减少了 25%～30%。北

极地区在 1～2 月的时间，16～20km 高度的臭氧损耗约为正常浓度的 10%，在 60° ～70° N 范围的臭氧柱浓度的破坏为 5%～8%。但 2011 年春天北极出现臭氧洞，面积超过 5 个德国。与南极的臭氧破坏相比，北极的臭氧损耗程度要轻得多，而且持续时间相对较短。

实际上，臭氧总浓度的减少在全球范围内发生。中国气象科学研究院的周秀或利用地面观测和卫星资料，发现我国在青藏高原存在一个臭氧低值中心。中心出现于每年 6 月，中心区臭氧总浓度的年递减率达 0．345%，这在北半球是非常异常的现象。研究还发现，自 1979 年以来，我国平流层臭氧总量逐年减少，年平均递减率为 0．077%～0．75%。美国 Bowman 研究发现，1979～1988 年间，美国上空平流层内臭氧浓度减少了 0．5%～1%。根据全球总臭氧的观测结果，除赤道地区外，臭氧浓度的减少在全球范围内发生，臭氧总浓度的减少情况随纬度的不同而有差异，从低纬到高纬臭氧的损耗加剧，1978～1991 年间每 10 年的总臭氧减少率为 1%～5%。WMO 评估公报（2002）显示：1997～2001 年间，全球平均具氧总量比 1964～1980 减少了 3%，而且这种趋势还在加剧，预计 2010～2019 年期间，平流层臭氧水平的下降将最为严重。另根据世界气象组织的最新报告，至少在 2060 年之前臭氧洞不会恢复到 1980 年前的水平。

（四）平流层臭氧浓度下降的原因

自从发现南极上空出现臭氧洞以后，科学家们经过近 10 年的研究，最后得出一致的结论：臭氧层的破坏和臭氧洞的出现，是人类自身行为造成的，也就是人们在生产和生活中大量地生产和使用“消耗臭氧层物质（ODS）”以及向空气中排放大量的废气（主要是汽车尾气、超音速飞机排出的废气、工业废气等）造成的。ODS 主要包括下列物质：CFCs（氯氟烃）、哈龙、四氯化碳、甲基氯仿、溴甲烷等，对臭氧破坏最大的是 CFCs 和哈龙。近年来还发现 $CO_2$、$NO_x$、$CH_4$ 也起着重要的作用。这类物质与能源、粮食生产、工业活动有密切关系，而且大气中的浓度都在逐渐增加。

在较低的平流层范围（12～30km）内，大部分氯还是以 HCI、$ClONO_2$ 的形式存在，不易引起臭氧的分解反应，此时氮自由基是与臭氧反应的关键。在 35km 以上的高空，CFCs 被来自太阳的 UV 辐射分解而游离出 Cl 和 ClO，对臭氧的破坏起主导作用。CFCs 破坏臭氧层的反应式如下

$$CFCs + hv \rightarrow Cl$$

$$ClO + O_3 \rightarrow ClO + O_2$$

$$ClO + O \rightarrow Cl + O_2$$

总反应如下

$$O_3 + O \rightarrow 2O_2$$

激发态氧原子会引起氮自由基（NO）、氢自由基（OH）的生成．引起臭氧发生光解。上述反应大部分与紫外线照射有关，紫外线照射随纬度而异。在这一反应过程中，氯原子和各种自由基起了催化剂的作用，即使平流层大气中只含有少量的氯原子和各种自由基，也能对臭氧层造成严重破坏。

据计算，过去15年里平均每年释放到大气层的CFC—11（$CCl_3F$）为25～35万t，CFC—12（$CCl_3F_2$）约为40万t，CFC—113（$CCl_2FCClF_2$）约为30万t，三者合计平均每年为100万t。1990年末，大气层中有机氯浓度接近4．0ppbv，比1950年增加了5倍。CFCs化学性质相当稳定，生命期长达数十年甚至上百年，会在大气中不断累积，即伸目前停止CFCs排放，要恢复到原来的浓度，恐怕需要数十年乃至几百年。

（五）臭氧洞为什么出现在南极

平流层臭氧损耗不仅发生在南北极地区，也发少在中纬度地区，它不仅出现在冬春季节，也出现在夏季。臭氧洞的形成需要3个基本条件：较低的温度（<196K）、太阳辐射和相对孤立的环境。南极大陆的平均温度因海洋调节的缘故比北极圈的平均温度低，南极冰冻大地的上空平流层温度非常低，而较易形成所谓的极区平流层云（Polar stratospheric clouds，PSCs）。CFCs经过了大气中化学反应会形成$ClONO_2$及HCl等化合物（氯贮存物质），并被吸附在PSCs表面。而PSCs中所含的冰粒，不仅会使氯贮存物质释放出氯，更会进一步妨碍氯贮存物质的生成，加速臭氧与CFCs光化学反应，因此南极圈臭氧层的破坏速度会较北极为高。2011年春的北极臭氧洞是因为2010年冬到2011年春北极高空罕见长时间寒冷而形成的。此外极地涡旋形成的时间，大约是在每年的5～6月，也就是在南极冬季开始时，由强烈的冷气团环流所形成的涡旋，这种现象会一直持续到大约11月，当温度回升时，极地涡旋才会消解。由于形成极地涡旋的冷气闭风速强劲，涡旋内部的空气会与周围的大气完全隔离，因此从低纬度地区所吹来的温暖而富含臭氧的空气无法进入涡旋，使内部温度无法上升，而有助于生成PSCs，造成臭氧分解；同时，PSCs能吸收紫外线辐射，使能让人气升温的臭氧被分解，气温亦愈下降，又促进了PSCs的生成，也使低温的极地涡旋更为稳定。这种涡旋和PSCs互相回馈的机制，使南极臭氧含量在每年大约10月间达到最低点，随着温度回升，涡旋瓦解，PSCs也随之消融，南极臭氧量方逐渐回升。在北极，虽然每年冬末春

初的臭氧损耗还没有达到可以称之为臭氧洞的程度，但那里的臭氧损耗也在加剧。值得注意的是，北极的低臭氧区域并非完全位于极圈内，它偏向北大西洋—北欧；而且，它随时间自西向东移动。这是因为北极极涡受北半球较强的行星波动的影响而移动；而南极极涡则稳定地位于南极上空。

此外，还有人认为，出于南极、北极和青藏高原（地球的“二极”）地区上空的对流层较低，相应的平流层的高度也随之降低，因此人们向对流层大气中排放的氯氟烃比较容易到达“三极”上空的平流层中而破坏臭氧层。实际的观测结果也正是如此：南极地区气温最低，平流层也最低，臭氧层破坏最为严重，出现了臭氧洞；北极地区臭氧层破坏较南极地区轻一些，青藏高原地区臭氧层破坏较北极地区又轻一些。

（六）臭氧层耗损对人体健康的危害

平流层臭氧的减少使得到达地表的紫外辐射（UV—B）增加，过量的太阳紫外辐射易造成患者的皮肤病。一般来说，日光中的中波紫外线 UV—B 会使正常人产生红斑，而长波紫外线 UV—A 仅对具有光感性的患者有影响。受 UV—B 照射，轻者皮肤出现水肿性红斑，重者会出现水疱或大疱，还可伴有休克、发热、畏寒、恶心、心悸、头昏等症状。到达地表的 UV—B 增加将导致人类白内障、皮肤癌患者增加，免疫系统受到干扰。

白内障是人眼中晶状体的混浊。据世界卫生组织（WHO）1985 年估计，白内障造成全球 1700 万个失明病例（约占失明总数一半）。

过量紫外辐射被认为是白内障增加的主要原因。Dolin 对比做了深刻的分析，人的白内障类型是多种的，病因也有多重，UV—D 辐射似乎特别地增加表皮浑浊的可能性（包括不损视力的混浊）。动物的大量实验表明，UV-B 辐射能损害眼角膜和晶状体，导致混浊。在对切萨皮克湾船工的一项设计精巧的具有代表性的研究证明，UV 增加对人类白内障有影响。生命期中长期积累高剂量 UV-B 辐射是与皮质型及后囊下型白内障相联系的几个原因之一。我国青藏高原的白内障患者比例较高。

根据研究。已发现皮质白内障的增加率对室外工作者为 1．75，对在阳光下休闲者为 1．45，同时混合型白内障也发现增加，但对核性内内障却没有增加。总的来说，紫外辐射增加，人类的白内障疾病增加。据预测，当臭氧减少 1%时，白内障约增加 0．5%。

临床诊断表明，夏天过量的太阳辐射易造成患者的皮肤病。动物实验和临床病例研究太明，过量的 UV-B 辐射易引发人体皮肤癌。UV 辐射损害 DNA（基因中毒），这可能导致DNA（脱氧核糖核酸）在于细胞中的错误复制，即突变固定。某些关键基因（原肿瘤基因或肿瘤抑制基因）控制着细胞循环、分化和死亡，这些基因中的突变能导致癌细胞的作成。动物试验和人的流行病研究证明了这点。

皮肤癌主要分两类：非黑瘤皮肤癌和皮肤黑瘤。

非黑瘤皮肤癌（NMSC）又分两大类：基底细胞癌（BCC）和鳞状细胞癌（SCC）。BCC死亡率较小，SCC死亡率很大。SCC与UV-B辐射之间有一种明确的关系，SCC绝大部分出现在被阳光暴晒的皮肤如脸、脖子和手上。在作比较的人群中，SCC发生率在太阳最强烈的地区最高。白色人种的SCC发病率最高。SCC发病率主要与日光辐射的总剂量有关，显然，总剂量大，UV辐射强。而UV辐射与BCC的“早期活动”有关系。

UV-B引发皮肤癌的重要根据是人类患SCC和BCC的大多数患者(＞50%的患者）中的P53肿瘤抑制基因中由UV引起的突变(即在双嘧啶部位，胞嘧啶被胸腺嘧啶取代，一种C-T转换）。已发现在鼠身上这些类型的突变已在SCC先质损伤中存在，这意味着UV辐射可能是肿瘤发育的一个早期事件。最近的研究表明，某些出UV引起的突变（CC-TT的前后转换），能在皮肤癌病人受太阳明晒的皮肤中检测到（17／24），但在未照射皮肤小几乎不存在（1／20）。

过量的UV辐射照射皮肤，刺激皮肤产生“红斑”效应，最终诱发皮肤癌，据估算，平流层臭氧减少1%，NMSC增加约2%，臭氧层减少5%，将会使美国的白种人每年增加8000例皮肤癌，死亡增加300例。全世界每年约有120万个新病例，这相当于平均臭氧浓度持续减少10%，每年会造成25万个附加病例。

皮肤黑瘤（CM）是黑素细胞（即在哺乳动物表皮中的色素生产细胞）转变成瘤的结果。人类的CM有四大类：表面扩展黑瘤（SSM）、结状黑瘤（NM）、恶性小痣黑瘤（LMM）也称泰生氏黑变病雀斑及未归类的黑瘤。

皮肤黑瘤与UV照射有关，其中LMM的病因与NMSC类似，而NMSC就是由UV照射诱发的。SSM与NM的病因似乎不同，但仍与UV照射有关，据研究，SSM和NM具有如下特征：

1. 白皮肤者对日灼更敏感，更易病变，在这些人身上，若色素不正常，即雀斑、很多痣和非典型的痣，非常容易发生病变。

2. 在15～20岁之前青少年期高剂量的太阳辐射和可能的特强间隙性辐射极易发病，且增加痣的数目。

3. 室内工作者更易患此类病，这与休闲时强烈的间隙性太阳照射有关。一般来讲，强烈的间隙性太阳照射更易诱发SSM和NM。

4. 环境UV水平（如纬度梯度）和敏感人群中的CM之间有正相关。

5. 在太阳辐射皮肤中出现N-ras基因突变，位于SSM和NM中双嘧啶部位，即DNA中UV—B辐射的目标位置。

在美国，白种人CM的发生率1974～1986年平均每年以3%～4%的增长率增加，在此阶段死亡率的增长显示出相类似的趋势。

大气中的臭氧每减少1%，照射到地面的紫外线就增加2%，人的皮肤癌就增加3%。据美国环境保护总署（EPA）统计：若破坏臭氧层的元凶CFCs的排放今后不再继续增加。到2075年将会合4000万人患皮肤癌。

人类免疫系统帮助保持身体健康，保护人体免受传染病和某些癌的侵犯。若免疫系统失衍，能导致过敏症、炎症及白体免疫系统疾病。

皮肤是一个重要的免疫器官，免疫系统的某些成分存在皮肤中，使得免疫系统易受UV辐射的影响。皮肤暴露于UV辐射下能扰乱系统免疫力。

临床资料表面，人工和自然源的UV—B辐射对人和实验动物的照射能局部地（太阳照射处）和系统性地改变免疫系统，主要通过减少细胞免疫反应。

研究表明，UV—B辐射的免疫抑制作用导致皮肤癌，同时也易引起一些传染病和其他疾病，如：

UV辐射具有激活人体中单纯疱疹病毒（HSV）感染的能力，导致一些疾病。鼠身上的试验标明，UV辐射加速艾滋病这种免疫缺乏病的进程，虽然在人身上还没有病例支持这一可能性。

UV辐射能激活那些直接受到照射的细胞中潜伏的病毒加乳状瘤病毒、单纯疱疹病毒及可能出现在表皮郎格罕氏细胞中的HIV，感染HIV的病人在感染早期受UV辐射可能加速艾滋病的进程，但到目前为止，仍是实验室结果，尚无临床验证。

UV—B引起的免疫抑制对利什曼病、疟疾和旋毛虫的发病有影响，对一些细菌、真菌的传染亦有影响。

UV—B通过其衰减细胞间介免疫力的功能，减弱某些形式的自体免疫力。UV—B常被用来治疗某些皮肤病，如牛皮癣，此病似乎有免疫的成分。另一方面，一种白体免疫疾病（系统性红斑狼疮）为UV辐射所加重。而且，UV与某些光照变异性疾病和光照过敏性疾病的病因有关。因此，UV—B辐射对自体免疫疾病和其他疾病似乎具有多变的甚至相反的作用。目前对它的作用不能作地任何判断。

UV辐射能抑制某些免疫反应产生，造成人体免疫功能系统性的改变，目前的研究尚不成熟，许多研究结论大多在动物身上试验获得，这些研究结论在对人类疾病诊断指导上有重要意义。

综上所述，紫外辐射增强，对人体健康产生不利影响。现在居住在距南极洲较近的智利南端海伦娜岬角的居民，已尝到苦头，只要走出家门，就要在衣服遮不住的肤面，涂上防晒油，戴上太阳眼镜，否则半小时后，皮肤就晒成鲜艳的粉红色，并伴有痒痛；羊群则多患白内障，几乎全盲。据说那里的兔子眼睛全瞎，猎人可以轻易地拎起兔子耳朵带回家去，河里捕到的鲜鱼也都是盲鱼。若臭氧层全部遭到破坏，太阳紫外线就会杀死所有陆地生命，人类也将遭到“灭顶之灾”，地球将会成为无任何生命的不毛之地。

紫外线的增强还会使城市内的烟雾加剧，使橡胶、塑料等有机材料加速老化油漆褪色等，造成额外的损失。城市烟雾加剧还会严重危害人体健康。

（七）平流层极地臭氧损耗对气候的影响

臭氧是大气中一种重要的微量气体，它在紫外区（Hartley 带：200～300nm 和 Huggins 带：300～350nm）和可见光区（400nm＜A＜700nm）有强烈的吸收带；在红外光谱区（主要是 960nm 带）也有强烈的吸收带。

平流层占全球臭氧总量的 90%，技全球年平均计算，平流层臭氧吸收太阳短波辐射的 12W / $m^2$，吸收地面一对流层大气系统发射的 900～1000nm 红外长波辐射约 8W / $m^2$，而且它自身还发射 4W / $m^2$ 的长波辐射（其中 1．5W / $m^2$ 由对流层大气吸收）。一方面，平流层通过对地表面和对流层大气产生温室效应影响全球气候；另一方面，还通过大气中的对流交换、大气波动等手段，光化学以及其他一些微量气体的反馈作用调节着全球的气候。平流层臭氧损耗，不仅会导致到达地面的紫外辐射增强，危及人类及一切生物的生存，破坏地球生态系统的平衡，还会通过臭氧的温室效应、反馈效应来间接改变低层大气和地表面陆地、海洋、冰雪植被等的热量平衡，通过辐射传输、化学等过程全面影响全球的气候，从而进一步影响生物圈。

大气中的 $H_2O$、$CO_2$ 和其他痕量气体对太阳短波辐射吸收很弱，主要吸收来自地面的长波辐射，并向下和向上重新发射长波辐射，前者加热地面和低层大气，后者则在大气顶维持辐射平衡，从而大大提高了地表面的有效辐射平均温度，从-18℃升为 15℃。这样一种增温现象称为痕量气体的温室效应。$H_2O$、$CO_2$ 和其他痕量气体的红外吸收带＞1300nm，故臭氧的 960nm 带十分重要。臭氧的温室效应减少了地气系统向空间损失的热辐射，保存了地气系统的热量，对地球表面和平流层低层以下的大气具有增温作用，故被称为第二重要的温室气体。

臭氧含量的扰动密切影响着大气的热量平衡，如果平流层臭氧含量减少25%，会增加整个大气的冷却，并导致地气系统冷却0．82W／$m^2$；如果对流层臭氧含量增加25%，会使对流层和地表变暖，而平流层冷却。这与IPCC发布的4个海气耦合的全球环流模式的IPCC-AR4（GISS—ER、GFDL—CM20、NCAR—CC—SM3和UKMO-Had-CM3）的模拟结果一致，即单纯温室气体增加将造成平流层变冷，而臭氧层恢复将导致平流层变暖。在同时考虑温室气体增加和臭氧层恢复的情况下，模拟结果表明平流层中上层仍将维持变冷的趋势，而下层则存在变暖的趋势。

中国科学院大气物理研究所科学家发现，1988年8月下旬的一次南极平流层暴发性增温过程中30hPa气温、30hPa西风风速与臭氧总量之间存在着非常好的正相关，同时发现臭氧总量的变化与30hPa增温率的变化之间存在着滞后关系。研究还发现，在平流层发生暴发性增温之前，对流层有一次大约西风扰动，结果表明这次平流层暴发性增温的原因可能是对流层西风扰动引起的行星波上传，而臭氧的加热效应。

一份基于1980～2000年这20年的气象数据，其中包括欧洲气象预报中心的风速记录的最新地球物理学研究报告竟然显示，臭氧洞能够加快风速，而更快的风速能将海水中的盐分带至大气，形成潮湿云层，这些云层可将大量太阳辐射反射回之．从而减缓了南极地区气候变暖的进程。正是臭氧层的不断愈合加速了全球变暖的进程。但仍有不少科学家对臭氧层愈合会减慢风速，从而加剧全球变暖的结论表示怀疑。

（八）臭氧层损耗对农作物的影响

人们自20世纪70年代就开始研究UV—B辐射增强对植物的影响，对200多个品种的植物进行了增加紫外照射的实验，其中2／3的植物显示出敏感性，一般来说，$C_3$植物比$C_4$植物敏感。

紫外辐射增加能导致植物矮化，改变大豆、小麦、棉花和玉米等农作物的株高和叶面积等形态学指标，并且作物的矮化程度随UV—B辐射强度的增加而增大。

研究认为，UV—B辐射能推迟大豆生长发育的进程，并且UV—B辐射强度越大，生育期的滞后效应就越明显。

UV-B辐射增强对作物叶片的叶面积、叶龄与叶形、组织结构与叶的器官都会产生显著的影响。如UV-B辐射增强会导致小麦的单茎叶面积下降，从而导致群体的叶面积指数（LAI）下降；在UV-B辐射增强条件下，小麦的绿叶数显著减少，叶肉的海绵组织细胞层和栅栏组织细胞层会增加，并会相应地增加叶片表皮层、木栓层及叶肉层，使细胞变宽或变短，从而导致叶片厚度增加。此外，UV—B 辐射增强还会破坏叶绿体、类囊体等光合器官的超微结构，导致叶表皮薄壁细胞溶解，叶绿体变小，叶绿素含量下降。

研究表明，UV-B 辐射增强不但会改变作物的生育进程，降低作物的光合能力，还会加重作物对环境胁迫的敏感性，如紫外辐射会使大豆更易受杂草和病虫害的损害。

植物经增强的 UV-B 照射后. 其光合速率和光合产物的累积同步下降。小麦成熟期植株干重、穗粒数和穗粒重与 UV-B 辐射成显著的负相关。大豆、水稻、棉花等作物的经济产出与 UV-B 辐射均成显著的负相关。

臭氧层损耗导致的地表紫外辐射增强已成为全球粮食生产的重要威胁。

（九）保护臭氧层的对策与措施

联合国环境规划署自 1976 年起陆续召开了各种国际会议，通过了一系列保护臭氧层的决议。由 Chubachi（1984）和 Farman（1985）首次提出南极上空出现臭氧洞以来，世界各国十分关注大气臭氧层的破坏，在联合国环境规划署的组织下，1987 年 9 月，美国同其他 23 个国家欧共体在加拿大蒙特利尔首次召开会议，签署了《关于消耗臭氧层物质的蒙特利尔议定书》（以下简称《议定书》），时隔不久，许多发达国家在《议定书》签字支持这一举动；1988 年，世界气象组织和美国宇航局（WMO / NASA）国际臭氧趋势工作组呼吁对臭氧长期进行一次完整的重新评估，并得到 WMO 执行委员会的签署，并且每四年开展一次同际范围的臭氧评估会议；1989 年，在伦敦召开了拯救臭氧层世界大会，强调各国必须采取实际步骤制止对臭氧层的破坏，其目的是为了保护人类及其生存环境免遭过量紫外辐射的伤害；而在 1991 年 9 月在华盛顿举行的第一次国际 Dobson 臭氧资料工作会议上，参会人员讨论了现有资料的不足，认为有必要取得修正的、更准确的资料用于气候趋势分析以及用于卫星资料比对。我国于 1991 年加入了《议定书》。1995 年 1 月 23 日，联合国大会通过决议，确定从 1995 年开始，每年的 9 月 16 日为“国际保护臭氧层日”。

《议定书》要求国际社会应采取行动淘汰会导致臭氧层破坏的物质，加强研究和开发替代品。同时指出，有关控制措施必须考虑发展中国家的特殊情况，特别是其资金和技术需求。《议定书》的附件 A 提供了两类限制排放的物质清单，第一类为 5 种 CFCs，第二类为 3 种哈龙。《议定书》规定：发达国家的开始控制时间，对于第一类受控制物质（CFCs），共消费量自 1989 年 7 月 1 日起，生产量自 1990 年 7 月 1 日起，每年不得超过上述限额基准。自 1993 年 7 月 1 日起，每年不得超过限额基准的80%。自1998年7月1日起，每年不得超过限额基准的50%。对于第二类受控物质（哈龙），其消费量和生产量自1992年1月1日起，每年不得超过限额基准。发展中国家的控制时间表比发达国家相应延迟10年。

世界气象组织和联合国环境署（WMO / UNEP）（2002）从1981年起，大约每4年就出版一份有关大气臭氧问题的评估公报。2002年的评估公报指出，在1997～2001年期间，全球平均臭氧总量比1964～1980年全球平均臭氧量减少了3%；1992～1993年间达到了自全球系统性臭氧观测以来的最低值，比1980年以前所有年份平均值低5%。在热带地区（25° N～25° s），臭氧总量没有明显的趋势变化，而在南北半球（25° ～35° ）地区臭氧总量趋势变化比较明显。2006年最新公布的评估报告，指出了2002年以后有关大气臭氧研究的最新进展。评估报告指出，在未来数十年内，两极地区的臭氧消耗量仍将很高、而且变化很大；南极上空的臭氧洞存在期亦将比先前所估算的时间更久。两极地区春季时期的臭氧严重消耗情况将不断延续到冬季，因为两极地区的平流层十分寒冷，而且两极地区每年出现的各种气候变化亦可在臭氧消耗程度方面发挥较大的作用。未来20年内，预计南极上空的臭氧空洞将不会发生重大改善。新近作出的估算结果表明，如果各缔约方能够继续遵守《议定书》的现行控制措施，则南极上空的空洞将于2060～2075年间恢复到先前的水平——这要比在上一期评估报告中所作估算的恢复时期晚10～25年。之所以预测将会出现延迟，主要是由于研究人员更好地把握了臭氧消耗气体在两极地区的发展演变情况。根据各种化学—气候模式取得的结果，预计北极地区的臭氧水平平均将于2050年之前恢复到1980年之前的水平（这一数值通常被用作衡量臭氧层恢复的基准数值），然而这些预测并非十分确定。未来数十年内，南极或北极地区在个别年份中仍会出现非正常的、较高或较低的臭氧消耗程度，诸如2002年间出现的南极臭氧空洞较小，而2006年南极则出现了有记录以来最严重的一次臭氧洞的情况等。当消耗物质含量基本保持不变的情况下，预计这一时期内仍将会出现这些各不相同的变化。

为保护人类的保护伞，我们有必要加强环境教育，鼓励居民选用不含臭氧损耗物（ODs）的产品，自觉抵制破坏臭氧层的行为；加大科研投人，积极开发ODs的替代产品；完善环境立法，加大执法力度，严肃查处破坏臭氧层的违法行为。

三、地面附近的坏臭氧

（一）地面附近臭氧浓度的变化趋势

对流层中臭氧绝大部分是出光化学反应产生的二次污染物，是温室气体和光化学烟雾的主要成分，被称之为”坏臭氧”。近年来由于大量使用化石燃料、含N化肥，大气中 $NO_x$、VOCs 剧增，导致对流层中臭氧浓度日益提高，研究表明，全球对流层臭氧浓度每年以0.5%的速度增加，预计到2020年对流层臭氧浓度可增加50%。目前地球对流层大气平均臭氧浓度已经从工业革命前的38nL / L(夏季每天8h平均)上升到2000年的50nL / L，这个浓度已经超过了敏感作物臭氧伤害阈值从AOT40的25%，悲观估计到2100年大气臭氧浓度将上升到80nL/L。作为近地层最重要的大气污染物之一，不断上升的臭氧浓度目前已经成为全球科学家和公众密切关注的重要问题。

我国的 $NO_x$，等臭氧前体物的人为排放量近年来也显若升高，已经和美国、欧洲同处一个数量级，每年排放的 $NO_x$ 量已占世界总排放量的16．4%。并且排放大部分集中在我国东部、东南沿海，包括长江三角洲、珠江三角洲、黄河流域和四川盆地等，从而导致对流层臭氧浓度显著增加，其中，长江三角洲地区对流层臭氧浓度增加最为显著，是地表臭氧污染严重的地区，长期监测资料显示，该地区臭氧最高浓度达到196nL/L。峰值主要出现在5月和9月。由于长距离的大气输送，高浓度的地面臭氧不仅出现在城市郊区，农村及作物种植区的地表臭氧浓度也较高。

（二）地面附近的臭氧对人体的危害

虽然微量的臭氧可以起到消毒杀菌作用，使人产生爽快和振奋的感觉。在工业上还可用来处理不易降解的含聚氯联苯、苯酚、萘等多环芳烃和不饱和烃的化合物的废水。还可用作重氮、偶氮等染料的脱色剂，以及用臭氧活性炭作为饮用水和污水的深度处理的净化剂等，但是，由于臭氧有较高的化学反应活性，具行强烈的刺激性，对人体健康是有一定危害的。它主要是刺激和损害深部呼吸道，并可损害中枢系统，对眼镜亦有轻度刺激作用。当浓度增高时对人体和生物组织都有直接损害。如当臭氧浓度为0.21ppm时、呼吸2h，便使肺活量减少20%；当臭氧浓度为0.64ppm时，对鼻子和胸部可产生刺激感；若浓度达2．14～4．28ppm时．呼吸1～2h后，眼和呼吸器官发干。有急性的灼伤感、头痛、中枢神经发生障碍；时间再长，则思维能力下降，可导致人的思维系乱。严重时可导致肺气肿和肺水肿。此外，臭氧还能阻碍血液输氧功能，造成组织缺氧，使甲状腺功能受损，骨骼钙化，还可引起潜在性的全身影响，如诱发淋巴细胞染色体畸变，损害某些酶的活性和产生溶血反应。

大量针对臭氧的健康效应的科学研究表明，美国制定于1997年的臭氧一级（即公共卫生）标准（80ppb）太高了，已经不足以保护多数美国居民的健康。EPA自己的科学家，如其清洁空气科学咨询委员会（Clean Air Scientific Advisory Committee，(CASCA)建议将标准降低至60ppb。WHO推荐的标准甚至更低，为51ppb。

目前，我国制定的《市内空气质量标准》以及《环境空气质量标准》中规定，臭氧的 1h 均值为不得超过 0．16mg / m$^3$，约合 74．6ppbv。

（三）地面附近的臭氧浓度增加对植物生长和农业生产的影响

在 1943 年美洛杉矶的光化学烟雾事件中，人们首次观测到臭氧对农作物的伤害，随后相关研究逐渐活跃起来。20 世纪 80 年代以前，Schroeder 等利用封闭式静态或动态气室研究了一定浓度的臭氧对农作物生长发育的影响；20 世纪 80 年代初，美国农业部相环境保护局创建了全国作物损失评价网（National Crop Loss Assessment Network，NCLAN），在全美范围内使用标准方案研究臭氧对农作物（棉花、小麦、大豆等）生长和产量的影响，建立了臭氧浓度与作物产量之间的暴露—响应关系。随后，欧洲各国合作建立了欧洲农业损失评价网（European Crop Loss Assessment Network，EUROCLAN），利用 OTC（Open Top Chamben）研究了臭氧浓度增加对 9 个国家的小麦、大豆、土豆等作物的影响。1992 年，王春乙等设计了一套开顶式熏气室，较大规模地研究了臭氧浓度变化对农作物的影响。2005 年，中国科学院也利用自制的 OTC 研究了臭氧浓度变化对农作物的影响。

国内外的广泛研究表明，地面臭氧浓度升高会使植株叶片出现褐斑和坏疸等伤害症状，降低作物叶面积，加速叶片老化，增大叶片细胞膜的透性，增加气孔阻力，影响光合色素含量，降低光合速率，降低作物生物量均产量，并且影响自由基、各种生物酶活性和 DNA、RNA 等转录的表达，同时也对作物品质产生一定的影响，还会影响作物的物候。此外，地面臭氧浓度升高还会对农田的地下生态系统造成影响，如降低微生物数量和多样性指数、改变植物根系分泌物的形成或组成，影响菌根的浸染水平、抑制土壤酶的活性。

现有研究表明，10％～35％的世界谷物生产地区将处于臭氧胁迫下。由于地表臭氧浓度的不断增加，将造成农作物产量下降。整合分析研究表明，当臭氧浓度为 31～50ppb 时，马铃薯、大麦、小麦、水稻和大豆分别减产 5．3％、8．9％、9．7％、17．5％和 7．7％。但臭氧浓度增加到 51～75ppb 时，这些作物的产量将进一步减少 10％～20％。当臭氧的剂量指标 AOT40 达到 8960 nL / L 时，能使作物减产 16％。长三角地区的臭氧污染造成该地区 2003 年水稻、冬小麦和油菜分别减产 3．04％、17．08％和 5．92％，该地区 2003 年由于臭氧造成的经济损失达 15 亿元。当臭氧浓度为 50nL / L 时，大豆产量损失近 10％．华北及东北 11 省（市）减产达 80．58 万 t，相当于吉林省一年的大豆总产量。当臭氧浓度为 100nL / L 时，华北及东北 11 省（市）减产达 241．74 万 t，相当于黑龙江省年大豆产量的 65％。

# 第三节 酸雨

一、酸雨和环境酸化问题

（一）酸雨的定义和判别方法

酸雨是指 pH 值低于 5．6 的大气降水，包括酸性雨、酸性雪、酸性雾和酸性露。近年来，随着研究的深入，过去被大量引用“酸雨”(acid rain，acid precipitation）的提法已经逐渐被“酸沉降”（acid deposition）所取代。酸性污染物以潮湿（湿沉降，wet deposition）和干燥（干沉降，dry deposition）两种形式从大气中降落到地球表面，一般将这个过程称为酸沉降。

将 pH 值小于 5．6 的降雨称为酸雨，这一判别标准是 20 世纪 50 年代初，人们根据当时对大气化学成分的认识而确定的，那时认为大气中浓度足以影响降水酸度的大气自然成分只有二氧化碳，其他酸性或碱性微量成分主要来自人类活动。在 0℃时溶液的 pH 值等于 5．6，所以，pH 等于 5．6 便被定为未受人为活动影响的自然降水的 PH 值而成为酸雨判别标准。

随着研究的深入，相关学者对 pH 值等于 5．6 能否作为降水自然酸化的下限提出了异议，多数学者认为 pH 等于 5．0 是降水自然酸化的下限。Charlson 和 Rodhe（1982）通过计算指出，如果没有碱性物质如 $NH_3$ 和 $CaCO_3$ 等的存在，单单由于天然硫化合物的存在所产生的 pH 值为 4．5～5．6，其平均值为 5，0。Stensland（1982）等在分析了美国东部 1955～1956 年的降水数据后指比值的背景值约为 5．0。事实表明，未被人为排放所污染的雨水 pH 下限可达 4．5 或甚至更低。单凭雨水 pH 值并不能表示降水受污染的程度。相同 pH 的雨水，其中的化学组成含量可比相差很大。因此，pH 值 5．6 不是一个判别降水是否酸化和人为污染的合理界限，于是提出了降水 pH 的背景值和降水污染与否的判别标准问题。通过对全球降水背景点的降水组成和 pH 值的多年研究，Galloway 认为全球降水 pH 值的背景值似乎应该≥5．0。关于酸性降水背景点的研究是一项重要内容。到目前为止，欧洲、美国、东亚酸沉降监测网都设立了各自的监测背景点，全球大气基准观测网（GAW）在我国青海设立的瓦利关本底站和全球降水化学研究计划（GPOP）在我国云南丽江云杉坪设立的玉龙雪山观测站点可以分别作为我国西北和西南地区的降水背景监测点。

综上所述，降水是否酸化的判别与降水的 pH 背景值密切相关。我国已经开始重视降水 pH 值背景值的研究，1985～1986 年间已在一些地点进行了背景点降水研究。虽然学术界对酸雨 pH 值大小有争议，但现在学术界达成的共识，仍然以 pH 等于 5.6

为判别酸雨的标准。

（二）酸雨的形成、来源及临界负荷研究

1. 酸雨的形成；酸雨的形成是一个十分复杂的过程。从化学角度看，大气中酸性物质增加，或碱性物质减少，或两者同时发生时，都将导致降水酸化。降水中常含合多种无机酸和有机酸，并以无机酸为主，无机酸中又以硫酸和硝酸为主。

大气污染物质被雨清除是常见的汇机制，包含复杂的物理化学过程。一般按照污染物进入雨滴的时间分为云内清除过程和云下清除过程两阶段，各阶段又分为若干物理和化学步骤。

大量 $SO_2$ 进人大气后，在合适的氧化剂和催化剂存在下，就会发生反应生成硫酸。在干燥条件下，$SO_2$ 通过光化学过程被氧化为 $SO_3$，然后转化为硫酸，但这个反应比较缓慢。在潮湿大气中，$SO_2$ 转化为硫酸的过程常与云雾的形成同时进行。先由 $SO_2$ 生成 $H_2SO_3$，在 Fe、Mn 等金属盐杂质作为催化剂的作用下，$H_2SO_3$ 迅速被催化氧化为 $H_2SO_4$。当空气少含有 $NH^{4+}$ 时，进一步生成（$NH_4$）$_2SO_4$。

$NO_x$ 是指 NO 和 $NO_2$。人为排放的 $NO_x$ 主要是化学燃料在高温下燃烧产生的。在化石燃料燃烧过程中，排放 NO 占 95%以上，进入大气后，大部分很快转化为 $NO_2$。在大气中 $NO_x$ 转化为硝酸。$NO_x$ 除了本身直接反应转化为硝酸外，当它与 $SO_2$ 同时存在时，还可以促进 $SO_2$ 向 $SO_3$ 和 $H_2SO_4$ 的转化，从而加速酸雨的形成。

2. 酸雨的源；酸性物质的来源合天然排放源和人工排放源两种。

酸性物质 $SO_x$ 有四类天然排放源：海洋雾沫；土壤中某些机体，如动物死尸和植物败叶在细菌作用下可分解某些硫化物，继而转化为 $SO_x$；火山爆发；雷电和干热引起的森林火灾也是一种天然 $SO_x$ 排放源，因为树木也含有微量硫。

酸性物质 $NO_x$ 排放有两大类天然源：闪电，高空雨云闪电，有很强的能量，能使空气中的氮气和氧气部分化合，生成 NO，继而在村流层中被氧化为 $NO_2$；土壤硝酸盐分解。

酸性物质 $SO_x$、$NO_x$ 排放人工源之一，是煤、石油和天然气等化石燃料燃烧，科学家粗略估计，1990 年我国化石燃料约消耗近 700Mt，仅占世界消耗总量的 12%，人均相比并不惊人；但是我国近几十年来，化石燃料消耗的增加速度，实在太快，1950～1990 年的 40 年间，增加了 30 倍。不能不引起足够重视。

酸性物质 $SO_x$、$NO_x$ 排放人工源之二，是工业过程，如金属冶炼，化工生产，特别是硫酸生产和硝酸生产可分别跑冒滴漏可观量 $SO_x$，和 $NO_x$。再如石油炼制等，也能产生一定量的 $SO_x$ 和 $NO_x$。它们集中在某些工业城市中，也比较容易得到控制。

酸性物质 $SO_x$、$NO_x$ 排放人工源之三，是交通　运输，如汽车尾气。

3. 酸雨的临界负荷研究：由酸雨引起的酸沉降量不大时，某地生态系统能产生某些化学变化，危害时间较短且能恢复；但当酸沉降量较大时，敏感的生态系统会产生长期的危害，并难以恢复。因此我们称不致使敏感的生态系统发生长期危害化学变化的最大酸沉降量为该生态系统的酸沉降的临界负荷。

20 世纪 90 年代，我国对酸雨分布及临界负荷研究已全面展开，其中有王文兴、俞绍才等（1992～1995）的中国酸雨的形成和发展机制研究、刘宝章等的酸性排放物跨国输送问题探讨等。“七五”期间，中国科学院生态环境研究中心赵殿五等首先用模型计算了我国西南酸性黄壤和紫色土地区土壤和地皮水的酸沉降临界负荷。随后，清华大学环境科学与工程系应用简单质量平衡法（SMB），稳态酸化模型 PROFILE 对我国典型土壤和地表水的酸沉降临界负荷进行了广泛的研究工作。“八五”期间，国家环保局南京环境科学研究所和中国科学院南京土壤研究所共同用 MAGIC 模型对我国东部 7 省的酸沉降临界负荷开展了研究。其中清华大学环境科学为工程系利用改进的半定量方法、稳态法初步完成了我国土壤和地表水酸沉降临界负荷区划。中国科学院生态环境研究小心完成了我国南方生态系统酸沉降临界负荷的区域化。

（三）酸雨的污染现状及危害

1. 酸雨的污染现状：英国降水化学的监测结果显示，发现酸雨普遍出现在美国东部地区，高酸度的降水（$pH \leq 4.52$）主要集中在东北部和大西洋沿岸，并且已向南部和西部地区发展。Kellner 对日本东京马场进行降水采样及分析，发现日本酸雨主要是以硝态氮为主要成分，且以硝酸形态存在的氮的浓度是夏季低、冬季高。Walna 等对波兰 Wielkopolski 国家公园自然环境退化的主要原因进行了深入探讨，发现酸雨 $PH < 4.6$ 频率为 61%；酸雨 $pH < 5.6$ 频率为 92%。酸雨主要成分有 $SO_2$、Ca、F、重金属和多环芳烃，K 的增长速度最快。

半个世纪以来，全球各国工业大发展、汽车猛增，排放到大气中的二氧化硫、二氧化氮、氮氢化合物急剧增加，导致全球酸雨污染日趋严重。美国、加拿大及欧盟各国酸雨最多，一些地方从天而降的是稀硫酸、稀硝酸。奇怪的酸雨危害也很严重。酸雨面积已占我国国土总面积的 40%，比沙漠化占国土总面积的 27%还高出 3 个百分点。

目前全球已形成三大酸雨区：一个是以德、法、英等国为中心，波及大半欧洲的北欧酸雨区，一个是包括美国和加拿大在内的北美酸雨区。这两个酸雨区的总面积大约 $1000km^2$，降水的 pH 值小于 5，有的甚至小于 4。由于二氧化硫和氮氧化物的排故量的渐渐增多，包含我国在内的东南亚已成为世界第三大酸雨区。

我国酸雨主要分布地区是长江以南的四川盆地、贵州、广西、重庆、湖南、湖北、江西、浙江、江苏及沿海的福建、广东等省（区、市）部分地区。我国酸雨区面积扩大之快，降水酸化率之高，在世界上也是罕见的。值得注意的是，以往很少见到酸雨沉降的北方地区，如侯马、丹东、图们等地最近几年也出现了酸雨。

我国降水酸度分布存在明显的区域性差异．降水酸度年均 pH＜5．6 的地区主要分布在长江以南并由北向南逐渐加重，西南地区最为严重。在四川、重庆、贵州和广西的一些地方，降水年平均 pH 值＜5．0，是目前我国酸雨污染最严重的地区。近年来东南沿海地区酸雨污染趋于严重，以南京、上海、杭州、福州和厦门为代表的地区也逐渐成为我国的主要酸雨区。同时，华北的京津、东北的一些地区也开始频繁出现酸性降水。我国酸雨还呈现以城市为核心的多中心分布。城市降水酸度强，郊区弱，远离城市的广大农村则接近正常，pH 值在 5．6 左右。此外，酸雨的区域分布还存在功能区差异，主要表现为工业区的降水酸度强于非工业区的防水酸度。

2007 年 1 月 10 日，中国气象局举行的新闻发布会公布：2006 年我国北方也出现了 14 年来最严重的酸雨危害。气象专家介绍：据北方 7 省（市）北京、天津、河北、河南、山东、陕西、山西的监测资料显示，2006 年北方出现的酸雨危害表现为，降水酸度显著增强，酸雨频率明显增多。7 省（市）16 个监测点的年均降水 pH 值为 4．5，酸雨频率为 44%，其中强酸雨频率为 23%。

2．酸雨的危害：酸雨的危害越来越引起人们的关注，包括对人体健康、水生生态系统、陆地生态系统及各种建筑物均产生了破坏性的影响。如雨、雾的酸性对眼、咽喉和皮肤的刺激会引起结膜炎、咽喉炎、皮炎等（皮肤瘙痒、眼角膜红肿、气管哮喘等）病症。酸雨使儿童免疫功能下降，慢性咽炎、支气管哮喘发病率增加。

酸雨可造成江、河、湖、泊等水体的酸化，必然会对生活在其中的水生生物造成影响。据报道，酸雨已使瑞典 2000 个湖泊中的鱼类几乎全部消失，10000 个湖泊中的鱼类数量和种类急剧下降，5000 个湖泊需要定期注入石灰。挪威南部 5000 个湖泊中有 1750 个鱼类消失，对 900 个造成了严重影响。加拿大有 5300 多个湖泊被酸化，其中安大略省约有 4000 个湖泊几乎看不到鱼类的踪迹。雨后或雪化时，常见湖面漂浮着大量的死鲈鱼和大麻哈鱼。美国东北地区新英格兰州和纽约州等 9 个州 27 个地区的 17059 个湖泊已有 9423 个受到影响。

酸雨对陆地生态系统的影响包括对农业以及森林生态系统的危害。酸雨对农作物的危害首先反映在叶片上，酸雨可破坏作物叶片的正常生理功能，阻止叶片与外界进行气体交换和光合作用，使作物在生长发展过程中不能吸收所需要的营养物质，导致病菌大量侵入植物体内，从而引起各种病害。对森林生态系统的表现为酸性降水能影响树木的生长发育，降低生物产量，甚至引起森林死亡。首先，酸雨直接影响树木的叶片，破坏叶面的蜡质，使叶面失水，其中的养分也会被冲淋流失，并破坏其呼吸代谢、光合作用等生理功能，引起叶片变色、皱折、卷曲．直至枯萎。其次，酸雨落地渗入土壤后，使土壤酸化，破坏土壤的伍养结构，影响树木生长。

酸雨对各种建筑物的影响显而易见，酸雨会与金属、石料、混凝土等材料发生化学反应或电化学反应，从而加快楼房、桥梁、历史文物、珍贵艺术品、雕像的腐蚀。我国故官的汉白玉雕刻、敦煌壁画、乐山大佛，埃及的金字塔和狮身人面雕像，加拿大的议会大厦，希腊帕提农神庙的女神像，柬埔寨的吴哥窟，意大利的威尼斯城，印度的泰姬陵，英国的圣保罗大教堂，罗马的图拉真凯旋柱等一大批珍贵的文物古迹正遭受酸雨的侵蚀，有的已损坏严重。美国一年因酸雨而造成建筑物和材料的损失就高达 20 亿英元。圣隆佐（2006）最近发现，北京卢沟桥附近的石狮利附近的石碑、五塔寺的金刚宝塔等均超酸雨侵蚀而严重损坏。由此可见，酸雨的危害已经触目惊心。

（四）全球及我国酸雨的时空分布特征

1. 全球酸雨的时空分布特征观测和研究：1947 年，Egner 创建了斯堪的纳维亚降水监测网。该网最初由位于瑞典东南部的 28 个站组成，每月收集一次样品，结果表明南斯堪的那维亚酸性偏高，尤其在冬天化石燃料燃烧量大的时期。该网后来又扩大到包括法国、德国和前苏联的一些网站。该网的长期工作结果确证了北欧的酸雨问题比较严重，尤其在挪威和瑞典，自 20 世纪 50 年代以来雨水酸性逐渐增强，是世界上最为重要的酸雨区。

2. 我国酸雨的时空分布特征观测和研究：我国的酸雨观测和研究相对较迟，始于 20 世纪 70 年代，但发展迅速。70 年代在北京、上海、重庆和贵阳等城市开展了局部研究，发现这些地区不同程度地存在着酸雨问题，西南地区则很严重。1989 年，我国气象部门建设了酸雨业务观测站网，当时仅有 22 站，1992 年底已建成一个包括 78 个酸雨站和 3 个区域大气本底站，共 81 个站的中国气象局酸雨监测网。这个酸雨监测网除了宁夏和台湾之外已涵盖了全国所有的省（区、市）。2000 年底又增加了长江三峡地区 4 个站、宁夏回族自治区 2 个站以及瓦里关全球大气本底观象台，中国气象局酸雨监测网已发展到拥有 88 个站覆盖我国大陆的酸雨网，酸雨观测站还将进一步增加到 157 个。

（五）酸雨的化学组分研究进展

1. 国外酸雨化学组分的研究进展：到目前为止，有关酸雨湿沉降的研究内容主要表现在各地湿沉降的化学组成和特征、形成机理和形成过程、降水酸度和离子浓度的时空分布、污染物的排放强度和地理分布、长期变化特征、污染物来源以及跨国输送等方面。

近 20 年来，有关大气降水中方机物的研究有了进一步的发展，这一时期的研究也主要体现在以下两个方面，第一，主要研究烷烃、脂肪酸类、醛类、酚类以及多环芳烃的污染性、污染源及毒性。第二，主要将大气降水中的有机污染物和大气颗粒物中有机污染物进行对比研究，从而揭示大气降水对大气颗粒物具有很强的淋滤作用。

2. 国内酸雨组分的研究进展：我国酸雨发展状况大致经历两个阶段：从 20 世纪 80 年代到 90 年代中期为我国酸雨急剧发展期；90 年代中后期到 21 世纪初不同地区降水年平均 pH 值有升有降，总的趋势是进入相对稳定期，但我国的酸雨趋势仍不容乐观。

2005 年 2 月，在国家环境保护总局、中国科学院和教育部的支持下，由中国环境科学研究院为牵头单位，联合北京大学、中同科学院大气物理研究所、中国科学院生态环境研究中心、清华大学、香港理工大学、北京师范大学和中国气象科学研究院等单位，共同申报了国家重点基础研究发展计划项目（973 计划）“中国酸雨机制、输送态势及调控原理”。

曾小岚等（1994）对成都地区降水中有机污染物成分的研究鉴定出 102 种化合物，其中主要是正构烷烃、多环芳烃、酞酸酯。郭璇华等（1994）在降水中有机物的分析与研究得出降水中有机物的种类除了与大气污染状况有关外，还与降雨量的大小有关。盖新杰等（1995）在北方降血对大气中有机污染物的净化的研究中得出从检测出的 48 种有机物中看到有 3 个较为突出的特征：（1）有 10 种以上美国 EPA 公布的重点控制污染物，其中包括强致癌物质；（2）有 3 种酞酸酪类物质，且相对含量较大，这可能与大量使用塑料、塑料制品和燃烧垃圾有直接关系；（3）检出多种大分子正构烷烃，和可能与北方冬季大量燃煤有关。

# 第九章 人口资源与环境

## 第一节 人口

1999年10月12口被联合国定为“60亿”人口日，预计“70亿”人口日将于2011年后期出现。2011年7月11日，“世界人口日”纪念大会在中国天津市召开，主题是“70亿人的世界”，根据联合国人口基金的统计，2011年全球人口达到70亿。巨大的人口需要的粮食、淡水、矿产、能源乃至空间，已经广泛深远地影响着地球系统的结构与功能，基于冰芯记录的$CO_2$、$CH_4$、$NO_x$数据，地球系统的变率已经远超过去80万年以来的自然变率，预计到本世纪中叶，全球人口将越过90亿。在可持续发展的前提下满足90亿人口生存和发展的基本需求，已经成为摆在人类整体面前的一道难题。

地球环境的特征在一定程度上是30亿年以来整个生物界共同作用的结果，大约20亿～16亿年前，含氧大气圈和臭氧层逐渐形成，生命开始加速进化。人类起源至今不过300万年，人类社会的出现更是非常短暂。但是，人类社会对地球系统的影响速度却远超过任何地质时代。自生命出现以来，地球系统曾经发生过剧烈变化：加大气成分的转变、全球温度的变动以及海防变迁，其发生的时间尺度不低于10万年，甚至以10亿年计。自工业革命以来，地球系统、尤其是大气系统的变化周期不断缩短、强度持续增加，并且有持续增加的趋势，每分钟数千公顷的森林消失，数百个物种灭绝，其中很多物种，人类还未来得及深入认识。

生态环境问题是指由于人类在丁业化进程中处置不当，尤其是不合理的开发利用自然资源造成的全球性环境污染和地态破坏，对人类生存和发展所构成的种种现实威胁。地球系统面临的生态环境包括：全球气候变暖、臭氧层破坏、局部区域的酸雨、水资源分布不均引起的水危机、沙漠化扩大、海洋污染、资源能源短缺等。这些少态环境问题的深层次原因，主要归因于过去数百年来的人口数量和人均资源消耗量两者的迅猛增加。

人口是社会经济活动的主体，同时具有生产者与消费者的双重属性。环境的诸影响因家中，人口是最主要、最根本的因素。人类活动与土地、淡水、粮食安全、能源安全、气候变化以及其他环境诸方面发生紧密联系。合适的人口数量能够实现社会进步与生态环境可持续发展的和谐。人口数量的历史变迁，人口数量与经济、环境、社会、生态等方面相互关系规律性的定量研究对于人类社会具有极其重要的意义。当前世界人口数量的爆炸性增长速度与人类社会的工业化重叠在一起，使整个地球生态环境系统面临巨大压力，如果无法有效地控制人口数量的增长，全人类的生存与发展可能面临巨大危机。

一、世界人口

人口数量问题贯穿于人类机会的整个发展历程。韩非子在《五蠹》中给出了无资源胁迫时人口数量的理论增长速度："今人有五子不为多，子又有五子，大父未死而有二十五孙。是以人民众而货财寡，事力劳而供养薄。"1961 年，当美国人约翰·米勒在俄亥俄州去世时，其在世的后裔有 410 个，且并不包括已经死亡的 9 个子孙。

（一）世界人口变化趋势

哺乳动物于 1 亿年前出现，猿人出现于 2000 万～3000 万年前，根据人类化石可以认为人类的历史已有 300 万年。人口数量是社会繁荣、科技进步的衡量尺度。纵观世界人口历史，不同资料给出的人口数据稍有差异，但是世界人口总体的增长趋势毋庸置疑。

世界人口历史不同发展阶段的人口自然增长率大不相同，人口增长的全部历史中曾出现过 4 次增长浪潮，可大致划分如下：

第一阶段为原始计会阶段，从 300 万年前到 1 万年前。这一阶段是人口的缓慢增长阶段。由于生产力低下，人类抵御自然灾害、猛兽、疾病、饥寒的能力极弱，使得史前人口再生产表现出高出生、高死亡、增长速率极低的特征。人类在原始阶段仍然未能突破动物属性，寿命极短，总数较低，受自然灾害的影响，总数趋向于起伏不定。50 万～60 万年前，人类进入旧石器时代。狩猎工具的改进增加了猎物捕获量，火的发现和广泛使用提高了食物质量，人类智力水平迅速提高，人口增长率出现第一次大幅提高。旧石器时代初期全球人口仅 1 万～2 万人，到旧石器时代后期，全球人口上升到 100 万～300 万人。但是随后的漫长时期里，再未出现突破性的技术革命，人口增长未能实现进一步提高。

第二阶段为传统型阶段，从 1 万年前到工业革命之前。由于生产工具的改进和知识的积累，人类开始学会播种和收获，开始驯养野生的飞禽走兽。人类在新石器时代进入农业社会，耕作和畜牧成为获取食物的主要手段，食物来源相对稳定。土地所能够提供的食物远高于狩猎时代，人类逐渐脱离游牧生活，开始定居。安定的生活环境和充足的食物使人口的繁衍速度不断加快，人口抚育能力增强，人口再生产的社会属性日益明显，由此出现了人口生育的第一次浪潮。人口再生产由原始型过渡到高出生、低死亡和高自然增长率的传统型，人口预期寿命延长，人口总数日趋膨胀。本阶段的数千年时间里世界人口平均每年增长 3‰。

第三阶段为发展型阶段，起源于 17 世纪中叶的工业革命。以化石能源为动力，以机械工业为主体的社会化大生产逐步替代农业自然经济，人类的生产力又一次实现跨越发展，人类生存条件获得极大改善。伴随社会生产力的发展与机器的广泛应用和普及，征服自然的种种资本扩张活动迫切需要大量的劳动力，物质的日益丰富又正好为人口增长提供了物质基础。同时造成人口下降的三大原因——战争、疾病和饥荒所起的作用逐渐降低。人口出生率的提高、寿命延长和人口死亡率降低的同时发生，引发了近代以来的又一次人口增长浪潮，世界人口增长达到每年 6‰～8‰的空前高速度。英国的人口增长率在产业革命时期的年平均增长率为 10‰～14‰。1650～1950 年的 300 年中，世界人口由 5．45 亿增长到 25．04 亿，增长 4 倍，增长率为 5．2‰。

世界人口在各大洲的增长并不同步，各洲差异明显。以 1750 年为参照系．1950 年时欧洲人口翻了两番，亚洲人口增长 1．7 倍，非洲人口增长 1．1 倍，北美洲增长 15．6 倍，大洋洲增长 5．5 倍。可见亚洲和非洲的人口增长率最低。南北美洲和大洋洲人口的增长主要来自欧洲移民的迁入以及初始时间极低的人口基数。因此，从人口增长总量来看，欧洲是无可置疑的冠军，考虑到移民及移民的增殖，欧洲人口的实际增长是一次空前的浪潮。据估计 1750 年欧洲人口 1．45 亿，而 1950 年包括迁移人口在内，总数为 8 亿，200 年中实际增长 4．5 倍，是同期亚洲人口增速的两倍多，这充分体现了工业革命村人口增长的推动作用。

第四阶段为现代型阶段。20 世纪三四十年代，由于两方世界接连不断地爆发经济危机，第二次世界大战又在此期间爆发，人口增长率出现了一个大的“低谷”。第二次世界大战之后，婴幼儿死亡率大大降低，多数新生儿都可以活到生育年龄。1960 年，世界总人口攀升到 30 亿，同期年平均增长率破灭荒地达到 20‰以上，1974 年，人口上升到 40 亿，在 21 世纪前夕的 1999 年更是飙升到 60 亿，到 2011 年末，全球人口已经突破 70 亿大关。至此形成、出现了第三次人口浪潮。发达国家人口自然增长率达到高峰后开始下降，人口再生产由传统型逐步转入低出生、低死亡、自然增长率渐趋递减的发展型。目前，大多数发展中国家正在经历这一发展阶段。

（二）世界人口增长特点

1．人类历史的绝大部分时间中、生产力水平及医疗条件都很低下，人口增长呈现高出生率、高死亡率、低增长率的现象。即使考虑最近数百年世界人口的迅猛增长，300 万年以来人口的平均增长率也只有 0．0011‰。世界人口到 3000 年前才勉强达到 1 亿。

2．工业革命后，科学技术发展和社会化大工业生产开始反哺农业，粮食产量大幅提升，生育无控制，但生活水平及医疗技术都显著提高，因而出现高出生率、低死亡率、高增长率的现象。人口呈现指数增长模式，人口增长率不断增加，1960 年达到增长峰值，虽然人口增长率逐渐下降，但 21 世纪第一个 10 年的人口增长率仍为 12．5‰。

3．20 世纪后半叶，世界各国逐渐意识到主动调控人口增长的重要性。发达国家公民的福利及养老问题不再过分依靠儿女，同时社会竞争加剧，生育观发生较大变化，为了追求更高的物质与精神享受，人们开始主动控制生育，因此出现了低出生率、低死亡率、低增长率的现象，一些国家甚至出现了人口负增长现象。世界人口的年龄结构两极分化，以日本为代表的一些发达国家面临人口老龄化问题。亚非拉广大发展中国家的人口年龄偏低，生育能力旺盛，发展中国家今后的人口还要持续增长。

（三）世界人口增长特点

世界人口已于 2011 年年底突破 70 亿大关，其中绝大多数生活在发展中国家。这个数字本身意味着人口对地球环境的巨大压力，降低人口增长速率，逐步控制人口总量已经是人类迫在眉睫的一项任务。入门问题的严重性在于其惯性和周期性。需要数代人的努力才能缓解其增长或者减少的趋势。发达国家人口出生率已经大幅下降，自 20 世纪 60 年代起发达国家人口逐渐向木桶型转变。但是发展中国家和同期迎来了民族解放和国家独立的社会浪潮，人口增长率呈上升趋势，预计这种情况仍将长期存在。可喜的是、越来越多的发展同家已经意识到这一问题，开始主动调控人口增长。

世界人口数量巨大，但其空间分布及其不均，广大内陆干旱地区人口密度极低。

亚非拉三大洲的发展中国家占据世界人口的 3／4，未来人口增长的绝大多数都集中在这些国家。因此所谓的人口问题最主要是发展中国家的问题。

人口分布失衡的另一个表现是特大城市人口过度膨胀。人口向特大城市、大城市聚集，使世界人口城市化畸形发展。世界人口过度大城市化主要反映在以下几个方面：

1．大城市人口发展迅速

2．大城市数量急剧增加

3．大城市人口比重增加迅速

在城市化过程中，出现了城市人口过度增长、城市住房困难、就业紧张、资源过度消耗与污染以及过度的非人本指标等现象。带来了一系列严重的社会问题。所谓过度城市化，是指城市发展过程中，产业落后、供养能力不足，管理水平低下，但是人口数量畸形增长，其膨胀速度大大超过了经济、环境与公共设施所能承受的程度，使城市不仅失去了现代化发展的牵引作用，而且成为充满社会不公、环境污染、疾病、贫困、混乱、犯罪、黑帮势力和政治冲突的恶劣生存空间。过度城市化是人口片面增长、经济社会发展失去协调性、城市管理严重失控的结果。在城市发展的历史上，过度城市化是任何国家在一定阶段上都会或多或少地发生的问题。对于发展中国家而言，是一个更容易发生和更值得重视的问题。

二、我国人口

20 世纪 70 年代我国开始实行非常严格的计划生育政策，人口过快增长的势头得到有效控制。进入 21 世纪，我国成功实现人口增长的有效控制，生育水平降至更替水平以下，实现了人口再生产类型由高出生率、低死亡率、高自然增长率向低出生率、低死亡率、低自然增长率的历史性转变，有力地促进了我国综合国力提高、社会进步和人民生活的改善，对稳定世界人口做出了积极的贡献。然而，由于巨大的人口基数及其惯性，目前我国仍然以 13．7 亿，超过印度的 12．2 亿而稳居世界人口最多的国家。同为发展中国家的中印两目总人口占据世界人口的 37．1%。人口数量巨大、耕地不足、就业压力大、资源与能源匮乏、工业化过程带来严重的环境污染、生态环境承载能力在较低的起点上不断滑落是我国当前的基本国情，数代国民的艰苦努力是改变当前状况的必需条件。

国民福利提升是社会发展的最终目的。如果我国人均资源消耗达到美国当前水平，那么需要额外的 3 个地球才能满足需求，如果全世界人均资源消耗达到美国的水平，那么全球的化石能源将在不超过一代人的时间内耗尽，另外还需要几十个地球容纳废弃物的环境污染。由此可见，人口数量依然是影响我国经济发展、社会发展和科教文卫事业发展的基础问题。国家人口发展战略已经开始转向优先投资于人的全面发展，将人口大国转变为人力资本强国。这一战略转变为科学制订国家中长期人口发展规划和国民经济总体规划，实现人口、经济、社会、资源、环境的可持续发展提供决策支持，为迅速提高国民福利水平作出贡献。

（一）我国人口增长趋势

我国不只是世界上人口最多的国家，是人类发源地之一，也是最早有人口数字记载的国家之一。据《帝王世纪》记载，公元前2200多年以前，我国人口总数已有1355万，随后的2000年里人口总数变化不大，人口增长十分缓慢，一直维持在1000万～2000万，人口密度低于3人/km³。这一时期人类对自然界的影响力很小，春秋战国时期我国的生态环境基本保持了原始状态，被称为生态环境的“黄金时代”。秦帝国元年（公元前221年）时，我国人口也只有1200万。

西汉初期，社会经济衰弱，政府实行采取“轻徭薄赋”、“与民休息”的政策。经历“文景之治”后，社会稳定繁荣，民富国强。安定统一的政治局面和农业技术的发展产出更多的粮食，且生产力的发展进一步要求更多的人口。我国的第一次人口增长浪潮持续至公元2年，220年来人口增加至5959万，增加近4倍，年均增速7．2‰。人类影响环境的能力大大加强，形成了我国第一次环境恶化时期。在此后近15个世纪中，每一次王朝的更替或割据局面的形成，都会出现人口剧减的现象。三国两晋南北朝是战乱、动荡和灾难深重的时期，人口剧减至400万～450万，环境处在相对恢复期。

明末，玉米、甘薯等农作物新品种的引入，使我国人口攀升至1亿左右。清初，顺治八年（1651年）时，我国人口由于战乱降为5300万，随后出现了我国历史上第二次人口增长浪潮，康熙二十四年（1685年）人口增加至1．3亿多，乾隆三十年（1765年）突破2亿，乾隆五十年（1790）超过3亿，至咸丰元年（1851）我国人口南达4．3亿，是200年前的8倍多，年均增长10．52‰。至此，我国人口占世界总人口的1／3多，是占比最大的时期。此后的近一个世纪，我国沦为半封建半殖民社会，人口增长极端缓慢，新中国建立时全国人口总数为5．4亿多，近百年只增长了25%，年均增速2．07‰。

新中国成立以后，我国社会经济发展进入了一个崭新的阶段，人口数量迅猛增加。我国人口由1949年的5．4亿上升到1954年的6亿，至1969年达到8亿，1982外增至10亿．1995年为12亿，2000年11月第5次人口普查结果为12．95亿（包括台湾省）。我国的人口在世界总人口中的比例从1947年以后一直保持在1／5以上，人口总数居世界首位。

（二）我国人口发展的主要特点

新中国成立以来，我国人口发展规律具有以下基本特点。

1．人口基数庞大，总量增长速度快；

2．农村人口比重大；

3．人口城市化加快；

4．人口老龄化：老龄化进程明显加快；

5．男女性别比偏高；

6．人口分布不均；

7．人口素质亟待提高。

（三）我国人口的未来发展

经有关专家预测，我国人口的发展趋势有以下几点

1．人口增长过快得到有效遏制；

2．未来我国人口总量将不会突破 15 亿；

3．人口发展类型变化显著；

4．我国人口占世界人口的比重持续下降。

## 第二节 人口增长与资源、环境的关系

人类是大自然的产物，人类与自然环境息息相关，人类的生存依赖于良好的自然环境。在地球上人口较少和科学技术较不发达的时期，社会的结构和文化要求较低，自然资源不仅能满足人类的需要，地球的生态系统能够净化人类生活和生产中所排放出的废弃物。因此，环境问题是微乎其微的，也可以说不存在环境污染问题，更不存在资源耗竭问题。但是，随着人口的增加，生产力的发展，再加上长期的不合理地开发利用自然资源，以致生产和生活排放的污染物超过了自然环境的容许量。这种变化不仅影响了局部地区的环境质量状况，也导致了全球性的环境破坏，威胁着全人类的生存。

一、水资源污染

（一）人类面临缺水的严重挑战

世界上淡水资源极其有限，我们休养生息的地球虽然有 70．8%的面积为水所覆盖，但其中 97．5%的水是咸水，无法饮用；在余下的 2．5%的淡水中，有 87%是人类难以利用的两极冰盖、高山冰川和永冻地带的冰雪。人类真正能够利用的是江河湖泊以从地下水中的一部分，约占地球总水量的 0．26%。有人比喻说，在地球这个大水缸里可以用的水只有一汤匙，而且，这一汤匙的水严格地说应该是含有复杂混合物的“汤”。

根据联合国最近几年的统计显示：全世界淡水消耗自20世纪初以来增加了6～7倍，比人口增长速度高2倍。日前世界上有80个国家约15亿人淡水严重不足，其中25个国家3亿多人口完全生活在缺水状态之中，估计到2010年还将有8个国家加入缺水国行列。在淡水消费增长的同时，淡水资源污染日益严重。

没有水，一切动植物部将停止生命活动，这是极其可能出现的现实。正如世界上食物需求日趋升高一样，农业对水的需要也越来越难以满足。在世界上大部分重要的农作物生产区域，现在正频繁发生过分抽吸地下水，以致蓄水层枯竭的事件。

许多国家为了保证作物产量，抽取河水灌溉农田。中亚的哈萨克斯坦和乌兹别克斯坦处于干旱地带，都依赖河水灌溉生产：棉花、蔬菜以及葡萄和其他水果，大部分出口收入都来自于这些产品。为了维持当地农业生产并获得外汇，这些国家30多年来过度抽取阿姆河和锡尔河的河水，结果使这两条河每年流入咸海水量从55$km^3$减少到0，给咸海及其周围的生态系统造成毁灭性灾难。咸海的总水量已减少了2／3. 海水和周围地下蓄水层里的水越来越咸，供水量和周围5000万人的健康部受到严重威胁。由于小环境的变化，阿姆河三角洲的无霜期已缩短到不足180天，少于当地主要作物棉花所需要的生长天数。原先规模巨大的捕鱼业实际上已接近消失，其他动物的种类也急剧减少。含盐土地大片露出海面，盐分不断被大风卷入空中，吹到邻近的农田和牧场，使土地盐碱化，并破坏那里的生态环境。为了抽取河水，许多国家在河流上游建坝截流。这样做不仅会淹没农田，改变当地小气候和生态环境，带来一些不确定的因素，还要花费很大代价去安置移民。如果水量变化大，会使咸水和淡水在江河人海口处混合，影响海岸的稳定性，又改变了鱼类产卵区和河流的水文条件，使渔业生产受到不利影响。因缺水而采用各种方式过度的抽取河水，结果造成生态灾难。

（二）水资源危机原因

造成水资源危机的原因从大的方面讲包括两个：一在自然，二在人类。

世界淡水储量本身就不多，自然分配又并不遵循公平原则，现文是淡水的分布与人口的分布并不一致，从而造成人均淡水占有量的差别。一度发达国家曾经批评发展中国家和落后国家，人口多耗水量大。发达国家人口少，但人均耗水量远远高于发展中国家和落后国家，因此在保护水资源方面发达国家应负起责任并承担相应义务。

水资源危机，大然因素的确有一定的影响，但人为因素是主要的。随着人口迅速增加和经济建设的发展，水的需求量大增，在不认识或不重视水资源的生态特性情况下制定出违反生态规律的发展方针和政策，从而导致掠夺式开发、浪费式利用、混乱式管理，使水资源日渐枯竭，危及人类的生存和发展。具体有以下几方面。

1. 认识有偏差：长期以来头脑中充塞的是“廉价的水资源取之不尽，用之不竭”，没有真实而深刻的认识，缺乏危机感。

2. 缺少全局调控：这特别是指对几个国家共享的水资源应以公平而合理的方式分配。

3. 发展政策和产业结构不合理：主要是一些发展中国家由于科学技术落后，没有讲究资源优化配置，许多地区工业发展集中在高耗水类型的冶金、化工、造纸、电力、印染等行业上。

4. 水的价格与水的价值不符：我国即是如此，多数情况下水资源的真实成本和供水水质基本无关。

5. 浪费严重：以上 4 个方向决定了全国淡水资源浪费严重，清水长流的现象随处可见。

6. 过度开发导致枯竭：掠夺式的开发仅能支持一种脆弱的暂时繁荣，水资源迟早会用尽，最终得不偿失。

7. 水质污染加剧水资源危机更加突出，导致有水的地方仍缺水。

（三）对策与建议

目前，人类避免水资源危机所采取的行动主要有以下几方面。

1. 控制人口增长：只有控制住人口数量，才能缓减人类对水需求的紧张形势。

2. 改变观念：切实把水作为一种稀有资源来管理，采取各种措施减少渗漏，推广循环用水。

3. 运用高新技术：代替或改进传统的工农业用水方式。

4. 兴修水利，拦洪蓄水，植树造林，涵蓄水源

5. 发展海水淡化业，变海水为淡水。

二、土壤和土地资源危机

（一）土壤和土地资源危机的原因

1. 耕地不断减少

2. 沙漠与土地沙漠化

3. 土壤侵蚀严重

4. 土地盐碱化

5. 土地污染与建筑占地

（二）珍惜保护土地资源

随着人口成倍地增长，有限的耕地、草场能否养活 70 亿人口?随着越来越多的人拥挤在这个星球上，不远的将来，我们是否要居住在沙漠里、盐渍地上?甚至连这些地方都会拥挤不堪?如果我们希望这些问题能够得到妥善解决，就需要倍加珍惜保护土地资源。合理利用和切实保护土地的原则应该是：随着经济力量的增长和技术水平的提高，农业用地的总量应该增加，不应减少，尤其是优良耕地应该严格控制被占用；根据各种类型土地的特征，以及社会经济发展的需要，合理规划各项用地，因地制宜，提高土地的利用率；实行集约化经营，不断提高土地质量和生产力，不断改善生态环境。

依据这些原则，应采取以下各项对策。

1．严格控制城乡建设用地，切实保护耕地；

2．防治土地退化、沙化和水土流失；

3．防止土地污染和破坏；

4．做好土地资源的调研、评价和规划工作；

5．加强土地管理，健全法制，依法管理。

三、森林、牧场与渔业资源危机

（一）森林危机

18 世纪工业革命以来，世界森林遭受巨大劫难，除了传统破坏森林的手段继续使用外，木材交易成为破坏森林的第一杀手。目前对木材的需求量仍有增无减。除非采取比较合理的森林开发和造林政策，否则，可能出现林荒问题。

1997 年 4 月，美国华盛顿的世界资源研究会绘制的世界森林分布现状图显示，8000 年前的森林今天只剩 1／5 还保留着原始森林的本来面目，主要集中在欧亚大陆的北端、非洲中部的一小部分、南北美洲的北部和太平洋群岛等地区。保留下来的原始森林省一半分布在寒冷的地球北端，由针叶林组成，另外的 44％则分布在热带地区，只有 3％的原始森林分布在温带地区，大部分温带地区的原始森林地带如今已被工农业区所取代。

山青水才能秀，有林才能保水。森林是陆地生态系统的主体，对涵养水源、保持水土、减少旱涝灾害具有不可替代的作用。千百年来森林一直扮演着人类卫士的角色，为人类提供充足的氧气，抵御风沙，降低噪声，吸滞粉尘、二氧化碳、氯气等有害气体，给人类提供一个宁静清洁的空间。

人口迅速增长，不平等的土地分配制度，以及出口农产品的增加，大大减少了用了维持当地人民生存所必需的农田数量，于是，大批农民不得不向原始森林进军。

英国环境质量委员会预测，随着人口持续增加和人类经济活动的发展，21世纪初，世界上郁闭森林和不成片森林的面积将可能达到公认的警戒线——陆地面积的30%。森林破坏造成水土流失、土地沙漠化、生物各样性减少等，将严重威胁人类的持续发展。因此，如果说全球森林已面临危机，绝非危言耸听！

（二）牧场危机

全球31．2亿 $hm^2$ 草场出产的产品，对全球经济中的食物、能源和工业部门起着重要的作用。草场为人类提供各种形式的蛋白质、能源和大量的工业原料。许多牲畜，特别是肉牛、绵羊等有赖于世界各地的天然牧场（南美大草原、东南欧和西伯利亚大草原、热带大草原等）来放牧。除家畜外，许多野生草食动物也靠天然牧场维持生存。

随着人口增长和生活水平的提高，人类对蛋白质、能源和工业原料的需求不断增长，给草场造成的压力明显增大，使得过度放牧已成为世界各地草场司空见惯的普遍现象。现在很多地区的天然草场出于过度放牧或由于野生动物过分啃食以及随后发生的土壤侵蚀等，供养能力已下降。即使在农业先进国家，这种现象也不例外。据美国土地管理局1975年报道，在所管辖的6000万 $hm^2$ 牧场中有一半属于“中等”条件，这表明较有价值的饲料品种已经消失，被不那么合乎牲畜口味的植物所取代甚至成为光地板；另有28%属于“贫瘠”条件，也就是表土和植被也已经大部分消失、产量极低，5%属于“低劣”条件，也就是绝大部分表土已经流失，只剩下零零星星价值很低的植物。

丝绸之路上曾有许多经济繁荣和人口稠密的城邦，现在已因土地沙漠化而被埋在沙漠下面。现在，我国草场退化、沙化和碱化现象十分严重。目前在33．6亿亩可利用草场中，明显退化的有7亿～10亿亩，并以每年2000万～3000万亩速度扩展，对我国畜牧业的发展和西部经济发展提出严重挑战。

（三）渔业资源危机

也许人们以为地球十分之七面积的海洋是我们取之不尽、用之不竭的宝盆，实则不然。在1989年，所有海洋渔场的捕鱼量都或多或少地超过了其自身的生产能力。如果在海洋性渔场生产极限达到之前，不能把人口总数稳定在现行水平上，那也就意味着在水远的将来会面临鱼产品数量减少、质量下降和价格的大幅攀升，在那些几个国家共享的渔场中，协商分配渔业资源的问题极其复杂，时有冲突发生。如：挪威与冰岛鲭鱼之争，加拿大与西班牙在加拿大东海岸关于比目鱼的战争，印度尼西亚与菲律宾关于西里伯岛的战争。尽管这些争端很少成为世界新闻，但这些争端是每天都钉。根据历史学家记载，发生在20世纪60年代每年的冲突，比整个19世纪发生的冲突都多。

鱼类长期以来就是人类的食物，人类现在生活在一个捕鱼量用体积来衡量的时代。远洋捕捞可以拖回1000t鱼，自动控制的拟饵手钓钩机械可以控制成千上万钓钩，仅一张网就能从深海中捕捞500t沙丁鱼。船上安装的切鱼片机每半秒就可杀害一条鱼。人们不常见的深海鱼类正被从迄今为止难以想象的深度赶到今其陌生的光线之中；与此同时，拖网渔船不断光顾像北海那样人们经常使用的渔场、在被这些渔船细细耙过之后，这里的海底便成为不毛之地。

四、食物资源危机

从医学上讲，有两种不同性质的饥饿，它们分别与食物的数量和质量有关。当食物数量不足时，就会发生营养不足，或者说饥饿。另一种饥饿属营养不良，它同食物的质量有关。在这种情况下，即使食物的总量充足，但品种不合适，从而构成某种不平衡膳食，即缺少化学盐、维生素、蛋白质等组成之一的膳食。从全球看，饥饿和严重营养不良的人口多达十几亿，有60%的人口每人每天摄取的食物热量低于需要量（最低标准6700kJ）。而粮食匮乏又集中在约占全世界人口70%的发展中国家。1992年5月15日联合国人口基金会发表的“世界人口白皮书”指出；由于人口增长过快，世界人均粮食产量已下降至过去10年来的最低点，至2000年至少有36个国家的约5亿人面临粮食危机。

地球作为人类生存繁衍的家园，究竟能养活多少人?地球植物的总产量为每年$2.76\times10^{18}$kJ，动物的总产量可以不计，因为动物也是以植物为最终食物源的。植物构成了能量金字塔的底部，而在金字塔的顶端最多只能利用其中的0.6%，即$1.67\times10^{16}$kJ的植物产量可以作为食物用来填饱人类的肚子。再按每人每天需要摄入9196kJ来计算，就能算出$1.67\times10^{16}$kJ的能量可以养活多少人了。计算结果仅仅是48亿人口。而今地球上的人口已超过60亿，远远超过了这个数字。地球生态系统之所以还能维持下去，完全是因为世界上有许多人正在挨饿，他们每天得到的热量远低于9196kJ这一平均标准。

现有的人口数并非静止不动，实际上它还在以每天22万人，每年近8500万人的速度增长着！如此下去，世界性的饥饿将在所难免。

美国学者莱特·布朗依据当前世界粮食形势，对发展前景进行了分析，认为世界人口不断增加将成为21世纪困扰人类的最大问题，对未来世界的威胁将不是战争，而是比战争更可怕的世界性饥饿对于人类生存环境的破坏。美国学者凯恩克罗斯认为，21世纪主宰世界政治的也许将不再是资本、技术或武器，而是人口和粮食。那时，纽约的道琼斯工业股票的指数即使暴涨暴跌，也不会像今天这样引起人们的关注，而粮食的产量和新开发人造食品的消息将更受到人们的青睐。政界要员们要拿出很多时间为人类的食品而操劳。

1950～1984年，全世界生产的粮食从6．3亿t增加到16．49亿t，人均粮食产量为346kg，达到历史的最高峰。在1972～1974年，一场空前严重的粮食危机席卷了整个世界。1972年、1973年连续两年恶劣气候导致谷物歉收，几个主要生产区域美国、加拿大、大洋洲、澳大利亚、前苏联、阿根廷的粮食产量同时下降。北美、前苏联和亚洲部出现粮食短缺，1972年世界谷物总产量比1971年减少了3600万t，世界爆发了全面粮食危机，粮食供不应求，粮价暴涨。这对经济落后且粮食依靠进口的国家来讲是极其不利的。50年代后的亚、非、拉国家由于人口飞速增长和生产技术落后，谷物变出口为进口，发展中国家总共只生产了世界粮食总产量的45%，56个发展中国家处于严重缺粮的危急境地。70年代初的这次粮食危机带来的后果是灾难性的。1993年，世界人均粮食产量下降了11%，同时肉类生产降低到30年来的最低水平，鱼类捕获量在1989年创1亿t最高记录后也呈下降趋势。1995年虽然生产了18．9亿t粮食，但是人均粮食产量比1975年以来的任何时候都少。

要解决充分供应世界不断增长的人口所需粮食的问题，只有从以下6个方面着手，即：控制人口、提高营养和健康水平、克服抑制生产的因素、改进粮食销售办法、加强教育和训练以及提高科学技术水平。

## 第三节 环境对人口的承载能力

自工业革命以来，随着社会生产力的发展，人类征服自然的能力不断增强。世界人口增长所造成的直接后果就是不断扩大的资源消耗，这可以从两个方面来说明：一方面，人口数量的不断增长，使得在同等消费水平下，对资源的需求量同比增加；另一方面，生活水平的不断提高和传统生产方式、消费模式对资源不加限制的利用，提高了个人消耗资源的平均水平。人口增长和消费水平的提高，使得人类消耗资源的速度大大超过了人口增长的速度。人口剧增、环境污染和资源短缺等问题的出现和可持续发展理念的逐步强化，资源承载力、经济承载力、土地承载力、土地人口承载力等概念相继提出，并受到世界各国的普遍重视与广泛应用。

地球环境对人口的承载能人，是指一定的生态环境条件下地球对人口的最大抚养能力或负荷能力。国际人口生态学界对人口承载力的定义为：世界对于人类的容纳量是指在不损害生物圈或不耗尽可合理利用的不可更新资源的条件下，世界资源在长期稳定状态基础上能供养的人口大小。联合国教科文组织的定义：一国或一地区在可以预见的时期内，利用该地的能源和其他自然资源及智力、技术等条件，在保证符合社会文化准则的物质生活水平条件下，所能持续供养的人口数量。兰州大学张志良教授提出如下定义：在某一预见时段，以不损害区域环境质量和破坏资源的永续利用为前提，在保证符合其社会文化准则的物质生活水平和正常经济发展速度下，地区消费资料所能持续供养、生产资料所能容纳及满足人口福利的全体人口正常发展目标下的人口数量。由此看出人口环境容量具有以下特征：具有动态性和区域分异性；以农业生态系统为基础；取决于地区经济系统的产出量，制约因素众多；参数不确定。这些特征，决定了其研究方法的特殊性。

一、人口承载力的内涵

由于承载力这一概念在理论上容易使用某种量化模型加以描述，因此，人口学、资源学和环境科学等领域很快开始使用此概念，而诸如人口承载力、资源承载力和环境承载力等指标也成为对经济社会可持续发展进行定量评价的重要指标。由于人口与自然资源、生态环境之间存在着相互制约和相互促进的紧密联系（如人口增长导致自然资源的过度消耗与浪费，致使环境污染和生态破坏），对人口承载力的研究成为较为广泛和深入的科学问题。

人口承载力概念有其思想渊源，最早可追溯到韩非的“民众财寡”和柏拉图、亚里士多德的“适度人口”思想；至近代，马尔萨斯关于人口与食物、土地（矿产）保持平衡的思想和成克塞尔（1910）对适度人口规模的表述。到目前为止，国际组织和学术界给人口承载力所下的定义多达30余种，这些定义有共识也有很大的区别甚至冲突。他们的共识是：均认为人口承载力这一概念是指在一定时期某种可能的或期望的生活方式下所能养活的人口数。同时其中一部分学者也认为要考虑技术的作用和自然条件给生存带来的问题，还应该考虑不同文化和个人不同的生活标准（包括环境质量标准）可能对人口承载力造成影响。而另外一些乐观派的学者根本否认人口承载力的存在，他们认为人类的创造力将超越任何自然的障碍。还有一些学者承认人口承载力的极限值是存在的，但认为这些极限值在很大程度上取决于现在和未来的选择，不能通过人为方法进行预测研究。

人口承载力概念首次由人类生态学家帕克（Park）和伯吉斯（Burgess）于1921年在人类生态学研究中提出，定义人口承载力为区域内土地资源提供的食物所能供养的人口。而规范化的人口承载力的定义最早是由美国的威廉·福格特和威廉姆·A. 阿兰于1949年给出。阿兰把“人口承载力”定义为“一个区域在一定的技术条件和消费习惯下，在不引起环境退化的前提下，可以永久支撑的最大人口数量”。对各种人口承载力定义的研究表明，所有定义都至少包括以下要素：（1）建立在持续发展或资源不退化等条件的基础之上；（2）具有时间规定性；（3）具有区域规定性；（4）对人口的生活、消费水平只有规定性。参考国内外专家给人口承载力下的定义并结合本文所要研究的内容，本文给出人口承载力的定义为：某一特定区域在一定时空条件下自然—经济—社会复合巨系统中，其土地资源、水资源、经济状况以及社会等生存状态能可持续利用的条件下所能承载和容纳的人口总量。

二、人口承载力的分类

根据研究层次、研究方法与研究对象的不同，人口承载力可以分为以下几种类型。

（一）环境承载力、资源承载力、生态承载力和经济承载力

根据研究对象的差异，学者对人口承载力的研究主要集中在环境承载力、资源承载力、生态承载力和经济承载力等4个方面，还有针对具体资源的承载力，如矿产资源人口承载力。

随着区域可持续发展研究的深入，学者们提出了以自然环境为对象的环境承载力概念。环境承载力概念自20世纪70年代起广泛应用于环境管理与环境规划中，它是由环境容量概念演化而来的，“环境承载力表明在维持一个可以接受的生活水

平前提下，一个区域所能永久地承载的人类活动的强烈程度”。

资源承载力是承载力概念和理论在资源科学领域的具体运用。资源承载力是指在一定技术水平下，资源对现有人口和未来人口的支撑能力，而且要求在达到这种支撑能力时，对资源开发和利用不应超过资源和环境容量，不能以破坏或过度利用经济发展赖以维持的资源和环境为代价。

对生态承载力概念的定义较多，国内一般采用高吉喜（2001）给生态承载力下的定义，他认为“生态承载力指生态系统的内我维持、自我调节能力，资源与环境子系统的共容能力及其可维持的社会经济活动强度和具有一定生活水平的人口数量”。

经济承载力使用的较少，一般是指在一定生活标准条件下可承载的人口，即环境和自然资源对人口的平均负荷力与其必要生存条件基本相适应的人口承载力。

（二）极限承载力与阶段承载力

极限承载力，也可称为终极承载力或最大承载力，是指区域所能容纳的最大人口数。极限承载力指在一定的时间和空间范围内，菜地区可供利用的最大限度的资源所能承受的一定生活水平条件下的最大人口数量。当某个地区不够大时，承载力的不足往往可以通过进口来弥补，理论上认为不存在最大资源承载力；而当地区够大时，最大资源承载力即是这个地区所能养活的人口的最大阈值。一旦人口超过最大资源承载力，该地区的生态环境系统将面临崩溃，这时就必须以降低人们的生活水平为代价来承载过多的人口。而对最大资源承载力的最好解释是1966年提出的“宇宙飞船经济理论”，该理论的提出者是美国的鲍尔丁。他认为如果将地球看成一只飞船，那么这只飞船将会约束乘客的数量和行为。随着资源的不断消耗和人员的不断增加，飞船就会被人填满，生命维持品就会被耗尽，这时的一个必然趋势就是船毁人亡。阶段承载力以时间为表征，“它是指以现有的社会经济和技术条件，结合对有关资源开发利用潜力的分析研究而得出的关于未来某个时间尺度的区域容量。只要社会经济和技术条件有所改变使现方资源量得到扩大，或外部资源有条件输入或退出，区域承载力将会产生变化”。

（三）开放型区域承载力和封闭型区域承载力

区域承载力主要是指不同范围区域在一定时期内人口承载的能力。区域承载力主要以区域内资源为对象，研究它同人类的经济社会活动之间的相互关系。因此，区域承载力的大小除受该区域物质基础——资源制约外，还受区域发展水平、人口数量与素质、产业结构特点、科技水平以及人民生活质量等多方面的影响。它具有系统性、开放性、动态性和综合性等特点，在某一阶段又具有相对的稳定性。

按区域是否与外部区域有交互作用，区域承载力可分为开放型区域承载力和封闭型区域承载力。由于开放型区域与外界区域有着密切的物质和能量交换，其单位面积的人口承载量就不仅仅取决于区域内部的粮食、水、能源等因素，而由更广泛的区域范围内的粮食、水、能源等资源状况与该区域内部建设用地条件等因素共同决定。封闭型区域一般是为了理论研究而假定的特定区域，是与外界既没有物质交换，也没有能量交流的地域单元。封闭型区域内部的物质与能量（如水、土地等）受自然规律支配，资源量是一定的，在一定的社会经济和技术条件下开发利用程度是可以测算的，因此，这种地域所能容纳的人口与经济规律也是一定的，人口承载力比较容易测算。这是按照土地资源的潜在生产能力来测算人口规模成为人口承载力研究的重要方法之一的原因，但在商品经济发达的今天，实际上严格意义的纯封闭型的地域单元是不存在的。

以上是人口承载力的几种主要分类，此外，还有根据研究所采用指标多少来划分为单要素承载力与多要素承载力的分法。单要素承载力通常只考虑某一要素，经过分析、计算后得出结果；多要素承载力往往综合考虑若干要素，经过计算后得出结果。

（四）国内研究

我国的区域人口承载力研究兴起于 20 世纪 80 年代后期，并迅速呈现蓬勃发展之势。其中最有影响的是《中国土地资源生产能力及人口承载量研究》。1986 年 8 月，中国科学院自然资源综合考察委员会主持“中国土地资源生产能力及人口承载量研究”项目，以期对人口与可持续发展问题作出科学回答，为国家制订土地开发利用、农业结构调整、人口布局、生态建设等长远规划，研究土地、人口及粮食等有关政策问题提供科学依据。该研究项目历时 5 年完成（1986～1990 年）。确定 2000 年和加 25 年为研究的时间尺度，并探讨了无具体时间尺度的理想人口承载力。它以我国 1：100 万土地资源图划分的九大土地潜力区为基础，以资源…资源生态一资源经济科学原理为指导，依托系统工程方法和信息技术，以综合、协调、持续性为原则，从土地、粮食（食物）与人口相互关系的角度出发，讨论了土地与食物的限制性；从可能出发，回答了我国不同时期的食物生产力及其可供养人口规模，并提出了提高人口承载力、缓解我国人地矛盾的主要措施。研究结果表明：（1）我国粮食最大可能生产量为 8310 亿 kg 左右，2011 年我国粮食总产量达到最大可能生产量的 68．7%，仍有 40%以上的潜力。（2）如分别按人均粮食 600kg、550kg、500kg 的标准计算，我国土地人口承载量低、中、向值分别为13．8亿人、15．1亿人、16.6亿人。(3)在未来40年内，如果人口控制在15亿～16亿以内，人均粮食500～550kg是可能的。

国内近年来关于人口承载力的研究多集小于地区人口承载力的预测上，旨在为人口政策提供相应的建议。李玉江等（1996）从黄河三角洲的实际情况出发，通过投入产出模型、多元非线性回归模型，预测高、中、低三种投入下的产出，分别建立其人口数量增长预测模型，得出不同年份人口承载力。武萍等（1999）认为，人口承载力就是在考虑制约人口发展的各方面总要因素和人口需求发展目标下的综合产物。它应是随着当地自然、技术、经济等环境条件的不断发展及人口需求的发展变化而不断变化的。考虑的方面有：保持人口与耕地面积的协调发展，保持人口与人均GDP的协调增长，保持城区人口的合理密度，保持人口与水资源的供给同步，保持人口与电力的供给同步。

通常人口容量并不是生物学上的最高人口数，而是指一定生活水平下能供养的最高人口数，它随所规定的生活水平的标准而异。如果把生活水平定在很低的标准上，甚至仅能维持生存水平，人口容量就接近生物学上的最高人口数；如果生活水平定在较高目标上，人口容量在一定意义上说就是经济适度人口。在20世纪70年代国外生态学家曾对地球生态系统的人口容量进行了估算，最乐观的估计是地球可养活1000亿人，但多数认为只能养活100亿人左右。

# 第十章 可持续发展

## 第一节 可持续发展的基本理论

一、可持续发展的定义及由来

可持续发展是一种注重长远发展的经济增长模式，最初于 1972 年提出，指既满足当代人的需求，又不损害后代人满足其需求的能力，是科学发展观的基本要求之一。

人类进步的唯一路径即为发展，人们不断探索的是，如何发展才能实现真正的进步。

人类与自然永远不可分割，在经过了对自然顶礼膜拜、听天由命的漫长历史阶段之后，人类社会的科技慢慢发展起来，工业革命使人类具有驾驭和征服自然的现代科学技术，可以从很多方面主宰一度被人类认为是不可违背的大自然。当人类为了自己的伟大成就沾沾自喜时，当人类为了快速旋转的车轮举杯庆祝时，隐患已经悄然形成。人们在设计和使用先进的机械时，很少注视湛蓝的天和清澈的水发生的种种变化，慢慢令经济增长的蓝图褪色，环境问题的严峻性迫使人们逐渐改变思维方式，传统的发展观面临着严峻挑战。可持续发展思想就是在这种氛围中逐步形成的。

在可持续发展理论形成过程中，有两部著作意义重大，即《寂静的春天》和《增长的极限》。

《寂静的春天》发表于 1962 年，作者是美国海洋生物学家雷切尔·卡逊（Rachel Carson）。自工业革命后，随着经济的发展，环境污染日趋严重，特别是西方国家公害事件的不断发生，环境问题频频困扰人类。20 世纪 50 年代末，卡逊在潜心研究美国使用杀虫剂所产生的种种危害之后，于 1962 年发表了著名的著作——《寂静的春天》。书中描写到，因为环境污染问题，本应热闹的春天却万籁俱寂，生灵失去活力，它生动地告诉人们污染对整个环境的影响，对人类和其他生物生存的影响。卡逊的思想引发了人们对环境问题的深刻反思。

《增长的极限》是 1968 年成立的一个非正式的国际协会——罗马俱乐部的研究报告。报告中深刻阐述了环境的重要性以及资源与人口之间的基本联系。报告认为：

由于世界人口增长、粮食生产、工业发展、资源消耗和环境污染这五项基本因素的运行方式是指数增长而非线性增长，全球的增长将会因为粮食短缺和环境破坏于下世纪某个时段内达到极限。就是说，地球的支撑力将会达到极限，经济增长将发生不可控制的衰退。因此，要避免因超越地球资源极限而导致世界崩溃的最好方法是限制增长，即“零增长”，该报告的观点对人类发展的阐述被认为是消极的，但从另一个角度提醒人们，地球上的资源是有限的，要想长久发展必须客观面对这一实际。

1972 年，联合国人类环境会议在斯德哥尔摩召开，大会通过的《人类环境宣言》宣布了 37 个共同观点和 26 项共同原则。它向全球呼吁：世界人们必须共同努力保护和改善人类环境。

1983 年 3 月，联合同成立了以挪威首相布伦特兰夫人任主席的世界环境与发展委员会。该委员会于 1987 年向联合国大会提交了研究报告《我们共同的未来》。该报告分为“共向的问题”、“共同的挑战”和“共同的努力”三大部分，在探讨了相关问题后提出了“可持续发展”的概念。

1992 年 6 月，联合同环境与发展大会于巴西里约热内卢召开。会议通过了《里约环境与发展宣言》（又名《地球宪章》）和《21 世纪议程》两个纲领性文件，各国政府代表还签署了联合国《气候变化框架公约》等国际文件及有关国际公约。可持续发展得到世界最广泛和最高级别的政治承诺。

以这次大会为标志，人类对环境与发展有了新的认识，为人类正确面对环境问题打下了坚实的基础。

二、可持续发展的内涵与特征

可持续发展是人们为了应对环境问题，为了人类自身发展而不断探索的主题，该战略是一个全新的理论体系，在发展中逐步形成和完善，其内涵与特征一直是人们关注和探讨的核心。各个学科从各自的角度对可持续发展进行了不同的阐述，至今尚未形成比较一致的定义和公认的理论模式。但基本含义和思想内涵却是相一致的，发展的可持续性是不变的核心。

可持续发展是一个涉及经济、社会、文化、技术及自然环境的综合概念。它是一种立足于环境和自然资源角度提出的关于人类长期发展的战略和模式。这并不是一般意义上所指的在时间和空间上的连续。而是特别强调环境承载能力和资源的永续利用对发展进程的重要性和必要性。它的基本思想主要包括以下几个方面。

（一）突出强调发展的主题

从单纯地重视科技发展、把经济增长看作“硬道理”而其他方面归为“软道理”，转变到强调科技和经济的发展要同文化教育、生态、社会的发展相结合，无疑是当代发展思想和发展实践的飞跃。但是，我们不能因此而淡化、模糊甚至冲击经济发展的中心地位。可持续发展首选强调的是“经济发展”，可持续理论认为，经济发展是一种改善人民生活的事业或进程，与经济增长的概念有明显的区别，提高生活水平，改善教育、医疗卫生和提高机会的平等性都是经济发展的重要组成部分，确保政治权利和公民权利是含义更广的发展目标，而经济增长则一般被定义为人均国民经济总产值或实际消费水平的增长速度。因此，经济发展与经济增长之间的区别是非常重要的。不过可持续发展是不否定经济增长（尤其是穷国的经济增长），一个不能保持或提高人均实际收入的社会不可能是发展的，而如果一个社会的经济增长以其他社会和政治团体为代价而获得，那么这种发展也是有害的。因此，要达到可持续意义的经济增长，必须重新审视经济的增长方式，使其中粗放型转变为集约型，从而减少每单位经济活动造成的环境压力。

发展，作为人类共同的和普遍的权利，无论是发达国家还是发展中国家都享有平等的、不容剥夺的发展权利，特别是对于发展中同家来说，发展权尤为重要。因此可持续发展把消除贫困当作是实现可持续发展的一项不可缺少的条件。对于发展中国家来说，发展是第一位的，只有发展材能为解决贫富悬殊、人口剧增和生态环境危机提供必要的技术和资合，网时逐步实现现代化和最终摆脱贫穷、愚昧和肮脏。

（二）以自然资源为基础，同环境承载能力相协调，讲究生态效益

自然资源的持续利用和良好的生态环境是人类生存和社会发展的物质基础和基本前提。可持续发展要求节约资源，保证以持续的方式使用资源；减少自然资源的耗竭速率；保护整个生命职称系统和生态系统的完整性。保护生物的多样性；预防和拌制环境破坏和污染，根治全球性环境污染，恢复已遭破坏和污染的环境。一句话，要把发展与生态环境紧密相连，在保护生态环境的前提下寻求发展，在发展的基础上改善生态环境。只注重经济效益而不顾社会效益和生态效益的发展，绝不是人类所企盼的发展。

（三）可持续发展承认自然环境的价值

这种价值不仅体现在环境对经济系统的支撑和服务价值上，也体现在环境对生命支持系统的不可缺少的存在价值伤。应当把生产中环境资源的投入和服务计入生产成本和产品价格之中，并逐步修改和完善国民经济核算体系，为了全面反映自然资源的价值，产品价格应当完整地反映自然资源的价值。产品价格应完整地反映三部分成本；（1）资源开采或获取的成本；（2）与开采、缺取、使用有关的环境成

本；（3）由于今天使用了这一部分资源而不能为历代人利用的效益损失，即用户成本。产品销售价格则应是这些成本加上利税及流通费用的总和，由生产者，最终则由消费者负担。否则，环境保护仍然只能得到口头上的重视而不会在各项工作中真正落实。

（四）可持续发展的实施以适宜的政策和法律体系为条件

可持续发展强调“综合决策”和“公众参与”，因此需要改变过去各个部门封闭地、分隔地、“单打一”地分别制定和实施经济、社会、环境政策的做法，提倡根据周密的社会、经济、环境和科学原则，全面的信息和综合的要求来制定政策并予以实施。可持续发展的原则要纳入经济发展、人口、环境、资源、社会保障等各项立法及重大决策之中。

（五）可持续发展认为发展与环境是一个有机整体

《里约宣言》强调“为实现可持续发展，环境保护工作应当是发展进程的一个整体组成部分，不能脱离这一进程来考虑”。可持续发展把环境保护作为追求实现的最基本目标之一，也作为衡量发展质量、发展水平和发展程度的宏观标准之一。

因此，可持续发展的核心是人与自然和谐，经济发展与资源环境相协调，“是现代高度文明的体现。实行可持续发展，是使人们能够自觉地摒弃过去虐待自然资源和生态环境的错误态度，改变不恰当的生产方式和消费方式，全面规范人们的经济—社会行为和资源—环境行为，从而营造现代物质文明和精神文明相融合的物质环境和精神氛围，体现以高素质的人为中心的高度文明。

三、可持续发展的基本原则

可持续发展的核心是对持续，其基本原则如下。

（一）公平性原则

所谓公平是指机会选择的平等性。可持续发展的公平性原则包括两个方面：一是本代人的公平即代内之间的横向公平。可持续发展要满足所有人的基本需求，给他们机会以满足他们要求过美好生活的愿望。当今世界贫富悬殊、两极分化的状况完全不符合可持续发展的原则。因此，要给世界各国以公平的发展权、公平的资源使用权，要在可持续发展的过程中消除贫困。各国拥有按其本国的环境与发展政策开发本国自然资源的主权，并负有确保在其管辖范围内或在其控制下的活动，不致损害其他国家或在各国管理以外地区的环境责任。二是代际间的公平即世代的纵向公平。人类赖以生存的自然资源是有限的，当代人不能因为白己的发展与需求而损害后代人满足其发展需求的条件——自然资源与环境，要给后代人以公平利用自然资源的权力。

（二）持续性原则

可持续发展有着许多制约因素，其主要限制因素是资源与环境。资源与环境是人类生存与发展的基础和条件，离开了这一基础和条件，人类的生存和发展就无从谈起。因此，资源的永续利用和生态环境的可持续件是可持续发展的重要保证。人类发展必须以不损害支持地球生命的大气、水、土壤、生物等自然条件为前提，必须充分考虑资源的临界性，必须适应资源与环境的承载能力。换言之，人类在经济社会的发展进程中，需要根据持续性原则调整自己的生活方式，确定自身的消耗标准，而不是盲目地、过度地生产、消费。

（三）共同性原则

可持续发展关系到全球的发展。尽管不同国家的历史、经济、文化和发展水平不同，可持续发展的具体目标、政策和实施步骤也各有差异，但是，公平性和可持续性则是一致的。并且要实现可持续发展的总目标，必须争取全球共同的配合行动。这是由地球整体性和相互依存性所决定的。因此，致力于达成既尊重各方的利益，又保护全球环境与发展体系的国际协定至关重要。正如《我们共同的未来》中写的“今天我们最紧迫的任务也许是要说服各国，认识回到多边主义的必要性”，“进一步发展共同的认识和共同的责任感，是这个分裂的世界十分需要的”。这就是说，实现可持续发展就是人类要共同促进自身之间、自身与自然之间的协调，这是人类共同的道义和责任。

## 第二节 可持续发展战略的实施途径

能否真正实现可持续发展，制定和实施可持续发展战略是重要手段。从目前国际社会所做的努力来看，大致从以下几个方面实施可持续发展战略。（1）制定测度可持续发展的指标体系，研究如何将资源和环境纳入国民经济核算体系，以使人们能够更加直接地从可持续发展的角度，对包括经济在内的各种活动进行评价。（2）制定条约或宣言，使保护环境和资源的有关措施成为国际社会的共同行为准则，并形成明确的行动计划和纲领。（3）建立和健全环境管理系统，促进企业的生产活动和居民的消费生活向减轻环境负荷的方向转变。（4）各有关国际组织和并发援助机构都把环境保护和支持可持续发展的能力建设作为提供开发援助的重点领域。

一、可持续发展的指标体系

可持续发展的理念人们已经清楚，实现可持续发展的途径也很明晰，接下来的问题就是如何判定可持续发展实现的状态和程度，这就涉及可持续发展的指标体系。

（一）建立可持续发展指标体系的目标与原则

1．建立指标体系的目标：通过建立可持续发展目标体系，构建评估信息系统，监测和揭示区域发展过程中的社会经济问题和环境问题，分析各种结果的原因，评价可持续发展水平，引导政府更好地贯彻可持续发展战略。同时为区域发展趋势的研究和分析，为发展战略和发展规划的制订提供科学的依据。

2．建立指标体系的原则

（1）科学性原则。指标体系要较客观地反映系统发展的内涵、各个子系统和指标间的相互联系，并能较好地度量区域可持续发展目标实现的程度。指标体系覆盖面要广，能综合地反映区域可持续发展的各个因素（如自然资源利用是否合理、经济系统是否高效、社会系统是否健康、生态环境系统是否向良性循环方向发展），以及决策、管理水平等。

（2）层次性原则。由于区域可持续发展是一个复杂的系统，它可分为若干子系统，加之指标体系主要是为各级政府的决策提供信息，并且解决可持续发展问题必须由政府在各个层次上进行调控和管理，因此，衡量社会的发展行为与发展状况是否具有可持续性，应在不同层次上采用不同的指标。

（3）相关性原则。可持续发展实质上要求在任何一个时期，经济的发展水平或自然资源的消耗水平、环境质量和环境承载状况以及人类的社会组织形式之间处于协调状态。因此，从可持续发展的角度看，不管是表征哪一方面水平和状态的指标，相互间都有密切的关联，也就是说，对可持续发展的任何指标都必须体现与其他指标之间的内在联系。

（4）简明性原则。指标体系中的指标内容应简单明了，具合较强的可比性并不容易获取。指标不同于统计数据和监测数据，必须经过加工和处理使之能够清晰、明了地反映问题。

（二）可持续发展指标体系框架

1. 驱动力—状态—响应框架的概念：一般认为，可持续发展包括 3 个关键要素，即经济、社会和环境。可持续发展的指标体系就是要为人们提供环境和自然资源的变化状况，提供环境与社会经济系统之间相互作用方面的信息。有关方面为此提出了可持续发展指标体系的驱动力—状态—响应框架。驱动力指标反映的是对可持续发展有影响的人类活动、进程和方式，即表明环境问题的原因；状态指标衡量出于人类行为而导致的环境质量或环境状态的变化，即描述可持续发展的状况；响应指标是对可持续发展状况变化所作的选择和反应，即显示社会及其制度机制为减轻诸如资源破坏等所作的努力。

2. 可持续发展指标体系框架的设计：可持续发展指标体系必须具有这样几个方面的功能；（1）能够描述和表征出某一时刻发展的各个方面的现状；（2）能够描述和反映出某一时刻发展的各个方面的变化趋势；（3）能够描述和体现发展的各个方面的协调程度。也就是说，可持续发展的指标体系反映的是社会—经济—环境之间的相互作用关系，即三者之间的驱动力—状态—响应关系。根据指标体系的层次性原则，可持续发展指标体系应该包括全球、国家、地区（省、市、县）以及社区 4 个层次，它们分别涵盖以下主要方面：一是社会系统，主要有科学、文化、人群福利水平或生活质量等社会发展指标，包括食物、住房、居住环境、基础设施、就业、卫生、教育、培训、社会安全等；二是经济系统发展水平、经济结构、规模、效益等；三是环境系统，包括资源存量、消耗、环境质量等；四是制度安排，包括政策、规划、计划等。

（三）联合国可持续发展指标体系

1992 年世界环境与发展大会以来，许多国家按大会要求，纷纷研究本国的可持续发展指标体系，目的是检验和评估国家的发展趋向是否可持续，并以此进一步促进可持续发展战略的实施。作为全球实施可持续发展战略的重大举措，联合国也成立了可持续发展委员会，其任务是审议各国执行“21 世纪议程”的情况，并对联合国有关环境与发展的项目和计划在高层次进行协调。为了对各国在可持续发展方面的成绩与问题有一个较为客观的衡量标准，该委员会制定了联合国可持续发展指标体系。

联合国可持续发展指标体系由驱动力指标、状态指标、响应指标构成。驱动力指标主要包括就业率，人口净增长率，成人识字率，可安全饮水的人口占总人口的比率，运输燃料的人均消费量，人均实际 GDP 增长率，GDP 用于投资的份额，矿藏储量的消耗，人均能源消费量，人均水消费量，排入海域的氮。磷量，土地利用的变化，农药和化肥的使用，人均可耕地面积，温室气体等大气污染物排放量等；状态指标主要包括贫困度，人口密度，人均居住面积，已探明矿产资源储量，原材料使用强度，水中的 BOD 和 COD 含量，土地条件的变化，植被指数，受荒漠化、盐碱和洪涝灾害影响的土地面积，森林面积，濒危物种占本国全部物种的比率，二氧化硫等主要大气污染物浓度，人均垃圾处理量，每百万人中拥有的科学家和工程师人数，每百户居民拥有电话数量等；响应指标主要包括人口出生率，教育投资占 GDP 的比率，再生能源的消费量与非再生能源消费量的比率，环保投资占 GDP 的比率，污染处理范围，垃圾处理的支出，科学研究费用占 GDP 的比率等。

必须说明的是，这个指标体系虽然经过国际专家多次讨论修改，但是，由于不同国家之间的差异，整个指标体系要涵盖各国的情况，难免挂一漏万，甚至以偏概全，从而有可能与具体国家的实际情况相差甚远；其次，由于可持续发展的内容涉及面广且非常复杂，人们对它的认识还在不断加深，要建立一套无论从理论上还是从实践上都比较科学的指标体系，尚需要进行深入的研究和探讨。因此该指标体系只能为我们提供参考。

二、中国可持续发展战略的实施

中国高度重视可持续发展战略的实施。在联合国环境与发展大会之后，中国政府认真履行自己的承诺，在各种场合，以各种形式表示了中国走可持续发展之路的决心和信心，并将可持续发展战略与科教兴国战略一起确定为中国的两大发展战略。

（一）中国实施可持续发展战略的措施

1992 年 8 月，中国政府制定“中国环境与发展十大对策”，提出走可持续发展道路是中国当代以及未来的选择。

1994 年，中国政府制定完成并批准通过了《中国 21 世纪议程——中国 21 世纪人口、环境与发展白皮书》，确立了中国 21 世纪可持续发展的总体战略框架和各个领域的主要目标。在此之后，中国国家有关部门和很多地方政府也相应地制订了部门和地方可持续发展文施行动计划。

1996年3月，中国第八届全国人民代表大会第四次会议批准的《国民经济和社会发展“九五”计划和2010年远景目标纲要》，把可持续发展作为一条重要的指导方针和战略目标，并明确做出了中国今后在经济和社会发展中实施可持续发展战略的重大决策。“十五”计划还具体提出了可持续发展各领域的阶段目标，并专门编制和组织实施了生态建设和环境保护重点专项规划，社会和经济的其他领域也都全面地体现了可持续发展战略的要求。

与此同时，中国加强了可持续发展有关法律法规体系的建设及管理体系的建设工作。截至2001年底，国家制定和完善了人口与计划生育法律1部，环境保护法律6部，自然资源管理法律13部，防灾减灾法律3部。国务院制定了人口、资源、环境、灾害方面的行政规章100余部，为法律的实施提供了一系列切实可行的制度。全国人大常委会专门成立了环境与资源保护委员会，在法律起草、监督实施等方面发挥了重要作用。

1992年，中国政府成立了由国家计划委员会和国家科学技术委员会牵头的跨部门的制定《中国21世纪议程》领导小组及其办公室，随后还设立了具体管理机构——中国21世纪议程管理中心，该中心在国家发展计划委员会和国家科学技术部的领导下，按照领导小组的要求，承担制定与实施《中国21世纪议程》的日常管理工作。2000年，制定《中国21世纪议程》领导小组更名为全国推进可持续发展战略领导小组，由国家发展计划委员会担任组长，科技部担任副组长。

2002年，中国政府向可持续发展世界首脑会议提交了《中华人民共和国可持续发展国家报告》，该报告全面总结了自1992年，特别是1996年以来，中国政府实施可持续发展战略的总体情况和取得的成就，阐述了履行联合国环境与发展大会有关文件的进展和中国今后实施可持续发展战略的构想，以及中国对可持续发展若干国际问题的基本原则立场与看法。

自1992年联合同环境与发展大会以来，中国积极有效地实施了可持续发展战略、在中国可持续发展的各个领域都取得了突出的成就，特别是在经济、社会全面发展和人民生活水平不断提高的同时，人口过快增长的势头得到了控制，自然资源保护和生态系统管理得到加强，生态建设步伐加快，部分城市和地区环境质量有所改善，

（二）中国可持续发展重点领域的行动与成就

1．人口、卫生与社会保障：中国政府坚持计划生育的基本国策，城乡居民收入

持续增长，居民受教育程度和健康水平显著提高，医疗卫生服务体系不断健全。妇女与儿童事业取得明显进步，养老保险与医疗保障制度逐步完善。

2. 区域发展与消除贫困：20 世纪 90 年代以来，中国政府实施了区域经济协调发展的政策和西部大开发战略，使地区差异扩大的趋势有所缓解，地区产业结构得到调整。

3. 农业与农村发展：经过多年的努力，中国的粮食和其他农产品大幅度增长，由长期短缺到总量大体平衡、丰年有余，解决了中国人民的吃饭问题。政府大力提倡发展生态农业和节水农业，探索适合中国农村经济和农业生态环境协调发展的模式。

4. 工业可持续发展：积极转变了业污染防治战略，大力推行清洁生产，提高资源利用效率，减轻环境压力。加强了工业环境保护的执法力度，实行限期达标排放措施，强制淘汰技术落后和污染严重的生产装置。积极利用高新技术提升传统产业，调整优化工业结构和产品结构，发展高新技术和新兴产业。

5. 生态环境建设与保护：制定了全国生态环境建设规划和全国生态环境保护纲要，并逐步纳入国民经济和社会发展计划予以实施。加快重点区域水土流失治理，积极推广小流域综合治理经验，水土流失治理取得显著进展。自然保护区建设规模与管理质量显著提高，大部分具有典型性的生态系统与珍稀濒危物种得到有效保护。制订和实施了中国生物多样性行动计划与中国湿地保护行动计划。实施野生动植物保护、自然保护区建设工程和濒危物种拯救工程，使一些濒危物种得到人工或自然繁育。建立了农作物品种资源保存库，加快建立遗传资源库。

6. 能源开发与利用：重视节约能源，制定和实施了一系列节约能源的法规和技术经济政策。积极调整能源结构，推广洁净煤、煤炭清洁利用和综合利用技术，实施了清洁能源和清洁汽车行动计划。积极开发利用可再生能源和新能源。

7. 水资源保护与开发利用：积极合理地开发水资源，对河流实行统一管理和调度．建立健全水资源可持续利用与水污染控制的综合管理体制。全面推行节水灌溉，发展节水型产业，缓解水资源短缺的矛盾。开展了淮河、海河、辽河、太湖、滇池、巢湖等重点流域的水污染防治，加快建设城市污水处理厂，使水环境恶化趋势基本得到控制。在国家扶持下，贫困地区加强了小水电和农村小型、微型水利工程建设。

8. 土地资源管理与保护：划定基本农田保护区，建立了耕地占用补偿制度，推行荒山、荒地使用权制度改革，确立和完善土地管理社会监督机制。实施基本农田环境质量监测，大力推进农业化学物质污染防治技术，保护和改善农田环境质量。

9. 森林资源的管理与保护：制定了森林资源保护的法规和林业可持续发展的行动计划。加强森林资源的培育，实现了森林面积和蓄积量双增长。实施天然林资源保护、退耕还林、京津风沙源治理、三北和长江流域防护林体系、重点地区速生丰产林建设等林业重点生态体系建设工程。实施山区林业综合开发与消除贫困行动，促进贫困山区社会经济的可持续发展。

10. 固体废物管理：加快城市生活垃圾收集处理设施的建设，加强危险废物的管理。认真履行《巴塞尔公约》，严格控制危险废物的越境转移。

11. 化学品无害环境管理：通过加大化工行业产业结构和产品结构的调整力度，减少了化学物质对环境的污染。加强汞、砷和铬盐等化学品无害环境管理，采取有效的安全防范措施，清除有毒化学品生产和储运中的隐患。认真履行和积极参与化学品国际公约的活动。

12. 大气保护：划定二氧化硫和酸雨控制区，在区域内实行二氧化硫总量控制制度。通过推广洁净煤和清洁燃烧、烟气脱硫、除尘技术，以及大力发展城市燃气和集中供热，使酸雨和二氧化硫污染得到控制。优先发展公共交通，减少和控制机动车污染物排放，改善城市空气质量。认真履行《关于消耗臭氧层物质的蒙特利尔议定书》，控制和淘汰消耗臭氧层物质。

13. 防灾减灾：开展防洪抗旱、防震减灾、地质灾害和生物灾害防治等综合减灾工程建设。建立和完善了全国灾害监测预警系统．提高了灾害监测和预报水平。开展了灾害保险，调动社会力量开展减灾援救活动，灾害损失明显减少。

14. 发展科学技术和教育：中同政府大幅度增加对科技和教育的投人。围绕可持续发展的重大问题，实施了一批重大科研项目，为可持续发展提供了技术支撑。基本普及了九年义务教育和基本扫除了青壮年文盲，全面推进教育改革，教育质量逐步提高。

15. 公众参与可持续发展：各级政府通过广播、电视、报纸、刊物等媒体，全面宣传可持续发展思想，提高公众的可持续发展意识。

# 第十一章 清洁生产

工业污染、能源危机、生态环境是人类发展面临的紧迫问题。末端治理方法效率低下，无法有效地遏制环境状况的恶化，也不能从根本上解决工业污染和环境恶化问题。作为一种全新的创造性思想——清洁生产应运而生。清洁生产是在资源匮乏与环境污染的背景下，国际社会在总结工业污染控制经验的基础上提出的一个全新的污染预防的发展思想。该思想将整体预防的环境战略持续应用于资源开采、产品生产、物流输送与消费中，以增加资源利用效率并减少环境污染风险。对于采矿业，要求将一体化环境预防战略持续应用于从资源勘探到矿山关闭的全部过程，减少三废并尽可能回收利用废料。对生产过程，要求提高能源利用效率，节约原材料，减降三废的数量与毒性；对产品，要降低从原材料提炼到产品最终处置的全生命周期的不利影响；对服务，要求将环境因素纳入设计与所提供的服务中。

## 第一节 清洁生产概述

### 一、清洁生产的概念及其发展

#### （一）清洁生产的发展

社会生产力的迅速发展在创造巨大的物质财富的同时也付出巨大的资源与环境代价。二次世界大战之后，工业经济突飞猛进，人口总量迅速增长，人均资源消耗不断增加，废弃物排放总量不断突破自然界的环境容量和降解速率，环境问题日益严重，公害事件屡屡发生。自 20 世纪 60 年代开始，欧美国家开始关注工业对环境的危害，70 年代企业界开始采取应对措施。欧共体成立后，于 1976 年在巴黎举行“无废工艺和无废生产国际研讨会”，会上提出“消除造成污染的根源”的思想，达到污染物排放最小化和资源利用效率最大化。1979 年 4 月，欧共体理事会宣布推行清洁生产政策；1984 年、1985 年、1987 年欧共体环境事务委员会三次拨款支持建立清洁生产示范工程。

1989 年 5 月，联合国环境署根据理事会决议制订了《清洁生产计划》在全球范围内推进清洁生产。该计划的主要内容为两类工作组，一类为工业企业界等行业清洁生产计划组；另一类则负责清洁生产政策及战略的制定、数据网络、教育等业务的指导。同时该计划强调面向整个社会发出呼吁，教育公众，提高全社会的清洁生产意识，推进清洁生产的行动。1992 年 6 月，在巴西里约热内卢召开的。联合国环境与发展大会”上，呼吁各国调整生产与消费结构，号召工业提高能效，开展清洁技术，广泛应用环境无害技术和清洁生产方式，更新替代对环境有害的产品和原料，节约资源与能源，减少三废排放，推动实现工业可持续发展。清洁生产在此次会议上正式写入《21 世纪议程》，并成为通过预防与转变来实现工业可持续发展的专业术语。至此，清洁生产活动在全球范围内进入新的发展时期，并成为国际环境保护的主流思想，有力推进了全球的可持续发展进程。

自 1990 年以来，联合国环境规划署分别在在坎特伯雷、巴黎、华沙、牛津、汉城、蒙特利尔等地举办了 6 次国际清洁生产高级研讨会。1998 年，韩国汉城第五次国际清洁生产高级研讨会出台了《国际清洁生产宣言》。《国际清洁生产宣言》的主要目的是提高关键决策者对清洁生产战略的理解及该战略在社会管理者中的形象，它是对作为一种环境管理战略的清洁生产公开的承诺。

中国政府亦积极顺应清洁生产的世界潮流，于 1994 年提出了“中国 21 世纪议程”，将推行清洁生产列入《环境与发展十大对策》。清洁生产在国内的发展可分为三个阶段：

20 世纪 90 年代初是清洁生产在国内发展的启动阶段。该阶段主要是向企业推广宣传清洁生产的概念，培训相关人员，开展清洁生产示范。第二阶段是从 1997 年持续到 2002 年，《清洁生产促进法》的颁布是该阶段最重要的标志。同时不同行业的清治生产也在逐步兴起，从不同的侧面促进中国清洁生产的发展。2003～2008 年是第二阶段，由于经济全球化与国际社会责任压力的共同促进，清洁生产由被动转为主动，由被督促转变为自主参与。各行业的清洁生产标准不断完善，为清洁生产在下一阶段的发展做好了准备。

2009 年，中国在哥本哈根全球气候变化大会上的减排宣言，将会成为清洁发展的里程碑。中国提出的减排目标为：2020 年单位产值碳排放比 2005 年下降 40%～45%。清洁生产在前三阶段的发展已积累相当经验、必将成为中国节能减排最有利的武器，成为中国完成单位产值温室气体减排最重要的环节。

（二）清洁生产的概念

1989 年，联合国环境规划署工业与环境规划中心提出了“清洁生产”的定义，并在 1990 年英国坎特布里召开的第一次国际清洁生产高级研讨会上正式推出：“清洁生产是对工业和产品不断运用综合性的预防战略，以减少其对人体与环境的风险。”

1994 年，《中国 21 世纪议程》将清洁生产定义为：“清洁生产是指即可满足人们的需要，又能合理使用自然资源和能源，并保护环境的生产方法和措施，其实质是一种物料和能源消费最小的人类活动的规划和管理，将废物减量化、资源化和无害化，或消灭于生产过程之中。”由此可见，清洁生产的概念不仅含有技术上的可行性，还包括经济上的可盈利性，体现了经济效益、环境效益和社会效益的统一。

2003 年，《中华人民共和国清洁生产促进法》给出的清洁生产定义是；“清洁生产是指不断采取改进设计、使用清洁的能源和原料、采用先进的工艺技术与设备、改善管理、综合利用等措施，从源头消减污染，提高资源利用效率，减少或避免生产、服务和产品使用过程中污染物的产生和排放，以减轻或消除对人类健康和环境的危害。”

清洁生产包含以下 4 个方面的原则，以上几种定义均将其包含在内。

1. 减量化原则：清洁生产的根本目标是能源与资源消耗最少、污染物产生和排放最小。在生产过程中应该改进生产丁艺技术、强化企业管理，最大限度地提高资源、能源的利用水平，提倡集约型生产和循环型生产，实现物料最大限度的内部循环。

2. 资源化原则：清洁生产的基本手段是改进工艺、强化企业管理，更新设计观念，争取将“三废”最大限度地转化为产品，并将环境因素纳入服务中去。

3. 再利用原则：指在符合科学原则的基础上。通过改进产品品质，延长产品使用寿命，实现产品的多次使用或修复、翻新或再制造后继续使用，尽可能地延长产品的使用周期，防止产品过早成为垃圾；对生产和流通中产生的废弃物，作为再生资源充分回收利用。

4. 无害化原则：尽最大可能减少有害原料的使用，减少和避免污染物的产生，保护和改善环境，保障人体健康，促进经济与社会的可持续发展。

清洁生产是动态变化的概念，只有比已有的工艺、产品和能源更具环境友好性时方可成为清洁的工艺、产品和能源，因此清洁生产是一个持续改变、发展、创新的过程。清洁生产必须随着生产力发展水平和环境变化不断提出更高的目标，努力实现更高水平的清洁生产。

二、清洁生产的意义和内容

（一）清洁生产的意义

清洁生产是在回顾和总结工业化实践的基础上，为降低环境风险，将产品和生产过程中的污染综合预防保护策略持续应用社会活动全过程。清洁生产包含了两个全过程控制：生产全过程和产品整个生命周期全过程综合。清洁生产综合考虑了生产、消费及废弃物处置过程的环境成本、风险相经济代价，是工业化发展到一定阶段的必然结果。

清洁生产的意义主要在于：

1. 是可持续发展的必然选择和重要保障：推行清洁生产，有利于发展循环经济，有利于促进节能减排，有利于提升企业管理水平和竞争力。发展循环经济对于构建资源节约型、环境友好型社会有十分重要的意义。企业实施全过程的清洁生产，着眼于全过程控制。

2. 是工业文明的重要标志：清洁生产是全过程控制，要求所有员工参加，提高包括企业管理人员、工程技术人员、劳动生产人员在内的所有员工在环境意识、经济观念、参与管理意识、技术水平、职业道德等方面的综合素质与技能。清洁生产改善劳动生产人员的劳动环境和操作条件，减轻生产过程对员工健康的危害，为企业树立良好的社会形象，生产出质优、价廉、符合环境标推的“清洁产品”，提升公众对其产品的偏好度，提高企业的市场竞争力。

3. 是防治污染的最佳模式：清洁生产通过严格的企业清洁生产审计程序，分析物料流失的主要环节和原因。确定废物的来源、数量、类型和毒性，判定企业生产的“瓶颈”部位和管理不善之处，提供一套简单易行的低费方案，边审计边削减物耗和污染物生产量。通过清洁生产，可提高企业降低污染物的产生量，提高物料利用效率。

4. 是促进环境保护产业发展的重要举措：清洁生产是以科学管理、技术进步为手段，以提高治污效果、降低治污费用为目的的工业发展模式。当前环境质量退化，对环境改善的呼声日渐高涨，因此环境保护产业是一个新的经济增长点。开展清洁生产活动，提升清洁生产技术水平，可以大大提高对环境保护产业的发展。

5. 是现代农业生产方式对传统农业的升级改造：农业清洁生产是解决农业“面源”污染的重要方式。农业清洁生产是生态农业的重要基础，大力发展农业清洁生产对改善农村生态环境、促进农村循环经济发展、推进社会主义新农村建设有着重要意义。

（二）清洁生产的主要内容

清洁生产包括 3 方面的内容：

1. 清洁的能源：采用各种方法对常规的能源如煤炭采取清洁利用的方法，如城市天然气供气等；对沼气、太阳能、风能等再生能源的利用；新能源的开发及各种节能技术的开发利用。

2．清洁的生产过程：尽量少用和不用有毒有害的原料；采用无毒无害的中间产品；选用少废、无废工艺和高效设备；尽量减少或消除生产过程中的各种危险性元素，加高温、高压、低温、低压、易燃、易爆、强噪声和强振动等；采用可靠和简单的生产操作和控制方法；对物料进行内部循环利用；完善生产管理，不断提高科学管理水平。

3．清洁的产品：设计节约原材料和能源的产品；减少昂贵稀缺原料的使用；多利用再生资源做原料。产品在使用过程中和使用后不含危害人类健康和破坏生态环境的因素；产品包装合理；使用节能、易于回收、重复使用和再生的产品；使用寿命和使用功能合理。

清洁生产内容包含两个“全过程”控制：

1．产品的生命周期全过程控制：从原材料加工、提炼到产品产出、产品使用直到报废处置的各个环节采取必要的措施，实现产品整个生命周期资源和能源消耗的最小化。在产品生产和使用过程中，采用清洁能源；节省能源及辅材，降低环境负荷，对人体健康不存在现实或潜在的危害；尽可能采用可回收或易降解的包装材料；避免产品的检验、包装、保管、贮运、运输过程中不污染环境；完善产品报废、回收成处理流程。

2．生产的全过程控制：从生产过程的最前端产品开发设计和工艺设计阶段就将环保措施纳入产品设计准则中，构建无污染或少污染的工艺；选用无毒、低毒的原材料、零部件和辅材；加强工艺管理、设备管理、储运管理和组织管理，减少物料流失，杜绝跑冒滴漏事故；对生产过程的原材料和能源再回收利用，淘汰落后工艺和技术，提升能源与原材料利用效率；实行污染物总量控制和综合开发利用，尽可能降低污染物的数量和浓度；对污染物进行高效、彻底的综合处置。

# 第二节 清洁生产的理论基础

一、清洁生产的基本理论

（一）环境资源价值理论

环境资源是指自然环境中人类可以直接获得或加以利用，用于生产和生活的物质、能量和条件。环境为人类社会提供资源、容纳废物，是社会存在与发展的基石，对待环境资源的方式，直接决定一个国家文明的进化水平。一直以来，人类以为环境资源“取之不尽，用之不竭”，开发方式效率低下，消费总量不加节制，这必将使环境资源日渐枯竭、不致使用，更进一步严重打乱地球系统原有的运行过程，威胁到诸多物种的生存发展，影响到人类的生活质量。

环境资源价值的认识是一个逐渐深化的过秤。20 世纪 60 年代以来，经济学家综合考虑劳动价值论、效用价值论和存在价值论，分析了环境资源的价值属性，由此确优的环境资源价值，相当于劳动价值论中的使用价值、效用价值论中的效用价值以及存在价值论中的能满足人类精神文化和道德需求的非使用价值。

随着环境经济学理论和实践的不断发展，产生了一系列环境经济手段，如排污收费、水权交易、环境税等。向时尝试将环境资源价值纳入国民经济核算体系，实现从国民生产总值到国民环境生产总值的转变。目前的知识认为环境资源价值的形成包括以下几个主要方面：

1. 人类社会中产和生活降低的环境质量和消耗的自然资源，必须由人类的劳动进行再生产来进行补偿，使环境资源从高熵状态向有序的低熵状态转化。这种补偿所必需的劳动价值相当于被使用的环境资源价值。

2. 加大投入，环境资源的保护与建设并举是可持续发展战略的重要组成部分。全社会都要达成共识，只有不断加大经费、资源和劳动的投入，才有可能实现环境资源的可持续开发和利用。社会必要劳动构成了环境资源价值的重要部分。

3.为了将环境中具有潜在使用价值的资源变成符合人类牛存和经济发展需要的使用价值，人类必须付出一定量的劳动，如开采、冶炼，这种劳动形成生态价值。

基于劳动价值理论，与商品价值的构成类似，环境资源价值的构成包括三部分，（1）补偿、保护和建设环境资源所需的生产资料的价值；（2）补偿、保护和建设环境资源所需的必要劳动的价值；（3）补偿、保护和建设环境资源的劳动者剩余劳动创造的价值。因此，环境资源价值量在理论上是由形成具有一定使用价值的环境资源的社会必要劳动决定的，它与创造的劳动量成正比，与创造的劳动生产率成反比。

环境资源价值理论通过对环境资源价值观科学内涵的研究，促使人类运用环境资源价值观进行资源开发与利用，实现对环境资源的货币化计量，推动有偿使用，将外部不经济性内部化到资源的开发利用过程中去，通过环境市场和价格机制促使企业提高利用效率、节约资源、保护环境。

（二）环境容量与环境容载力

大气、水、土壤、动植物等都有承受污染物的最高限值，就环境污染而言，污染物排放数量超过最大容纳量，环境的生态平衡和正常功能就会遭到破坏。环境容量是在人类生存和自然生态系统不致受害的前提下，某一环境所能容纳的污染物的最大负荷量。在这一限度内，环境质量对于人类生活、生产和生存是无害的，环境具有自我修复外界污染物所致损伤的能力，只要污染物符合不要超过一定限值，环境可自行恢复到初始状况。环境容量可以划分为绝对容量和年容量。绝对容量指某一环境一次性所能容纳某种污染物的最大负荷量，年容量指某一环境在污染物的积累浓度不超过环境标被规定的最大容许值的情况下，每年多次累计所能容纳的某污染物的最大负荷量。

环境容量概念的提出有助于控制环境污染。环境空间越大，环境对污染物的净化能力就越大，环境容量也就越大。环境具有一定自净能力，经过严谨估算，少量污染物直排或稍加处理后排入环境，可以更有效地发挥环境价值。污染物排放的频率、方式与位置要仔细考虑，排放数量需低于环境容量，如果污染物排放量超出限度，环境自净能力即失效，环境遭受污染，质量下降。不同环境因素对不同的污染物的环境容量差异极大，必须详细考虑、制定出经济有效的控制方案，明确可由环境净化的污染物的数量和种类，明确哪些污染物在排放之前必须处理以及处理到何种程度。

环境容量强调环境系统对进入其中的污染物消减能力及其对自然灾害的承受能力，侧重反映环境系统的自然属性；环境承载力侧重反映环境系统的社会属性，强调在环境系统结构和功能均正常的前提下，环境系统所能承受的人类活动的能力。环境容量和环境承载力反映了环境质量的不同方面，前者的依据是一定的环境质量标准，可以量化反映环境质量，是环境质量表现的基础；后者同时以环境容量和质量标准为基础，反映的是环境质量的“质化”特征，即环境质量的优劣程度。

环境容载力概念是环境容量和环境承载力两个概念的有机结合，综合表述环境质量的质与量。环境容载力定义为自然环境系统在一定的环境容量和环境质量支持下对人类生产和生活活动最大的容纳程度和最大的支撑阈值。即自然环境系统在一定纳污水平下所能保证的社会经济的最高发展水平。环境容载力评价结果可用于预测环境容量和环境承载力的时空格局的动态变化，在区域生态环境建设规划中，其评价结果也可作为生态环境功能分区的依据。

3．废物与资源转化理论

废物是指人们生产和消费活动中产生的不再被人们需要的物质，当废物的数量达到一定程度，超过自然的净化能力时，就会破坏生态环境。随着人类社会的快速发展，自然系统吸纳废物的速率远低于废物的排放速率，使得环境中的废物不断累积；另一方面地球系统的资源越来越难以满足人类社会发展的需要。

物质平衡理论通过对整个环境一经济系统物质平衡关系的分析，揭示环境污染的经济学本质。在生产过程中物质按照平衡原理相互转换，生产过程中产生的废物越多，则原料消耗越大，即废物是由原料转化而来的，清洁生产使废物最小化，等于原料得到了最大化利用。此外，生产中的废物具有多功能特性，即在某生产过程中产生的废物，又可作为另一生产的原料，资源与废物只是相对的概念。

4．最优化理论

资源开采、冶炼，产品生产、流通、消费与回收过程中普遍存在最优化问题。寻找产品质量最好、产率最高、能耗最小的最优生产条件就是一个典型问题。研究和解决最优化问题的方法是最优化方法，这种方法的数学理论就是最优化理论。清洁生产理论实际上是数学最优化理论在社会生产生活中的应用。如何满足生产特定条件下使物料消耗最小而使产品产出率最高的问题，这一问题的理论基础是数学上的最优化理论，即废物最小量化可表示为目标函数，求它各种约束条件下的最优解。

（1）目标函数；污染物排放量最小这一目标函数是动态的、相对的。如果任意一个生产过程、一个生产环节、一种设备、一种产品，不需经过末端处理设施而能达到相应的排放标准、能耗标准、产品质量标准等，即可以认为清洁生产的目标函数值得以实现。排放标准、能耗标准在不同地区存在差异，且随时间增长而日益严格。因此污染物排放最小化理论不是求解目标函数值，而是不断更新满足目标函数的约束条件。

（2）约束条件：通过能量衡算与物料衡算，可以得出生产过程中污染物的产生量、能源消耗量、原材料消耗量与目标函数的差距，进而确定约束条件。约束条件包括：生产工艺、过程控制、物料与能源、设备、维护与管理、产品、废物、资金、员工等。

5. 生命周期评价

（1）生命周期评价概念：生命周期评价（life cycle assessment ，LCA）起源于 1969 年美国中西部研究所受可口可乐委托对饮料容器从原材料采掘到废弃物最终处理的全过程进行的跟踪与定量分析。LCA 是一套应用于评估产品在其整个生命周期中对环境影响的方法和技术。国际标准化组织对 LCA 的定义是：对一个产品系统的生命周期中输入、输出及其潜在环境影响的汇编和评价，具体包括互相联系、不断重复进行的 4 个步骤：目的与范围的确定、清单分析、影响评价和结果解释。生命周期评价是一种用于评估产品在其整个生命周期中，即从原材料的获取、产品的生产直至产品使用后的处置，对环境影响的技术和力法。国际环境毒理学和化学学会（SETAC）定义：是一种客观评价产品、过程或者活动的环境负荷的方法，该方法通过识别与量化所有物质和能量的使用以及环境排放，来评价由此造成的环境影响，评估和实施相应地改善环境表现的机会。

（2）生命周期评价的过程：生命周期评价过程首先辨识和量化整个生命周期阶段中能量和物质的消耗以及环境释放，之后评价这些物质消耗和污染物排放对环境影响，最终分辨并评价降低不利影响的机会。生命周期评价注重研究产品系统在生态健康、环境健康、人类健康和资源消耗领域内的环境影响。

生命周期评价的本质是检查、识别和评估一种材料、过程、产品或系统在其整个生命周期中的环境影响。生命周期评价的总目标是，比较不同产品设计的环境影响或比较一个产品在生产：过程前后的变化，为此它应满足以下原则；（1）运用于产品的比较；（2）包括产品的整个周期；（3）考虑所有的环境因素；（4）环境因素尽可能定量化。

1976 年 6 月 1 日正式颁布的 ISO14040（生命周期评价——原则和框架）将一个完整的产品生命周期环境分析工作划分为 4 个基本阶段：目标定义和范围界定、清单分析、影响评价和结果解释。

（1）目标和范围的确定。目标定义是要清楚地说明开展此项周期评价的目的和意图，以及讲究结果的可能应用领域。研究范围的确定要足以保障研究的广度、深度与所要求的目标一致，涉及的项目有：系统的功能、功能单位、系统边界、数据分配程序、环境影响类型、数据要求、假定的条件、限制条件、原始数据质量要求、对结果的评议类型、研究所需的报告类型和形式等。生命周期评价是一个反复的过程，在数据和信息的收集过程中，可能修正预先确定的范围来满足研究的目标，在某些情况下，也可能修正研究目标本身。

（2）清单分析。清单分析是量化和评价所研究的产品、工艺或活动整个生命周期阶段资源和能量使用以及环境释放的过程。一种产品的生命周期评价格涉及其每个部件的所有生命阶段，包括从地球采集原材料和能源、把原材料加工成可使用的部件、中间产品的制造，将材料运输到每一个加工工序，所研究产品的制造、销售、使用和最终废弃物的处置（包括循环、回用、焚烧或填埋等）等过程。

（3）生命周期影响评价。国际标准化组织、美国“环境毒理学和化学学会”以及美国环保局都倾向于将影响评价定为一个“三步走”的模型，即分类、特征化和量化。①分类：分类将清单中的输入和输出数据组合成相对一致的环境影响类型（影响类型通常包括资源耗竭、生态影响和人类健康三大类）；②特征化：特征化主要是开发一种模型（如负荷模型、当量模型和固有的化学特性模型等），这种模型能将清单提供的数据以及其他辅助数据转移成描述影响的叙述词；③量化：量化是确定不同环境影响类型的相对贡献大小或权重，以期得到总的环境影响水平。

（4）结果解释。结果解释即改进评价，是识别、评价并选择能减少研究系统整个生命周期内能源和物质消耗以及环境释放机会的过程。这些机会包括原材料的使用、工艺流程、消费者使用方式及废物管理等。美国环境毒理学和化学学会建议将改进评价分成 3 个步骤来完成，即识别改进的可能性、方案选择和可行性评价。

（六）生态工业理论

生态工业是依据生态经济学原理，以节约资源、清洁生产和废弃物综合循环利用等特征，在不破坏基本生态进程的前提下，综合运用生态规律、经济规律和系统工程的方法，促进工业在长期内给社会和经济利益作出贡献的工业化模式。以生态理论为指导，模拟自然生态统各个组成部分的功能，生态工业的实质是模拟生态系统的功能，建立起相当于生态系统的“生产者、消费者、还原者”的工业生态链，以低消耗、低（或无）污染、工业发展与生态环境协调为目标的工业。在不同行业、产业、项目或工艺流程之间，耦合利用资源、主副产品或废弃物，使工业系统内不同构成部分的投入产出之间像生态系统那样有机衔接，物质和能量在循环转化中得到充分利用、并且无污染、无废物排出。

工业生态学是生态工业的理论基础。工业生态学通过“分析和物料平衡核算等方法分析系统结构变化，进行功能模拟，分析产业流，研究工业系统的代谢机理和控制方法”。

工业生态学的思想包含全过程管理系统观，即在产品的整个生命周期内不应对环境和生态系统造成危害，产品生命周期包括原材料采掘、原材料生产、产品制造、产品使用以及产品用后处理。系统分析是工业生态学的核心方法，在此基础上发展起来的工业代谢分析和生命周期评价是目前工业生态学中普遍适用的有效方法。工业生态学以生态学的理论观点考察工业代谢过程，亦即从取自环境到返回环境的物质转化全过程，研究工业活动和生态环境的相互关系以研究调整、改进当前工业生态链结构的原则和方法，建立新的物质闭路循环，使工业系统与生物圈兼容并持久生存下去。

利用生态经济系统的共生原理、长链利用原理、价值增值原理和生态经济系统的耐受性原理，生态工业可以使工矿企业相互依存，互惠共生，形成共生的网状生态工业链，达到资源的集约利用和循环使用。物流、能量流、价值流、信息流和人流在生态工业系统中合理流动和转换增值并与所处的受态环境系统和自然结构相适应，符合耐受性原理。生态工业通过模拟自然系统建立工业系统中的“生产者—消费者—分解者”的循环途径，建立互利共生的工业生态网，尽量延伸资源的加工链，最大限度地开发利用资源，利用废物交换、循环利用和清洁生产等手段，实现物质闭路循环和能量多级利用，减少废弃物的排放，达到物质和能量的最大利用以及对外的污染物零排放。

二、清洁生产与末端治理

（一）末端治理

末端治理是指在生产过程的末端排放污染物以后，在其排放到环境之前进行针对性处理，以减轻环境危害的治理方式。

末端治理在环境保护与建设发展过程中是一个重要的阶段，与直接排放相比，末端治理是一大进步，有利于消除污染事件，也在一定程度上减缓了生产活动对环境的污染和破坏趋势。但是随着时间的推移和工业化进程的加速，末端治理的局限性日益显露。

首先，随着社会化大生产的迅猛发展，污染物的种类日益繁复，国家标准越来越严格，从而对污染治理与控制的要求也越来越高。处理污染的设施投资大、运行费用高，使企业生产成本上升，经济效益下降；企业污染控制支出大幅增加。即使如此，某些标准仍然无法达标。另一方面“三废”处理与处置在带来环境效益的同时需要负担沉重的经济成本，给企业带来沉重的经济负担并限制到企业治理污染的积极性和主动性。

其次，由于污染处理技术有限，末端治理往往不是彻底治理，而是污染物的转移，如烟气脱硫、除尘形成大量废渣，废水集中处理产生大量污泥等，所以不能根除污染。排放的“三废”在处理、处置过程中对环境也存在风险，有些不能生物降解的污染物，还可能造成二次污染；有的处理只是改变了污染物的存在状态，加湿式除尘将废气变成废水排入水体，大量废水经处理变成了含重金属的污泥及活性污泥等；废物焚烧及废渣填埋又重新污染大气和水体，形成恶性循环。所以，要真正解决污染问题需要实施过程控制，减少污染的产生，从根本上解决环境问题。

第三，末端治理未涉及资源的有效利用，不能制止自然资源的浪费。末端治理不仅投资巨大，而且一些原本可以回收的资源无法有效地回收利用，导致企业原材料消耗虚高，产品成本增加，经济效益受损。末端治理与生产过程无关，物料和能源不能得到充分间收与再利用。污染物与废物本质是在现有技术水平和工艺流程下无法良好利用的资源，改进生产工艺及生产控制，提高产品得率，可以提高物料利用效率并消减污染物的排放，可以实现经济效益的增加和末端治理成本的下降。

（二）全过程控制

清洁生产是社会各界反省末端治理的种种不足后，人们思想和观念的一种转变，是环境保护战略由被动反应向主动行动的一种转变。清洁生产在企业层次主要推行清洁生产审核，从企业设计、工艺、技术、原材料和能源、废弃物等方面分析污染物产生的原因，制定利落实污染减排措施。

全过程控制是在清洁生产发展的早期阶段，对应末端治理的传统战略提出来的，全过程控制集中关注产品的生产制造阶段。生产过程涉及的每一步骤都可以从消减废料、预防污染的角度找到合适的替代方案。

清洁生产全过程控制的首要工作是对生产过程进行全面系统和定期的审查。这项审查叫做“清洁生产审核”。审计人员按照一定的程序，对生产过程进行系统分析和评价，通过审计找出能耗高、物耗高和传染严重的原因，掌握废物的种类、数量以及产生原因。研讨解决方法，制订行动计划，提出减少有毒和合害物料的使用、产生以及废物处置的备选方案，在生产的所有环节贯彻实施，使污染得以逐步消减以至消除，达到清洁生产的目的。具体实施方法如下：

1. 做好物料投入的准确计员和正确记录：物料的投入产出记录是生产管理和成本核算必不可少的依据，计量装置的齐备准确与否和生产记录的完整正确也是衡量一个企业管理水平的重要标志。从投入产出记录中可以获得资源的流失情况和产生环境污染的根源等信息，因此它也是控制全过程污染不可或缺的资料。

2. 做好物料有效成分的检测分析工作：物料的组分并非百分之真的纯净，其中不能为生产所用或者不能进入产品的部分都将流失到废物中去，成为污染的来源。

因此，物料的组分分析和某些物质的含量分析是计算物料流失量和污染产生量必不可少的资料。

3．做好物料衡算，探讨物料流失的原因：根据以上所得资料进行物料衡算。原料投入量减去产品和副产品产出量，等于物料流入三废的数量。物料衡算可以在关键工序、产品、车间和工厂等不同层次实现。从物料衡算中的失衡情况找出失衡原因和生产管理上存在的问题。从物料衡算上求出原料利用率和流失率。根据物料的流失资料，对生产工艺、技术装备、操作控制和运行管理等各方面进行剖析，找出流失原因，并探讨污染控制措施，制订计划，逐步实现，从而达到全过程控制的要求。

3．清洁生产与末端治理的比较

清洁生产是关于原材料开采加工和产品生产过程、消费过程、回收处理过程的一种崭新的、持续的、创造性的思维，它是指对产品和生产过程持续运用整体预防的环境保护策略。

清洁生产号召社会各界关注工业产品生产、消费与回收处置全过程对环境质量的影响。使物料、能源使用量最少，污染物产生量、流失量和治理量达到最小，是一种积极、主动的环境保护态度。而末端治理是一种先传染后治理的环保策略，主要集中已经产生的污染物的处理上，对企业来说，多由环保部门来进行治理，是处于一种被动的、消极的方法。随着工业化进程的加速，末端治理的局限性日益增大，虽然能在局部、特定时间段内发挥作用，但并不能根本解决工业污染。

推行清洁生产并不完全排斥“末端治理”，再先进的清洁生产战略和技术水平也无法完全消除污染物的排放，对于环境质量的改善、污染的防治二者是兼容的，可以相互弥补相互配合。目前条件下，“末端治理”仍是环境保护的重要手段之一，必须不断强调并加快污染物处置基础设施的建设，加大投资。这是由于：（1）清洁生产是环境污染的解决途径之一，但无法完全替代污染处理措施；（2）现代工业生产过程中，污染的产生不可能完全避免，并非所有污染物都能达到“零排放”，这从技术手段和经济性上都不可行，因而需要最终处置手段；（3）环境中已有的污染物积累使大气、水体的污染程度已相当严重，已有问题的最终解决还需要“末端治理”；（4）用过并被抛弃的产品必须进行回收与处置。因此，清洁生产和末端治理这两者将长期共存，相互配合，实现生产全过程和污染物治理过程的双控制，确保环境保护最终目标的实现。

# 第三节 清洁能源

能源是人类活动的物质基础。化石燃料的广泛使用在推进人类社会工业化、城市化和现代化过程，给人类带来文明和繁荣的同时，也引发了资源枯竭、全球气候变化、酸雨、臭氧层损耗、温室效应和生物多样性日趋减弱等世界环境危机，严重威胁人类社会的可持续发展，因此寻求可再生清洁能源已成为社会发展必由之路。为解决或减缓生态环境问题，人类社会将开始研究清洁能源，主要包括太阳能、风能、核能、水电、生物能、地热能和海洋能。进入21世纪以来，可再生能源技术进步迅猛，各国政府大力补贴可再生能源的技术研发、生产与消费。根据世界自然基金会报告，清洁能源产业在2007年创收6300亿欧元，预计到2020年，清洁能源产业规模将突破1．6万亿欧元，成为仅次于继汽车和电子产业的第三大产业部门。在一定程度上，可以明确预见，以风能、太阳能和生物质能为代表的清洁能源将逐步具备与化石能源竞争的能力，并最终构成人类社会能量需求的主体部分。

一、风能

地球表面的经纬度、下垫面和海陆分布的差异导致太阳辐射的加热效应存在明显的空间差异，由于气温变化的不同和水汽含量的不同，各地气压存在差异，气体从高压区域向低压区域流动所产生的动能即为风能。地球吸收太阳能的1%～3%转化为风能，总量相当于地球光合作用吸收太阳能的50～100倍。全球的风能约为2.7 $\times 10^{12}$kW，其中可利用的风能为$2\times 10^{10}$kW，10倍于可开发利用的水能。据估算，中国陆上10m高度的可开采风能资源总量2．5亿kW，海上10m高度可开采风能储量约为7．5亿kW。50～60m高度的风能资源有望扩展到20～25亿kW。如果能开发出其中2／3份额，将能提供约15亿kW的电力，再加上约5亿kW的水电，将能大幅度补充2050年所需电力的缺额。一座750kW的风力发电机，每年可减少1179t$CO_2$、6．9t$SO_2$的排放。目前大容量风力发电机可以利用的风能资源已经扩展到地表200～300m，其节能减排潜力巨大。风能作为一种清洁能源，其发电设施日趋进步，高功率风电机组的应用有望大幅降低风力发电成本，在个别地区，风力发电成本已低于火力发电。风能发电机组占地较少，能够节约土地资源，保护生态环境，基本不存在污染物排放。

中国防地风能资源丰富的地区主要分布在三北地区，包括东北三省、河北、内蒙古、甘肃、宁夏和新疆等省（区、市）近200km宽的地带，风功率密度在200～300W／$m^2$以上，有的地区可达500W／$m^2$以上；海上风能资源丰富，中心沿东南沿海及其附近岛屿展开，主要是沿海近10km宽的地带。三北地区风能丰富，但是远离用电负荷区域，且电网建设薄弱。东南沿海地区海上风能资源丰富且距离电力负荷中心很近。随着海上风电场技术的发展成熟．发展这种技术在经济上比较可行，因此发展前景良好。

我国大型并网风电场经历了3个阶段的发展：1986～1993年为示范阶段，这一阶段的主要推动力量是政府部门。1994～2003年为产业化阶段，过高的成本是这一阶段阻碍风电发展的主要因素。2003年之后我国风电产业进入规模化、国产化阶段，2010年我国风电机组装机容量18．7GW，连续5年实现100％增长总装机容量超过44．7GW，超过美国的40．2GW，位居全球第一。截至2010年底，全球风力发电量达430TWh，占全球电力总供应运的2．5％。欧洲风能协会预测，2020年欧盟国家风能发电将满足欧盟电力需求的15．7％，到2030年、2050年这一比例将分别增长到28．5％、50％。

风能转化为电能的过程，除降低风速之外的环境影响极其轻微，发电过程无污染物排放，具有显著的环境友好特性，是典型的清洁能源。减少温室气体排放是风能利用对环境做出的另一个重要贡献。每生产100万kWh的风电，平均可以减排二氧化碳600t。当前，风力发电机组向大容量、优良的发电质量、提高材料利用率、低噪声、廉价和提高转化效率的方向发展。主要表现在以下方面：

1．单机容量将不断大型化：20世纪末风电机组主流规格在500～750kW。21世纪初，主流风电机组已经达到1．5～3MW。目前单机容量最大的风电机组是由德国Repower公司生产的，容量为5MW，叶轮直径达130m。我国6MW风力发电机组研发工作进展顺利，首台样机将于2011年下线。这意味着中国成为继德国之后，第二个能自主生产当今最大单机容量风机的国家。未来风电单机大功率将向10MW和15MW方向发展，叶轮直径将达到200m。大功率容量机组可以显著降低风电价格和提高风能转换效率，同时可以显著降低风电场运行维护成本，而且还明显降低风电场运行的维护成本，提高生产效率，因此，风电机组单机容量将不断大型化。

2．海上风力发电场不断向深海发展：随着陆上风能开发受限较多，海洋风电优势日益突出，海洋风能紧邻电力负荷中心．电网发达，因此海上风电开发成为未来风电开发的热点。海洋风能丰富且十分稳定，风速高且容易预测，海风的湍流强度低，一般估计海上风速比平原沿岸风速高20％，相同机组发电功率可增加70％，机组寿命延长30％，发电量比陆地高出20％～40％。最早发展风能的国家如德国、丹麦等国防上风电场基本饱和，海洋风电成为这些国家下一步发展的主要方向。目前，海上风力发电机组单机容量在 3～5MW。

3. 风电价格持续降低：风力发电成本已经降低很多，在很多情况下，风力发电的成本已经低于燃油发电成本，风力发电机组功率的不断增加将降低风电的销售价格，增加消费需求，促进风电产业规模扩大，使风电具有规模优势，促进风电价格的进一步降低。自 2004 年起，风力发电就成为在所有新能源中最便宜的，2005 年风力能源的成本已降到 1990 年代的 1 / 5。目前，最先进的涡轮机组，已经实现了每千瓦时无污染电力成本低于 5 美分。如果考虑化石燃料的环境成本，风电的经济优势愈加突出。

4. 风电占比将进一步提高：随着化石燃料资源的日益减少，火电成本将进一步上升，将提升风电产业的市场竞争能力，目前以火电为主体的能源结构将发生较大的变化，风电在能源结构中的比例将进一步提高。到 2025 年，风力发电装机容量最高可能达到 7500GW，全球装机产能可达 16400TWh，所有可再生源发电量的总和将超过全球电能供给的 50%。按照这一进度，到 2019 年，风电和太阳能有可能达到全球新建发电厂市场份额的 50%。2018 年将是非再生能源发电的顶峰。

## 二、太阳能

由于太阳能所具有的储量巨大、分布普遍、无污染以及潜在的经济性，太阳能在未来的能源消耗中可能占有最重要地位。已知的其他能源如：风能、生物质能、地热能等都直接或间接来自太阳能。尽管太阳辐射到地球大气层的能量仅为其总辐射能量的 22 亿分之一，但已高达 173000TW，每秒、每年到达地球表面的太阳辐射能约相当下 500 万 t、130 万亿 t 标煤，只需要提取太阳能的万分之一即可满足当前人类能源需求，提取千分之一即可满足未来数十年内人类社会发展的能源需求。到目前为止对太阳能的利用方式主要以光伏发电和热能利用两种方式。

### （一）太阳能热水器

在太阳能热利用方面，我国目前最广泛应用的技术是太阳能热水器。其基本原理是将太阳辐射能收集起来，通过与物质的相互作用转换成热能加以利用。目前主要有平板型集热器、真空管集热器和聚焦集热器 3 种。集热器是太阳能热水器的核心部件，已基本实现商业化，一般均采用双层或三层玻璃真空集热管，结构与质量的改进大大提高了对阳光的吸收效率，同时高性能的保温材料保证了较低的散热率。全玻璃真空太阳能集热管高强度硼硅特种玻璃制作，热冲性能好，内管外表面覆盖选择性吸收涂层，可吸收太阳光能量的 93%，在 20℃下运行正常。

（二）太阳能发电

太阳能可以通过热发电和光发电两种方式转化为电能。热发电是利用太阳能辐射产生热能再经过机械能的转换而发电。太阳热发电系统主要包括槽式、塔式和盘式太阳能热发电三类，由集热系统、热传输系统、蓄热器热交换系统以及汽轮机、发电机系统组成。槽式太阳能热发电站的功率可至10～1000MW，是太阳能热发电站中功率最大、年收益最高的。高温型塔式系统和燃气轮机混合发电或最具市场化前景，功率可至100MW，但其在商业应用上还存在问题。盘式太阳能热发电系统在流动场所应用广泛，功率在5～1000kW，可代替柴油机组。

光发电是利用光电效应把太阳能直接转换成电能。法国物理学家贝克勒尔于1839年发现光伏效应，奠定了太阳能发电的物理学基础。1954年，单晶硅太阳能电池首次研制成功，光电转换效率为6%，标志着光伏电池进入实用阶段，2005年以来，全球光伏发电产业的年增长率高达50%。金融危机爆发的2008年全球世界光伏发电装机容量已然高达5．95GW，比2007年增长110%。

目前，光伏电池主要有四类：硅电池、化食物半导体电池、有机太阳电池和染料敏化太阳能电池。硅系光伏电池已有比较成熟的技术，其大规模的商业应用主要受限于以下几个原因：（1）硅电池成本较高，2007年硅电池组件的价格在2美元／Wp左右，发电的成本在4～6元／（kWh），乐观估计大约在2015年可降至1元／（kWh）左右，是火力发电成本的2倍。（2）蓄电池及逆变器等增加了系统成本。（3）光电入网技术亟待提高。

染料敏化太阳能电池是太阳能光伏发电的重要方向，以纳米$TiO_2$为材料，超高效率，价格低廉，安全无毒，薄膜化，性能稳定，寿命可达20年，成本仅为硅系太阳电池的十分之一。这一重大突破使人们看到了太阳能电池普及应用的希望，随着技术的逐渐成熟，太阳能发电取代水力、火力发电已为时不远。

三、生物质能

生物质是指任何可再生的或可循环的有机物质，包括所有的动物、植物、微生物，以及由这些生命体排泄和代谢的所合合机物质。目前，生物质是世界第四大消费能源，仅次于石油、煤炭和天然气，占世界总能耗的11%。生物质能是一种清洁、可持续发展、且资源丰富的可再生能源，具有可再生和环境友好的双重属性。地球上每年经光合作用固定的生物质能达到1800亿t标准煤，储量巨大，而作为能源的利用量还不到总量的1%，开发潜力巨大。生物质能利用过程排放的温室气体与低于植物生长过程中吸收的温室气体，因而在固碳减排、减缓气候变化的今天，其开发利用备受各国重视。

生物质能在不同国家的利用程度不同，芬兰、瑞典和奥地利较高，分别为18%、16%和13%；美国为4%，发达国家总体在3%左右。发展中国家占有的比重更大，为33%，在非洲地区更高，达55%。但是发展中国家主要利用方式为直接燃烧，能源利用效率较低。我国生物质资源丰富，目前约占总能耗的15%。利用生物质能的方式有：直接燃烧方式，物化转换方式，生化转化方式，植物油利用方式。

1. 直接燃烧发电技术

直接燃烧通常是人类利用生物质能最原始、最广泛的方式。但利用效率较低，直接燃烧的热效率仅为10%～30%，而且还会污染大气环境。直接燃烧生物质发电是一种更高效的燃烧利用方式，已经在一些国家广泛利用。目前，用于直接燃烧发电的生物质主要是秸秆、木屑、蔗渣及谷壳等。1988年丹麦率先研发生物质燃烧发电技术，丹麦BWE公司开发的秸秆生物质燃烧发电技术，仍是这一领域的世界最高水平，现在秸秆发电技术已被联合国列为重点推广项目。秸秆燃烧发电在欧洲已成功运用了20多年。目前秸秆直燃发电已成为在欧美国家21世纪可再生能源的战略重点，欧洲多国建有秸秆直燃发电厂，如：丹麦、瑞典、西班牙、英国等。以秸秆为燃料的小型热电联产已成为瑞典和丹麦的重要发电及供热方式。我国计划到2010年发展生物质能发电量要超过5.5GW，目前秸秆直燃发电厂已列入国家级示范项目。2004年经国家发改委批准，江苏宿迁、河北晋州和山东单县三地分别建设了3个秸秆发电示范项目，填补了我国空白。

2. 生物质气化及发电

生物质气化发电技术的基本原理是通过加热将生物质转化为可燃气体，再利用燃气发电设备进行发电。这是非常有效和洁净的现代化生物质能利用方式，解决了生物质能源密度低和资源分散的缺点。气化发电主要包括生物质气化系统、气体净化系统和燃气发电系统。气化炉是生物质气化的主要设备，生物质在气化炉中发生热解反应、燃烧反应及气化反应，产出可燃气体。生物质气化发电技术的发明是生物质能利用方式的重大突破，生物质能转化为可燃性气体后成为一种清洁、高效的新能源，扩大了利用范围，并可替代煤气等常规气体燃料。

（三）生物质液化技术

生物质是唯一可以转化为液体燃料的可再生能源，生物质液体燃料可以作为清洁燃料直接代替汽油等石油燃料，并可应用于燃油发电机进行发电，将生物质液体燃料能够部分弥补化石燃料的缺口。生物质液化是指出物质转化为液体燃料的过程。

生物质液化产物可以是乙醇、生物油等或其他化学品。生物质液化工艺分为生物化学法和热化学法。目前主要有以下几种技术。

1. 热解液化制取生物油：相对于传统裂解，生物质快速热溶液化采用超高加热速率、超短产物停留时间及适中的裂解温度，使生物质中的有机高聚合物分子在完全无氧的条件下迅速裂解，使固态和失态产物最少，从而获得最大量的液体产品。欧、美、日等发达国家先后发展了此项研究开发技术。加拿大开发的生物质直接超短接触液化技术生产成本每吨仅需 300 元，生产成本低于当前化石燃料价格，是生物质液化技术的重大突破。我国在生物质快速热解液化及加压液化方面与国际先进水平有较大差距，需要大力加强研究，降低生产成本将是生物质热化学法液化提高与化石燃料竞争力的关键。

2. 生物化学法生产燃料乙醇：生物乙醇的原料主要有陈粮、能源植物和农作物秸秆等。利用陈粮生产乙醇的工艺非常成熟。美国和巴西分别用本国生产的玉米和甘蔗大量生产乙醇作为车用燃料。

用食纤维素较高的农林废弃物生产乙醇是社会经济环境效益最高、原料供给最方便的工艺路线。生物质制燃料乙醇即把木质纤维素水解制取葡萄糖，然后将葡萄糖发酵生成燃料乙醇的技术。目前，世界上大规模生产乙醇的原料主要有玉米、小麦和含糖作物等。随着以基因技术为代表的现代科技的推广应用，用纤维素废物生产乙醇的工艺日渐成熟，可望在不远的将来，具备商业竞争力。

# 第十二章 太阳能基础知识

能源是人类赖以生存和发展的物质基础。几十年来，能源问题一直是举世瞩目的重大问题之一。无论短时期内常规能源的供求关系发生什么变化而导致其价格相应波动，但从未来较长的时期考虑，目前储量有限的常规能源毫无疑问地会逐步趋于衰竭，人类为了生存与可持续发展，必须寻求可替代常规能源的新的能源。利用太阳辐射能是其可供选择的目标之一。在人类进入 21 世纪之际，探索、开发、利用太阳能的步伐、力度都在加大。本章仅对太阳能的一些基础知识作一叙述。

## 第一节 能源概述

一、能源定义与分类

（一）能源的定义

能量指物质能够做功的能力，它是考察物质运动状况的物理量，如物体运动的机械能（动能和势能）、分子运动的热能、电子运动的电能、原于振动的电辐射能、物质结构改变而释放的化学能、粒子相互作用而释放的核能……。而“能源”起初主要指能量的来源；现在所讲的“能源”则指的是各种能世的资源，即直接取得有效能或通过转换而取得有效能的各种资源。指的是产生能量的物质，与前有所不同。笼统地说任何物质都可以转化为能量，但是转化的数量及转化的难易程度差异是很大的。一般而言，把比较集中、较易转化的且有某种形式能量的自然资源以及由它们加工或转换得到的产品统称为能源。

（二）能源的分类

在获取、开发和利用能源过程中，为了表述方便需要对其进行分类。能源的分类方式有七八种以上，在此仅介绍常用的几种。

1．根据能源的成因（开发与制取方式）分类

可分一次能源和二次能源。通常把以现成的形式存在于自然界中（没有经历任何转换过程）的能源称为一次能源，如天然气、原油、无烟煤、太阳能等；而把需要依靠其他能源来制取或产生的能源称为二次能源，如煤气、汽油、火药等。

2．根据能量的来源不同分类

可分为三类。第一类，来自地球以外；第二类，来自地球内部；第三类，来自地球与其他天体的作用。

3. 根据可再生性分类

可再生性能源为非耗竭型能源，这种能源不会随着其本身的转化或人类的利用而日益减少。它们可以源源不断地从自然界中得到补充。非再生性能源一般是指经过漫长的地质年形成，开采之后不能在短时期内再形成的能源；它们会随着人类的利用而日趋减少，以至枯竭。

4. 常规能源与新能源

常规能源是指目前已经成熟地使用了许多年并且得到了比较广泛应用的能源，如石油、煤、天然气等。新近才利用的能源或正在开发研究的能源称为新能源。所谓新能源，是相对而言。现在的常规能源在过去也曾是新能源，今天的新能源将来又要成为常规能源。例如核裂变，目前基本上已经成熟，在许多国家中已经把它作为常规能源。

二、能源评估

各种能源其单位含能量的多少不同，为了便于对各种能源的含能量进行计算、对比和分析，必须统一折合成某一标准单位。国际上习惯采用两种标准燃料，一种是标准煤，另一种是标准油。中国多采用标准煤。其值为：

1kg 标准煤＝29307．6 kJ＝7000 kcal

1kg 标准油＝41868 kJ ＝10000 kcal

1kg 标准煤＝0．7 kg 标准油

需注意，标准煤或标准油并非指某一种煤或油，而是一能量计量单位。

另外，国际上在计算原油日产量和出口量时常用“桶”这一单位计量。在进行重量、容量折算时，一般以世界平均比重的沙特阿拉伯 34 度轻原油为准。该油每吨折合 7．33 桶，每桶折合 42 US gal，1 US gal=3．785×$10^{-3}m^3$。

能源的种类很多，各有优缺点。从目前开发、利用角度考虑，评估能源优劣主要可从以下几个方面进行：

（一）能流密度

在单位空间或单位面积内从某种能源实际所能得出的能量或功率。显然，如果能流密度很小，就很难作为主力能源。按照目前的技术水平，太阳能和风能的能流密度很小、大约只有 1000W／$m^2$左右的水平；核能的能流密度则很大；各种常规能源的能流密度也比较大。

（二）存储量

显然这是一个必要条件，存储量少就没有开发、利用价值。我国煤炭、水力资源丰富，其他常规能源和新能源资源也较丰富。有些正在勘探中，前景很好。与储量有关的评价还应考虑其可再生性和地理分布情况。太阳能、水力、地热、有机物等是可再生能源，矿物燃料与核燃料则不能再生。能源的地理分布对它的使用很有关系。例如我国煤炭资源偏西北，水力资源偏西南，都对它的利用有影响。

（三）环境污染

污染的主要来源是耗能设备，随着耗能量的增加，产生的污染程度会愈来愈大。随着环保呼声的提高和可持续发展的提出，人类对环境的重视会进一步加强，对这一指标的要求也会增加。原子能的可能危险性大家都很重视，应用时一定会采取各种安全措施，但对烧煤的污染危害性目前还重视不够。水力也有其独特的“污染”，如对生态平衡、土地盐碱化、灌溉与航运等的影响，也需加以注意。太阳能、风能等则基本上是没有污染的能源。

（四）能量存储与连续供给

无论是工业、农业和人们的日常生活对能量的需求都存在着高峰、低谷、间歇等规律。有时要求持续很长时间，不许间断地供能。这就要求所使用的能源能在不需用时可存储起来，需用时能立即发出能量。在这方面太阳能、风能等资源，目前还不容易做到；而各种矿物燃料和核燃料等则比较容易满足要求。

（五）成本问题

它主要包括资源获取与设备价格等费用。太阳能、风力等能源在获取时可不花任何成本就能得到；各种矿物燃料与核燃料，从勘测。开采、到加工、运输等都需要人力和物力的投资，而是有的工序对劳动者还有一定的危险性和损害人体健康。但是如果考虑到设备的价格、那么根据目前的科学技术水平。太阳能、风能、海洋能等的发电设备，虽然运行费用很低，但初投资太大，资金周转太慢。天然气和石油的装置价格只有前者的几十分之一。初投资少得多。开采与利用的成本与能源的转化和利用的技术难度关系很大。随着技术的发展，太阳能等的初投资成本正在不断降低。

（六）运输与损耗

太阳能、风能、地热等是难以运输的。而石油、天然气等则很容易从产地输送到用户。运煤稍微困难一些且存在运输损耗。水力发电站如果远离用户，则远距离赖输电技目的技术水平损失也不小，而且还是一项投资较大的基建工程。

（七）能源品位

能量可以相互转换，但转换的效率有所差异；如热能转换为机械能时，只柯其中一部分转变为机械能、其余部分则以热的形式传给另一较冷的物体。而机械能却可以全部转变为热能。由此可见，机械能和热能是不等价的。与机械能等价的能量形态有电能、水力和风能等，如果没有摩擦阻力，它们之间可以完全相互转换。此外，处于不同状态的载能物质．能的“品味”也不相同。例如，在热机循环中，热源温度愈高，冷源温度愈低，则循环热效率就愈高，即热量可以转化为机械功的部分愈大。相同数量的热能，温度不同，可以转变为功的多少也不同。显然，温度高的热能，其转变为机械能的数量多，品位就高，温度低的热能，转变为机械能的数量少，品位就低。与环境温度相同的热能，品位最低，作功能力等于0。我们对能够得到较高热源温度的能源称为高品位能源，否则是低品位能源。因此，能够直接转变成机械能和电能的能源（如水力），品位要比必须先过热这个环节的能源（如矿物燃料）高一些。在使用时应当安排好不同品位能源的合理应用，以便用得其所。

机械能是一切形态能量中“品味”最高的一种、而且又是人类生产和生活中最常使用的能量。所以常以机械能为标准，用转变为机械能的程度来衡量其他形态能量品位的高低。

以上评估能源的指标，应以动态的观点来考虑、随着科学技术的进步和应用的发展，其污染、存储与连续供能、成本费用、运输和损耗、能源品味等项指标都可能发生变化，得到改善和提高。

严格地说，地球上除了地热及核燃料以外，几乎所有的自然资源都来自太阳能。由大气、陆地、海洋和生物等所接受的太阳能是各种自然资源的源泉。矿物燃料是几百年前动植物本身吸收太阳能而改变本来面目，以化学能的储存形式存在的能源，它源于远古的太阳能。水的蒸发和凝结，风、雨、冰、雪等自然现象的动力也是太阳能。因而水能、风能归根到底都来自太阳能。生物质能是通过光合、光化作用转化太阳辐射能取得的。由于太阳和月球对地球上海水的吸引作用产生潮汐能等等。

三、能源与人类经济生活

能源在经济发展和社会进步中扮演着极其重要的角色。人们的日常生活和社会生产都离不开能源。他们以直接或间接的方式利用某些自然资源从而获得能量。人们热望提高自己的生活水平，不断地为改善生活、增进社会福利而奋斗；而生活水平与能量消耗成正比，与人口数量成反比。所以能量的生产和消耗与整个国民经济以及人民生活水平密切相关。几乎可以用每人每年能源消费量作为衡量一个国家文明进步的尺度。

用人均年能源消费量衡量该国家文明程度，对现代社会的生产和生活根据不同的发展水平，大致有三种估计：

（一）维持生存所必需的能源消费量。它是以人体的需要与生存可能性为依据确定的。这个数量只能维持最低生活的需要，每人每年大约400kg标准煤。

（二）现代化生产和生活最低限度的能源消费量。它是保证人们能够丰衣足食，满足最起码的现代生活所需要的能源消费量。每人每年需要1200～1600kg标准煤作为达到这个标准的能源消费水平。

（三）更高级的现代化生活所需要的能源消费量。它是以工业发达国家已有的水平作为参考依据，使人们能够享有更高的物质与精神文明，每人每年至少需要2000～3000kg以上的标准煤，甚至更多。

满足最起码的丰衣足食的现代化生活的能源消费，包括衣食住行等各个方面的直接能耗和间接能耗。

## 第二节 太阳能的利用背景

一、能源利用的几个时期

如果从利用能源的变化角度观察人类发展的历史，大致划分成这样几个时期比较合适，即天然能源时期、矿物能源时期（该时期又可细分为煤炭时期和石油时期）和新能源时期。

（一）天然能源时期

人类主要以树枝、杂草等当燃料，用于熟食和取暖；靠人力、畜力和一些简单的风力或水力机械作动力从事生产活动或满足一般的生活需要。这个时期的生产和生活水平都很低，它延续了十分漫长的时间；约在18世纪以前的岁月中大都是如此。

（二）矿物燃料时期

18世纪产业革命招致的工业大发展。开始了大量地使用煤炭。19世纪电力开始进入社会的各个领域，石油和天然气的利用逐渐超过了煤。20世纪70年代核裂变技术蓬勃发展，引起许多缺煤少油国家的重视；纷纷建造核电站。以煤、石油、天然气等为主的矿物燃料时期预计可能会延续到21世纪中叶；届时由于它们储量的衰竭，将会出现其他能源取而代之，占据人类生产、生活的主导地位。

（三）新能源时期

新能源包括太阳能、风力能、水力能、生物质能、海洋能、地热能、氢能和核能。太阳能约占新能源总量的99．98%。因此，也可以说太阳能是新能源的主体。一种能源利用方式的改变，会对人类生产、生活的文明发展带来重大影响。

二、太阳能利用的途径和发展史

（一）太阳能利用的途径

太阳辐射能实际上是地球上最主要的能量源泉。自然界中的燃料能、风能、水能等皆来源于太阳能。人类直接利用太阳能、已有上千年的历史。而利用的主要途径主要有以下几种：

1．光热转换

2．它是靠吸收太阳辐射的光能直接转换为热能的。这种途径虽最古老，但发展的最成熟、普及性最广、工业化程度很高。光热转换提供的热能一般温度都较低，小于或等于100℃。较高一些的也只有几百摄氏度。显然，它的能源品位较低，适合于直接利用。

2．光电转换

将太阳辐射的光能根据“光电转换”原理把光能变成电能再加以利用，常称“光伏转换”。这是近几十年才发明和发展起来的。由于电能的位品相当高，所以它的应用领域最宽、范围最广、工业化程度最高、发展最快且前景十分乐观。

3．光化学转换　通过光化学作用转换成电能或制氢。它也是利用太阳能的一个途径。二三十年前有不少人对此作了许多研究。近来报道不多。目前仍处于研究、开发阶段。

4．光生物转换　通过光合作用收集与储存太阳能。近来在这方面的研究有所增加，人们期盼出现突破性的进展。

（二）太阳能利用的发展史

太阳对人类的重要影响可以追溯到人类历史的起源。这是人类发展史中的一个普通的和重要的阶段。美洲的阿兹特克人和更早的人，崇拜过太阳，大洋洲人，欧洲德洛伊人，中国人和古代埃及人都崇拜过太阳；事实上，所有伟大的早期农业文化，都经历了不同形式对太阳的崇拜。当人类开始利用土地，并受益于太阳时，就开始崇拜太阳了。然而如今人们仅仅是了解、重视太阳对人类的影响并利用其以改善我们的生存环境。

人类主动利用太阳的历史大致可分为四个阶段：

1．雏幼阶段（～1920）

这一阶段，太阳能利用表现为在某些特殊场合、特定条件下作为动力装置的应用。如：可追溯到公元前11世纪，距今3000多年前，我们祖先发明了“阳燧取火”技术。所谓阳燧就是一种金属的凹面镜，它能汇聚阳光燃艾绒之类而取得火种。

2．发育阶段（1920～1973）

这一阶段，太阳能的利用途径、材料和理论研究都得到了发展并且已渗透到了诸多领域。其产品的工业化、市场化有了一定的进展。

3．成熟阶段（1973～1996）

这一阶段，太阳能光热、光伏两大主流利用技术都已成熟，太阳能产业初步建成，其产品实现商业化，市场已培育起来。为下一阶段的飞跃奠定了基础。

4．飞跃阶段（1996～2050）

这一阶段，太阳能的利用出现飞跃性发展。在这一阶段中，人类遇到了三大压力：能源消耗需求的增长、环保、可持续发展。近几年政府、科技、行业、市场的表现证实了这阶段的性质是属于飞跃性的。

## 第三节 太阳能的特点

一、太阳

人类所处的银河系，看上去是螺旋结构。它的直径约$80\times10^3$光年，并具有椭球结构的中心部分，银河平面上的两个长半轴约$10\times10^3$光年，而短半轴约3、$5\times10^3$光年。太阳的位置处于距离银河中心约$27\times10^3$光年，很接近银河系平面，距离它在100光年之内的地方。

太阳系起源的星云假说。早在45亿年前，在沿着旋涡状银河系的一条旋臂向外延伸很远的地方，一团巨大的气体尘埃开始在恒星空间收缩。这个云团在收缩时愈转愈快，变成了一个圆盘。到了某个阶段，在圆盘的中心聚集起一个天体，该天体质量既大，密度、温度又高，以致其中的核燃料被点燃，而它自身则变成了一颗恒星——太阳。

人类对太阳的探索与研究仍在继续，太阳的结构至今还远远没有弄清楚。光谱分析表明，地球上已发现的109种元素，除17种人造元素以外，其余92种元素太阳里都有。这表明太阳与地球存在着密切的关系。

太阳辐射有两种形式；一种是从光球表面发射出的光辐射，这种辐射由可见光和人眼看不见的不可见光组成。另一种是微粒辐射，它由带正电荷的质子和大致等量的带负电荷的电子以及其他粒子组成的粒子流。微粒辐射平时较弱，能量也不稳定。在太阳活动剧烈时，对人类和地球高层大气有一定的影响，一般从能量角度而言，它对地球的影响微乎其微，通常所说的太阳辐射能指的是第一种辐射——光辐射。

太阳不断地以光线的形式向广阔的宇宙空间辐射出巨大的能量，这种辐射能称之为太阳辐射能或简称太阳能。据估计太阳的寿命大约还有50亿年。因此，可认为太阳对地球是一永恒的能源。

太阳是一个处于高温、高压下的巨大火球。其直径约1．39×$10^6$km，比地球直径大109倍。其质量为2．2×$10^{27}$，这比地球质量大33倍。体积比地球大130万倍；平均密度为地球1／4。太阳表面温度约为6000K，中心温度约达1．4×$10^7$K。

太阳是由氢、氦和重元素组成。由于处在高温高压下，大量的氢和氦质子在剧烈地运动并撞击着其他元素的原子核，使这些元素的核发生破坏和改变，在碳原子帮助下，发生氢变为氦的核聚变反应。每一克氢变成氦时．质量损失0．0072克。根据质能互换定律（$E=mc^2$）可释放出能量6．48×$10^8$kJ。太阳每秒钟将657×$10^6$吨氢核聚变反应生653×$10^6$吨氦，质量亏损100万吨，则每秒连续释放能量360×$10^{21}$kJ。该能量以电磁波形式向四面八方传播，以3×$10^8$m／s的速度穿越太空，到达地球大气层上界只有全部辐射能的22亿分之一，即163．6×$10^{12}$kJ。太阳辐射由太阳到地球大气层约需8分钟，经过穿透大气层时的衰减，最后到达地球表面的功率为85×$10^{12}$kW。它相当于全世界发电量的几十万倍，从这个意义上讲太阳提供的能量是取之不尽的。

太阳的半径取做R，结构如下：

（一）太阳核

在0～0．23R范围内，质量占太阳质量的40%，体积为太阳总体积的15%，压力高达$10^9$个大气压，温度约为$10^7$K，密度为水的80～100倍，能量占太阳辐射总能的90%，以对流和辐射的方式向外放出能量。

（二）吸收层

在0．23～0．7R范围内，温度下降至130000K，密度只有水的0．07倍。热核反应所产生的大量氢离子在这里被吸收。

（三）对流层

在0．7～1R范围内，温度降至约5000K，密度为$10^{-5}$kg／$m^3$，大量的热对流在该区进行。

（四）光球层

对流层以外 500km 以内，有大量低电离的 H 原子，是人的肉眼所看见的太阳表面，温度大约 6000K，这一层对地球相当重要，太阳的绝大部分辐射由此对太空发出。光球表面常有黑子和光斑活动，这对太阳辐射量及电磁场有强烈的影响，活动周期约为 11 年。

（五）色球层

厚度大约有 10000～15000km。其大部分是由低压氢及氦组成。温度约为 5000K，密度仅 $10^{-5}$kg／$m^3$；因为温度高，色球层辐射出来的光是短波长的，并且由于它的气体十分稀薄，所以这种辐射也很微弱。

（六）日冕

色球以外带银光色的辉光层，它是由各种微粒构成的，包括一部分太阳尘埃质点，电离粒子和电子。日冕辐射的能量与其他部分的辐射相比是无足轻重的。仅占全部辐射能的 $10^{-8}$，而且它不能穿透大气层到达地面。

需要指出：能量的传递有传导、对流、辐射三种形式。传导和对流传送热能需要一定的分子作媒介；太阳与地球的距离十分遥远，在这一漫长的距离中，除地球大气层和太阳周围蒙气圈外，绝大部分的空间是真空地带。在这样的条件下，太阳热能依第传导和对流的形式传递给地球是不可能的，唯一传递能量的形式就是辐射。辐射传递能量是以电磁波的方式传递的，它不得要经过任何物质作媒介。相反，在传递空间遇到任何介质，都会被介质吸收、散射和反射而削弱传递的能量。辐射传递速度相当于光速（$3\times10^8$m／s）。

二、太阳能的特点

随着社会的发展和人类文明进步，太阳能将会扮演愈来愈重要的角色；之所以如此，是因为它有许多独到之处。太阳辐射能与常规能源及核能相比有下列几个特点：

（一）太阳能的广泛性

太阳辐射到处皆是，就地可用，无需运输或输送。可算是取之不尽、用之不竭的巨大能源，这对于山区、沙漠、海岛等落后的偏僻边远地区更显示出它的优越性，用户只要一次投资建造好太阳能系统之后，平时的维持费用远比其他任何能源都小的多。

（二）太阳能的清洁性

矿物燃料在燃烧时会放出大量的各种气体，核燃料工作时要排出放射性废料，它们都会使环境受到污染。利用太阳能可以大大减少环境污染，因此称太阳能为清洁能源。

（三）太阳能的分散性

太阳辐射尽管遍及全球，但每单位面积上的入射功率却很小也就是说它虽然是一个巨大能源，同时其单位能量密度小又是一个“贫矿”。因此要得到较多的能量，就必须要庞大的受光面积。对于大的太阳能系统对要涉及到设备的材料、结构、占用土地等问题。

（四）太阳能的间歇性

太阳能高度角一日及一年内在不断交化，且与地面的纬度有关，即使没有气象的变化，太阳辐射的变化已相当大。就一地而论

一天 24 小时内太阳辐照度变化很大，再加上气象变化如阴雨天日照更少，因此太阳能的可用量是很不稳定的，也就是说随机性很大。当利用太阳能发电时，一般配备相当容量的储能设备，如蓄电池组等，这不仅增加设备及维持费用，而且也限制了功率的规模和降低了整个系统的效率。

（五）太阳能的地区性

辐射到地球表面的太阳能，随地点不同而农历变化，它不仅与当地的地理纬度有关，还与当地的大气透明度（污染、混浊等）和气象变化等诸多因素有关。

（六）太阳能的永久性

太阳辐射已经进行了几十亿年，据估计太阳的寿命大约仍有 $5\times10^9$ 年，因此相对而言可以认为它是一个永久性能源。

总的来说，利用太阳能有其巨大的优点，但也有严重的缺点，因此在考虑太阳能利用时，不仅应从技术方面考虑，还应从经济、环境保护、生态、居民福利特别是国家建设的整体方针来全面考虑研究。

# 第四节 日地相对运动与赤纬角

贯穿地球中心与南北两极相连的线称为地轴。地球除了绕地轴自转以每天(24h)为一个周期外；同时又沿椭圆形轨道围绕太阳进行公转，运行周期约为一年。太阳位于椭圆形的一个焦点上，该椭圆形轨道称为黄道，在黄道平面内长半轴约为 $152\times10^6$km，短半轴约为 $147\times10^6$km；椭圆偏心率不大，1 月 1 日为近日点，日地距离约 $147.1\times10^6$km；7 月 1 日为远日点时 $152.1\times10^6$km，相差约 3%。一年中任一天的日地距离可以表示为：

$$R=1.5\times10^8\left[1+0.017\sin\left(2\pi\frac{n-93}{365}\right)\right](km)$$

式中 R——日地距离；

n——为 1 月 1 日算起，一年中的第几天。

地球的赤道平面与黄道平面的夹角称为赤黄角，它就是地轴与黄道平面法线间的夹角，在一年中任一时刻皆保持为 23° 27′（23.45°）。在地球上任一位置观察太阳在天空中每天的视运动是以年为周期性变化的，并取决于太阳赤纬角的大小。

赤纬角 δ 正午时的太阳光与地球赤道平面间的夹角。取从赤道向北为正方向，而向南为负方向，用 δ 表示。赤纬角 δ 从+23.45° 到-23.45° 变化，它导致地球表面上太阳辐射入射角的变化，使白天的长短随季节性有所不同。在赤道地区，从太阳升起到日落的持续时间为 12h。但在较高纬度地区，不同季节其昼长就有相当大的变化。例如北京在冬至左右时，昼长仅 9 个多小时，而在夏至左右时则有 14 个多小时。这意味着北京地区水平面上的总辐射，在夏至期间会大于赤道地区。各个地区一年中任一天的日升日落时间或昼长的计算参阅后面几节。赤纬角 δ 是地球围绕太阳运行规律造成的，它使地球上不同的地理位置所接受到的太阳入射光线方向不同，从而形成地球上一年有四季的变化。一年中有四个特殊日期，即：夏至、冬至、春分和秋分。北半球夏至（6 月 21 日或 22 日）即南半球冬至太阳光线正射北回归线赤纬角 δ ＝23.45°；北半球冬至（12 月 22 日或 21 日）即南半球夏至，太阳光线正射南回归线，δ ＝23.45°；春分（3 月 20 日或 21 日）和秋分（9 月 22 日或 23 日）太阳正射道，赤纬角都为零，地球南北半球昼夜相等。

赤纬角的日变化可用如下近似表达式计算：

$$\delta = 23.45\sin\left(360\frac{284+n}{365}\right)$$

式中 n 为从 1 月 1 日算起一年中的第几天的天数。

一年中赤纬角（δ）的变化范围在±23．45° 之间。

另一种更为精确的近似公式为：$\delta = 23.45^\circ \sin\left[\frac{\pi}{2}\left(\frac{d_1}{N_1}\frac{d_2}{N_2}\frac{d_3}{N_3}\frac{d_4}{N_4}\right)\right]$

$d_1$——从春分开始计算的天数；

$d_2$——从夏至开始计算的天数；

$d_3$——从秋分开始计算的天数；

$d_4$——从冬至开始计算的天数；

$N_1$＝92．795 天（从春分到夏至）；

$N_2$＝93．629 天（从夏至到秋分）；

$N_3$＝89．806 天（从秋分到冬至）；

$N_4$＝89．012 天（从冬至到春分）。

## 第五节 辐射光谱和太阳系数

任何物体当处于绝对温度（K）零度（-273℃）以上时，具有向外辐射热能的能力；同时也在吸收来自其他物体的辐射热能。物体辐射能力的强弱、取决于物体本身温度的高低。即斯忒藩—玻耳兹曼（Stefan—Boltzmann）光辐射定律：黑体辐射的能量正比于其绝对温度的四次方：

$$E = \sigma T^4$$

式中 E——单位时间辐射的能量；

σ——斯忒藩—玻耳兹曼常数，5．6697×$10^{-8}$W/$K^4m^2$；

T——绝对温度。

辐射的波长范围十分宽广，从波长 10-10μm 的宇宙射线到波长达几千米的无线电波。物体辐射最大能力的波长随物体温度而变化，与其温度成反比；温度愈高，辐射最大能力的波长就愈短，反之亦然。

其中、$\lambda_1$和$\lambda_2$为两个波长，而 $T_2$和 $T_1$是相对应的绝对温度。换句话说，增加温度，辐射的最大值移向短波长方向。这是可以被觉察到的，温度的增加引起辐射光谱从红外向红、再向紫外逐渐移动，在高温时，整个辐射显现出白光。

太阳辐射波长的主要范围为0．15～4μm。地面和大气辐射的主要波长范围是3～120μm，由此常常称太阳辐射为短波辐射；而称地面和大气辐射为长波辐射，以示区分两种不同性质的辐射。

太阳以连续不断的形式向外辐射着不同波长的能量，但这个星并非是一恒定位。因此可将其分为常定辐射和异常辐射。常定辐射包括可见光部分、近紫外部分和近红外线部分，它们约占太阳辐射总能量的90%。太阳本身是活动着的，其能量也在被动式地变化，不过常辐射的能量随着太阳活动的变化甚微。据测量，在太阳活动峰值年仅比太阳活动宁静年增大2．5%。人们根据这一规律确定了太阳常数，作为世界各国公用参数。太阳常数是在日地平均距离，地球大气层外垂直于太阳辐射的平面上．单位面积、单位时间内所接收到的太阳辐射通量。1971年测得这个值是：1353W／$m^2$，随后资料大多采用此值。而根据1981年10月在墨西哥召开的世界气象组织仪器和观测方法委员会第八届会议通过的最新数值是：1367W／$m^2$，这是用现代手段测得的数据。目前采用太阳常数的数值是1367W／$m^2$；用符号$I_{sc}$表示。太阳异常辐射包括太阳电磁辐射中的无线电波段部分、紫外线部分和微粒子流部分。这些部分的能量随太阳活动的变化而剧烈地变化着。如紫外线的强度随太阳活动的变化在几十至几百倍之间；微粒子流的变化则更大。

即使太阳辐射量为常定，实际上因为日地距离的变化，使得到达地球大气层上的太阳辐射能$H_0$也在变化。

# 第六节 地面接收到的太阳辐射

地球外围存在一圈大气层，太阳辐射到地球表面之前，在大气层中遇到各种成分时，一部分被反射回宇宙；一部分被吸收；一部分被散射。大气对太阳辐射的反射、吸收和散射过程是同时进行的，致使到达地球表面的太阳辐射能，无论是在量上还是在质上都发生不同程度的减弱和变化。

大气的组成可分为三大部分：一是永久气体，包括氯、氧、氩、氪、氢、氖、氦等分子；二是变动气体，包括水汽、二氧化碳、臭氧等；三足固体尘埃，如烟、尘、微生物、花粉和他于一类的有机微粒、放射性微粒等等。这些空气分子、水蒸气、尘埃的存在均会影响入射到地面的太阳辐射量。

一、大气的吸收作用

大气的主要吸收物质是氧（$O_2$）、臭氧（$O_3$）及水汽（$H_2O$）。大气中含有21%的氧，氧吸收的波长为小于0．2μm的紫外线在0．155μm处吸收最强。由于这种吸收，在地面光辐射中几乎观察不到0.2μm以下的辐射。臭氧主要存在于10～40km的高层人气中。在20～25km处最多，低层大气中几乎没有。臭氧在整个光谱范围内都有吸收。主要有两个吸收带，一个是0．20～0．32μm间的强吸收带，另一个在可见光的0．6μm处，虽然吸收因数不大。但恰好在辐射最强区，所以臭氧的吸收要占总辐射的2．1%左右。水汽是太阳辐射的主要吸收煤质，吸收带在红外及可见光区；太阳高度角很低时，水汽的吸收约占总辐射的20%。尘埃的吸收作用通常很小。

二、大气的散射作用

散射与吸收不同。它不会把辐射能转变为粒子热运动的动能，而仅仅改变辐射的方向使直射光变为漫射光，甚至使太阳辐射逸出大气层而不能到达地面。散射对辐射的影响随散射粒子的尺寸而变。一般可分为两种。一种为分子散射，散射粒子小于辐射波长，散射强度与波长的四次方成反比。大气对长波光的散射较弱，即透明度较大。而对短波光的散射较强。即透明度较小。天空有时呈蓝色就是出于短波光散射所致。另一种是微粒散射，散射粒子大于辐射波长，随着波长的增大，散射强度也增强，而长波与短波间散射的差别也愈小，甚至出现任波散射强于短波散射的情况。空气比较混浊时，天空呈乳白色，甚至呈红色，就是散射的结果。这种粒子散射通常用“浑浊度”来表示。

三、大气的反射作用

大气的反射主要是云层反射，它随着云量、云状与云厚的变化而变化。不同的云量、云形、云高对太阳辐射的影响相差很大，很难用一种方法来计算。

四、地球表面的辐射

在白天，地球由于吸收太阳和大气的短波辐射，不断积累热能，逐渐增温，但同时也在以辐射的形式内外辐射热能。若按地表温度为 300K 计算（约 27℃），地球表面的场射强度约为 383．79W/m² 这一辐射强度是很可观的。但是，由于在绝大部分的白昼时间里，地球表面政收来自太阳和大气的短波辐射都远远大于地球表面的辐射强度。因此，地球表面虽然也放出辐射热能，但仍是处在不断积累热能，逐渐增温的过程。正午太阳辐射强度最大，地表面吸收热量最多，温度也最高。在夜间，地表面处于背高太阳的位置，吸收不到来自太阳的直接辐射，大气的短波散射强度也近于零；来自大气的长波辐射常常又小于地表面放射的辐

射能，地球表面失去了增温的热源，因而不断地向外辐射热能、不断消耗积累的热量、温度逐渐下降。由此可见，温度的高低决定了辐射强度的大小，而辐射却又是温度变化的最主要因素。

五、大气长波辐射

大气层对于太阳短波辐射的吸收具有选择性。绝大部分的太阳短波辐射可以透过大气层，直接到达地球表面。所以大气吸收作用很差。除高层大气的臭氧层外，太阳辐射不是大气辐射的直接热源。而大气层对于来自地球表面的长波辐射，却有近似黑体的吸收能力；几乎全部吸收，并转变为大气层本身的热能，以长被辐射的形式向外辐射。其中一部分又投射回地球表面；人们把投射回地球表面的大气长波辐射称为大气逆辐射。

大气具有使大部分太阳短波辐射通过，使其到达地球表面，同时又使地球表面的长波辐射不致逸出大气层以逆辐射的形式射向地面的能力。这种能力可使地球表面温度提高 38℃左右，地面平均温度可维持在 15℃；如果没有大气层的存在，地面平均湿度仅能稳定在-23℃左右。

从上述可归纳，影响地球表面可接收到的太阳辐射能的各种因素可概括为四个方面：

（一）天文因素

包括日地距离的变化，太阳赤纬的变化；地球自转时，以每小时 15° 的角速度向前推移，造成早、午、晚接收太阳光强弱的不同和昼夜交替接收阳光的断续。

（二）地理因素

观测和接收地点所在纬度、经度和海拔高度、地势地貌的不同。

（三）几何因素

阳高度角、赤纬的变化。辐射能接收面的倾斜度和方位的不同。

（四）物理因素

大气的吸收、反射、散射引起的衰减，以及辐射能收受面的物理特性，粗糙或光滑的不同等等。

## 第七节 太阳时和时差

需要指出的是：在太阳能工程的设计计算中，所用到的时间都是太阳时，它与我们日常时钟所指示的时间是不同的。所谓太阳时是采用其太阳中心的时角来计量的。它的起点是真太阳的上中天（正午），以连续两个上中天的时间间隔作为一个真太阳日。但是，由于地球的轨道是椭圆形的，而且在近日点处地球运动速度增加；真太阳日，也就是太阳连续两个通过子午圆的中间间隔时间，不是恒定的。为了提供一种均匀的时间尺度，必须以假想的“平均太阳”作为参考，地球不是沿着的椭圆轨道运行，而是设想它在一个圆形轨道（天球赤道）上，以角速度 $w=2\pi$ 弧度／年＝1．$99\times10^{-3}$弧度／s 运行着。

平均太阳时间是平均太阳的时角，这像真实太阳时间一样，它是从穿过观察者所处子午圈的瞬间开始测量的。平均太阳时间和真太阳时间的偏差一年中最高可达4．5°。其太阳时间和平均太阳时间两者时刻之差称作“时差”用 E 表示。

# 第八节 太阳能资源分布与区划

一、太阳能资源分布

地球上所有的国家都可接受到一部分太阳辐射能。但这个变化相当大，最北方的国家和南美洲南端，每年日照时间仅有数百小时；而阿拉伯半岛的绝大部分和撒哈拉大沙漠，每年日照时间则可高达4，000h。辐射到地球表面各地的太阳能资源的分布情况，与当地纬度、海拔高度及气候等状况有关。一般以全年总辐射量来表示，单位为kcal／$cm^2$：•a或kW•h／$cm^2$•a。有时也用全年日照总时效来表示。估算太阳每天辐射到地球上总能量时，首先考虑世界上所有的天然沙漠。其中面积大约为20×$10^6km^2$，每天平均日照量为5831．80W／$m^2$。其余的30×$10^6km^2$的面积受到的每天平均日照量约为291．65W／$m^2$。取每天日照时间为8h，则天然沙漠上每天接受到的太阳能是163．2×$10^{12}$kW•h，也就是说，每年接受的能量大约为60×$10^{15}$kW•h。效率取为5%，将有3，000×$10^{12}$kW•h的太阳能变为可用能量。与估计的2，000年世界能量需求（50×1012kW•h／a）相比，显而易见，它将是那时全世界能量需求的60倍。

二、中国太阳能资源区划

中国地处北半球，幅员辽阔，绝大部分地区位于北纬45°以南。中国拥有丰富的太阳辐射能资源，在大约600万$km^2$的国土上，太阳能的年辐射总量超过16．3×102kW•h／$m^2$•a（新的规定不再使用kcal“千卡”这个单位，可选用：kJ或kW•h。）；约相当于1．2×$10^4$亿吨标准煤。全国年日照小时数在2，000h以上。太阳能年辐射总量超过1630kW•h／$m^2$•a的地区，约占全国总面积的2／3。各个地区全年总辐射量的分布大体上在930～23．3×$10^2$kW•h／$m^2$•a之间。其中值为16．3×$10^2$kW•h／$m^2$•a。但由于受地理纬度和气候等的限制，各地分布不均。中国太阳能辐射主要特点：西部高于东部，北方高于南方。

近来有许多资料表明对太阳能发展的预测出现了极其乐观的估计；它在近几十年中格逐步占据人类能源供给的一定份额。这有待于发达国家、经济强国、大国肩负起人类持续发展的责任，投入足够的力量使其上一个台阶。否则只能是杯水车薪，“蚊子叮大象”。

# 第十三章 太阳能转换原理

本章介绍太阳能各种利用途径的一般性转换原理；对于具体应用系统的工作原理将在应用篇中作进一步的阐述。

## 第一节 光热转换

当阳光照射到物体上时，在物体表面发生反射、折射现象。有一束强度为$I_0$的光照射到物体前表面时，将在0点发生反射和折射。0点称入射点，$I_{p1}$为反射光强度。这时入射角$a_i$等于反射角$\theta_r$，并满足折射定律：

$$\sin\theta_i / \sin\theta' = n_1 / n_0$$

式中 $\theta'$——折射角；

$n_1$——该物体的折射率；

$n_0$——空气的折射率。

折射光进入物体后，逐渐被物体吸收。刚进入物体的折射光强度为$I_1$（$x=0$处的光强），由于物体的吸收，折射光不断减弱，在距物体表面$x$处的光强力$I_x$，根据朗伯定律得

$$I_0 = I_{p1} + I_1$$

$I_x = I_{1e} - \dfrac{Bx}{\sin\theta'}$其中，$B$为该物体的吸收系数，与入射光的波长有关。若该物体的厚度不大，进入物体的光（折射光）不会被完全吸收，设物体厚度为$d$则有强度为$I_d = I_{1e} - \dfrac{Bx}{\sin\theta'}$的光到达物体下表面，同时在下表面处发生第二次反射、折射。这时，反射光$I_{pd}$称为内反射光；折射光$I_{r1}$按$\theta_i$角射出表面。$I_{r1}$又称透射光。而

内反射光$I_{pd}$在物体内不断被吸收，其剩余部分回到上表面处将继续产生反射，折射，并依次类推，直到被吸收完。

实际观察到的反射光为：$I_p = I_{p1} + I_{p2} + \ldots$

透射光：$I_r = I_{r1} + I_{r2} + \ldots$

被物体吸收的光强为$I_a$。如果忽略热辐射则得

$$I_0 = I_p + I_a + I_\tau$$

通常用反射比$\rho$吸收比$a$和投射比$\tau$描述物体的光学性质，则它们之间的相互关系有：

$$\left.\begin{aligned} \rho &= \frac{I_\rho}{I_0} \\ \alpha &= \frac{I_\alpha}{I_0} \\ \tau &= \frac{I_\tau}{I_0} \end{aligned}\right\}$$

显然，忽略热辐射时，则得

$$\rho + \alpha + \tau + 1$$

理论上，只有绝对黑体才不反射光$p = 0$，也没有透射光$\tau = 0$，其吸收比$\alpha = 1$，并且与入射光的波长无关。实际上，几乎所有的物体都不是绝对黑体，它们的$\rho$、$\alpha$、$\tau$都在0～1之间，并且与入射光的波长有关。反光材料的反射比接近于1，即$\rho \to 1$、吸热材料的吸收比接近于1，$\alpha \to 1$、透光材料则$\tau \to 1$。有的材料如白族，对于太阳光中的可见光部分有10%～16%的吸收比. 像是反光材料；但是白族对于远红外光的吸收比高达90%～95%、又是很好的红外吸收材料。

上述的反射，是指的镜面反射光。如果阳光照射到粗糙的表面上，将发生漫反射（或称做射）。其特点是光向各个方向射去，反射角有许多。磨砂玻璃表面，氧化镁表面，都是漫反射表面。

物质是由分子组成，分子又由原子组成 v 而原于是由原子核以及绕核运动的电

子所组成的。在室温下，组成物质的全部分子、原子都在不停地运动着；温度愈高，运动的亦愈剧烈。物体吸收了太阳光以后，将在其内部引起一系列复杂的变化。而对光热转换产生影响的主要有以下两点：

1．加剧分子、原于及电子的热运动，引起物体温度升高；

2．增强物体向外界的辐射（光）量。

在太阳辐射能的光谱中既有红外光又有紫外光，且都能被物体吸收而对光热利用作出贡献。但贡献最大的是太阳光中波长为0．38～2．0μm的可见光区和近红外光区的光，它们大约占了总能量的85%以上。

如果把一个具有黑色粗糙表面的物体放在室外曝晒，由于它的吸收比很大，反射比和透射比极小，物体可吸收照射到它上面的绝大部分光能，并转换成热能，使温度不断升高。但当温度升到某一值如60℃或70℃时，便不再上升了。因为接触传导、空气对流和热辐射不断地带走了热能，使得单位时间内物体吸收阳光变成的热能与热传递损失的热能相等，物体处于动态平衡状态，有一稳定的平衡温度。只要入射光能不变，环境条件不变，平衡温度也不会变。

如果将上述黑色物体置于密闭相中，箱子的四周和底部由良好的绝热材料与外界阴离，内表面涂黑，顶部用透明材料（如玻璃盖严。那么，这个黑色物体的温度将会继续升高。在正午的太阳下，物体和箱内的平衡温度可超过100℃。这是因为一般的玻璃可以透过波长5μm以下的太阳光，而反射5μm以上的红外光。玻璃本身也是隔热体。这样，黑色物体把透进来的波长小于5μm的阳光转变成热能，升高自身和箱内空气的温度。而其本身热辐射产生的红外光大于5μm，又被玻璃反射回来。箱内与箱外的热传递很难进行。于是箱内的能量不断积聚，使箱内的温度不断升高。这就是“热箱原理”。

# 第二节 光电转换

太阳能转换为电能，现在得到实用的主要有两种途径。一种是“光热发电”，它是先把太阳能转换为热能，然后再利用热力发电进而转换为电能的；由于它中间环节相对较多，系统复杂等原因发展受到了一定的限制。太阳能发电的另一种途径是“光伏发电”，它是通过光电器件直接将太阳光转换成电能的；这种发电形式近几十年得到了快速发展。光伏产品任国际、国内太阳能利用市场上均扮演重要角色；它是今后太阳能利用重要的发展方向之一。下面以晶体放太阳电池为点例，阐述“光伏转换”的原理，以期触类旁通，举一反三。

一、半导体原理

理论上讲，无论是固体、液体还是气体都有一定的将光转换为电的能力,但转换能力的差别极其大、可能差几个、几十个或几百个数量级。在固体中，尤其在半导体内，其光电转换的效率相当高。人们把太阳辐射光直接转换为电能的器件称为太阳电池。太阳电池是一固态半导体器件：它完全依靠内部的固体结构实现光转换为电的，没有任何活动部件。

（一）能级

从《物理学》中我们知道原子的结构是以壳层形式按一定规律分布的。原子的中心是一个带正电荷的核. 核外存在着一系列不连续的、由电子运动轨道构成的壳层，电子只能在壳层里绕核转动。在稳定状态，每个壳层里运动的电子只有一定的能量状态。所以一个壳层相当于一个能量等级，称为能级。一个能极亦表示电子的一种运动状态。所以能态、状态和能级的含义相同。原子中电子的运动状态（能级）由四个量子效来确定；分别是：主量子数 m、副（角）量子数 l、磁量子数 m 和自旋量子数 $m_s$。

（二）能带

固体中原子的能级结构和孤立原子的不同，形成所谓“能带”。能带的形成是固体中原子相互影响的结果。从量子力学的观点来看，原子中电子本无确定的轨道；之所以使用轨道一词，实际上是指电子出现几率较大之处。所谓内层轨道是指在原子核附近电子出现几率较大之处，而外层轨道则指在原子核外电子出现几率较大之处。

能级分裂形成的能带有两个特点:

1. 能带内电子的能量是连续变化的. 或者说电子的能态是连续分布的（在孤立原子内，核外电子绕核运动，受原子核束缚。电子只能取一系列不连续的能量状态、形成一系列分立的能级，量子化）。原因是作用于电子的蚊子数目很多，且又分布在它的四周空间。

2. 原来的一个能级分裂成一个能带；不同的能级分裂成不同的能带

价电子共有化运动形成一个能带、使其处于价级分裂后的这些能级上，价电子这样的能带、叫做价带。价带的宽度约为几个电子伏特（cV）。如果价带中所有的能级都按泡利不相容原理填满了电子，则成为满带。

激发能级也同样分裂成为能带。一般地讲，激发能带中没有电子，所以称做空带。但是价电子有可能经激发后跃迁到空带中而参与导电，所以空带亦称导带或自由带。在两个相邻的朗带之间（如满带与导带之间），可能有一个不被允许的能量间隔（此间不存在能级），这个间隔称为禁带。电子不具有禁带范围内的能量。

需指出，许多实际晶体的能带与孤立原子能级间的对应关系并不都像上述的那样简单，因为一个能带不一定同孤立原子的某个能级相当，即不一定能区分 s 能级和 p 能级所过渡的能带。例如有时两个分立的能级会互相交杂；或变为互相更合的能带而禁带消失；或分裂为另外两组能带。这种过程称为轨道的杂化。许多实际晶体存在轨道杂化现象。

（三）本征半导体和掺杂半导体

本征半导体纯净半导体的禁带一般都比较窄。在绝对温度零度时，满带中填满电子，而导带中没有电子。在外电场作用下，如果满带仍然是填满电子的，外电场不能改变满带中电子的量子状态，也就是不能增加电子的能量和动员、因而不能产生电子的定向运动，不会产生电流。如果加强电场，或者利用热或光的激发，使满带中的电子获得足够的能量，大于其禁带宽度 $E_g$，而跃迁到导带中去如图。这样，半导体则可导电。需要说明，不但在导带中构成了导电的条件，同时在满带中也构成了导电条件。在导带中，由于自由电子的存在而引起的导电性，称为电子导电性。在满带中，导电虽然是由于电子运动而引起的，但是性质与电子导电的情况有所不同。它是“空穴”（空穴只有在基本上填满了的满带中才有意义）的反方向运动导电的，满带中的这种导电性，称为空穴导电性。

对于纯净的半导体，在电子导电的同时，必然也有空穴导电。

这两种导电机构所给出的电流都在外电场的方向上。这种半导体具有电子在导带中和空穴在满带中相互并存的导电机构，称为本征导电，具有本征导电的半导体称为本征半导体；简单地说，绝对纯净的且没有缺陷的半导体称为本征半导体。如硅、锗、碲等都是这一类的半导体。非常纯的硅是本征硅。在本征硅中，导电的电子和空穴都是由于共价键破裂而产生的。这时的电子浓度$n$等于空穴浓度$p$，这个浓度称为本征载梳子浓度$ni$，$ni$随温度升高而增加，随禁带宽度的增加而减小，在室温时硅的$ni$约为$10^{10}/cm^3$。

掺杂半导体　根据需要可以在纯净半导体晶体点阵里，用扩散的方法掺入少量的其他元素的原子。所掺入的原子，对半导体基体而言，叫做杂质。掺有杂质的半导体，称为掺杂半导体。

（四）费米能级

半导体中电子的数目是非常多的；例如在硅晶体中的硅原子数大约为$5\times10^{22}$个/$cm^3$，仅价电子数就约有$4\times5\times10^{22}$个。在一定温度下，半导体中的大量电子不停地作无规则热运动，电子既可以从品格热振动获得能量，从低能级状态跃迁到高能级状态；也可以从高能级状态跃迁到低能级状态，将多余的能量释放出来成为晶格热振动的能量。因此，从一个电子来看，它所具有的能量时大时小，经常变化。但是，从大量电子的整体来看，在热平衡状态下，电于核能量大小具有一定的统计分布规律性，即这时电子在不同能量的量子态上统计分布几率是一定的。对于一个一定能态$E$，电子占据它的几率$f(E)$服从费米统计律，可用电子的费米分布函数表示：

$$f(E)=\frac{1}{1+e^{\frac{E-E_F}{kT}}}$$

式中　$k$——玻耳兹曼常数；

$T$——绝对温度；

$E_F$——费米能级。

（五）电子和空穴的输运

室温时半导体中的电子和空穴始终在进行着无规则的热运动，这种热运动不时为碰撞所中断，过了足够长的一段时间以后，这种热运动并不引起净位移。有两种原因可以引起电子、空穴发生净位移，即产生电于和空穴的输运，这就是漂移和扩散。

（六）载流子的产生与复合

产生如前所述，热平衡状态下的$n$型半导体中必定满足热平衡判据

（$n_{n0} \bullet p_{n0} = n_i^2$）。受到光照时，价带中的电子吸收光子能虽跃迁进入导带，在价带中留下等量空穴。这些多于平衡浓度的光生电子和空穴称为非平衡载流子或过剩载流子，它们的浓度分别记为$\Delta n_n$、$\Delta p_n$，且$\Delta n_n = \Delta p_n$。这样，受光照的$n$型硅就进入了非平衡状态，这时电子和空穴的总浓度$n_n$和$p_n$为

$$\left.\begin{aligned} n_n &= n_{n0} + \Delta n_n \\ p_n &= p_{n0} + \Delta p_n \end{aligned}\right\}$$

这种内外界条件的改变而使半导体产生非平衡载流子的过程称为载流于的注入（简称注入或激发）。由光照而产生光注入或光激发，由加热引起热注入，加电场则引起电注入。反之、半导体中载流子浓度积小于平衡载流子浓度积的情况称为载流子的抽取。复合当载流子浓度偏离它的平衡值时，它就有恢复平衡的倾向。在注入情况、恢复平衡靠复合实现。复合的微观过程比较复杂，现确认有三种复合机构：直接复合；通过符合中心复合表面复合。

二、光生伏打效应

（一）平衡$p-n$结

当$p$型半导体和$n$型半导体紧密结合连成一块时，在两者的交界面处就形成$p$ $\boxed{n}$结。实际上，同一块半导体中的$p$区和$n$区的交界面就称为$p-n$。

设两块均匀掺杂的$p$型硅和$n$型硅，掺杂浓度我分别为$N_A$和$N_D$。室温下，B（硼 III 族元素）、P（磷 V 族元素）原子全部电离。因而在$p$型硅中均匀分布着浓度为$p_p$的空穴（多子），及浓度为$n_p$的电子（少子）。在 n 型硅中类似地均匀分布着浓度为$n_n$的电子（多子），及浓度为$p_n$的空穴（少子），当$p$型硅和$n$型硅互相接触时，由于结（交界面）两侧的电子和空穴的浓度不同，结附近的电子就强烈地要从$n$侧向$p$侧方向做扩散运动，空穴则要向相反的方向——从$p$侧向$n$侧方向做扩散运动；结附近$n$侧的电子流向$p$区后，就剩下了一薄层不能移动的电离磷原子$P^+$，形成一个正电荷区，阻碍$n$区电子继续流向$p$区，也阻止$p$区空穴流向$n$区。类似的过程也使结附近$p$侧附近剩下一薄层不能移动的电离硼$B^-$，它阻碍$p$区空穴向$n$区及$n$区电子向$p$区的继续流动。于是界面层两侧的正、负电荷区形成了

一个电偶层，称为阻挡层。因为电偶层中的电子或空穴几乎流失或复合殆尽，所以阻挡层也称作耗尽层，又因为阻挡层中充满了固定电荷，故又称为空间电荷区，其中存在由 $n$ 区指向 $p$ 区的电厂，称为“内建电场”。

（二）非平衡 $p-n$ 结

在平衡 $p-n$ 结中，由内建电场 $V_D$。作用下形成的漂移电流等于由载流于浓度差形成的扩散电流，而使 $p-n$ 结中净电流为零。外加电场会增加扩散电流，使 $p-n$ 结处于非平衡状态。

若 $p$ 区接正，$n$ 区接负，则外加电压 $V_F$ 与 $V_D$。反向，$V_F$ 称为正向电压。正偏时结势垒高度减低为 $q(V_D-V_F)$，于是 $n$ 区中有大量电子扩散到 $p$ 区，$p$ 区也有大量空穴扩散到 $n$ 区，形成由 $p$ 指向 $n$ 的可观的扩散电流，也称正向电流。随着正向电压的增加。$p-n$ 结中扩散电流大大超过由 $p-n$ 结中剩余的电势 $V_D-V_F$ 作用下形成的漂移电流，于是得到正向电流电压特性，又称正向伏支持性。

若 $p$ 区接负，$n$ 区接正，则外加电压 $V_R$ 与 $V_D$。同向，$V_R$ 称为反向电压。此时，势垒高度增加为 $q(V_D+V_R)$，势垒宽度也增加，于是 $n$ 区中的电子及 $p$ 区中的空穴都难于向对方扩散。相反，增强了少子的漂移作用，把 $n$ 区中的空穴驱向 $p$ 区，而把 $p$ 区中的电子拉向 $n$ 区，在结中形成了由 $n$ 指向 $p$ 的反向电流;因少子数目较少，所以反向电流一般都很小。

## 第三节 光化学和光生物转换

太阳能的光化作用，通常包括光化合、光解和光敏化等三个方面。太阳能的光生物效应，往往既包含光化作用的三种基本过程，又包含有光热过程、光电过程以及更高级的光生命过程。

太阳能的光化学和光生物利用，由于利用效率很低等原因，目前仍处于研究阶段，并且进展缓慢。

一、光化学转换

光化反应的本质是物质中的分子、原子吸收太阳光子的能量后变成“受激原子”，受激原子中的某些电子的能态发生改变，使某些原子的价键发生改变，当受激原子重新恢复到稳定态时，即产生光化学反应。它包括光解反应、光合反应、光敏反应，有时也包括由太阳能提供化学反应所需要的热量。

（一）光解反应

光解反应相当普遍。一些物品必须避光保存；一些塑料制品不能曝晒。都是因为存在光解作用所致。人们利用太阳能光解作用的一个实例是用水光解制氢。

在一定的环境条件下，太阳光子能够被水分子所吸收，而当吸收的能量达到一定数量时，氢就可以释放出来，这一现象称为光分解。因此人们可以借助于阳光来制取氢气。在太阳辐射光谱中紫外线区域的光子具有使水直接实现光分解的能量，遗憾的是，大多数紫外辐射在大气层的上部就被大气中的水蒸气分子所吸收，到达地面的紫外辐射是很少的，主要是可见光。另一方面水对于可见光几乎是透明的，因此在地面上要进行光分解还必须有光催化剂。这种催化剂能吸收太阳辐射，然后它又把这能量传递给水，以实现光分解。此种制氢系统利用水直接吸收光子能量 hv 而分解出氢。

（二）光合作用

许多有机构分子在吸收太阳光后，其价结构发生变化，失去共振能或使其键长、键角与正常值发生偏离．甚至使键断裂。这就构成新的价键异构物。然后藉助于加热或催化剂的作用，又能返回原来状态，并获得所储存的能级。如蒽类化合物在光的作用下形成二聚物，将吸收的太阳能部分地转化为二聚物的化学能储存起来；当二聚物分解时，其化学能又变为热能而释放出来。因储能能力很小、并且蒽类化合物又极易被氧化，因而没有实用化。

40 多年前发现绿藻在无氧条件下，经太阳光照射可以放出氢气；10 多年前又发现兰绿藻等许多蔽樊在无氧环境中适应一段时间，在一定条件下部有光化合放氢作用。

目前对光化合作用和藻类放氢机理了解还不够，有待以后探索、研究以便充分利用阳光。

（三）光敏作用

光敏作用常常与光分解、光合成有关。日常生活中的照相底片，它的光敏面通常是由含 AgBr 微粒的乳胶制成。在光的作用下，AgBr 层中的溴离子 $Br^-$（负离子）吸收了光子的能量后分裂出电子，这个电子迁移到银离子 $Ag^+$（正离子）上，形成中性的银原子和溴原子，其光化学方程式为：

$$Ag^+ + Br^- + h\nu \rightleftarrows Ag + Br$$

经过显影和定形之后，留存在乳胶层中的金属银，便形成一个比较细致的、肉眼可见的图像。

二、光生物转换

地球上的一切生物都是直接或间接地依赖光作用获取太阳能，以维持其生存所需要的能量。所谓光合作用，就是绿色植物利用光能，用空气中的 $CO_2$ 和 $H_2O$ 合成有机物和 $O_2$ 的过程。不仅合成的有机物是动物、植物及微生物赖以生存的物质基础，而且 $O_2$ 也是动物、植物及微生物呼吸作用必不可少的化学成份。光合作用是碳素循环中的原动力。大气中的 $CO_2$ 通过绿色植物的光合作用而不断被消耗；另一方面，又通过动物和植物的呼吸作用而不断地得到补充。

地球发展史中的石碳化时期，通过光合作用变成植物有机质的 $CO_2$ 的量，远远超过植物本身和动物呼吸作用排出的 $CO_2$，这就形成了大量的碳累积累，慢慢地变成了埋藏到今天的石油、煤炭和天然气。

目前地球上通过光合作用消耗的 $CO_2$，与通过呼吸作用生成的 $CO_2$ 的总量几乎相等。空气中保持着 0．03％的 $CO_2$ 浓度平衡值。但是，如果大量燃烧矿物燃料，增加空气中 $CO_2$ 的浓度，则将会增加地球表面空气层对太阳光的吸收，增强“大气逆辐射”以减少地表的辐射损失，产生温室效应，致使全世界气温上升，南北极的冰山社会化，海平面水位上涨，引起整个地球气候的反常。

据计算，地球上每年通过光合作用由 $CO_2$ 转变为有机物质的碳素总量约达 $2\times 10^{11}$t。其中，约有 90％是生活于海洋和淡水里的藻类的光合作用的产物，其余的 10％由陆地上的野生植物和栽培植物所生产。

对于光合作用的复杂性，人类直到 18 世纪才有所认识。1772 年，英国人普里斯特雷首先发现，把活的植物放入蜡烛或动物呼吸所污染的空气中，能使空气恢复新鲜，植物保持活力。由此，找到了动物和植物在呼吸系统上的相互关系。随后，荷兰人英根—霍兹发现，植物的这种功能是由于植物的绿色叶片和叶柄连续接受光照时产生的。这为19世纪韧格光合作用理解为二氧化碳+水+光 $\underset{植物}{\rightarrow}$ 有机物质+氧气奠定了理论基础。

后来，对于植物细胞新陈代谢和细胞结构的研究，发现存在于植物细胞中的叶绿体是能够实现光合作用的基本单元。叶绿体是细胞质中的一种颗粒状色意体。它因含有叶绿素而呈绿色。如含胡萝卜素、叶黄素，也可呈其他颜色。有些单细胞植物，每个细胞里只有一个大的叶绿体。大多数高等植物细胞，都含有很多较小的叶绿体。它们的直径为2～20μm，有球形的、椭圆形的，也有凸透镜形的。

它的表面，为两片藤的叶绿体膜所覆盖。内部由多层扁平的“类囊体”和联结类囊体的“基粒”及“基质”所构成。“基质”内分散着“类萝卜素”的更小微粒，还有光合作用的生成物和脂肪颗粒。“类囊体”和“基粒”由蛋白质分子、脂肪分子以及叶绿素互相结合而成。它是发生光合作用的关键部分。光合作用过程必须存在的各种酶、核糖核酸（RNA）、脱氧核糖核酸（DNA）以及各种基础物质，均与基粒及其周围的基质有着密切的联系。它们有一定的空间排列；每一个基粒里含有250～300个叶绿素分子。

叶绿素离开了叶绿体，将基本失去光合作用的能力。为什么会如此呢?人们对叶绿素的结构进行了研究。德国化学家威尔斯塔特发现，叶绿素竟然和血色素相似；都是一种卟啉素结构。血色素的卟啉环中心是铁原子，而叶绿素的卟啉环中心是镁原子。

为弄清光合作用的机理，科学家曾使用放射性同位素技术、红外技术等探测光合作用各个阶段的产物。现在已经认识到，光合作用可分为四个阶段：

1．物理学阶段

在太阳的光干最初进入叶绿体 $10^{-15}$～$10^{-9}$s 之间，叶绿素分子吸收光子，产生受激电子；

2．光化反应阶段

在 $10^{-9}$s 以后开始由酶参加催化的光化学反应，这时叶绿素的受激电子在一系列光化学氧化还原反应中发生转移，交换能量，生成氧气，通过叶子的气孔向外释放。这个过程延续到 $10^{-4}$s。

3．生物化学阶段

在三磷酸腺苷（TPA）等其他酶的作用下，$CO_2$还原而被合成有机物。

4．植物生理学阶段

大约在 $10^{-1}$～10s 的时间间隔内，生成的有机物促使细胞分裂生长。细胞自我复制的过程可能要延续到 $10^{3}$～$10^{4}$s 以后。据估计，把 1 个 $CO_2$分子变成有机物，需要有 8～10 个光子共同作用。

这就是光合作用的现代观点。

# 第十四章 太阳能热利用

## 第一节 传热原理

太阳辐射能的热利用就是要将辐射的光能转换为热能,并将热能传递给流体(或固体、气体)。当温度不同的物体相互接触时,热能则从温度高的物体流向温度低的物体或从物体的高温部分流向低温部分。这种热移动称之为热转移或传热。热量传递有三种方式,即导热、对流及热辐射。

一、导热

热量从温度较高的物体传到与之接触的温度较低的物体,或者从一个物体中温度较高的部分传递到温度较低的部分叫做导热。单纯的导热过程是由于物体内部分子、原于和电子等微观粒子的运动,将能量从高温区域传到低温区域,而组成物体的物质并不发生宏观的位移。导热在气体,液体和固体中均可进行。

二、热对流

热传导是分子能量的交换,难以直接观察;热传本身不动。但是,热对流则以流体流动而做能量交换传送的,可用流体测量仪器测量。人们把流体各部分之间发生相对位移引起的热量传递过程称为对流。事实上,对流必然包含由微观运动引起的热传导等,只是以对沉作用为主。它发生在流体与固体表面间或流体与流体间;高温物体将热传到接触到的流体分子,引起流体温度上升,然后流体分子把热能以流体流动传给接触到的流体或固体表面上。流体的运动可以由流体内各部分的温度不同而形成的密度差所引起,称为自然对流,也可由水泵、风机等外力推动而引起,称为强迫对流。

三、热辐射

一切处于绝对温度零度(即-273℃)以上的物体都在不停地向外发送辐射能。同时又不断地吸收来自其他物体的辐射能,并将其转变为热能。而高温物体发出的辐射能比吸收的多,低温物体吸收的多于发射的,从而使热量由高温物体传向低温物体,形成辐射换热。辐射换热的特点是;不仅有能量的传递,而且有能量形式的转换,即从热能转换为辐射能,或从辐射能转换为热能;无需传送介质。物体发射的辐射被长通常覆盖很宽的范围,只有很小部分处在可见光区。

四、传热系数

上面讲述了传热的三种方式：导热、对流和辐射。事实上，热传递问题往往是两种以上方式共同发生的，很少单纯只有一种，例如在太阳能集热器中，太阳辐射经玻璃透射到吸收面，它将辐射能转化成热能，吸收后经材料的热传导传到内壁，然后以对流方式传给作用流体，而集热器与外界气流以对流及辐射的方式散热，成为一项热损失。

## 第二节 太阳能热水器

太阳能热水器主要有平板型太阳热水器、真空管太阳热水器闷晒型太阳热水器及集光型太阳热水器等。

一、平板型太阳热水器

平板型太阳热水器也称平板太阳能热水系统，它主要由平板集热器、储水箱、连接管道、支架及其他零部件组合构成。平板集热器对太阳热水器热性能的优劣起关键的作用；当然，储水装置对热性能也起着重要作用。

太阳集热器是转换太阳辐射能为热能并向工质传递热量的一种装置。平板型集热器是一种不聚光的集热器。它吸收太阳辐射的面积与采集太阳辐射的面积相同。它主要用于太阳热水、采暖、制冷等低温方面的应用。

（一）结构

典型的平板集热器的基本结构主要由下列元件构成：

1．通明盖板

透明盖板位于吸热体的上方。其作用和要求是：（1）有较高的太阳透射比，希望大于0．75；（2）减少吸热体本身的红外向外辐射和对流造成的热损失；（3）防止灰尘和雨水侵入集热器，以免吸热体涂层和保温材料的性能下降，从而延长其使用寿命。故安装时要确保盖板的密封。

盖板材料主要有白玻璃和Solar—E太阳能板。

盖板一般为单层。在环境气温较低或工质需要较高温度时，采用双层或3层。透明盖板与吸热面板之间间距一般为2．5cm左右。

2．吸热体

集热器内吸收太阳辐射能并向传热工质传递热量的器件。它包括吸热面板和与吸热面板有良好结合的液体管道或通道。吸热面板可为金属或非金属材料。其表面除有选择性或非选择性涂层。

选择性涂层是相对太阳短波辐射具有高的吸收比，而本身所在温度的长波发射比却很低的一种涂层。这种涂层既可使吸热面板吸收更多的太阳辐射能，又可减少吸热面板向环境的辐射损失。非选择性涂层是指在一定温度下，物体的吸收比等于其发射比。一般平板型集热采用非选择性涂层。只有当工质需要较高的温度或环境温度较低时，才采用选择性涂层。

3．保温材料

在吸热体的底面和侧面充填有保温材料以减少吸热体对周围环境的热传导损失。从传热学角度考虑，设计时一般要求底面的散热是上盖板散热的1／10。侧面绝热材料的厚度可取底面厚度的1／2。

常用保温材料有岩棉、矿棉、聚苯乙烯、聚氨脂等。聚苯乙烯使用温度不得高于70℃，温度高时其会收缩。使用时、往往在它与吸热体之间先放一薄层岩棉或矿棉，使其在较低温度下工作。

4．壳体

为将吸热体、盖板及保温材料等组成一个整体并保持有一定的刚度和强度便于安装，而需有一个外壳。一般用钢材、塑料或玻璃钢等制成。

（二）特点与分级

平板型集热器的优点是：能同时吸收太阳辐射中的直射辐射和漫射辐射、不需要追踪太阳、维护较少、制作简单和价格较低。其日转换效率较高。

| 区分 | 集热温度范围 | 用途实例 | 集热器构造 |
|---|---|---|---|
| 低温 | $t_a+(10\sim20)C$ | 用于预热给水，热泵热源加热池子（农业用） | 无玻璃或单层玻璃太阳池等 |
| 中温 | $t_a+(20\sim40)C$ | 用于供暖、供热水、工艺过程 | 单层玻璃（黑色选择膜）<br>双层玻璃（黑色涂料） |
| 中高温 | $t_a+(40\sim70)C$ | 用于吸收式制冷机、供冷暖 | 单层玻璃（选择膜）<br>单层玻璃（蜂窝状）<br>双层玻璃（选择膜） |
| 高温 | $t_a+(70\sim120)C$ | 用于朗肯循环机<br>用于双效吸收式制冷机 | 真空（选择膜） |

二、真空管太阳热水器

真空管太阳热水器与平板太阳热水器的最大区别在于其集热部件的不同，创者的集热部件是由若干个真空太阳太热管构成，后者是由太阳集热板构成。真空管太阳热水器有许多种类，但他们的热学原理相似，在此仅对其典型的实例——全玻璃真空管太阳集热器进行讲解、论述，以期达到举一反三的效果。

真空管集热器

全玻璃真空管太阳热水器的发明已有几十年的历史。只是近几年才得到迅速推广、普及和达到一定工业化程度的。其组成主要有：全玻璃真空管太阳集热器、支架、水箱、上下管及附件等。全玻璃真空太阳集热管构造像一个拉长的暖水瓶瓶胆、出两根同心圆玻璃管组成。内、外因管间抽成真空，太阳选择性吸收表层、膜系）沉积在内管的外表面构成吸热体，将太阳光能转换为热能，加热内玻璃管内的传热流体。全玻璃真空集热管采用单端开口设计，通过一端内、外管环形熔封起来，其内管另一端是密闭半球形圆头，带有吸气刑的弹簧卡子，将吸热体玻璃管回头支承在量玻璃管的排气内端部，当吸热体吸收太阳辐射而温度升高时，吸热体玻璃管回头形成热膨胀的自由端，缓冲了工作时引起真空集热管开口端部的热应力。

真空管太阳集热器的热损低，一般低于 1w/（m2／℃），通常采用太阳选择性吸收表面的平板式太阳集热器的热损系数约 4～5W／（m2／℃）。这样，真空管集热器可以在寒冷季节、寒冷地带与太阳辐照度不强的地区工作；可以运行在中、高温度。在寒冷地带能四季提供生活用热水，还可以烧水，高温消毒，工业用热，除湿、干燥、空调、制冷、暖房种植，养殖与海水淡化等方面。

全玻璃真空太阳集热管是真空太阳集热器的核心集热元件，其圆管形的吸热体、当集热管南北向放置时，一天内太阳方位角改变时，拦截太阳辐照面积不变，即吸热体的不同投影方向面积是一定的。对于平板太阳集热器，只有正午，投影面积才是其真实尺寸面积，因此全玻璃真空管集热器具有更优良的全日集热效率。用全玻璃真空太阳集热管组成全玻璃真空管太阳集热器时，从集热器集热性能考虑没有必要一根根全玻璃真空太阳集热管密排，密排时增加集热管，而相邻集热管的遮挡不能提高集热性能，还增加热损失。为充分发挥吸热体的圆管形状。

从循环集热管内的传热流体的传热考虑，若能制成两头直通的全玻璃真空太阳集热管是乎更合理。问题在于吸热体内管空晒时温度可高达 250℃，而罩玻璃管温度近于环境温度，这样太阳温差，对于一米多长的集热管，内管比外管多伸长约 1mm，引起玻璃的热应力对于高强度硼硅玻璃已达到危险程度的应力，即玻璃端部破裂。

如果采用约为硼硅玻璃热膨胀系数三倍的纳钙玻璃。则罩玻璃管与内玻璃管伸长差约 3mm，在达到空晒温度的玻璃已经破裂。至今，世界上都是采用硼硅玻璃 3．3 材料来制造全玻璃真空太阳集热管,以及只有一端开口的全玻璃真空太阳集热管产品。

内玻璃管和罩玻璃管外径大时，全玻璃真空太阳集热管的有效采光面积大、但是对于水在玻璃管中的联集管的集热器，水的热容量过大。真空管太阳集热器在工作时，启动慢；在夜间，集热管对天空辐射热量，使集热管内储存的热能大量损失。当内玻璃管和罩玻璃管外径偏小时，则有效彩光面积过小。经实验与时间表明，内玻璃管取 $\varphi 37mm$ 和罩玻璃管取 $\varphi 37mm$ 较为合理，其经济性与光—热性能的效果良好。

世界上全玻璃真空太阳集热管开发与生产初期，其长度为 1．2m，后来发展为 1．5m，甚至 1．8m。从生产上看，适当增加全玻璃真空太阳集热管长度，可以提高生产效率，以及提高集热管的光—热性能。全玻璃真空集热管的内、罩玻璃管内真空夹层距离，从物理上考虑，只要内、罩玻璃管不接触，有 0．2mm 即可；如同世界上目前开发的真空玻璃窗内的真主夹层的距离。我国生产的硼硅玻璃管弯曲度允许不大于 0．3%（“国际标准 ISO4803：1987 实验室玻璃制品—硼硅玻璃管”弯曲度不大于 0．5%），即 1．2m 长全玻璃真空太阳集热器的中心轴线的偏差可达 3．6mm，对于 1．5m 长全玻璃真空太阳集热研的中心轴线偏差可达 4．5mm，虽然我国的硼硅玻璃 3．3 的弯曲度比估计标准要求还高、当装配不当时，也会出现吸热体外表而与罩玻璃管内表面局部相接触，导致集热管集热性能变差。此外，考虑组装成的全玻璃管的联集管的太阳集热器的型式，对于东—西向水平放置的具有水在玻璃管封闭圆头的端部流体会出现热泪盈眶传导区，增加集热管长度不能提高其集热性能。

结合目前我国硼硅玻璃 3．3 的生产与国际上的有关标准，全玻璃真空太阳集热管产品长度采用 1．2m 与 1．5m 是合理的。

全玻璃真空太阳集热管生产工艺的流水过程中，实际生产中需对原材料进行检测，确认其满足生产的要求；中间环节的检验，成品的在线检测，以及对真空集管全面性能的抽测等。即严格实行生产中的质量控制与管理制度。

三、闷晒型太阳热水器

闷晒型太阳热水器有袋式热水器、箱体式热水器、浅池式热水器及筒式热水器等。它们的特点是集热器和水箱合为一体，因而结构简单、价格低廉。但缺点是保温性能差。

四、聚光集热器

平板式集热器所能提供的温度水平。一般来说。还是比较低的。这就限制了它的使用范围。为了推广使用太阳能，就需要提高热能的水平。以适应较高温度的需要。

热能的利用效率与温废水平有关，随着温度的升高、其利用效率亦高。倘若将太阳能热能温度提高到500℃以上，其可供工业热能消耗。但目前各种类型的（平板）太阳能集热器其特点是直接采集自然阳光，集热面积等于散热面积，理论上不可能是一种较高温度的集热装置，由于其运行湿度不高，其系统总效率较低。因此如欲提高温度就要使用聚光式集热器。聚光式集热器有许多种。其分类可按聚光方法和跟踪方式，具体分类如下：

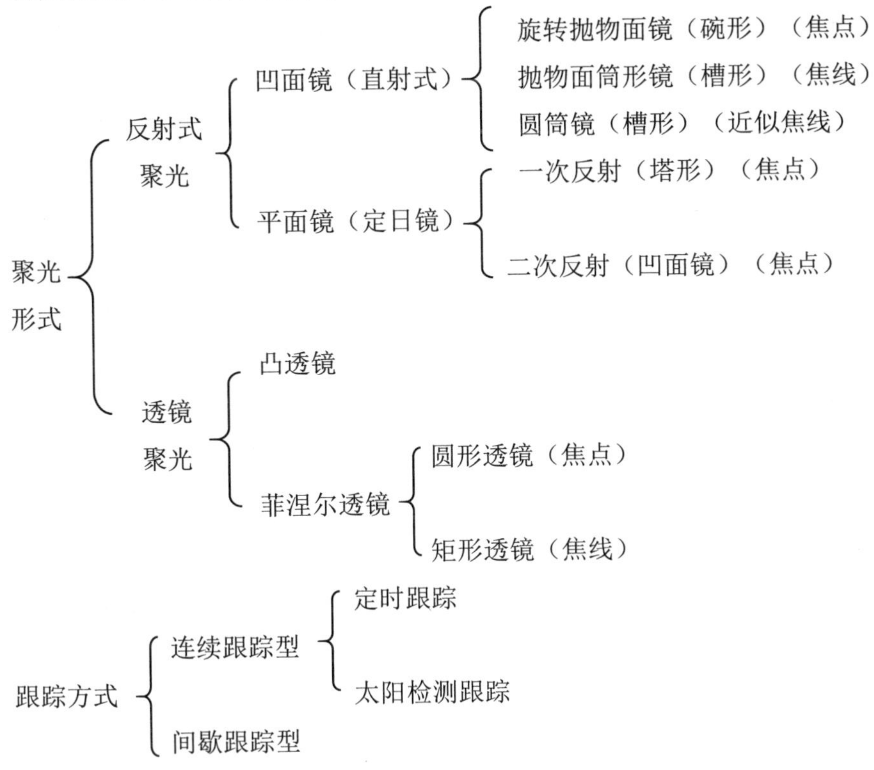


聚光式集热器具有如下特点：

1. 能将阳光聚集在较小的吸热面上。散热损失小，吸热效率较高；
2. 可以达到较高的温度；
3. 利用廉价的反射器代替较贵的吸收器，可以降低造价约1/3；
4. 因吸热管细小，时间常数减小，响应速度快；

5．利用率比较高。可常年利用，聚光式发电可连续使用；

6．平板式集热器占地面积和设备体积庞大，而且冬季使用的防冻剂数量也多。聚式用的防冻剂少。

五、太阳能热水系统

普通的太阳能热水系统主要由集热器、储水箱和提供冷水和热水的管道等组成。太阳能热水系统技其工质流动方式分类、一般可分为循环型、直流型和闷晒型三种。其中循环型又分为自然循环型和强迫循环型两种形式。以下仅对常见的集中系统作一讲述。

（一）自然循环热水系统

自然循环太阳能热水系统的储水箱置于集热器上方，水在集热器中由于太阳辐射而被加热，温度升高，形成集热器及储水箱中水温不同。由于密度差而引起浮升力，产生热虹吸现象，使水在储水箱及集热器中作自然流动。

这种系统的特点是；系统比较简单，运行很可靠；不消耗任何能源。缺点是：水箱位置必须比集热器高。此外，循环压力差较小，只适于小型系统。

（二）自然循环定温放水式热水系统

该系统由容积较小的循环水箱与集热器组成循环回路。当循环水箱上部的水温升高到预定温度时，放在水稻的电接点温度计发出讯号，通过继电器打开出水管上的电磁阀，将热水存于储水箱内。同时循环水箱内有冷水补入，当水温低于规定温度时，电磁阀关闭。这样周而复始地向储水箱中输送恒定温度的热水供使用。

该系统的特点是：位于集热器上部的热水箱只具有循环功能，而让安放在较低位置的储水箱去储存热水。这样，容易使水温提高到所要求的温度。因而能充分利用日照较强阶段的太阳辐射来增加热水产量，这就意味着提高了系统的热效率。缺点：系统中增加了电磁阀，工作可靠性不如自然循环式，而且还增加了—个循环水箱。

（三）强迫循环热水系统

这种系统利用水泵迫使水在集热器与储水箱之间循环。集热器顶端水温高于储水箱底部水混若干度时，控制装置启动水泵使水流动。水泵入口处装有逆止阀，以防止夜间水由集热器逆流，产生热损失。这种型式热水系统的流量已知（由水泵流量定），容易预测性能。当加热水量一定时，在同样设计条件下，较自然循环式可得较高温度的水，但是因必须采用水泵，就会存在水泵电耗、维护以及控制装置失灵等问题。因此，除大型热水系统或需要较高水温时采用强迫循环外，大多数都采用自然循环或直流式热水系统。

（四）直流式系统

这种系统为开式、一次流动系统。冷水（自来水）直接进入集热器，其流量由装在集热器出口处的湿度敏感元件通过控制器操作水泵或电磁阀来实现控制；它根据集热器水温要求来调节流量，使出口水温始终保持在一定的温度限内。

直流式与自然循环式相比，具有明显的优点：

1．储水箱可以低于集热器。不需把储水箱放置在屋顶上。屋顶上仅需安装一个补给水箱（可由浮球控制，它实际上相当于一个抽水马桶水箱），这样就大大减轻了屋顶的承载重量。

2．储水箱可以放置在室内，减少了水箱对环境的热损，对储水箱保温的要求也可相应降低。

3．过控制流量可控制集热器出口的水温。由于不存在与冷水掺混问题，进入储水箱的热水一般已可使用，能比自然循环系统更早供热水。对连续用水（一天中随时取用热水）的情况，这种系统更有意义。不仅如此，直流式在较差的天气条件下，只合影响所得热水的数量，不会影响热水的水温而在同样差的天气条件下，自然循环系统储水箱的热水却可能因为水温过低而失去使用价值。需指出直流式系统的储热水箱不必故在屋顶，但需高于用水位置。

4．对于连续用水，储水箱的容积可大大减少，因而可降低成本。

六、太阳能热水系统的几点说明

不同的太阳能热水系统有不同的特点。在设计、安装、使用、维护上具有不同的特点。现仅一般性问题介绍几点。

（一）设计安装

1．系统形式的选择

热水系统形式的选择主要应根据用户的不同需要而定。城市家用系统多采用自然循环式；乡镇、农家用的系统可考虑闷晒式。对于集体使用，小系统（集热面积小于 $50m^2$）多采用自然循环式；对于较大的系统（集热面积 $50m^2$ 以上）可考虑强迫循环，对于希望提前得到热水的用户（如理发馆、餐厅等）和不定时的用户（如招待所、宾馆等）可用直流式。

2．集热器的选择

目前工业化程度相对较高的太阳集热器产品是平板太阳集热器和真空管太阳集热器。对于我国的南方地区、年最低气温在 0℃以上的地区或春、夏、秋三季使用者可采用平板太阳集热器。平板太阳集热器热效率较高、价格偏低。对于我国的中北部地区，年最低气温在-5℃以上的地区或四季使用者可考虑采用真空管太阳集热器。真空管式集热器热损较小，在环境气温偏低时比其他集热器的效率相对较高。在高寒地区或年最低气温在-10℃以下的地区，集热器的越冬使用需特别注意；可采取辅助能源加热或其他处理手段。

3．集热器容量的确定

对于平板太阳集热器需确定集热器的面积

对于真空管太阳集热器需确定其其空管的支数。其计算类同于上式，只是它不采用单位面积而是采用真空管的支数为单位计算。

由于日需热水量、日累积太阳辐射量、水源温度等诸多因素在一年中是不断变化的；因此在实际设计计算中，对于要求不太高的用户，可采用年平均值或以春、秋季节为准进行设计。

4．系统的安装

集热器的安装位置必须不受任何建筑物和树木遮挡阳光，并考虑选择在避风或采取防风措施。集热器和地基的结合要足够坚固。

为了接受较多的年日辐射量，集热器应面向赤道方向或稍偏西。采光面与水平面的倾斜角，若考虑全年使用，可取和当地的度相等，若强调夏季使用，倾斜角取当地纬度减 10 度；强调冬季使用可取当地纬度加 10 度。

集热器的前后排距离，对全年使用，可按集热器安装高度的 3 倍左右考虑、若以夏季为主兼顾春、秋季使用，可按其高度的 0．85 倍设计。上、下循环管道沿着水流方向，应有向上≥3‰的高度。

所有集热器的最低处及支架上，都要考虑泄水的方便，不得有存水的地方，溢流管安装在集热器热水管出口出，并严禁安装任何形式的阀门。

系统安装完毕后，通水调试，要求集热器、水箱、所有管路阀门无一渗漏。

（二）使用

太阳能热水器在使用时，重点应注意的事项：

1．上水

热水器在使用期间内，应上满水：切勿忘记上水而空晒。尤其是真空管太阳集热器，首次使用或长期未用应在早晨上水：不允许空晒或午后经曝晒后立即上水。夏季热水器空晒时，平板集热器内部温度可达 70～80℃以上、真空管集热器温度可达 100℃以上：此时上水会严重影响集热器的使用寿命以致造成损坏。

2．溢流与出气

热水器使用前，应检查热水器储水箱的上部是否装有溢流管以及与大气相通的出气孔（管）。

溢流管的作用是一旦上满水，立即有水溢出，以告诉操作者停止上水。

出气孔的作用是防止溢流管万一堵塞，在上水时，因装满水的自来水压力受到出气孔的减压而不会把水箱胀坏；当用水时，还可以防止因溢流管不通而抽瘪水箱。

3．水温分层

热水器经过一天的太阳辐射后，其水箱内部的热水有温度分层现象。即水箱底部的水温低，上部的水温高。根据热水器的结构相安装形式不同以及用水时间不同，其上、下层水温相差较大，一般可达 5～10℃，有时甚至更高。故用水时，不要把开始作用水温低、而使用后期水温高的现象看成装置有问题、使用者应进行相应的调节。

不同种类的热水器在使用时可能有一些具体要求，可先阅读其使用说明书后再开始使用。

3．太阳能热水系统工程预算

一般的太阳能热水系统装置，其总造价的预算，包括下列几个部分：

（1）集热器约占总造价的 50%；

（2）储热水相约占总造价的 10%；

（3）安装施工费约占总造价的 10%；

（4）支架、管道、保温、基础及表面处理约占总造价的 20%；

（5）控制系统、设计及管理费约占总造价的 10%。

以上安装经费预算分配的百分数只是一种粗略的估计。具体工程项目作进一步的详细预算，

# 第三节 太阳能干燥

一、概述

利用太阳能进行干燥是太阳能热利用的重要方面之一。与露天自然干燥相比，太阳能干燥可以充分利用太阳能，有效提高干燥温度缩短干燥时间，干燥物料不被泥沙、灰土污染，不会因天气变化而变质，从而得到优质产品。

太阳能干燥的方式有两种，一种为加透明盖板进行直接曝晒称吸收式；另一种方式是利用太阳能加热某种流体，然后将此流体直接或间接加热待干燥的物体，称为间接式或对流式。这种被加热的流体就是太阳能干燥器的工质。

对流式太阳能干燥器一般以空气为工质。空气在太阳能集热器中被加热，在干燥器内与被干燥的湿物料接触，热空气把热量传给湿物料、使其中水分汽化，并把水蒸气带走，从而使物料干燥。整个过程是工质传热过程。过程是在温差和湿差推动下进行的，空气及物料的初、终态反映了干燥状况。过程进行的速度与过程中各种阻力因素有关。

太阳能干燥器有高温聚焦和低温热利用两大类。前者造价高、设备复杂；后者造价低，可因地制宜进行施工，干燥对象一般是农副产品、食品、药材、木材等，要求干燥温度在40～60℃范围内，适于低温干燥。

干燥器设计时，需由下列因素决定其型式：

1．被干燥物体的物理、化学性质、干燥速率、容许温度及收缩情况；

2．物体干燥前后状态及粘着性

3. 干燥物体要求品质；

4. 欲干燥物体的体积和重量

5. 利用热源及加热方式；

6. 成本、费用等。

干燥器按传热方式分直接式及间接式；按操作方式可分为连续式及断续式。它的大小由干燥速率及处理量而定。由于干燥过程必须涉及经济性及有效性，它的设计则须价廉，因而需以干燥物的品质作为干燥过程成本的补偿。例如食品干燥，可由它的干净卫生及加热氧化过程中维生素损失的减小、减少不良气味、保存外形美观及香味等获得干燥代价的补偿。

二、干燥原理

（一）含水量

将物品置于一定的干燥条件下进行干燥，由于水分受热蒸发，物品的重量将随之减轻。最初水分蒸发很快，物品的重量迅速减轻。经过一定时间后，物品重量减轻的速率逐渐变慢，最后维持重量而不再减轻。这时并不表明物品内已全无水分，而是水分的蒸发达到与干燥条件相平衡的状态。

物品的干燥，大体上属物理变化过程。例如，潮湿新鲜的农副产品，经过太阳能干燥脱水，变成干鲜的物品。在这一干燥过程中，物品的含水量将限干燥时间而逐渐降低，干燥速率也随含水量的降低而具有相应的变化。按照物品的干燥速度，整个干燥过程又可分为以下几个阶段。

1．初始预热期

待干燥购物品送入干燥器后，热量以传导、对流和辐射的方式传到物体表面。由于不断受热，表面温度很快达到空气的湿球温度。达到此状态的一段时间称为初始预热期。一般而言，这个预热时间比较短，大约只占物品整个干燥时间的为5％～10％。在这期间内，只是物品表面的部分水分被蒸发。

2．等速干燥期

物品经过初始预热期预热后温度达到某一稳定值，其表面水分不断蒸发，此时干燥器所供给的热量，全部用于蒸发水分。随着物品表面水分的不断蒸发，物品内部的水分将跟着向物品表面扩散。由于初始扩散速率大，足以补充表面被蒸发的水分。因此，物体表面总是保持湿润状态，表面温度等于空气湿球温度。这时，物品的含水量随干燥时间而成比例的减少，在一定的干燥条件下，干燥速率大致保持恒定，这一期间即为等速干燥期。

3．减速干燥期

整个减速干燥期大体上可分为两个阶段。

当干燥过程进行到物品的含水量达到临界含水量时，物品表面的水膜消失，并开始呈现干燥现象：此为第一段减速干燥期。这时水分从物品内部向表面扩散的速度，已经不足以供给表面水分的蒸发。因此，由干燥器供给物品的热量，除去继续蒸发水分外，还用于加热物品．致使物品表面温度升高，变得更加缺乏水分。而内部水分又未能扩散补充呈不饱和表面。

第二段减速干燥期是物品内部水分向含水量较低的表面处扩散，并继续蒸发，物品的含水量继续减少，直至达到平衡含水量为止。此时，水的蒸汽压力等于空气中水分的分压，其干燥速率决定于物品的扩散性质和毛细作用。

三、干燥器

（一）自然循环吸收式

1. 自然循环吸收式太阳能干燥器

当透过玻璃的太阳辐射被涂黑表面吸收，同时也被待干燥物吸收，结果使干燥器内的空气温度升高。热空气容易从含有水分的物品中夺得水分而湿化，由于自然对流作用，从上部的孔眼中流出，湿度较低的冷空气则从底部孔眼流入，形成不断的循环过程，从而使待干燥物除去水分，得到干燥。

2.半直接吸收式自然循环太阳能干燥器　这种干燥器特别适合于干燥烟草和茶叶，具体作业时，首先将待干燥物品，放入后房预热干燥至预热，待失去水分25%～30%后，再移至前房干燥室，直至烘干为止。

自然循环吸收式太阳能干燥器的主要优点是结构简单、造价低廉、维修费用低，可以连续作业，不需要循环动力。

（二）强迫循环吸收式

这种型式是将自然循环吸收式太阳能干燥器改用小型风机进行强迫循环。它同样可分为直接吸收式和半直接吸收式两种。强迫循环的干燥效果比自然循环为佳，因为它可以根据待干燥物品的生产工艺要求，进行风量、气温和湿度的调节。其缺点是需要消耗动力，因此维修与产品成本相对较高。

（三）对流式

这种形式的太阳能干燥器的总体结构布置是将空气集热器和干燥室分开，由风机将空气送至空气集热器加热后，再进入干燥室对物品进行烘干。这里的空气加热方式，大多采用专门设计的空气集热器，也可采用一般的热水器，将水加热后，再经热交换器将空气加热。

一般来说，这种干燥器通常备有简单的蓄热装置，以及烧木柴或煤的燃烧炉，可以连续进行干操作业。所以大型的太阳能干燥装置，大多采用这种混合的集热器加热的对流式太阳能干燥方式。晴天，由太阳能空气集热器供热、夜间和阴雨天由蓄热槽或常规燃料燃烧器供热。

（四）空气加热器

吸收式干燥器是物体不直接放太阳照射，而是利用风机把加热的空气通到干燥器，用热空气与物体做热对流作用而达干燥目的。太阳能空气加热，可以利用太阳能集热器直接把空气加热，或者利用太阳能热水器，把水或其他流体加热后，用热交换将空气加热。

## 第四节 太阳能供暖与制冷

一、太阳能供暖

太阳能供暖是太阳能热利用的重要形式之一。太阳能供暖系统主要包括集热器、储热器、配热系统及辅助加热装置。按热媒种类的不同，可分为空气加热系统及水加热系统；按利用太阳能的方式不同，可分为被动式系统、主动式系统及热泵式系统。

二、太阳能制冷——空调

太阳能制冷在其诸多的应用中似乎是很合适的用途了。它是少数几种能源供求之间配合密切的应用之一。当需要制冷时，往往也是太阳辐射最大时；它与供暖（冬季）应用的情况恰恰相反，越需要热时太阳辐射往往也较少。虽然如此．但到目前为止，太阳能的制冷实践比其采暖要少得多；主要原因是技术要求和成本较高。太阳能制冷一般而言有两种不同的目的。第一个目的是为保存食物或药品提供冷冻，第二个目的是为舒适而进行空调。而两者的工作过程是基于相同的原理。

太阳能制冷系统大体上可分为三类：吸收式制冷、喷射式制冷和压编式制冷。进一步分类，包括原动机、工质、制冷机、冷媒介质等。

## 第五节 太阳能热储存

虽然太阳提供了丰富、清洁及安全的能量给人类及自然界，但太阳能是一种随时间、季节而间歇变化的能源，这种间歇性常常造成供与需难以同步的时差矛盾。因此，如果能长时间、高效、经济地把太阳能转换的热量储存起来，将对太阳能热利用提供无可限量的发展空间。然而人们现在仍在不停地探索中，期待着曙光的出现。现介绍显热、相变和化学三种储热方式。

无论采用何种方式储热，皆须考虑以下几点：

1．单位体积或单位重量的储热容量；

2．工作温度范围，即热量加进系统和热量从系统取出的温度；

3．热量加进或取出的方法和与此相关的温差；

4．热量加进或取出的动力要求；

5．储热器的容积、结构和内部温度的分布情况；

6．减少储热系统热损失和系统成本费用的方法。

一、显热储存

物质因温度变化而吸收或放出的热能称显热。利用显热储能是最简单、最经济的方法，也是目前最常用的方法。显热储存是选用热容量大的储热介质来进行的，可选用的合适介质有液体（水）和固体（岩石）两种。

由此可见，如欲获得较大的储热量，应使储热介质的质量、比热和温差尽可能的大。温差受到集热器性能的限制；加大质量会导致成本增加；比热是物质的物理性质，一定物质的比热是一定的，在选择储热介质时应考虑选用比热大的材料。

在选择储热介质时．还要考虑密度、粘度、毒性、腐蚀性、稳定性及成本。密度大则储存容积小，设备紧凑，使成本降低。常常把比热和密度的乘积（即容积比热）作为评定储热介质性能的重要参数。粘度大的液体输送耗费功率，使管径也增大，因而增大了运行费用和设备投资。

水作为储热介质，性能很好。因为水可作案热器中的吸热流体．也可作负荷的传热介质，并且水的比热容比许多物质大，本身又是液态，向集热器及储存装置输送时消耗的功率少，所以水是一种很好的储热介质。它的储存温度、上限受水的沸点限制，下限由负荷需要决定。除此外、水还有以下优点：

1．传热及流动性能好，粘性、热传导性、密度及热膨胀系数等很适合于自然循环及强迫循环的要求；

2．汽化温度较高。适合真空管、平板式集热器的温度范围；

3．无毒；

4．成本很低，多易得到。

水作为储热介质的一个主要缺点是结冰时体积膨胀、容易破坏管路或结构。虽然如此、水仍是既方便又便宜的良好储热介质。储水容器要求外表面热传导、对流及辐射的热损失小，一定体积下要求容器的表面积最小，因而，往往做成球形和正圆柱形。

二、变相储热

具有同一成分，同一聚集状态并以界面互相分开的各个均匀组成部分叫做相。例如水和冰的混合物中，水是一相，其成分，聚集状态均相同，并和别的相有明显的界面分开。冰也是一相，因为冰的成分聚集状态均相同、并和其他相有明显的分界面。即使一种物质，处于固体状态，也可以出现两种固相。例如锡的两种固相分别叫白锡和灰锡。我们知道，物质有气、液、固三相、物质由一相变成另一相时要吸收或放出一定的热量，称为相交潜热。如水变成蒸汽有汽化潜热，冰熔化时需要熔化热。潜热值与不发生相变的热容且相比要大得多。

利用相变时潜热大的特点、可以没计出温度范围变化小，热容量高，设备体积和重量较小的相变储热系统。

关于利用潜热蓄热体，一般需注意以下问题：

1.放热时易于出现过冷却现象；

2.特则是结晶时传热速度很小；

3.盐与水容易分离，得不到理论的潜热量

4. 容器必须完全封闭，造价将很高；

5. 因分离、蒸发或化学变化等原因，熔化、冷凝的循环次数并不是无限的。

三、化学储能

无论是显热蓄热，还是相变（潜热）蓄热，都要求绝热保温，但要做到完全绝热相当困难，况且绝热性能随时间下降，蓄存的热量就会逐渐散失。如欲长时间蓄热就更不容易，如果蓄热温度要求较高，则困难更大。为此可考虑利用化学反应的方法来蓄热。

有许多物质在进行化学反应过程中需要吸收大量的热量；而当进行该反应的逆反应时，则将放出相应的热量。这种热量称为化学反应热。

（一）蓄热用的化学反应条件的选择

作为蓄热用的化学反应必须根据下列条件仔细加以选择：

1. 吸热反应必须在比热源温度低的情况下进行；

2. 放热反应必须在比所需要的温度高的情况下进行；

3. 反应热要大；

4. 反应生成物的体积要小；

5. 反应必须是完全可逆的且没有副反应；

6. 反应必须十分迅速；

7. 如果逆反应无得触媒，反应生成物必须是很容易分离且能稳定贮存的；

8. 成本要低；

9. 反应物和生成物要无毒性，无腐蚀性、无可燃性等。

显然，要选择能满足上述全部条件的化学反应是很困难的。

（二）热分解反应

吸热分解反应的生成物若是不同的两相且容易分离，此反应很适合用作蓄热。因为生成物的分离如同显热、潜热蓄热中的绝热作用。在这类反应中有金属氢化物的热分解反应。它是用储存氢的方法转用于蓄存热量。用这种方法，热能储存时间可达一个季度以上。

（三）催化反应

这类吸热反应的生成物所获得的热量，只有在催化刑的作用下通过逆反应才能更新释放出来。生成物在低温下是稳定的，且可传送到很远的距离。

## 第六节 蒸馏、热发电

一、太阳能蒸馏

太阳能蒸馏或海水淡化基本结构其基本工作原理是；1．将一定量的海水或咸水引入咸水池；2．有阳光照射时，光线穿过透光凝运层（玻璃）进入蒸馏室；3．进入蒸馏室的阳光被咸水和采光层吸收；4．采光层吸收了阳光并转换为热能。由于其下部是绝热层，所以该热能将加热咸水位其蒸发为水蒸气并与蒸馏室内空气一起对流；5．由于逆光凝运层本身吸热少温度较低，水蒸气与远光凝运层接触后凝结成水滴；6．水滴在重力作用下沿倾斜的透光凝运层流至收集槽，再流至集水器。

要使透光凝运层内表面沾着水滴流动保持膜状，以免凝结成滴状滴回蒸发器中；并希望凝结水顺着透光凝运层流入收集槽至集水器。这种病状冷凝或膜状冷凝现象与水的表面张力、水与透光凝运层材料的附着情况、透光凝运层表面清洁状况有关。因此进光凝运层的材料选择和表面处理对于蒸馏器的净产水率具有相当大的影响。

太阳能蒸馏器的产水率不仅与自身设计优劣有关还与太阳辐射、大气温度、风速、咸水温度等一系列因素有关。一般情况下，太阳能蒸馏器的淡水产量只有 10kg／$m^2$（d 左右；用作灌溉成本太高，化为生活用水较合适。

二、太阳能热力发电

利用真空管型、平板型或聚焦型集热器可将太阳辐射能转变为热能。这种热能原则上可用来驱动热机以发电，从而实现使太阳能转变为电能。

太阳能热力发电系统主要由集热、热传输、蓄热与热交换、热机发电等系统组成。其工作过程是：集热系统在一定的集热温度下，以良好的效率对太阳能集热；热传输系统以良好的效率将集热系统所收集的热能输送给蓄热与热交换系统；蓄热与热交换系统储存由热传输系统送来的热能，并在这里通过热交换供给发电系统；而热机发电系统则显然是将热能转换为电能的部分。

热机顾名思义就是利用热能而可产生机械能的装置，由热力学可知热机必须具备：

（一）高温热源：使热能加入作用流体中；

（二）低温热接收器：接收作用流体的放热；

（三）工作介质：吸收高温热源的热，作功后排热到低温热接收器中；

（四）加热、放热及作功的方法。

具备这些条件后，高温热源与低温热接. 收器间必须有温差，才能使系统作功，因热机决不可与单一热“源”作热交换而对外循环作功。而且，由热力学第二定律，在一定的低温热接受器温度下，可逆热机的热效率依高温热源的温度而定，温度越高，则热效率越高。

一般的真空管集热器或平板集热器其最高水温只有几十摄氏度；水温太低致使系统总效率最高仅达 10%左右。且整个系统相对较复杂，从技术性、经济性、实用性等图案考虑皆不理想。故其发展十分缓慢。国外采用较多的是聚焦性集热器，其最高介质温度可达几百摄氏度甚至更高。整个系统效率约达 30%。

# 第十五章 太阳能光伏发电

将半导体材料根据“光生伏打效应”制成太阳电池，封装成组件。由若干组件与储能、控制部件等构成转换太阳辐射能为电能的供电系统以向电负载提供电力；这就是太阳能光伏发电。

## 第一节 太阳电池材料和工艺

一、太阳电池材料

笼统地讲只要能以较高的光伏转换效率且可以保持较低的生产成本的材料都可考虑用作太阳电池材料。而在考虑了材料的储量、工艺性等一系列因素后、目前用于作为太阳电池材料的元素并不多。因此，相应的太阳电池主要有：硅（Si），GaAs，CdS / $Cu_2S$，CdS / CdTe，CdS / InP，CdTe / $Cu_2Te$，无机、有机等太阳电池。在太阳能光伏发电应用中，硅太阳电池占了绝大部分，甚至可认为是一统天下。

硅电池又进一步分为单晶硅、多晶硅和非晶硅太阳电池，所谓单晶硅是指硅电池材料的结构为单——晶体（一块晶体从头至尾晶体都按一种排列重复）；而由许多微笑单晶颗粒杂乱地排列在一起的称为多晶硅，非晶硅则其材料内部结构无规则。因此。非晶硅也常称为无定形硅。

在当前太阳电池的实际应用中，单晶硅电池是最成熟、工业化程度最高、放用面最广和产量最大的太阳电池。因此，对单晶硅太阳电池的材料制作及生产工艺作一介绍以期达到触类旁通的效果。

（一）材料提纯

硅是地球外壳第二丰富的元素，其含量占地球的 27%。提炼硅的原始材料是 $SiO_2$，它是砂子的主要成分。然而，在目前工业提炼工艺中，采用的是 $SiO_2$ 的结晶态即石英岩（优质石英砂），也称硅砂。我国的山东、江苏、湖北、云南、内蒙、海南等地都有分布。

（二）拉单晶

对于太阳电池制造或半导体电子工业、硅不仅要很纯，而且应是晶体结构中基本上没有缺陷的单晶硅形式。几十年来制造高纯单晶硅的方法几乎没有重大突破。工业生产普遍使用的只有两种方法：直拉工艺（Cz 法，Czochralski process 切克劳斯基法）和区熔工艺。

（三）切片

用直拉法或区熔法制成的单晶硅锭要切成薄片。主要切片方法有：（1）外圆切割；（2）内圆切割；（3）多线切割；（4）激光切割等。因为硅的硬度为7，所以除激光切割外，其他切割工具都要有金刚砂刀口或作为切割添加刑。

精度较高的为内圆切割。激光切割一般用于解高带硅。

单晶或多晶硅片一般厚度为：δ＝0．3～0．5mm。切片损失约56％。

为了使薄片厚度尽量变薄，并减少切割时的材料损失，从而提高材料利用率，国际先进水平采用多线切割。

（四）选材

一般而言，制造太阳电池除了考虑价格成本和来源难易外，根据不同用途，可从以下几个方面选择材料。如：导电类型、电阻率、晶向、位错、寿命。

二、太阳电池工艺

以单晶硅太阳电池生产工艺为例作一介绍。

（一）硅片的表面准备

在切片、研唐和抛光过程中，均使镜片表面产生一层损伤层。尤其在切片和研路过程中，晶片表面形成一个晶格高度扭曲层和一个较深的弹性变形层。它将对电池性能造成不良影响。硅片的表面准备主要包括：

1．硅片的化学清洗

以除去沾污在硅片上的各种杂质；

2．表面腐蚀

除去硅表面的切割损伤，获得适合制结要求的硅表面；

3．绒面制备

绒面状的硅表面是利用硅的各向异性腐蚀。在每平方厘米硅表面形成几百万个四面方锥体，由于入射光在表面的多次反射和折射，增加了光的吸收，提高电池的短路电流和转换效率。这种表面的反射率很低，故绒面电池也称为黑电池或无反射电池。

制结前硅表面的性质和状态对结特性影响很大，从而影响成品太阳电池的性能，故应十分重视。

（二）制结

制作 $p-n$ 结的过程就是在一块基体材料上生成导电类型不同的扩散层。它是电池制造过程中的关键工序之一。制 $p-n$ 结的方法有许多种，如热扩散、离子注入、外延、激光及高频电注入法等。

（三）除去背结

在掺杂制结过程中，往往在电池侧面及背面也形成 $p-n$ 结。所以在其以后的工序中，要除去电池的侧面、背面的结（及表面的氧化层）。除去背结常用的三种方法：化学腐蚀、磨砂（或喷砂）和蒸铝烧结法。

（四）制作上、下电极

制作电极也是制造太阳电池的关键工序之一。为了使硅太阳电池产生的电能可以输出，必须在电池上制作正、负两个电极，以使其产生的电能可汇集流出。在常规 $p-n$ 结电池中，电极与半导体之间必须是欧姆接触，这样才能有较高的导电率。与 $p$ 型区接触的电极是电流输出的正极，与 $n$ 型区接触的电极是电流输出的负极。习惯上把制作在电池光照面的电极称为上电极，把制作在电池背面的电极称为下电权或背电极。上电极通常制成窄细的栅线状以克服扩散层的电阻，并由一条较宽的母线来收集电流；下电极则布满电池背面的全部或者绝大部分，以减小电池的串联电阻。

（五）腐蚀周边

经过扩散的硅片，在硅片的周边表面也可能有不同程度的掺杂，形成扩散层。周边扩散层若不去掉，将会使电池的上、下电极形成短路环，必须除去它。这个工序对电池制作特别重要，周边上存在任何微小的局部短路都会使电池并联电阻下降，以至成为废品（并联电阻下降还可能是由于 $p-n$ 结的其他局部微小短路）。

在制造电池的工艺流程中，通常都在制得电极后腐蚀周边。上电极和下电极都是真空蒸镀的，在钎焊焊锡后腐蚀周边，否则在腐蚀周边之后才钎焊。有的周边扩散层已在腐蚀除去背结的同时一起除去，一般可以省去这一工序，少数有局部短路现象的电池仍需要腐蚀周边以恢复输出特性。

腐蚀周边的方法比较简单，只要将硅片的两面掩蔽好，在硝酸、氢氟酸和醋酸组成的腐蚀液中腐蚀半分钟至一分钟。腐蚀后用水洗净，再移去掩蔽，即告完成。

（六）制减反射膜

硅片经过扩散到腐蚀周边的工序以后，已具备一定的光电转换能力。但是，由于光在硅表面的反射，使光损失约 11%，即使是绒面的硅表面，也损失约 1 / 3。如果在硅表面有一层或多层合适的薄膜，利用薄膜干涉原理，可以使光的反射大大减少，电池的短路电流和输出就有很大增加，这种膜称为太阳电池的减反射膜。

（七）检验测试

经过上述工序制得的电池。需进行检验、测试以取出其质量性能合格者，方可作为成品入库出厂。在生产中主要测试电池电性能的指标是：电池的伏——安特性曲线，从它可以得知电池的短路电流、开路电压、最大输出功率、串联电阻及转换效率等参数。

三、连续生产工艺

一般以硅片制造太阳电池时，需经扩散成结、电极形成、蒸镀减反射膜、测定、分类、封贷、检查、再测定等工序。在 $p-n$ 结形成时，要在 1000℃以上的高温下进行，硅表面的杂质要扩散到活性层以及反应系统，因而反应系统要经常清洗以防污染，无法连续生产。电极形成时一般在真空镀膜机内进行，亦无法连续生产。日本夏普公司中央研究所在英国 Ferrantic 公司发明的漏网印刷电极技术的基础上加以改进，研究了连续生产工艺。即将 $p$ 型硅片先喷镀一层 $n$ 型涂敷，然后在焙烘炉和扩散炉形成 $p-n$ 结，再用氢氟酸除去氧化膜，然后用印刷法印上导电银浆，再进入焙烘炉和烧结炉形成电极，接着喷抗反射膜液，并用焙烘炉烘干形成减反射膜，最后用激光束切片，测定分类。

非晶硅加电池是一种薄膜电池。由于其材料消耗少，易于大规模生产。自 20 世纪 80 年代中期以来，世界 $a-Si$ 太阳电池产量扶摇直上，占据太阳电池总产量的第二位。

四、太阳电池组件

太阳电池作为地面电源应用时，原封不动地采用单体电池的情况极其罕见。一般为达到适合电源设计的电压、电流特性，总是预先将若干单体电池串联、并联或串、并联联接起来，以达到要求。为能经受严酷的自然环境的考验、将它们组装成由各种封装保护的单元结构。这样的单元结构称作太阳电池组件。

近年由于太阳电池地面应用的迅猛发展，许多厂家根据市场动态按一定规范要求制造一系列的太阳电池组件。

（一）构造组件

单体太阳电池不能直接做电源使用。作电源用必须将若干单体电池串、并联连接和严密封装成组件。其理由：

1. 单体电池是由硅单品或多晶材料制成，薄而脆，不能经受较大力的撞击。硅单品电池片的破坏应力经测量约为 $12\times10^{2}$kg / cm$^{2}$。使用时若不加保护则极易破碎。

2. 太阳电池的电极，尽管在材料和制造工艺上不断改进，使它能耐湿、耐腐蚀，但还不能长期裸露使用。大气中的水份和腐蚀性气体缓慢地锈蚀电极，逐渐使电极脱落，使电池寿命终止。为此必须将电池与大气隔绝。

3．单体硅太阳电池的最佳工作电压约0．42～0、43V，远不能满足一般用电设备的电压要求。这是硅元素本身性质所决定的。单体电池的尺寸受到硅材料尺寸的限制、输出功率很小。目前实际应用的最大尺寸的单体太阳电池已超过$\phi 15cm$。峰值功率超过2W。

主要基于上述原因需将若干片太阳电池组合成为一个能独立作为电源使用的最小单元即组件。对太阳电池组件的要求可以归纳以下几点：

（1）有一定的标称工作电压和一定的标称输出功率；

（2）工作寿命长。要求组件能正常工作15～20年以上。因此要求组件所使用的材料、零件及结构，在使用寿命上互相一致，避免因一处损坏而使整个组件失效；

（3）有足够的机械强度、能经受在运输、安装和使用过程中发生的冲击、振动及其他应力；

（4）组合引起的电性能损失小，

（5）组合成本低。

（二）太阳电池组件的结构形式

太阳电池的构造多种多样，如平板式组件、玻璃壳体式组件、底盒式组件、全密封组件等。

## 第二节 太阳电池发电系统

太阳光伏发电作为动力使用，因其电特性输出与常规电力差异较大且除供给常规电负载外，有时还供给适合自身特点的一系列部件。根据不同情况把这些用电负载或部件与若干太阳电池组件按设计要求组合起来构成了太阳能光伏发电系统。

一、系统分类与构成

太阳电池发电系统或称太阳能光伏发电动力系统。从应用的领域考虑，可分为太空应用和地面应用。太空应用主要作为人造卫星的电源，使用已数十年相当成功，本段所述暂不考虑太空应用领域。重点是仅对地面应用而论。

（一）系统分类

地面用太阳光发电系统常见的分类有按采光方式、发电容量、安装形式或外围设备等划分。下面介绍它们的分类。

1．按采光方式分类　它是指太阳电池方阵（或电池板组件）、获取阳光的方式。大致可分为如下两大类：

太阳电池组件平板式采光，它不需要聚焦太阳光，光直接入射到太阳电池表面。

聚光式采光无论是采用透镜式还是采用反光镜式，使太阳电池在聚焦的高能量密度的太阳光下工作。

在具体态用中，是采用平板式还是采用聚光式采光，它与当地的气象条件和经济性有很大关系。在美国，其水平面上的日总辐射中，直射光占据的比例大，相对较多的开发了聚光式或平板型跟踪式；在日本，散射光占据的比例大，跟踪方式的优点不明显，大多选用平板固定式采光方式；我国纬度跨度较大，直射与散射光的比例各不相同，仅从此点考虑较难确定采用哪种采光方式为宜：但考虑到聚光式或跟踪方式成本投入会加大、可靠性要降低、增加维护要求、用户素质要求较对稍高等诸多因素以及笔者多年之应用经历，认为一般还是选用方阵固定式采光为宜。在许多情况下若能采用方阵固定的倾角可调（一年调一次或二次）式采光方式或许效果会更好些。

2．按发电容量分类　它是按照太阳能发电系统中太阳电池组件总的额定功率（或称峰值功率）来划分的：

（1）小规模发电系统。太阳电池方阵的降值功率约在数 10kW$_p$ 以下，主要用作独立电源、家庭电源，它们是分散的发电方式。利用现有的建筑物或主地；发电场所离负载很近，不需要直流输电线。

（2）大规模发电系统。太阳电池方阵的峰值功率在数 100$kW_p$。以上，主要用于工厂、村庄和群体集住地等。它们是以集中的发电方式供电的。由于规模大而成本低，容易维修、系统可靠性高，并且还可与公共电网联网等。

（3）中规模发电系统：太阳电池方阵的峰值功率约在数 10$kW_p$ 至数 100$kW_p$ 范围内，主要用于学校、医院等。它介于小规模与大规模之间。

我国截止目前的应用水平处于中小规模程度，以分散的小规模方式为主。

3. 按安装形式分类　太阳能光伏发电系统按安装形式分类，可分为分散式与集中式。

4. 按外围设备分类　太阳能光伏发电系统也可根据蓄电装置、交直流变换装置以及连接装置的有无进行分类。

（二）系统构成

太阳电池发电系统已经广泛地应用到了许多的方面，根据使用的对象不同，其系统构成也不同，但作为一个利用太阳光发电的太阳电池发电系统，有一些元部件还是必不可少的。正是这些元部件构成了系统的基本成分。它们主要有太阳电池方阵、储能装置、调控装置和负载等。对于与公共电网并网的还有连接装置。

1. 太阳电池方阵

它是由若干太阳电池组件根据不同要求按照串联并联方式组合构成的，它还包括了支架接线盒等。对于千瓦以上的系统，一般太阳电池方阵要分为几个子方阵。方阵的功能是将捕获到的太阳辐射的光能直接转换成直流电能输出。目前其效率还相当低；由于总是存在匹配损失，故要比电池组件的效率低。且太阳电池方阵规模（容量或标称功率）愈大匹配损失也愈大。非晶硅太阳电池组件方阵的效率一般不超过 6%，寿命在 10 年以上；多晶硅的电池方阵约在 12%以下，寿命在 15 年以上；单晶硅太阳电池方阵的效率约在 15%以下，寿命达 20～30 年。太阳电池方阵的投资费用相当高；一般情况下，可占系统总成本费用的 40%左右。

2. 储能装置

大部分应用系统使用的是铅酸蓄电池及硅胶蓄电池，重要场合也有用镍镉蓄电池的，一般由几个蓄电池组构成。仍在太阳能供水系统中，储能装置名利用储水罐。储能装置的作用是将太阳日照富余时发出的剩余电能贮存起来，以备无日照时或日用不足时供给负载使用。同时它的另一重要作用是使系统的输出特性吻合于负载特性曲线，即电力需求的变动特性。例如：以家庭用电为例，高峰用电时间是从傍晚到夜间；而工业用电，高峰时间则是从早八时到晚五时。另外，使电力部门为难的是夏季制冷用又以三伏天的十二时到十五时之间为高峰。这些电力需求与太阳电池发电系统的输出特性几乎不一致。只有制冷用电需要的高峰正好与此一致。在这种情况下，如果不采用适当的储能调节装设，就不能期望很好地发挥太阳电池发电系统的效率。作为弥补这种电力需求的特性曲线与太阳电池发电系统的输出特性之间不协调的方法，重点开发对象首先是蓄电池、扬水发电方式，其次是与将来氢能系统有关的燃料电池。

需要指出的是，在一定条件下也可采用“无储能（蓄电池）”太阳电池发电系统。可能是有相当的优越性的。

3．调控装置

在不同的太阳电池发电系统中的调节与控制装置亦各不相同。主要由电子元器件、仪表计开关组成。较简单的装置功能有：防止反冲或隔离、防过冲、防过放、稳压等；复杂些的功能还要有自动监测、控制、转换、电压调节和频率调节等。在交流负载中蓄电池组与负载之间须配备逆变器。它是将太阳电池方阵或蓄电池组供给的直流电能逆变成 220V 或 380V 的交流电能以供给负载的。用于该目的的逆变器一般应满足：电压精度±2％以内，频率精度±1％以内，波形确变率＜3％～5％，效率＞80％，噪声＜60dB，寿命 10 以上，并且要体积小、重量轻等这些条件。目前，国内 1kW 以下的逆变器已经比较成熟；几十千瓦的正在研制开发中。

4．负载

笼统地讲就是用电器。由于太阳光发电的成本相对较高，大都希望用电器的效率较高或节能。一些部门为此研制出了许多产品如：太阳能直流灯、黑白直流电视机、直流彩电和直流水泵等等。还有许多负载是用常规交流电的；对于这些常规负载，一般应选用效率较高者。

5．连接装置

为了把太阳电池发电系统连接在各种负载或者公共交流电网上，就需要通过适当的连接装置连接逆变器的输出端。

用于太阳电池发电系统的连接装置应具有以下功能；

（1）具备从系统逆变器中输出的电力应与公共电网的输出电力的质量相匹配。频率、电压等基本性质由逆变的控制电路来调整。但是，最大的问题是去除逆变器输出所含有的高次谐波成分。通过将高次谐波滤波器对地并联连接，防止向公共电网注入高次谐波。如果高次谐波成分叠加在公共电网上，由于感应会在电话线路上产生杂音，或因使用这种电力，发生负载机器不能正常工作等问题。

（2）应该考虑的是保护装置。这有两点含意：一是根据在公共电网上产生的一些电涌现象，要设置保护太阳电池发电系统的装置，例如：用于雷产生的浪涌电流的保护或者因输电线的故障而产生的浪涌的保护。二是要具备公共电网与太阳电池系统分离的装置。这意味着防止在维护公共电网发生危险，从多数太阳电池发电系统反馈于输电线上不规律的电力，将给管理上造成相当大的麻烦。安装避雷针等对防雷是行之有效的方法。但是，作为一般保护装置、需要在与公共电网之间安装电流断路器，保护继电器或利用电网的电力操纵的开关（当电网断路，开关即断开）等。

（3）计量装置。它是为计量各发电系统的发电量而设置的，当太阳电池发电系统的指出并入公共电网系统时更显出其重要性。即提高太阳电池发电系统的经济性和效率的目的，是出售所发的电力。为了出售电力显然就需要准确的计量装置。作为这种装置，目前还存在很多问题，例如：使目前的累积电力计量具备能够互易的功能等。

二、系统方阵及其安装与维护

太阳电池方阵常称系统方阵。如前所述系统方阵是将太阳辐射能直接转换成直流电能的，可以认为它是整个系统的动力源。它是整个系统运作的第一步，它的状态合适与否对后续工作至关重要。一般来说要求它应有足够的输出电压和输出能量。

近年来使用的太阳电池系统方阵一般已不在直接由单体太阳电池拼合而成；而是由用这些单体电池经串、并联、封装等构成的太阳电池组件作为最小单元，将这些组件按一定方式连接构成方阵阵列。对稍大些的方阵还可将其分为几个子方阵。

系统方阵容量的确定在上面已作论述，在此仅介绍系统方阵的跟踪（它不同于最大功率点的跟踪）。在系统方阵容量一定的情况下，人们希望通过调节系统方阵使其能较多的捕获太阳辐射能以产生较大的输出。这种调节常常称之为跟踪。所谓跟踪就是系统方阵的方位角和倾斜角可调节。跟踪的方法很多，依系统方阵的要求和装置环境的不同而不同。如人工手动跟踪，机械跟踪，自动跟踪（光差传感，电子控制）等。这些跟踪又分单轴跟踪（只有东→西方向或南→北方向）与双轴跟踪（东→西，南→北两个方向）。

与跟踪形式相对应的是固定形式的系统方阵，即把系统方阵上的太阳电池组件固定在一年内的最合适的方位角和倾斜角的位置上。介于两者之间的是一种称之为半固定式或称为倾角可调式系统方阵的安装形式。它是根据需要一年可调整几次系统方阵的倾斜角。

为降低太阳电池发电的价格，另一有效途径是考虑使太阳电池在高密度的太阳光下工作，以提高系统方阵的输出功率。为此就要采用聚光装置。采用什么方式的聚光器构成发电系统最经济，最终应从综合分析的基础上做出判断和决定。一般说，辐射越强，电池的有效利用率就越高。但另一方面，电池受光面内光的分布不均匀，因此必须采用高精度的跟踪装置；电池内部串联电阻的影响变大，为降低串联电阻，势必使电池价格提高；电池的发热

量变大等产生一系列新的问题。所以，用聚光装置发电的价格，起初会随着聚光比的增加，价格降低，某个聚光比的条件下，价格达到最低，若再增加入射辐射虽则其价格反而升高。

在考虑某地的太阳光发电是采用平板型的，还是采用聚光型的；是采用固定式的，还是采用跟踪式的，必须考虑安装地点的气象条件和使用太阳电池的成本以及哪一种的效率更高和更经济。在美国，聚光型和平板型的跟踪方式都在进一步开发，在本是以平板型固定式为主。其原因是，在美国水平面上的日照中，直射光占据的比例大，跟踪方式可以增加每年的发电量。而在日本散射光的比例大，跟踪方式的优点并不明显。况且聚光型的成本较贵，使系统可靠性降低，还必须经常保养。我国幅员辽阔，经纬跨度大；气象条件、气候类型差别各异。究竟采取何种形式的系统方阵，要视具体情况而定。不过依笔者多年之经历，常常只

用可调式平板型安装形广的太阳电池系统方阵。其成本增加甚微，操作简易，可按耗能高峰期设置，效果较满意。

关于太阳电池系统方阵的安装、使用、维护和保养、无需多讲，只作简单的介绍：

1．太阳电池系统方阵应安装在周围没有高大建筑物、树木、电杆等遮挡太阳光的处所．以便最充分地接收太阳的光能。我国地处北半球，方阵的采光面应面向南放置。

2．建议随季节的变化调整方阵与地面的夹角，以便方阵更充分地接收太阳光，减少光能的损耗。

3．太阳电池方阵在安装和使用中。都要轻拿轻放，严禁碰撞、敲击，以免损坏封装玻璃，影响性能，缩短寿命。

4．遇有大风、暴雨、冰雹、大雪、地震等情况，应采取措施，对太阳电池方阵加以防护，以免遭受损坏。

5．应保持太阳电池方阵采光面的清洁，如积有灰尘。应先用清水冲洗，然后再用干净的纱布将水迹轻轻擦干、切勿用硬物或腐蚀性溶剂冲洗、擦拭。

6．太阳电池方阵的输出引线带有电源“（”、“（”极性的标志，使用时应加注意，切勿接反。

7．太阳电池方阵与蓄电池匹配使用时，方阵应串联阻塞二极管，然后再与蓄电池组并联连接。

8.与太阳电池方阵匹配使用的蓄电池,应严格按照蓄电池的使用维护方法使用。

9．带有向日跟踪装置的太阳电池方阵，应经常检查维护跟踪装置，以保证其工作正常。

10．太阳电池方阵的光电参数，在使用中应不定期的按照有关方法。

11．进行检测，如发现存在问题，应及时加以解决，以确保方阵不间断地正常供电。

三、系统的经济分析方法

（一）动态经济评价

以通用的经济评价方法来计算年投资成本或单位产值成本。采用这种方法进行计算，所取得的数字具有局限性，因为他们不包括生态学与社会经济学的影响，也不含国家各经济目标的影响。

动态经济评价方法是对某工程起始之后的补充投资以及不同时期的收入与支出都做考虑。如果某项工程（系统）启动（安装）以后还要追加投资的话，就意味着系统成本的初期投资要打折扣；对所研究的系统来说，初投资的成本数额较大，以后需要更换蓄电池等，补充投资随时都是需要的。

假定市场利为 $p$，通货膨胀率为 $a$，可演算出实际利率 $i$，而由 $i$ 则可推算出物价上涨因素。折算的系数是：

$$Pq = a / e$$

式中

$$q = 1 + \frac{i}{100}; a = 1 + \frac{P}{100}; e = 1 + \frac{a}{100}$$

（二）年投资成本

在本分析中不包含收入项，重点放在年投资成本方面（$A_k$）其计算公式如下：

$$A_k = \sum_{t=1}^{T} \left[ \left( K_0 \bullet q^{-1} \right) RF(i,t) \right] + (1-L) RF(i,t) + Li$$

式中 $A_k$——年投资成本；

$T$——使用寿命；

$\sum$——总和；

$t=1$——项目启动后的时间或每年；

$K_0$——运行成本；

$q^{-t}$——折算系数 $(1+i/100)-t$；

$i$——利率

$t$——支付时间；

$RF$——校正系数，$RF(i，t) = q\dfrac{t \bullet (q-1)}{q^t - 1}$；

1——投资成本；

$L$——试用期末的结束发电量。

## 第三节 系统部件与光伏应用

光伏发电系统在系统构成中，无论是对联网的大系统还是独立使用的中、小系统因其自身特点除太阳电池方阵外，还需配备一些专用部件。这些部件为很好地利用系统产生的电能起着重要的作用。这些专用部件由于其使用的特殊性，五花八门种类繁多，目前尚未制订标准。在家用太阳能光伏电源系统中常见的辅件有：控制器、逆变器蓄电池组等。

一、电子部件

太阳电池发电系统产生的电能是直流电，并且其电性能具有自身的特点；另一方面其发电成本仍然相对较高。为了很好的利用这种电能需借助于弱电技术。

（一）控制器

控制器的作用主要是：对蓄电池的充电和放电实施控制，以防止蓄电池过充电或过放电而影响其寿命进而影响系统的正常工作。绝大多数控制器具有防止反充电和过电流保护等功能。

近年光伏发电系统的应用工作发展迅速，尤于是小系统在我国推广相当快。对于设计小系统的控制器一般应考虑的因素有：防止反向充电、额定电压、额定电流、最高电压均最大电流、过充过放点的设定、电压电流的显示与指示、保护的方式、可靠性与稳定性及其寿命等。控制器的成立也是要考虑的重要问题之一

（二）逆变器

太阳电池方阵所发出的电都是直流电；而大多数用电负载均需交流电能。为解决这一矛盾，直流／交流（DC／AC）逆变器应运而生。逆变器的基本功能是将来自蓄电池或太阳电池方阵的直流电转换成交流电以便供给交流负载。由于负载性质不同，逆变器的种类也较多。有：工频、中频、高频、方波或正弦波等之分。

近几年，家用太阳能发电系统应用推广很快。有关部门对与家用太阳能发电系统配套的逆变器进行了规范工作，提出了一些要求。在家用系统中，直流／交流逆变器必须具有以下的基本特性：

1．高效率；

2．能够承受由于用电器或感性负载在启动时的过流和高压的影响；

3．当蓄电池输入的直流电压范围变化很大时保持稳定的交流电压输出；

4．具有欠压保护、过流保护、短路保护、防极性反接保护；

5．低噪声；

直流／交流逆变器的一般技术指标：

1．在蓄电池稳定运行时，要求逆变器的输出电压偏差不能超过额定交流 220V 的 5%；

2．在输入电压变化时（额定输入电压的 85%～125%），其输出电压偏差不应超过额定值的±10%；

3．逆变器的额定输出频率为工频 50Hz，并要求在正常工作条件下其偏差不超过 5%；

4．正弦波逆变器最大输出电压的波形失真度不应超过±5%；

5．逆变器效率；当负荷为 10%，效率≥75%；当负荷满载时，效率≥85%；

6．逆变器的过载能力：要求过载能力为 125%，并能维持 1min。变器应有如下保护功能：

7．欠电压保护：当输入蓄电池电压过低时（12V 系统：10．5～11V），逆变器应能保护自动关机，以保护蓄电池；

8．过电流保护：当工作电流超过额定电流的 50%时，逆变器应能自动保护；

9．输出短路保护：逆变器应能在输出短路时自动保护；

10．极性接反保护：输入直流极性接反时应能自动保护；

11．逆变器的起动特性：要求在额定满负载下应能可靠地起动，并且起动平稳，起动电流小，运行稳定可靠（可增加软起动功能）；

12．逆变器对噪声的要求：要求逆变器在正常工作时，其噪声不超过 65dB；

13．逆变器的可维护性：逆变器应维护简便，可维护性强。应有必要的备件，或易于买到；元器件的更换性能好；在设备的工艺结构上，应充分考虑元器件易于拆装，更换方便。

（三）照明灯

在家用太阳能发电系统中，照明灯大多采用直流灯具。所谓直流灯是指其电源为直流电源。事实上，所有这些灯具虽然接受的是直流电，而灯具自身带有 DC／AC 电路进行变换再利用。目前使用较多的灯具是直管荧光灯和双管高效节能灯。

在直流灯具中，无论是直管荧光灯还是其他形状的高效节能灯，实际应用存在比较突出的问题是灯管寿命短（容易发黑），产生原因可能是逆变过程中高频尖脉冲所致。

（四）标识灯

在公路交通、航运、航空等方面，为了结汽车、轮船或飞机警示信号，常常要用标识灯。在许多场所，太阳能标识灯具有较大的优越性。在无人值守场合，如：偏远少人地区、水道中的暗礁、高的建筑物等，太阳能标识灯均可便宜地实现长期全自动地工作。

二、储能部件

太阳电池是把太阳辐射的光能转换成电能的转换器件，它没有储存电能的功能。因此，当没有入射光的照射或光照较弱而需向负载供电时，就需要有储备的电能来供给，或者说利用一种器件或设备装置把入射光较强时所产生的过剩电能储存起来，以便备用。能量的存储是能源利用的重要问题之一。矿物能源便于存储；而像辐射、电等非矿物能虽则难以储存。为了充分利用和调剂余缺，人们对能量的储存进行了一系列的研究。目前能量储存的主要方式有：1．蓄电池；2．氢能；3．水库；4．飞轮；5．大电容；6．热能。从可行性、经济性等诸多因素考虑，蓄电池是现在人们首选的储能方式。在绝大部分光伏动力系统中，蓄电池均已作为其必不可少的装置——储能部件。

（一）对蓄电池的要求及其特点

光伏发电系统中使用的蓄电池是以浮充电方式工作的。考虑到系统的应用场合和环境，通常对光伏发电系统用的储能蓄电池有下列性能要求：

1．在太阳电池使用环境中有长期稳定的充电和放电特性；

2．由于太阳电池的使用环境、气象条件等变化范围大，对此，在较宽的充电电流范围内，充电效率要高；

3．耐过充电、过放电；

4．在使用环境下自放电小，一般选用低自放型电池；

5．循环寿命长；

6．不漏液、不放出气体，或者少漏液，少放出气体；

7．能量密度高；

8．成本低。

在光伏发电系统中使用的蓄电池主要是酸性蓄电池和碱性蓄电池；它们的主要代表：铅酸蓄电池和镉镍蓄电池。

铅酸蓄电池的工作机理：

负极反应：$Pb+H_2SO_4-2e \rightleftarrows PbSO_4+2H^+$

正极反应： $PbO_2 + H_2SO_4 + 2H^+ \rightleftarrows PbSO_4 + 2H_2O$

电池总反应： $PbO_2 + 2H_2SO_4 + Pb \rightleftarrows PbSO_4 + PbSO_4$

镉镍蓄电池的工作机理：$2Ni(OH)_3 + 2KOH + Cd \rightleftarrows 2Ni(OH)_2 + 2KOH + Cd(OH)_2$

下仅列出几种蓄电池的相对特点与缺点。

1．铅酸蓄电池（酸性电池）

特点：（1）端电压高（2V 以上）；（2）成本低；（3）可得到大容量的电池；（4）工艺简单；（5）原材料丰富。

缺点；（1）耐过充、过放性能弱；（2）溢酸、渗酸，不定期调密度（1．285）需补充电解液；（3）酸雾（充电，大电流放电）大。

2．镉—镍电池

特点：（1）耐过充、过放能力高；（2）充电特性好；（3）可高效放电（放电电压平稳）；（4）低温性能好；（5）循环寿命长；（6）自放电小；（7）机械强度高；（8）易于密闭化；（9）易于维护。

缺点：（1）端电压低；（2）价格太高；（3）镉对人体有害。

（二）蓄电池使用

由于价格因素，铅酸蓄电池特别适合于光化发电系统。

铅蓄电池的一般使用与维护要求：

1．蓄电池应经常处于充足电状态，避免过充和过放电；

2．在使用过程中应尽量避免大电流充、放电及剧烈震动；

3．在使用过程中应保持电解液液面高于极板、并要经常检查电解液的密度，以监视其放电深度；

4．注意蓄电池的工作温度、必要时需采取保温或冷却措施；

5．蓄电池加入电解波后，必须按规定的充电电流每月补充电一次。放电深度较深的蓄电池，必须短期内充电以防极板硫化；

6．在配制电解液时，应将硫酸徐徐注入蒸馏水内，同时用玻璃棒不断搅拌，使其混合均匀并迅速散热。切勿将水注入硫酸内，以免发生剧热而爆炸。在调整电池电解液的密度时，只准用密度不高于 1．40 的稀硫酸溶液，严禁使用浓硫酸；

7．蓄电池不得倒置，不得叠放，不得撞击和重压；为防短路不得将金属工具及其他导电物品放置在电池上；

8．保持蓄电池表面的清洁，防止杂物混入电池内部。要经常消除校线头之间的酸液和极性及接头上的氧化物；

9．蓄电池之间应保证接触良好。勿使松动．以免增加线路中的电阻，浪费电能。

三、光伏应用场所

光伏发电系统应用的领域非常宽广，除了上面讲述的应用外再介绍一些光伏应用场所。

（一）太阳能供电系统

由许多太阳电池组件构成的光体系统相当于一个小的型发电厂，可供一个地区的电力需求。

（二）太阳能供水系统

淡水供应短缺是人类21世纪面临的棘手问题之一，中国仍至世界有许多地方，如沙漠等地因缺水而荒无人烟；在这些地区使用太阳能光伏发电解决人畜用水是比较好的方案。

（三）太阳能通信

太阳能光能发电通信系统是近几年才得到迅速发展的,可作为太阳微波中继站、电视信导差转台等一系列场所的电源系统。

（四）铁路信号灯

我国有漫长的铁路线，沿线有许多铁路道班没有通交流电或通电流很不经济，利用太阳能光伏发电系统非常合适。

（五）太阳能割胶灯

橡胶园采集树胶通常在黎明前进行，割胶工唯一的照明工具是头戴一盏小灯。这种灯使用于电池供电很不经济；使用太阳光伏供电较合适。

（六）太阳能气象站系统

由于客观需要一些气象站、台须设在电网未覆盖区且环境条件恶劣的高山峻岭上，有许多这样的站、台使用了太阳能光伏发电作为他们的通讯和生活用电的电源。

（七）太阳能游船

一年以前太阳能游船还只扮演宣传、示范的角色。由于技术的飞跃发展，现在太阳能游船已经有一定的经济价值予以研制实用了。

中国在1971年发射的第二颗人造卫星首次使用太阳电池．1973年光伏发电开始在地面应用。1985年以前，主要应用在航标灯、铁路信号灯、黑光灯、电围栏、小型通信机等特殊领域。90年代以后光伏发电逐渐扩展到通信、交通、石油、气象、国防、农村电气化等方面。

# 第十六章 太阳能利用展望

虽然人类对太阳能的利用已有几千年的历史，但是把太阳能作为一种动力和能源而加以利用则只有几百年的历史。近几十年太阳能的利用得到了突飞猛进、日新月异的发展。展望未来几十年，太阳能的利用更是前途无量，其将会从“近期急需的补充能源”成为“未来能源结构的基础”。

## 第一节 生存与发展的促进

众所周知，能源是人类生活和生产赖以生存发展的物质基础。煤、石油、天然气这些常规能源的衰竭、耗尽虽不是屈指可数但也是为期不远。人类不会坐以待毙，一直在积极进取、努力开拓。

目前已有的太阳能科技成果和太阳能利用实践，为新世纪的大规模利用太阳能奠定了坚实的基础。近来，世界上一些著名分析预测研究机构、跨国公司、太阳能专家和一些国家政府纷纷预测，认为在新世纪中叶即2050年左右，太阳能（含风能、生物质能）在世界能源构成中将占50%的份额，届时太阳能将成为世界可持续发展的基础能源。立论依据主要有：

1．能源需求的增长

2．环境保护的制约

新世纪全球能源结构必构发生根本性变化。当今占主导地位的石油将逐渐减少直至枯竭，完成其历史使命。煤碳的利用将受到限制，但考虑到发展中国家发展经济的需要、在

2030年前煤碳消耗量可能还会有所增长，在此之后消耗量便将逐渐下降，核能利用、因核安全和核废料处理技术尚未完全解决，各无技术上的突破，在今后50年内发达国家会逐渐关闭核电站，发展中国家还会新建一些核电站。二者相抵，总数上不会有多大增加，相反还会有所减少。太阳能和其他可再生能源将替代石油和煤碳，逐渐成为世界能源的主角。

对2050年各种一次能源在世界能源消耗构成中，所占的比例进行分析、预测可得出如下结论：石油0（或甚微）、天然气13%、煤20%、核能10%、水电5%、太阳能（台风能、生物质能）50%，其他能源2%。

综上所述可得出结论，虽然太阳能利用的开发、推广还存在若干难题期待人们去攻克、解决；但是，21 世纪将是人类大规模利用太阳能的世纪，这是不以任何人的意态为转移的历史发展的必然结果。

## 第二节 政府组织的重视

早在 1992 年。由于人类长期大量燃烧矿物能源，造成了全球性的环境污染和生态破坏，对人类的生存和发展构成威胁；在这样背景下。联合国在巴西召开了“世界环境与发展大会”，会议通过了《里约热内卢环境与发展宣言）、《21 世纪议程》和《联合国气候变化框架公约》等一系列重要文件。把环境与发展纳入统一的框架，确立了可持续发展的模式。这次会议之后，世界各国加强了清洁能源技术的开发，将利用太阳能与环境保护结合在一起，使太阳能利用工作走出低谷，逐渐得到加强。世界环发大会之后，中国政府对环境与发展十分重视，提出 10 条对策和措施、明确要“因地制宜地开发和推广太阳能、风能、地热能、潮汐能、生物质能等清洁能源”，制定了《中国 21 世纪议程》，进一步明确了太阳能重点发展项目。1995 年国家计委、国家科委和国家经贸委制定了《新能源和可再生能源发展纲要》（1996～2010），明确提出我国在 1996～2010 年新能源和可再生能源的发展目标、任务以及相应的对策和措施。这些文件的制定和实施，对进一步推动我国太阳能事业发挥了重要作用。

1996 年，联合国在津巴布韦召开“世界太阳能高峰会议”，会后发表了《哈拉雷太阳能与持续发展宣言》，会上讨论了《世界太阳能 10 年行动计划》（1996～2005），《国际太阳能公约》，《世界太阳能战略规划》等重要文件。这次会议进一步表明了联合国初世界各国对开发太阳能的坚定决心，要求全球共同行动，广泛利用太阳能。处于能源结构、环境保护等方面的考量，世界上许多国家的政府和社会团体组织对加速发展利用太阳能给予了相当的重视和支持力度；尤其是一些发达国家作出了令人比较满意的姿态。

1997 年 6 月，美国总统宣布美国政府制订了“百万太阳能屋项计划”，即到 2010 年美国将在美国国内建造 100 万座太阳能屋顶、包括供热相供电。这一计划有 3 个目的；

1．计划完成后每年减少排放的二氧化碳量相当于 85 万辆汽车的排放量；

2．可以增加 7 万个高技术就业机会；

3．通过这一计划，将大大加强美国太阳能光伏发电工业在世界上的领先地位和竞争力。

德国政府 1998 年提出 10 万屋顶太阳能计划。德国对太阳能的利用还有优惠的经济政策给予扶持，如销售补贴等。其他一些发达国家也有类似的太阳能计划，如荷兰、瑞士、芬兰、奥地利、英国、加拿大等。

中国近几年在太阳能利用方面，联合国、欧共体等给予了一定的关注，已经取得了一些经济支持。专家及业内人士多次呼吁政府应给予优惠的政策支持。相信很快相会采取一系列措施以促进中国太阳能利用事业的发展。

2000 年 5 月，联合国在瑞典召开了全球部长级环境论坛会议并发表了《马尔默宣言》。它呼吁全世界私营部门和各社会组织与机构承担更大责任和发挥更大作用，以迎接人类在 21 世纪所面临的越来越严重的环境问题的挑战。宣言说，自从联合国 1972 年在瑞典首都斯德哥尔摩召开人类环境大会并发表《人类宣言》以来，国际社会为保护全球环境作出了卓有成效的不懈努力，并取得了一些进步，但人类赖以生存的自然环境继续以惊人的速度恶化。造成这一严重后果的原因是多方面的，既有很深的社会与经济根源，如贫困、生产与消费的短期行为、财富分配不公和债务负担等，又有缺乏足够的国际合作和行动不力等问题。要想成功地扭转世界环境继续恶化的趋势，除了需要各国政府进一步发挥关理性的主导作用外，还需要私营部门承担起更大的责任与义务，并需要各社会组织与机构发挥重要的促进作用。宣言认为，应该采取这样一些措施来推动私营部门在保护环境方面承担更大的责任与义务：实行谁污染谁负责的原则；设立环境行为指数与报告制度等。各社会组织和机构应在这样一些方面发挥重要的作用：推动决策者更加关注环境问题，提高公众的环保意识，促进环保观念的创新，增加环保决策的透明度和防止环保决策过程中出现腐败行为。宣言相信，通过全世界各方面一致的不懈努力，全球自然环境和自然资源恶化的发展趋势必将能得到有效的扭转。

## 第三节 科技进步的推动

科学技术是第一生产力、科学技术的进少将大大推动太阳能利用的发展。近年许多国家都加大了太阳能利用研究的力度，取得了一定的进展。一些科研动态、成果和设想有：通讯用太阳能飞机、太阳能飞艇、太阳能船、海上开发、宇宙开发、能源植物、平板真空太阳集热板、纳米太阳电池等。

## 第四节 市场拓展的刺激

西方发达国家太阳能利用普及率在25%左右。最高的以色列目前已达60%以上。根据现有资料估算在今后10年，主要发达国家的太阳能利用普及率将上升至40%左右。

国内太阳能利用普及车约在1%左右，但发展不平衡，云南、山东等地普及利用率相对较高，约达3%～5%。中国西部的中心城市普及率约在0．6%～1．5%之间。新近情况显示，地区市及部分农村太阳能市场也开始起动。中国西部太阳辐照资源丰富;结合国情在未来10余年,保守估算中国的太阳能利用普及率应达15%～20%。仍有几十倍的发展空间。

20世纪80年代中国太阳热水器产量为2万$m^2$。1992年销售量50万$m^2$。1995年以后中国的太阳能利用迎来了第3次高潮，1997年全国产销量为350万$m^2$，总产值约合35亿元人民币，其中平板式热水器160万$m^2$，约占45%：真空管式热水器100万$m^2$，约占30%；闷晒式热水器90万$m^2$，约占25%。市场上出售的太阳热水器全部部件均为国产品，而且没有政府补贴，销售量持续呈上升趋势。98年、99年中国的产销量约以20%～30%的速度递增。其中真空管式热水器发展惊人，到1999年其约占市场份额的70%。1998年，中国太阳热水器累计拥有量达到了1500万$m^2$，居世界第一位。随着城乡居民生活水平的提高，对生活热水需求量将大大增加。太阳热水器使用范围也将逐步由提供生活用热水向商业用和工农业生产用热水方向发展。太阳能热利用与建筑一体化技术的发展使得太阳能热水供应。空调、采暖工程成本逐渐降低，也将是太阳热水器潜在的巨大市场。1998年太阳热水器年生产能力已达400万$m^2$,行业产值已超过40亿元,大多数企业具有比较好的经济效益,产业比发展的条件已经初步具备。

新能源和可再生能源产业发展规则要点指出:到2015年中国家庭住宅太阳热水器普及率达20%～30%，市场拥有量约2．32亿$m^2$。形成一批年产200～300万$m^2$

规模，并具有较强新产品开发能力的骨干企业。加强产品质量标准的制订，建立具有权威性的国家级太阳热水器产品质量检测中心，对太阳热水器和太阳热水系统中的集热器、水箱、零部件实行质量监督、检测和认证。推动企业不断提高产品质量、增加品种、规格，降低成本，完善服务，创造出一批用户信得过、国内外有较高信誉的名牌产品，开拓国内国际市场，使更多产品打入国际市场。世界太阳能发电近年也得到了较快的发展。

# 第十七章 生态系统与生态保护

## 第一节 生态学的基础知识

一、生态学基本概念

在自然界，各种生物物质结合在一起形成复杂程度不同的各种有机体，这些有机体依照细胞—个体—群落—生态系统的顺序而趋于复杂化。生态学就是研究生命系统与环境系统相互关系的科学。生态学的研究一般从研究生物个体开始，分别研究个体、种群、群落、生态系统等，并形成相应不同层次的生态学科。

生物个体都是具有一定功能的生物系统。个体生态学主要研究有机体如何通过特定的生物化学、形态解剖、生理和行为机制去适应其生存环境。

种群是指在一定时间内和一定空间地域内一群同种个体组成的生态系统。种群生态学讨论的重点是有机体的种群大小如何调节，它们的行为以及它们的进化等问题。种群既体现每个个体的特性，又具有独特的群体特征，如团聚和组群特征等。

群落是指在一定时间内居住于一定生境中的各种群组成的生物系统。群落生态学研究中，人们最感兴趣的是生物多样性，生物的分布、相互作用及作用机制等。

生态系统生态学是近年来研究的重点。现代生态学除研究自然生态外，还将人类包括其中。我国著名生态学家马世骏教授认为，生态学是一门包括人类在内的自然科学，也是一门包括自然在内的人文科学，并提出“社会—经济—自然复合生态系统”的概念。这样，生态学研究就包括了更为宏观、广阔的内容，即景观生态学和全球尺度的全球生态学（生物因），本章介绍生态系统生态学，同时简要介绍群落生态学和全球生态学。

二、群落生态学

群落是由植物、动物、微生物及其他各种有机体的种群有序而且协调地生活在一起形成的。群落具有如下特征：

1．生物群落具有层次和有序的结构

生物群落都具有一定的结构特征。在生物的空间分布上，总是按照能够最充分利用非生物环境提供的各种生存条件的原则进行的，如森林中按高大乔木、灌木、草本和地被植物的垂直成层分布，动物向水源和食物丰富的地区集中等。这种分布特征是建立在物种生存竞争的基础之上的。

生物群落的层次结构的另一表征是出不同营养级生物形成的食物链结构。在群落内，绿色植物是自养生物，是基础生产者；动物则是异养生物，是消费者，并且又分为第一级消费者（食草性动物），第二级消费者（食肉性动物）等，由此形成食物链。同时，另一些异养生物，主要是细菌和真菌，将动植物残骸或排泄物分解，矿化成可治性物质，又重新供给生产者作养料，从而形成闭合式食物链。闭合食物链将群落内的所有生物的生存与发展命运联系在一起，形成一种相互依赖的紧密联系。

2．群落具有动态变化特征

生物群落具有一定的生物量，并且此生物量随时间的推移而变化。单位时间内生物量的变化可作为群落生产力的一个指标。

生物群落在不受人类活动干扰时，具有从简单到复杂的自然演替特征，可由先锋群荡经过大量中间阶段过渡到最终的顶极群落。在遭受人或其他自然力（如火山喷发）破坏的土地上，只要破坏停止，也可发生次生演替。

群落包括的范围有大有小。如在森林中，一棵树上所有的生物可称为群落，也可能是包括大片森林在内的生物系统。

3．群落内物种间既竞争又合作

群落内物种间竞争食物、营养、生存空间的现象是普遍存在的。竞争的结果是淘汰病残个体或使不同的种群重新分布。同时，群落内不同种群问的共生、互惠的相互依赖和合作关系亦十分明显。如森林内的松树层保护苔藓之类的地被层免受日灼之害，而地被层又使林地不致过分干燥从而有助于小松树的成活、生长和森林的更新。群落内的物种间合作和竞争最终创造了各种生物适宜生存的“小生境”，成为群落稳定的重要条件。

三、生态系统

在一定范围内由生物群落中的一切有机体与其环境组成的具有一定功能的综合统一体称为生态系统。在生态系统内，由能量的流动导致形成一定的营养结构、生物多样性和物质循环。换句话说．生态系统就是一个相互进行物质和能量交换的生物与非生物部分构成的相对稳定的系统，它是生物与环境之间构成的一个功能整体，是生物因能量和物质循环的一个功能单位。

生态系统一般主要指自然失态系统。由于当代人类活动及其影响几乎遍及世界的每一个角落，地球上已很少有纯粹的未受人类干扰的自然生态系统了，生态学研究的大部分生态系统是半人工、半自然的生态系统（如农业生态系统），甚至完全是人工建造的生态系统（如城市生态系统）。

生态系统是一个很广泛的概念，任何生物群体与其环境组成的自然体都可视为一个生态系统。如一块草地、一片森林都是生态系统；一条河流、一座山脉也都是生态系统；而水库、城市和农田等也是人工生态系统。小的生态系统组成大的生态系统，简单的生态系统构成复杂的生态系统。形形色色，丰富多彩的生态系统构成生物圈。

生态系统是一个将生物与其环境作为统一体认识的概念，因此在生态学中，生态系统是一个空间范围不太确定的术语，可以适用于各种大小不同的生物群落及其环境。例如：最小的生态系统可以是一个树桩上的生物与其环境，中等尺度的生态系统如森林群丛等，大的生态系统可以是一个流域、一个区域或海洋等。

（一）生态系统的组成

任何生态系统都是由两部分组成的，即生物部分（生物群落）和非生物部分（环境因素）。生物部分包括植物群落（生产者）、动物群落〔消费者）、微生物群落和菌群落（分解者或称还原者）。非生物部分（环境）包括所有的物理的和化学的因子，如气候因子和土壤条件等。非生物因子对生态系统的结构和类型起决定性作用。对陆地生态系统来说．在各种非生物因素中，起决定作用的是水分和热量。水分决定着生态系统是森林、草原或荒漠生态系统。年降雨量在 75（h21m 以上的地区可以形成稳定的森林生态系统；年降雨量在 250mm 以下，其水分甚至不足以支持建立一层完整的草被，从而形成草丛院落、地面裸露的荒漠生态系统。温度决定着常绿、落叶或阔叶、针叶这些生态系统特征。土壤条件由于其本身的复杂性，对生态系统的影响也是复杂的，但它对生态系统的多样性有着重要贡献。

（二）生态系统的结构

生态系统的结构是指构成生态系统的要素及其时、空分布和物质、能量循环转移的路径。它包括形态结构和营养结构。

1．生态系统的形态结构

生态系统中的生物种类、种群数量、种的空间配置（水平分布、垂直分布）、种的时间变化（发育、季相）等构成生态系统的形态结构。例如，一个森林生态系统中的动物、植物和微生物的种类和数量基本上是稳定的。在空间分布广，自上而下具有明显的分层现象。地上有乔木、灌木、草本、苔藓；地下有浅根系、深根系及其根际微生物。在森林中栖息的各种动物，也都有其相对的空间位置：鸟类在树上营巢，兽类在地面筑窝，鼠类在地下掘洞。在水平分布上，林缘和林内的植物、动物的分布也明显不同。植物的种类、数量及其空间位置是生态系统的骨架，是整个生态系统形态结构的主要标志。

2. 生态系统的营养结构

生态系统各组成部分之间建立起来的营养关系，构成了生态系统的营养结构。由于各生态系统的环境、生产者、消费者和还原者不同，就构成了各自的营养结构。营养结构是生态系统中能量流动和物质循环的基础。

生态系统中，内食物关系将多种生物连接起来，一种生物以另一种生物为食，这后一种生物再以第三种生物为食……彼此形成一个以食物连接起来的链锁关系，称之为食物链。按照生物间的相互关系，一般又可把食物链分成捕食性食物链、碎食性食物链、寄生性食物链和腐生性食物链四类。病虫害的生物防治即是食物链的理论应用。

在生态系统中，一种消费者往往不只吃一种食物，而同一种食物又可能被不同的消费者所食。因此各食物链之间又可以相互交错相连，形成复杂的网状食物关系，称其为食物网。食物网作为一系列食物链的链锁关系，本质上反映了生态系统中各有机体之间的相互捕食关系和广泛的适应性。自然界中普遍存在着的食物网，不仅维系着一个生态系统的平衡和自我调节能力，而见推动着有机界的进化，成为自然界发展演化的生命网，从而增加了生态系统的稳定性。

（三）生态系统的运行

1. 生态系统的物质循环

生态系统的运行是由组成生态系统的生物群落和生物群系（由若干生物群落组成）通过它们之间复杂的关系维系的。任何生态系统中，营养物质的循环和能量的流动都在不停地进行着，这是生态系统的基本特征和运行原则，这种运动一经阻断，整个系统就遭到破坏。

生态系统的物质循环是指化学物质由无机环境进入到生物有机体，经过生物有机体生长、代谢、死亡、分解，又重新返回环境的过程。一般参与循环的化学元素有20种，其中最重要的是碳、氢、氮、氧、硫等。这些化学元素在环境和生物体内的循环有地球化学大循环和生物小循环两种形式。

在循环过程中，每种元素都有各自的路线、范围和周期，即可分成不同的循环类型，如气体循环和沉积循环。在气体循环中，大气是主要的元素库，以碳、氢、氮、氧循环为代表。在沉积循环中，元素是以固态形式作为沉积岩的组成部分，以磷为代表，而硫循环介于两种类型之间。

生态系统的物质循环发端于绿色植物（生产者）。绿色植物吸收环境中的水分、$CO_2$和其他营养元素，借助于太阳光能进行光合作用，将这些无机物转化成有机物，这是“建造”生态系统的基础。

大气中的$CO_2$和溶解在水中的$CO_2$（各种碳酸盐）是参与生态循环并建造有机体的碳源。当生物尸体被分解者作用而分解后，又还原成$CO_2$。大气中的$CO_2$这样循环一次约需 20 年。

氮是构成蛋白质和核酸必不可少的元素，是植物生长中最重要的元素之一。在一个生态系统中，参与循环的纪元素量的多少将直接影响植物的生产量；但是，植物不能直接从大气中摄取氮素，而是吸收经自然作用形成的硝酸盐氮或氨，或者被固氮微生物作用形成的可吸收氮。土壤中的$NH_3$和$NH_4^+$经硝化细菌的硝化作用，形成亚硝酸或硝酸盐，被植物利用，在植物体内再与复杂的含碳分子结合成各种氨基酸，构成蛋白质。动物直接或间接以植物为食，从植物体中摄取蛋白质，作为自己蛋白质组成的来源。动物在新陈代谢过程中，将一部分蛋白质分解，形成氨、尿素、尿酸等排入土壤。动植物遗体在土壤微生物作用下，分解成$NH_3$，$CO_2$，$H_2O$，其中$NH_3$也进入土壤。土壤中的$NH_3$形成硝酸盐，一部分重新被植物所利用，另一部分在反硝化细菌作用下，分解成游离氯进人大气，完成了氮的循环。

磷是构成核昔酸和核酸的重要物质，也是植物获取和释放能量中不可缺少的元素。磷在生态系统中的循环不同于碳和氮，是典型的沉积型循环。磷的主要来源是磷酸盐岩石和沉积物、鸟类层及动物化石。通过天然侵蚀和人工开采，磷以矿物的形式进入水体的食物链。经过短期循环后最终大部分流失在深海沉积层中。

在陆地生态系统中，植物吸收无机磷参与蛋白质和核酸的组成，并转化为有机态，进而为一系列消费者利用并逐级转移。当植物死亡后，其体内含磷的有机物被微生物分解，转变为可溶性磷酸盐，以供植物利用或由流水带入水环境。在这一循环中，磷很少流出系统之外，是一种主要参与生物小循环的物质。

在磷循环中，腐殖质和微生物能够调节植物群落的磷供应，从而也对整个生物群落的供磷起调节作用。

在生态系统物质循环中，水的循环最为重要。水是生物体内含量最多的组分，人体重量的 60%、植物重量的 95%、禾本科植物的 79%都是水。水参与地球化学大循环，也参与生物小循环，起着巨大的气候调节、物质输送和生理生态作用。

参与生态系统物质循环的元素除 C，N，P，H，O 以外，还有 S，K，Ca，Mg。其他的生命必要元素如B，Zn，Cu，Co，Mo，V，Cl等，还有Fe和Mn，其需求量居中；有些元素植物需求少，但动物却绝对需要，如Na。

2．生态系统的能量流动

生态系统维持和运行的能量来自太阳光能。绿色植物通过光合作用获取太阳光能，把无机物转化为有机物，并合成自己的躯体，同时也把太阳光能转化为化学能，贮存在有机体内。此后，植物被动物逐级消费，能量也就随着物质的流动而流动。最后，通过微生物作用，把复杂的有机物分解成可镕性化合物或元素，同时以热能形式释放出有机物中贮存的全部能量。能量在生态系统中是不循环的。它从绿色植物摄取太阳光能开始，到分解者分解有机物释放热能并将之散发到生态系统以外为止，是按一定的方向流动的。因此，一个生态系统必须不断得到太阳光能的补充（靠维持绿色植物被实现），否则“运行”就终止，系统就崩溃和消亡。

生态系统中能流的大小或强度，决定着生态系统的生产力。能流和生态系统的生产力可以用生物量来度量，如单位面积上的生物重量（常用于重）或其所含的能量。

各种消费者对能量的利用效率差异甚大。食物链中每一个环节上的物种，都是一个营养级。它既从前一个营养级得到能量，又向下一个营养级上的物种提供能量。当沿着食物链进行能量转移或转换时，其转换效率是极低的，转换效率称为生态效率，即食物链上某一级的净生产力或同化量与其前一营养级的净生产力之化。据生态学家的测量和匡算，随着营养级的升高，生物量逐级减少；营养级每升高一级，其生物量级减少至前级的十分之一，即生态系统的效率大约为10%。这种阶梯递减状态，好像一个金字塔，所以生态学上称其为金字塔营养级或能量金字塔。陆地生态系统营养级通常为4～5级，即初级生产营养级—草食动物营养级—第一肉食动物营养级—第二肉食动物营养级。人类干预的草原和农田营养级仅2～3级。随着营养级的升高，生物量也呈金字塔式分布。

3．生态系统中的信息联系

在生态系统的各组成部分之间及各个组成部分的内部，存在着各种形式的信息此把生态系统联系成为一个统一的整体。生态系统中的信息形式，主要有营养信息学信息、物理信息和行为信息等。其对生态系统的调节具有重要作用。

营养信息：通过营养交换的形式，把信息从一个种群传递到另一个种群，或从一个个体传递到另一个个体，即称为营养信息。食物链（网）即是一个营养信息系统。以草本植物、鹌鹑、鼠和猫头鹰组成的食物链为例，当鹌鹑数量较多时，猫头鹰大量捕食鹌鹑，鼠类很少被害；当鹌鹑较少时，猫头鹰转而大量捕食鼠类。这样，通过猫头鹰对鼠类捕食的多少，向鼠类传递了鹌鹑多少的信息。

化学信息：生物在某些特定条件下，或某个生长发育阶段，分解出某些特殊的化学物质。这些分泌物不是对生物提供营养，而是在生物的个体或种群之间起着某种信息的传递作用，即构成了化学信息。如蚂蚁可以通过自己的分泌物留下化学痕迹，以便后面的蚂蚁跟随；猫、狗可以通过排尿标记自己的行踪及活动区域。化学信息对集群活动的整体性和集群整体性的维持具有权重要的作用。

物理信息：鸟鸣、兽吼、颜色、光等构成了生态系统的物理信息。鸟鸣、兽吼可以传达惊慌、安全、恫吓、警告、嫌恶、有无食物和要求配偶等各种信息。昆虫可以根据光的颜色判断花蜜的有无等。

行为信息；有些动物可以通过自己的各种行为格式向同伴发出识别、威吓、求偶和挑战等信息，如燕子在求偶时，雄燕在空中围绕雌燕做出特殊的飞行姿势。

（四）生态系统的特点

1．生态系统结构的整体性

生态系统是一个有层次的结构整体。在个体以上生物系统的个体、种群、群落和生态系统的四个层次中。随着层次的升高，不断赋予生态系统新的内涵，但各个层次都始终相互联系着，低层次是构成高层次的基础，构成一种有层次的结构整体。

任何一个生态系统又都是出生物和非生物两部分组成的纵横交错的复杂网络，组成系统的各个因子相互联系、彼此制约而又相互作用，最终使系统各因子协调一致，形成一个比较稳定的整体。例如在一个生态系统中，仅植物的构成就有上层林木、下层林木灌木、草本植物、地被植物（苔藓、地衣）等层次，破坏其中一个层次，如砍伐掉高大的树木，就会使下层喜荫植物受到伤害，系统失去平衡，有时甚至向恶性循环转化。

生态系统结构的整体性决定着系统的功能。结构的改变必然导致功能的改变。反之，通过观察功能的改变也可以推知系统结构的变化趋势。生态系统存在和运行的基本保证是营养物质的循环和系统中能量的流动。这种运动一经破坏，系统也就崩溃。生态系统物质循环和能量转化率超高．则系统的功能就越强。

在生态系统中，植物之间通过竞争、共生等作用相互制约，动物与植物之间和动物与动物之间，通过食物链相互联系。在生物与非生物之间，其相互作用更为明显。其中，水分的变化所带来的影响最为显著。例如在新疆等于早地区，许多生态系统靠地下水维持。地下水开采过多，就会造成地下水位下降，当下降到地面植物根系不可及的程度时，地面植物就会死亡，土地荒漠化也就接因而至，整个生态系统就会被摧毁。相反，在引水灌溉时，若给水过多，则地下水位就上升，喜水植物会增加，继而因强烈的蒸发导致盐分在土壤表面积聚，于是导致盐渍化，进而造成植被稀疏化，生态系统也趋于逆向演替。

2．生态系统的开放性

任何生态系统都是开放性的系统，与周围环境有着千丝万缕的联系。一个生态系统的变化往往会影响到其他生态系统。例如一个山地生态系统，由于森林植被破坏而导致水土流失、鸟兽飞迁、地貌变化，不仅使本系统发生变化，而且由于失去森林涵养水源、“削洪补枯”的调节作用，影响径流，加重下游平原地区的洪旱灾害，也可造成河流湖泊的淤塞和影响河湖水生生态系统。

生态系统的开放性具有两方面的意义产是使生态系统可为人类服务，可被人类利用。例如人类利用农业生态系统的开放性，使之输出粮食和果蔬，利用自然生态系统输出的水分改善局部小气候，增加农业产量。二是使人类可以通过增大对生态系统的物质和能量输入，改善系统的结构，增强系统的功能。正是由于生态系统具有开放性特征，才使它与人类社会更紧密地联系在一起，成为人类生存和发展的重要资源来源。

3．生态系统的区域分异性

生态系统具有明显的区域分异性。海洋和陆地是两大类完全不同的生态系统；森林、草原、荒漠生态系统具有明显的区域分布特征；山地、草原、河湖、沼泽等不同的生态系统不仅其结构不同，而且同一类生态系统在不同的区域其结构和运行特点也不相同。我国是一个受季风气候影响而且多山的国家，气候多变，水土各异，物种多样，造成了多种多样的生态系统。这种特点既为资源的多样性提供了基础，也为合理开发利用和保护增加了难度。

4．生态系统的可变性

生态系统的平衡和稳定总是相对的、暂时的，而系统的不平衡和变化是绝对的、长期的。一般来说，生态系统的组成层次越多，结构越复杂，系统就越趋于稳定，当受到外界干扰后，恢复其功能的自动调节能力也较强；相反，系统结构越单一，越趋于脆弱，稳定性越差，稍受干扰，系统就可能被破坏。例如人工营造的纯林，因其组成单一、结构简单，很易受到病虫危害，易发生营养缺乏等问题。

能引起生态系统变化的因素很多，有自然的，也有人为的。自然因素如雷电引起的森林火灾造成的森林生态系统的变化，长期干旱造成的生态系统变化等。一般来说，自然因素对生态系统的影响多是缓慢的、渐进的。人为影响是现代社会中导致生态系统变化的主因，其影响多为突发的和毁灭性的。

生态系统的变化，有的有利于人类，有的不利于人类。改善生态环境，就是通过人工干预，使生态环境和生态系统向有利于人类的方向发展。

四、自然、经济、社会复合生态系统

自然、经济、社会正越来越紧密地连接成为一个有序运动的统一整体。当代生态环境实质上是人地关系高度综合的产物。

（一）复合生态系统的结构和功能

复合生态系统的结构即是组成系统的各部分、各要素在空间上的配置和联系。复合生态系统通过系统各要素之间、各子系统之间的有机组合（通过生物地球化学循环、投入产出的生产代谢，以及物质供需和废物处理等），形成一个内在联系的统一整体：一方面，自然生态系统以其固有的成分及其物质流和能量流运动，控制着人类的经济社会活动；另一方面，人又具有能动性，人类的经济社会活动在不断地改变着能量流动与物质

循环过程，对复合生态系统的发展和变化起着决定作用。二者互相作用、互相制约，组成一个复杂的以人类活动为中心的复合生态系统。这个系统结构复杂、层次有序，并具有多向反馈的功能。

复合生态系统的功能与其结构相适应。自然生态系统具有资源再生功能和还原净化功能。它为人类提供自然物质来源，接纳、吸收、转化人类活动排放到环境中的有毒有害物质，自然系统中以特定方式循环流动的物质和能量，如碳、氢、氧、氮、磷、硫、太阳辐射能等的循环流动，不仅维持着自然生态系统的永续运动，而且也是人类生存和繁衍不可缺少的化学元素；自然系统的水、矿物、生物等其他物质通过生产进入人工生态系统，参与高一级的物质循环过程。它们都是社会经济活动不可缺少的资源和能源。显然，自然生态系统是人类生存和发展的物质基础，人工生态系统具有生产、生活、服务和享受的功能。

（二）复合生态系统的基本特征

复合生态系统是在自然生态系统的基础上，经人类加工改选形成的适于人类生存和发展的复合系统。它既不单纯是自然系统，也不单纯是人工系统。复合生态系统的演化既遵循自然发展规律，也遵循经济社会发展规律。为满足人类发展的需要，它既具有自然系统的资源、能源等物质来源的功能，维持人类的生存和延续，又具有人工系统的生产、生活、舒适、享受的功能，推动社会的发展。

复合生态系统的整体性：复合生态系统是内自然、经济、社会三个部分交织而成统一联系的不可分割的统一整体。其中，组成生态系统的各要素及各部分相互联系、互相制约，任何一个要素的变化都会影响整个系统的平衡，并影响系统的发展，以达到新的平衡。

复合生态系统是一个开放性的系统：原材料、燃料要输入，产品、废物要输出，因此，复合生态系统的稳定性不仅取决于生态系统的容量，也取决于与外界进行物质交换和能量流动的水平。

复合生态系统具有一定的承载能力：复合生态系统的承载能力是有限的，超负荷则生态平衡被破坏。因此生态系统具有脆弱性、平衡的不稳定性以及在一定限度内的可以自我调节的功能。复合生态系统在长期演变过程中逐步建立起自我调节系统，可在一定限度内维持本身的相对稳定，同时其具有的人工调节功能，对来自外界的冲击能够通过人工调节进行补偿和缓冲，从而维持环境系统的稳定性。

五、全球生态学

（一）生物圈

生物圈的概念是由奥地利地质学家休斯（E. suess）在 1875 年首次提出的，是指地球上有生命活动的领域及其居住环境的整体，它在地面以上大致到 23km 的高度，在地面以下延伸至 12km 的深处，包括平流层的下层、整个对流层以及沉积岩圈和水田。但绝大多数生物通常生存于地球陆地之上和海洋表面之下各约 100m 厚的范围内。

生物圈主要由生命物质、生物生成性物质和生物惰性物质三部分组成。生命物质又称活质，是生物有机体的总和；生物生成性物质是由生命物质所组成的有机—矿质作用和有机作用的生成物，如煤、石油、泥炭和土壤腐殖质等；生物惰性物质是指大气低层的气体、沉积岩、粘土矿物和水。生物圈是一个复杂的、开放的全球性系统，是一个生命物质与非生命物质的自我调节系统。它的形成是生物界与水圈、大气圈及岩石圈（土圈）长期相互作用的结果。生物圈存在的基本条件是：

第一，可以获得来自太阳的充足光能。因一切生命活动都需要能量，而其基本来源是太阳能，绿色植物吸收太阳能合成有机物而进入生物循环；

第二，存在可被生物利用的大量液态水。几乎所有的生物都含有大量水分，没有水就没有生命；

第三，生物圈内要有适宜生命活动的温度条件，在此温度变化范围内的物质存在气态、液态和固态三种变化；

第四，提供生命物质所需的各种营养元素，包括$O_2$，$CO_2$及N，C，K，Ca，Fe，S等，它们是生命物质的组成或中介。

总之，地球上有生命存在的地方均属生物圈。生物的生命活动促进了能量流动和物质循环，并引起生物的生命活动发生种种变化。生物要从环境中取得必需的能量和物质，就得适应于环境；环境因生命活动发生变化，又反过来推动生物的适应性，这种反应作用，促进了整个生物界持续不断地变化。

（二）全球生态学

全球生态学以生物因为研究对象，主要研究人口剧增、土地资源减少、森林破坏、生物多样性减少、水土流失和沙漠化以及温室气体增加与全球气候变化、酸雨、臭氧层耗损、核污染等对整个生物圈的影响和对人类生存与发展前景的影响，探讨新的发展战略与保护生物圈的有效措施。

全球生态学的理论中，最为独特的是“盖娅假说”。盖娅（Gaia）是希腊神话中的大地女神。英国学者Lovelock借用她的名字提出这样的假说：地球具有生物的所有特点，或者说可以把地球看作一种生物。如同人体可以调节体温和血糖含量使其维持在一个稳定的水平上一样，地球也具有这种内稳定性，她可以调节自己体内的“器官与系统”，使之适应气候、营养水平和环境因子等变化，从而保持“机体”的稳定性。因此，地球这个盖娅是一个巨大的可自我调节的系统，是一个超巨生物。人类社会可以被看作是盖姬的神经系统。人类可以感觉到环境的变化，并把感受到的信息加工成使盖娅做出适应环境变化或用以改造环境的各种决策。所以全球生态学的研究内容主要是认识人类这个“神经网络”与地球这个“盖娅”躯体的相互作用，培养出一个感受灵敏的神经网络和思维正确的大脑，从而保证盖姬能够更好地调节机体状况，适应环境变化，维持稳定与健康。

## 第二节 生态环境保护的基本规律

一、生态学的一般规律

（一）小米勒总结的生态学三定律

近年来不少科学家研究了生态学规律。其中美国科学家小米勒(G. Tyler Miller Jr. ）总结出的生态学三定律如下：

生态学第一定律：我们的任何行动都不是孤立的，对自然界的任何侵犯都具有无数的效应，其中许多是不可预料的。这一定律是G. 哈定（G. Hardin）提出的，可称为多效应原理。

生态学第二定律：每一事物无不与其他事物相互联系和相互交融。此定律又称相互联系原理。

生态学第三定律：我们所生产的任何物质均不应对地球上自然的生物地球化学循环有任何干扰。此定律可称为勿干扰原理。

（二）生态学的五大规律

我国生态学家马世骏提出了生态学的五大规律，即：相互制约和相互依存的互生规律、相互补偿和相互协调的共生规律、物质循环转化的再生规律、相互适应和选择的协同进化规律、物质输入与输出的平衡规律，对于生态环境保护具有重要意义。

1. 相互依存与相互制约的互生规律

相互依存与相互制约规律，反映了生物间的协调关系，是构成生物群落的基础物间的这种协调关系，主要分两类：

普遍的依存与制约：普遍的依存与制约亦称“物物相关”规律。有相同生理、生态特性的生物，占据与之相适宜的小生境，构成生物群落或生态系统。系统中不仅同种生物相互依存、相互制约，异种生物（系统内各部分）间也存在相互依存与制约的关系；不同群落或系统之间，也同样存在依存与制约关系，亦可以说彼此影响。这种影响有些是直接的，有些是间接的，有些是立即表现出来的，有些需滞后一段时间才显现出来。因此，在自然开发、工程建设中必须了解自然界诸事物之间的相互关系，统筹兼顾，作出全面安排。

通过“食物”而相互联系与制约的协调关系：亦称“相生相克”规律。具体形式就是食物链与食物网。即每一种生物在食物链或食物网中，都占据一定的位置，并具有特定的作用。各生物种之间相互依赖、彼此制约、协同进化。被食者为捕食者提供生存条件，同时又为捕食者控制；反过来，捕食者又受制于被食者，彼此相生相克，使整个体系（或群落）成为协调的整体。亦即体系中各种生物个体都建立在一定数量的基础上，它们的大小和数量都存在一定的比例关系。生物体间的这种相生相克作用，使生物保持数量上的相对稳定，这是生态平衡的一个重要方面。当人们向一个生物群落（或生态系统）引进其他群落的生物种时，往往会由于该群落缺乏能控制它的物种（天敌）存在，使该种种群暴发起来，从而造成灾害。

2．物质循环转化与再生规律

生态系统中，植物、动物、微生物和非生物成分，借助能量的不停流动，一方面不断地从自然界摄取物质并合成新的物质，一方面又随时分解为简单的物质，即所谓“再生”，这些简单的物质重新被植物所吸收，由此形成不停顿的物质循环。因此要严格防止有毒物质进入生态系统，以免有毒物质经过多次循环后富集到危及人类的程度。至于流经自然生态系统中的能量，通常只能通过系统一次：它沿食物链转移时，每经过一个营养级，就有大部分能量转化为热散失掉，无法加以回收利用。因此，为了充分利用能量，必须设计出能量利用率高的系统。如在农业生产中，为防止食物链过早截断、过早转入细菌分解，使能量以热的形式散失掉，应该经过适当处理（例如秸秆先作为饲料），使系统能更有效地利用能量。

3．物质输入输出的动态平衡规律

物质输入输出的平衡规律，又称协调稳定规律。当一个自然生态系统不受人类活动干扰时，生物与环境之间的输入与输出，是相互对立的关系，对生物体进行输入时，环境必然进行输出，反之亦然。

生物体一方面从周围环境摄取物质，另一方面又向环境排放物质，以补偿环境的损失。也就是说，对于一个稳定的生态系统，无论对生物、对环境，还是对整个生态系统，物质的输入与输出总是相平衡的。

当生物体的输入不足时，例如农田肥料不足，或虽然肥料（营养分）足够，但未能分解而不可利用，或施肥的时间不当而不能很好的利用，结果作物必然生长不好，产量下降。同样，在质的方面，也存在输入大于输出的情况。例如人工合成的难降解的农药和塑料或重金属元素，生物体吸收的量即使很少，也会产生中毒现象；即使数量极微，暂时看不出影响，但它也会积累并逐渐造成危害。

另外，对环境系统而言，如果营养物质输入过多，环境自身吸收不了，打破了原来的输入输出平衡，就会出现富营养化现象，如果这种情况继续下去，势必毁掉原来的生态系统。

4．相互适应与补偿的协同进化规律

生物与环境之间，存在着作用与反作用的过程。或者说，生物给环境以影响，反过来环境也会影响生物。植物从环境吸收水和营养元素与环境的特点，如土埂的性质、可溶性营养元素的量以及环境可以提供的水量等紧密相关。同时生物以其排泄物和尸体的方式把相当数量的水和营养素归还给环境，最后获得协同进化的结果。例如最初生长在岩石表面的地衣，由于没有多少土壤可供着“根”，当然所得的水和营养元素就十分少。但是，地衣生长过程中的分泌物和尸体的分解，不但把等量的水利营养元素归还给环境，而且还生成能促进岩石风化变成土壤的物质。这样，环境保存水分的能力增强了，可提供的营养元素也加多了，从而为高一级的植物苦药创造了生长的条件。如此下去，以后便逐步出现了草本植物、灌木和乔木。生物与环境就是如此反复地相互适应的补偿。生物从无到有，从低级向高级发展，而环境也在演变。如果因为某种原因损害了生物与环境相互补偿与适应的关系，例如某种生物过度繁殖，则环境就会因物质供应不足而造成其他生物的饥饿死亡。

5．环境资源的有效极限规律

任何生态系统中作为生物赖以生存的各种环境资源，在质量、数量、空间、时间等等方面，都有其一定的限度，不能无限制地供给，因而其生物生产力通常都有一个大致的上限。也正因为如此，每一个生态系统对任何外来干扰都有一定的忍耐极限。当外来干扰超过此极限时，生态系统就会被损伤、破坏，以致瓦解。所以，放牧强度不应超过草场的允许承载量。采伐森林、捕鱼狩猎和采集药材时不应超过能使各种资源永续利用的产量。保护某一物种时，必须要有足够它生存、繁殖的空间。排污时，必须使排污量不超过环境的自净能力等。

以上五条生态学规律，也是生态平衡的基础。生态平衡以及生态系统的结构与功能，又与人类当前面临的人口、食物、能源、自然资源、环境保护五大社会问题紧密相关。

二、生态平衡与破坏

（一）生态平衡与破坏

在生态系统中能量流动和物质循环总是不断地进行着。在一定时期和一定范围内，生产者、消费者和分解者之间保持着一种动态的平衡状态，也就是系统的能量流动和物质循环较长时间保持稳定状态，这种稳定状态就叫生态平衡。在自然生态系统中，生态平衡还表现在其结构和功能，包括生物种类的组成、各个种群的数量和物质的输入、输出等都处于相对稳定的状态。事实上，任何生态系统都处在不断运动和变化之中，系统内部存在着普遍的进化、适应、制约、反馈进程，平衡是相对的。

当生态系统中能量和物质的输入量大于输出量时，生态系统的总生物量增加，反之则减少。在自然条件下，生态系统的演替总是自动地向着生物种类多样化、结构复杂化、功能完善化的方向发展，最终导致顶极生态系统的形成，使生态系统中群落的数量、种群间的相互关系、生物产量达到相对平衡，从而增强系统的自我调节、自我维持和自我发展的能力，提高系统的稳定性以及抵御外界干扰的能力。因此，只要有足够的时间和相对稳定的环境条件，生态系统的演替迟早会进入成熟的稳定阶段。那时，它的生物种类最多，种群比例适宜，总生物量最大，生态系统的内稳定性最强。

生态系统的这种平衡是靠一系列反馈机制维持的。一个生态系统越复杂，物种越多，物质循环和能量流动的渠道就越多，而且某些渠道之间还可以起代偿作用。一旦某个渠道受阻，其他渠道就可替代其功能，起到自动调节的作用。但是生态系统的自动调节能力和代偿功能是有一定限度的，超过了这个限度，就会引起生态失调，乃至生态系统的崩溃，即通常所说的生态破坏。

影响生态平衡的基本因素是生物的潜力和环境的阻力。

生物潜力是指生物繁殖同类的能力，如繁殖数量、动物迁移或植物种子播做得到“居住地”的能力和机会、对新环境的适应性、抵御外敌侵害的保护机制、在逆境中生存的能力等。任何生物繁殖同类的能力都是很大的，例如：对青蛙在一个繁殖季节就有繁殖几万对幼蛙的能力。昆虫和细菌的繁殖能力更大，有人计算过，一对苍蝇从 4 月开始到 8 月的 5 个月中，如果它们的子孙后代都能存活下来，其数量将达到 $1.9111\times10^{20}$ 个，平铺开来可以覆盖地球表面厚厚一层。但是，从古至今，任何生物都没有达到这种“爆炸”程度，原因就在于存在着环境的阻力。缺少食物或营养物、缺乏适宜的生存和繁殖地、不利的气候条件、高一级消费者的捕食、疾病、寄生生物或其他竞争性生物的存在，最终都将任何生物限制在一定范围或数量之内，并最终达到某种平衡。

在自然界，虽然生物之间的竞争是普遍存在的，但任何一种生物都不可能把竞争者完全排除到系统之外去，最终总是趋于某种平衡。因为在任何区域中，小生境都有很大差异，如阳坡和阴坡、河边与丘陵、土壤的酸碱度、隐蔽物的多样性等，都会为某些生物提供适宜的生境，使其得以生存发展下去。但是，人类的干预，因其突然性和强度过大，则完全可以把某种生物排除出去，从而迅速打破生态系统的平衡状态。

（二）生态平衡破坏的原因

生态平衡的破坏有自然原因，也有人为的因素。

1．自然原因

主要是指自然界发生的异常变化或自然界本来就存在的对人类和生物的有害因素。如火山爆发、山崩海啸、水旱灾害、地震、台风、流行病等自然灾害，都会使生态平衡道到破坏

2．人为因素

主要指人类对自然资源的不合理利用、工农业发展带来的环境污染等问题。

物种改变引起平衡的破坏：人类有意或无意地使生态系统中某一种生物消失或往其中引进某一种生物，都可能对整个生态系统造成影响。另外，滥猎滥捕鸟兽，收割式砍伐森林，都会因某物种的数量减少或灭绝而使生态平衡破坏。

环境因素改变引起平衡的破坏：工农业的迅速发展，有意或无意地使大量污染物质进入环境，从而改变了生态系统的环境因素，影响整个生态系统，甚至破坏生态平衡。如由于空气污染、热污染、除草剂和杀虫剂的使用、化肥的流失、土坡侵蚀或未处理的污水进入环境而引起富营养化等等原因，会改变生产者、消费者和分解者的种类与数量并破坏生态平衡。

信息系统的破坏：许多生物在生存的过程中，都能释放出某种信息用以驱赶天敌、排斥异种或取得直接成间接的联系以繁殖后代。例如某些动物在生殖时期，雌性个体会排出一种性信息素，靠这种信息素引诱雄性个体来繁殖后代。但是，如果人们排放到环境中的某些污染物质与某一种动物排放的性信息素反应，使其丧失引诱雄性个体作用时，就会破坏这种生物的繁殖，改变生物种群的组成结构，使生态平衡受到影响。

生态平衡的破坏往往由于人类的无知和贪婪，不了解或不顾生态系统的复杂机理而盲目采取行动所致。

三、生态环境保护的基本原理

为有效的保护生态环境，需要遵循一些基本原理：首先是生态系统结构与功能的相对应原理，从保护结构的完整性达到保持生态系统环境功能的目的；其次是将经济社会与环境看作是一个相互联系、互相影响的复合系统，寻求相互间的协调，并寻求随着人类社会进步，不断改善生态环境以建立新的协调关系的途径；第三是

将保护生态环境的核心——生物多样性放在首要的和优先的位置上；第四是将普遍性与特殊性相结合，特别关注特殊性问题，如根据我国国情，东西南北各不相同，各地都有不同的保护目标和保护对象，因而在注意普遍性问题时，对特殊性问题给予特别的关注；第五是关注重大生态环境问题，将解决重大生态环境问题与恢复和提高生态环境功能紧密结合，以适应经济、社会发展和人类精神文明发展不断增长的需要。

（一）保护生态系统结构的整体性和运行的连续性

从人类的功利主义和思维定势出发，保护生态环境的首要目的是保护那些能为人类自身生存和发展服务的生态功能。但是，生态系统的功能是以系统完整的结构和良好的运行为基础的，功能寓于结构之中，体现于运行过程中；功能是系统结构特点和质量的外在体现，高效的功能取决于稳定的结构和连续不断的运行过程。因此，生态环境保护也是从功能保护着服，从系统结构保护入手。

例如，森林生态系统具有保持水土的环境功能。这种功能是由有层次的林冠结构和枝干阻截雨水，林下地被植物和枯枝败叶层吸收水分，根系作用疏松土壤增加土壤持水性以及林木的枝干和枯落物减弱雨滴的动能，从而防止其直接打击土壤表面造成土壤侵蚀等综合作用的结果。这种功能是以植物与土壤共存并形成森林生态系统为基础的。这个结构如受破坏或结构残缺不全，如树木零落、枝叶稀疏、地被植物或枯枝败叶被清除，都会使系统持水保土功能下降。因此，生态系统的保护，首先要保护系统结构的完整性。

生态系统结构的完整性包括：

1．地域连续性

分布地域的连续性是生态系统存在和长久维持的重要条件。现代研究表明，岛屿生态系统是不稳定或脆弱的。由于岛屿受到阻隔作用，与外界缺乏物质和遗传信息的交流，因而对干扰的抗性低，受影响后恢复能力差。近代已灭绝的哺乳动物和鸟类，大约75%是生活在岛屿上的物种。

由于人类开发利用土地的规模越来越大，将野生生物的生境切割成一块块越来越小的处于人类包围中的“小岛”，使之成为易受干扰和破坏的岛状生境，破坏了生态系统的完整性，也加速了物种灭绝的进程。在世界上已建立的保护区内，物种仍在不断减少，其原因也是由于自然保护区大多是一些岛屿状生境，无法维持生物多样性的长期存在。

岛屿生物地理学是为描述上述作用发展的理论，岛屿生物地理学认为：

（1）一个岛上的物种数 S 是该岛面积 A 和该岛与其他岛屿相隔距离 D 的函数，即 S＝f（A，D），A 越大或者 D 越小，则 S 越大。

（2）每种生物都需要一个求得生存和发育的最小面积，其最小面积的尺度因物种而异；每种生物也有一个能够越过“海洋”而到达邻岛的最小距离，其距离也因物种而不同。例如，英国现有鸟类生存的最小面积是 $100hm^2$。

（3）某一受隔绝的岛屿状生境中，生物尤其是动物的生存与繁殖或种群的延续，都有一个临界的种群密度和种群规模，当个体数降到此临界值以下，该物种就会灭绝。依靠单一食物来源的动物，处于营养级高层的动物，只在有限的或专门筑巢区栖息繁殖的动物，迁徙性动物，都是易灭绝性动物。作为一般规律，野生动物种群至少需保持 500 个个体，才能通过自然选择进行某种程度的进化，否则，终究会因缺乏进化适应性而灭绝。

2．物种多样性

物种的多样性是构成生态系统多样性的基础，也是使生态系统趋于稳定的重要因素。物种与生态系统整体性的关系，可用 Ehrlichs 的“铆钉”去除理论作出形象的说明；当从飞机机翼上选择适当的位置拔掉一个或几个铆钉时，造成的影响可能是微不足道的；当铆钉被一个接一个地拔去时，危险就逐渐逼近；每一个铆钉的拔除都增加了下一个铆钉断裂的危险，当铆钉被拔到一定程度时，飞机必然突然解体。

在生态系统中，每一个物种的灭绝就犹如飞机损失了一个铆钉，虽然一个物种的损失可能微不足道，但却增加了其余物种灭绝的危险；当物种损失到一定程度时，生态系统就会彻底被破坏。在我国热带雨林中曾观察到，砍掉了最高的望天树，其余的树木就将受到严重的影响，因为有很多树木是靠望天树的荫蔽才能够生存的。

自然形成的物种多样性是生物与其环境长期作用和适应的结果。环境条件越是严酷，如干旱、高寒、多风和荒漠地带，物种的多样性越低，生态系统也就越脆弱，越不稳定。在这种条件下，破坏了一两种物种，就可能使生态系统全部瓦解。如在我国西北，胡杨树、红柳等沙漠植物被砍伐后，很快招致土地沙漠化，生态系统完全被毁灭。

3．生物组成的协调性

植物之间、动物之间以及植物和动物之间长期形成的组成协调性，是生态系统结构整体性和维持系统稳定性的重要条件，破坏了这种协调关系，就可能使生态平衡受到严重破坏。野兔被带到澳洲造成的野兔成灾、北美科罗拉多草原消火狼导致的鹿群增殖过多使草原遭致破坏，都是这方面的突出例子。

动物之间的捕食与被捕食关系对于维持生态系统的协调和平衡具有重要意义。许多混合、蛇类和部分兽类如黄鼠狼和狐狸等，都是老鼠的天敌。一只猫头鹰一个夏季可捕鼠 1000 多只；一条中等大小的成年蛇，每年约捕鼠 150 只；一只黄鼠狼一年可捕鼠 200～300 只。现在，由于这些鼠类天敌被捕杀，或者被农药毒杀，或因栖息地破坏而大量减少，才使老鼠迅速增加，成为巨大的生态危害。据估计，我国约有老鼠 30～35 亿只，受老鼠危害，一年损失粮食近百亿公斤，损失牧草超过 $1\times10^{11}$kg。

在植物和动物之间，须特别注意保护单一食性动物的食料来源。在这方面，大熊猫和箭竹的关系最能说明问题。实际上，在任何生态系统中，当植物受到影响时，都会不同程度地影响到相关动物的生存。

4．环境条件匹配性

生态系统结构的完整性也包括无生命的环境因子在内。土壤、水和植被三者是构成生态系统的支柱，他们之间的匹配性对生态系统的盛衰具有决定性意义。环境的匹配性当首推水分。水分供应充足、均匀或应时，水质好，都对生态系统有重要影响。土壤的影响很复杂，氮、磷、钾肥分的适当配比、土壤的结构、性质和有机质的含量，都有重要影响。

影响生态系统环境功能甚至影响系统自身稳定性的另一个关键是生态过程，主要是物质的循环和能量的流动两个主要过程。这个运行过程必须持续进行，削弱这一过程或切断运行中的某一环节，都会使生态系统恶化甚至完全崩溃。

保持生态系统物质循环的根本措施是任一种元素（物质）从某个环节被移出系统之外，都必须以一定的方式予以补充。例如：在农田生态的物质循环中，当作物收获带走养分时，就需施肥予以补充。同理，当某地植被因开发建设活动遭到破坏或清除时，就需人工补建绿色植被予以补偿，从而维持物质的循环作用。

能量流动是指来自太阳的光能经植物光合作用变为有机物（化学能）被储存起来，然后沿植物、动物和微生物的方向被传递。构成能量流动的核心是绿色植物，因此，能量流动的持续性也是以绿色植物的保护为核心的。

（二）保持生态系统的再生产能力

生态系统都有一定的再生和恢复功能。一般来说，组成生态系统的层次越多，结构越复杂，系统越趋于稳定，受到外力干扰后，恢复其功能的自我调节能力也越强。相反，越是简单的系统越是显得脆弱，受外力作用后，其恢复能力也越弱。

生态系统的再生与恢复功能受两种作用左右，一是生物的生殖潜力，二是环境的制约能力。生物的生殖潜力一般较大，而且越是处于生物链底层的生物其生殖潜力越大，越是处于食物链顶端的生物其生殖潜力越小。如昆虫和老鼠，其生殖潜力非常之大，尽管人们千方百计地除虫和灭鼠，但虫害和鼠害却一天重似一天。相反，鸟类的生殖潜力则较小，受到的制约因素也较多。环境的制约力包括无机环境的制约力和生物天敌的制约力，前者如水分缺乏、种子萌发条件的不足以及栖居他的狭小等，后者如天地种类的多少、种类数量的大小等等。

为保持生态系统的再生与恢复能力，一般应遵循如下基本原理：

1．保持一定的生境范围或寻找条件类似的替代生境，使生态环境得以就地恢复或异地重建；

2．保持生态系统恢复或重建所必需的环境条件；

3．保护尽可能多的物种和生境类型，使重建或恢复后的生态系统趋于稳定；

4．保护生物群落和生态系统的关键种，即保护能决定生态系统结构和动态的生物种或建群种；

5．保护居于食物链顶端的生物及其生境；

6．对于退化中的生态系统，应保证主要生态条件的改善；

7．以可持续的方式开发利用生物资源。

许多生态系统的变化或破坏．是由于人类强度和过度开发利用其中的某些生物资源造成的；而生态系统结构的恶化，使生物资源的生产能力降低，从而又加剧对其他生态系统的压力，并最终影响到人类经济社会的可持续发展。所以，从保障人类社会可持续发展出发，对于可再生资源的利用，应注意；将人类开发和获取生物资源的规模和强度限制在资源再生产的速率之下，不使过度消耗资源而导致其枯竭。例如：森林限量砍伐、不超过森林生长量（采补平衡）；鱼类限量捕捞或限制网目、规定捕鱼期和禁渔期，保障鱼类的再生产；鼓励生物资源利用对象和利用方式的多样化，减轻对某种资源的开发压力；改善生物资源生存与养育的环境条件，即改善生态环境，提高生物资源的生产力。

（三）以保护生物多样性为核心

尽管生物多样性有遗传多样性、物种多样性和生态系统多样性三个层次，但人们关注的焦点是易于观察和采取行动的动植物的物种多样性保护问题，尤其是物种的濒危和灭绝问题。导致动植物物种灭绝的原因主要是人为作用，如砍伐森林，开垦荒地，围垦湿地；过度收获某些生物资源，酷渔滥捕，乱捕滥猎等。野生生物贸易和商业性利用常导致某些生物资源的过度开发和迅速灭绝。象牙、犀角、麝香贸易导致大象、犀牛和麝的濒危与灭绝是这方面的典型例证。国内屡禁不绝的野味餐馆是造成一些动物稀少和濒危的重要原因。

建立自然保护区是人类保护生物多样性的主要措施。但保护的效能却不尽如人意。一般而言，为有效进行生物多样性保护，应遵循如下基本原则：

1．避免物种濒危和灭绝

2．保护生态系统的完整性

3．防止生境损失和干扰

（四）保护特殊重要的生境

在地球上，有一些生态系统孕育的生物物种特别丰富。这类生态系统的损失会导致较多的生物灭绝或受威胁，还有一些生境，生息着需要特别保护的珍稀濒危物种。这些生境都是必须重点保护的对象。

1．热带森林

单位面积的热带森林所赋存的植物和动物种最多。例如：亚马孙热带雨林中，1$hm^2$雨林就有胸径10cm以上的树种87～300种之多。我国的热带森林较少，主要分布在海南岛和云南西双版纳地区。同世界热带森林一样，我国热带森林也是物种最丰富的地区。目前，这些地区受到游牧农业、采薪伐木和商业性采伐的威胁，开发建设项目和农业开垦也是重要的影响因素。

2．原始森林

我国残存的原始森林已经很少，因而显得格外珍贵。目前，残存的原始森林大多在峡谷深处、峻岭之巅。这些森林不仅是重要的物种保护库，而且是科学研究的基地。原始森林面临的最大威胁是商业性砍伐和人类活动干扰，而水陆道路的沟通使许多原先人迹难至的地方通车通航，常是导致这些森林消失的主要因素。

3．湿地生态系统

湿地是开放水体与陆地之间过渡的生态系统，具有特殊的生态结构和功能。按照“国际重要湿地特别是水禽栖息地公约”的定义，湿地是指沼泽地、沼原、泥炭地或水域，无论是天然的或人工的、永远的或暂时的，其水体是静止的或流动的，是淡水、半咸水或咸水，还包括落潮时深不超过6m的海域。这个定义过于广泛而不宜把握。美国1956年发布的《39号通告》，将湿地定义为：被间歇的或永久的浅水层所覆盖的低地。并进而将湿地分为四大类：内陆淡水湿地、内陆咸水湿地、海岸淡水湿地、海岸咸水湿地。

湿地是许多种喜水植物的生长地，也是很多水鸟、水禽栖息地，并且是许多色虾贝类的产卵地和索饵地。湿地是生产力很高的自然生态系统，每平方米平均生产动物蛋白 9g。湿地有多种生态环境功能，如储蓄水资源，改善地区小气候，消纳废物，净化水质等。红树林湿地是目前研究较多且受到高度重视的湿地生境。红树林的生态功能包括防风防潮、保护海岸免遭侵蚀；提供木材和化工原料；为许多色虾贝类提供繁殖、育肥基地。

湿地受到人类活动的压力主要包括疏干和围垦变为农田，填筑转化为城镇或工业用地，截流水源使湿地变干，养殖业发展特别是将湿地变为人工鱼池或虾池，伐木破坏湿地生态系统，筑路或其他用途挤占湿地等。

4．荒野地

荒野地是指基本以自然力作用为主尚未被人类活动显著改变的土地，即没有永久性居住区或道路，未强度垦耕或连续放牧的土地。荒野地是人类尚未完全占领的野生生物生境，是现在地球上野生生物得以生存的“生态岛”和主要避难所。荒野地的生态学价值是其他土地不可替代的。荒野地受到的压力是：人口增加和经济开发活动的不断蚕食；石油、天然气和其他矿业开发活动的破坏；公路铁路穿越的分割作用；狩猎和采集采伐活动的干扰；缺乏正确认识导致的盲目开发与破坏等。

5．珊瑚礁和红树林

珊瑚礁和红树林是海洋中生物多样性最高的地方，又是保护海岸防止侵蚀的重要屏障。珊瑚礁因其具有较高的直接使用价值而使受到破坏的可能性增大。据报道，海南省文昌县椰林湾；曾是个景色秀丽，物产丰饶的地方。湾内有近万亩珊瑚礁。近 10 年，人们将珊瑚礁采来烧制低价的石灰和水泥，挖掉珊瑚礁超过 $6\times10^4$t。其结果是 10 年内海岸侵蚀后退达 320m，目前仍以每年 20m 的速度侵蚀岸带，迫使村民后退迁徙，房倒屋塌，沿岸 3000 多棵柳树和 30 多万株其他树木被海水吞没。德林湾从此失去昔日风光。

（五）解决重大生态环境问题

从保障我国可持续发展出发，需要解决的最重大的生态环境问题是土地荒漠化、水资源短缺和天然林急剧减少等。

# 第三节 生物多样性及其保护

一、生物多样性的组成和层次

生物圈中最普遍的特征之一是生物多样性。生物多样性系指某一区域内遗传基因的品系、物种和生态系统多样性的总和。它涵盖了种内基因变化的多样性、生物物种的多样性和生态系统的多样性三个层次，完整地描述了生命系统中从微观到宏观的不同方面。

物种多样性是指地球上生命有机体的多样性。一般来说，某一物种的活体数量超大，其基因变异性的机会亦越大。但某些物种活体数量的过分增加，亦可能导致其他物种活体数量的减少，甚至减少物种的多样性。生态系统的多样性是指物种存在的生态复合体系的多样性和健康状态，即指生物圈内的生境、生物群落和生态过程的多样性。生态系统是所有物种存在的基础。物种的相互依存性和相互制约性形成了生态系统的主要特征——整体性。生物与生境的密切关系形成了生态系统的地域性特征，而生态系统包含众多物种和基因又形成了其层次性特征。

由于地球上生物的演化过程会产生新的物种，而新的生态环境又可能造成其他一些物种的消失，所以生物多样性是不断变化的。人类社会从远古发展至今，无论是狩猎、游牧、农耕，还是现代生产的集约化经营，均建立在生物多样性的基础上。正是地球上的生物多样性及其形成的生物资源，构成了人类赖以生存的生命支持系统。然而，人口的急剧增长和大规模的经济活动正使许多物种灭绝，造成生物多样性损失。这一问题已引起世界的广泛关注，并开始加强对生物多样性的认识和寻求保护生物多样性的途径。

二、生物多样性现状

生物多样性现存的数量与分布是35亿年生物进化的结果，是物种迁徙、特化、变化和近几百年来人类影响相互作用的结果。

（一）生态系统多样性

生态系统有确切的概念，却没有确切的大小。生态系统的描述和命名常根据其物理环境的边界和特性而定，如土壤类型、气候、海拔高度以及动植物物种的组成等。因此，不同的研究者对生态系统有不同的分类方法。在大多数情况下，人们赋予生态系统更宽广的含义，认为一定地区是一个具有特定结构和高效功能的生态系统。一般划分生态系统考虑的因素是：

（1）地形地貌，如河谷或洼地、盆地，因具有明显的地形特点而容易划界；

（2）河流流域或湖泊流域,因水作为主要的生态运营力而将水系与岸带陆地联系起来，发生着密切的物质流联系，可作为划分生态系统的依据；

（3）农业区域,因农业生产对环境的特定要求和受人工控制的物流、能流特点，可作为单独的系统存在；

（4）城市或工业区，因主要是以人为核心的系统，可以看作是特殊生态系统；

（5）岛屿，因受水的分隔，可作为划界依据；

（6）界面与交接地带，如水陆交接的滩涂、山地与平原的交接地带、森林与草原或草原与农业区的过渡地带等，因其特殊性而可看做是特殊的生态系统。

（二）物种多样性

据估计，地球上的物种总数在700～1200万种之间。另一种比较能被大多数人接受的估计是：物种总数在1300～1400万种之间。目前已被描述、命名的物种有175万种，其中植物和脊椎动物的物种数不足1／5。即使在这175万种之内，也有不少物种由于早期记录时对采集地点及其生境描述不详，如今再难以找到。我们对物种多样性了解得比较多的是植物和脊椎动物。但即使是这样，也有不少物种尚未被描述，例如，近10年人们在巴西就发现了猴的5个新种。人们了解得比较少的生物类群包括细菌、真菌、线虫和节肢动物，对生活在土壤和深海海底的这些生物，人们的了解就更少了。

人类不合理活动的影响会使很多生物种群的数量严重下降，从而使一些种群在局部地区消失，最终引起整个物种的灭绝。

物种灭绝在生物进化过程中是不可避免的。根据已有的化石资料，在过去的几千万年中，物种一直在灭绝。所不同的是，现在的物种灭绝有很大一部分是出人类活动引起的。自1600年以来，有记载的484种动物和654种植物（主要是脊椎动物和开花植物）已经灭绝。显然，实际上灭绝的物种数要比这大得多，特别是在热带。随着时间的推移，物种的灭绝速度越来越快。从1600年至1810年，有记载的38种鸟类和哺乳类灭绝，从1810年至1992年，灭绝的鸟类和哺乳类达112种。海洋岛屿和淡水生态系统中也有大量的物种灭绝。有专家指出，现在正处在物种灭绝的高峰期。据估计，现在脊椎动物和维管束植物的灭绝速度已超过期望值的50～100倍。预计至2025年，将有20％～25％的植物和鸟类物种灭绝，这种灭绝速度相当于背景期望值的1000～10000倍。

国际自然保护同盟（IUCN）将物种受威胁的程度划分为五种：

1．灭绝种（Extinct）：在野外已有 50 年肯定没有被发现的物种。

2．濒危种（Endangered）；随时可能灭绝的种类。即这个类群（种或亚种）面临着灭绝的危险，如果致危因素继续存在（如种群数量减少到临界水平，或是栖息地面积急剧缩小），它们就不可能生存。

3．易危种（Vulnerable）：如果致危因素继续存在，使大部分或全部类群的数量继续下降，很快就成为濒危物种的类群。致危因素包括过度开发、栖息地急剧破坏和其他环境干扰等因素。

4．稀有种（Rare）：指在全世界范围内数量很少的类群，但现在尚不属于濒危种。这些类群常常分布在有限的栖息地，或是稀疏地分布在较广阔的范围内。

5．未定种（I）：无充分资料说明它究竟应属于上述“濒危种”、“易危种”和“稀有种”中的任一类型的物种。

1994 年，世界保护监测中心（WCMC）估算，世界上至少有 5400 种动物和 26000 种植物是受威胁的物种（WCMC 把受威胁物种定义为濒危种、易危种、稀有种和未定种的总数），其中大约有 11%的鸟类、18%的哺乳类、5%的鱼类和 11%的植物。

（三）遗传多样性

每一个物种都包括着大量的遗传信息。即使是同一物种，不同种群在遗传组成上也存在着极大的多样性。一个种群之内的变异可能会达到甚至超过（同一种）不同种群之间的变异，这要视这个物种繁殖系统的具体特征而定。但除了少数例外，人们目前对基因的功能及其表达所知甚少。

农业生产的栽培和驯化已培育出很多作物品种和家畜品种。在世界各地为玉米、水稻、大麦、小麦等主要作物所收集到的求同种质的样本每种在 5 万至 12．5 万份之间。在长期的栽培和繁殖过程中，很多传统的品系被高产、抗病的品系所代替，因而遗传多样性有所损失。不过，在不同地域的诸多品种之间，我们还是可以看到巨大的遗传多样性。如安第（Andean）农民种植了几千种不同品系的土豆，已经命名的已超过了 1000 种。在欧洲，牛、羊、猪、马的品种已超过了 700 种。

对栽培植物和饲养动物的遗传多样性损失已开始有所了解。很多传统的作物品种和家畜品种被少数几个高产品种所代替，从而造成遗传多样性的损失。为了挽回这种损失，人们建立种子银行、野外基因银行、精子冷冻库等，收集那些被“打入冷宫”的品种样本进行异地保存。然而，由于缺乏适当的管理，即使对种质样本进行异地收集，遗传资源的损失仍然不可避免。例如，植物的种质收藏必须对种子进行周期性的发芽处理，使其保持生存力，但在某些情况下，由于缺乏必要的条件，结果使所有收藏报废。即使种质收集的技术和管理无懈可击，遗传资源的损失仍将继续进行。因为进入基因银行的种质不能再继续发展、进化，以适应新的环境条件，而野生种群却能在新的环境条件下不断发展、进化。因此，只有野生种群才能持续不断地提供正在进化的基因。

对大多数野生物种来说，由于种数的丧失，特别是遗传组成截然不同的种群丧失所导致的遗传多样性损失，我们所知甚少。每一个种群都可能有其独特的基因、基因组合和适应性。如果这些种群丧失，引起遗传多样性丧失，那么这个物种的生存也就会受到威胁。外来物种的引入会使一些物种种群的遗传基因组成受到干扰。

三、人类社会对生物多样性的影响

从生态学的角度来说，使生物多样性退化的机制主要是生境的丧失、片断化和退化，生物资源的过度利用，生物引种，环境污染和气候变化。对陆地生态系统，生境丧失和引种同等重要；对海洋生态系统，过度捕捞和污染是主要因素；对于淡水生态系统，上述五种机制都有重要影响。

（一）生境丧失与片断化

人类对生境的影响主要通过 2 条途径：一是把一种生境变为另一种生境，二是在生境内改变其生态条件。以东南亚和非洲国家为例，各国原有野生生物生境丧失率为 24%～94%，大部分国家丧失率在 50%以上。

1. 森林

森林是物种最为丰富的陆地生境。但由于人类对森林的砍伐，天然林面积正在持续不断的下降。森林砍伐对生物多样性的影响，其机制是多方面的，但主要有二条：其一是生境的丧失直接导致生物多样性的丧失；其二是生境片断化、岛屿化所产生的边际效应。自从农业时期以来，全球的森林总面积已减少了 15%。热带雨林在 20 世纪 80 年代早期和中期几乎是以每年 1%的速度在递减。而热带干旱林所损失的面积更大。在中美洲的大西洋海岸，热带干旱林曾达 $5.5\times10^5km^2$，如今只剩下不足 2%的森林保持完好无损。

巴西是热带森林所剩最多的国家，但也同样面临着人类的威胁。1978～1988 年，巴西亚马孙河流域，森林砍伐面积从 $7.8\times10^4km^2$ 增加到 $2.3\times10^5km^2$，而其生物多样性受到严重影响的面积则从 $2\times10^5km^2$ 增加到 $5.88\times10^5km^2$。很明显，生物多样性遭受损失的面积远远超出森林砍伐的面积。Skole 和 Tucker 发现，森林砍伐的几何形状对森林片断化和边际效应至关重要。以砍伐 $100km^2$ 的热带森林为例，如果以 10km×10km 的方形砍伐，生物多样性受影响的总面积约为 $143km^2$，但如果以 10km

×1km 的形状将 100km$^2$的面积砍成 10 条带状，那么生物多样件受影响的面积就会高达 350km$^2$。在巴西的亚马孙河流域，从 1978～1988 年，平均每年砍伐 1000km$^2$森林，而生境片断化和退化的速度平均每年达 3．8×104km$^2$。

生境片断化会减少本地物种的多样性，特别是一些大型动物和一些大型捕食者，很可能会从这些破碎的生境中消失，因为它们需要更大的活动范围。另外一些在破碎的生境中难以扩散和定居的物种也会消失。那些能够在生境碎片中存活下来的物种主要是那些适应于频繁的环境扰动和较小生境面积的物种，这样，片断化的生境将成为以容易扩散和定居、生长迅速、生命周期短的机会种占优势的生态系统。这样的生态系统与原来的生态系统相比，空间结构简化，对草食动物的保护能力下降，枯败落叶层分解速度加快，损失更多的营养元素。

2．草地

在全球范围内，一部分草地转变成了耕地，但另一方面，一部分林地由于森林砍伐又变成了草地，使草地面积不至于变化太大。从地区来看，欧洲、北美和东南亚的草地由于向耕地转化而显著减少，而拉丁美洲和热带非洲由于森林砍伐其草地面积明显增加。要估算这些变化对草地小物多样性的影响是困难的，因为它们的生境各不相同。不过，至少有一点是明确的，那就是随着人们对草地的管理加强，草地的集约化生产已使草地的生物多样性明显下降。在欧洲，有 164 种干旱草地的植物已濒临灭绝，在列入易危物种的鸟类中，也有 40％是草地物种。

3．湿地

湿地包括河口、红树林、开阔海岸、漫滩、江河、湖泊、泥炭地和沼泽。河流（包括河岸）是湿地生态系统的重要组成部分、然而，河流日益受到人类活动的影响。人们在河上筑坝开渠。拦河筑坝改变了河流的原有面貌，瀑布、激流、漫滩湿地等多样化的生境消失了，原来生活在这些生境中的大量动植物也消失了。代之而起的大型水库生境中只有普通种和广泛种生存。由于大坝阻碍了鱼类的回游和其他生物的扩散，很多只能生存在江河的物种已经灭绝或行将灭绝。

很多其他类型的湿地生境也已经消失。据估计，美国原有的湿地已消失了 54％，而在欧洲国家，湿地的消失率从 60％到 90％不等（Dugan，1990）。在发展中国家，特别是在亚洲，很多天然湿地变成了水稻田（Tolba，et al. 1992）。

我国的湿地也面临着严峻的形势，一是盲目围垦和过度开发造成天然湿地面积消减、功能下降；二是湿地生物资源和水资源过度利用，造成生物多样性衰退；三是湿地污染严重，水质不断恶化；四是大江大河上游水源涵养林记过度采伐，导致水土流失加重，河流含沙量增加，河床、湖底淤积，湿地面积不断缩小。湿地面临着的各种威胁已经成为我国生态建设中最严重的问题之一。据统计，我国的国际重要湿地中有40%处于中等或严重威胁之中。如近30年来，我国海岸湿地已被围垦7×10⁶km²多，黑龙江三江平原湿地面积占总面积的比例已由20世纪50年代的46.7%减少到现在的10．3%。

4．珊瑚礁和红树林

珊瑚礁和红树林是海洋中生物多样性最多的地方。珊瑚礁所面临的主要威胁是污染、沉积化和过度利用。据Wildinson（1993）估算，全世界大约有10%的珊瑚礁已经开始退化但尚未被人们觉察；还有30%已处于非常严重的脆弱状态，在未来的10～20年内将会丧失其功能或被严重损害；另有30%将会在未来的20～40年内受到普遍损害只有剩下的30%能以健康状态保持到遥远的未来。

（二）野生资源的过度利用

野生资源的过度利用最常见的情况是，生态系统中由于生物量的大量移走，影响到生态系统的物理结构、营养循环和营养供应，有时甚至会影响到气候和系统的繁殖过程，从而影响所有演替阶段的物种多样性。

野生生物资源的过度利用一般是指过度获取生活燃料，过度狩猎，过度伐木和过度捕捞。在很多地区，人们从森林中获取的生活燃料早已超过了森林的承受能力。据估计，全世界大约有20亿人口存在燃料缺乏的问题，成为“穷人的能量危机”。在发展中国家，约有1亿人得不到足够的燃料，有13亿人消耗的薪炭林得不到及时的补充，也就是说，其薪炭林消耗速度快于自然的再生长速度。由于燃料短缺，人们只得用动物粪便作为替代燃料。原木砍伐会降低树种数目的多样性，也会减少结构变异上的多样性。森林树木与其他植物为多种动物提供了食物，为多种物质提供了生境和基质，并决定生态系统的物理结构和微气候条件。在未采伐过的森林中，老的、死亡的和腐烂的树木是很多其他物种的食物和基质。砍伐原木和薪炭林时，将这些老树和死树移走，从而使许多特有的物种消失。

对鱼类的过度捕捞也会对生态系统产生很大的影响。例如，在大西洋一斯堪的纳维亚，对鲱鱼和毛鳞鱼的过度捕捞已使很多大型鱼类、海洋鸟类、海洋哺乳类的种群数量衰退，从而引起生态系统的重大改变。鲱鱼和毛鳞鱼是北极鳕的食物，北极因由于缺少这两种食物，其种群数量大大下降，个体生长速度减慢，并出现同类相残。由于缺乏毛鳞鱼和小鲱鱼，一些海鸟，特别是海鸠，成千上万的死去。

（三）生物引种与外来物种入侵

外来物种被引入本土生境有很多途径，但最主要的有三条：一是偶然引入；二是在进口货物时被带入；三是有意引入。外来物种进入一个新的生态系统，有积极的一面，比如说作为天敌，对农业生态系统中的害虫和病原体有生物控制作用。农业生产引入的新物种，由于远离了它们原有的捕食者和病原体，产量会大幅度提高。然而，生物引种对物种多样性和遗传多样性的消极作用也是随处可见的。有些引种的生物对生物群落产生了严重的破坏作用，对本地物种的遗传多样性影响甚大。在某些岛屿上，外来物种已经接近甚至超过了本地物种。如特里斯坦的达库尼亚群岛，本地植物物种数为 70 种，而外来种数目则达到 97 种。在新西兰，本地植物物种数为 1790 种，外来物种数为 1570 种。

外来物种对生态系统的结构和功能都有广泛影响，它们通过捕食作用（肉食动物）和食草作用（草食动物）可以直接消除本地物种，如鱼、软体动物和鸟类。但并不是所有的生态系统都同等地受到了外来物种的影响。一般来说，水生生态系统和岛屿的生物多样性易受外来物种的影响。多样性指数较低的生态系统，没有捕食者、草食动物和竞争者的生态系统容易受外来物种的入侵，对入侵物种来说，入侵环境与原来环境之间气候和土壤的相似性也很重要。据估计，由于外来物种的入侵，全球大约有 20%的脊椎动物面临灭绝的威胁。如维多利亚湖由于引入了河鲈（Lates niloticus），后来又加上水体富营养化和捕鱼工具的更新，已有 200～300 个丽鱼科的本地种消失。

又如在距深圳蛇口工业区 13n mlie（海里）的海面上，有一座面积约 110hm$^2$ 的海岛，即著名的内伶汀国家自然保护区。在这个岛上生长着猕猴、蟒蛇、穿山甲等国家级野生保护动物，它们依赖岛上丰富的香蕉、荔枝、龙眼、野生橘及一些灌木、乔木，繁衍生息了几百上千年。但从 1996 年开始，这片野生动、植物的乐园中，出现了一种具有超强繁殖能力、喜欢攀缘的藤本植物——薇甘菊，这里便产生了灾难性的厄变。

薇甘菊是原产于中南美的菊科植物，这种植物所产生的种子数量特别大，具有有性和无性两种繁殖能力。它攀上灌木或乔木后，能迅速形成整株覆盖之势，使植物因光合作用受到破坏窒息而死。对 6～8m 以下天然次生林、人工速生林、经济林、风景林等几乎所有树种，危害极大，可造成成片树林枯萎死亡，有“植物杀手”之称。它们占据了内伶仃岛 80%的“国土”，造成灾害性危害面积达 80hm$^2$，致使大片林木死亡，断绝了野生动物的生长条件，使这些动物濒于灭绝，600 多只猕猴需要人工饲养。为了挽救这片保护区，深圳市政府投资1000多万元，雇用民丁进行人工砍除。但是这边砍了那边长，山脚易割山顶难砍，即使砍掉，在往山下运输的时候，种子洒落，使得薇甘菊传播得更快。而使用化学除草剂，则会影响所有的植物。

水葫芦又称风眼兰，原产南美，大约于30年代作为畜禽饲料引入我国大陆，并曾作为观赏和净化水质植物推广种植，后逸为野生。水葫芦主要分布于河流、湖泊和水塘之中，由于其无性繁殖速度极快，往往形成单一的优势群落。

近年来云南滇池即被水葫芦所困扰。滇池1000$hm^2$的水面上全部生长着水葫芦，其盖度近100%。20世纪60年代以前，滇池主要水生植物有16种，水生动物68种，但到了80年代，由于水质污染导致了水葫芦疯长，使得滇池内大部分水生植物相继消亡，水生动物仅存30余种。虽然采取多种措施对水葫芦进行打捞、喷药，但是始终难以控制其发展。

（四）环境污染

对生物影响最大的空气污染是酸雨。酸雨已使成千的湖泊失去了生命。酸雨也严重破坏森林。由于酸雨沉降，食物中钙含量下降很多，留鸟的卵壳变薄，容易破损，孵出率降低，甚至出现空巢。酸雨能使野生动物缺乏必需的微量元素，导致死亡率大增。

空气污染还使草场退化．草地的物种严重枯竭，大型土壤动物所占比例减少。特别值得注意的是对有机质的分解起着重要作用的蚯蚓减少。昆虫的生物量比以前下降，使鸟类和其他捕获者的食物减少。

化肥的大量使用使地下水污染，江河、湖泊和海岸生态系统富营养化，生态系统中的动植物区系因而发生变化。

有机氯杀虫剂可溶解于脂肪组织中，但在土壤和水环境中不容易被降解，随食物进入生物体中也同样不容易被降解，因此，这类农药可以在生物体中富集，积累到很高的浓度。农药残留物对生物的毒化作用会引起遗传突变、繁殖困难，幼体成活率低，不可修复的免疫功能障碍等，有时甚至引起死亡。

（五）气候变化

温度每升高1℃，受温度控制的陆地物种分界线就可以向两极移动125km，或者由山下向山上移动150m。由于海平面上升，物种重新分布的速度赶不上地貌变化的速度，从而引起生态系统结构和功能的混乱。例如，根据模型估算，由于气候变暖，温带的森林将向北移动160～640km，但这些森林中的物种在北移过程中不仅会遭到自然界的阻碍，如高山、大海、河流、沙漠等，还会受到人为因素的障碍，如农田、城市、郊区、道路等，因而造成物种的损失和生态系统的混乱。同时很多岛屿特会被完全淹没，当然，岛上的生物也不复存在。

四、生物多样性保护

世界资源所、世界自然保护同盟、联合国环境规划署及粮农组织、教科文组织于1992年在“全球生物多样性战略”中提出保护生物多样性的综合方法，包括六方面内容：

（一）就地保护。选择有代表性的生态系统类型，生物多样性程度高的地点，具有稀有种和濒危种的地点加以保护并进行适宜的管理。

（二）异地保护。对保护区周围的地区进行管理以补充和加强保护区内部的生物多样性保护。

（三）寻找合适的管理方法，兼顾国家对生物多样性的保护和当地居民对生物资源的使用，增加地方从保护项目中所能得到的利益。

（四）以动、植物园的形式建立异地基因库，在保护濒危（或稀有）动植物物种的同时，对公众进行宣传教育，并为研究人员提供研究对象和基地。

（五）在就地保护区和异地保护区，对其指示性物种的种群变化和保护状况进行监测。

（六）调整现有的国家和国际政策以促进对生境的持续利用（如采取补贴的办法）。

目前，就地保护是生物多样性保护的主要方式。就地保护分为维持生态系统和物种管理两种类型。维持生态系统的管理体系包括国家公园、供研究用的自然区域、海洋保护区和资源开发区。物种管理的体系包括农业生态系统、野生生物避难所、就地基因库、野生动物园和保护区。

## 第四节 自然保护区

一、自然保护区

自然保护区是指用国家法律的形式确定的长期保护和恢复的自然综合体，为此而划定的空间范围，在其所属范围内严禁任何直接利用自然资源的一切经营性生产活动。自然保护区是保存物种资源和繁衍后代的场所，建立自然保护区是保护物种资源的一项基本措施，也是生物多样性就地保护的主要措施。

（一）自然保护区的类型

根据国际自然与自然保护同盟（IUCN）的划定，自然保护区分以下十类，其中最后两类是重叠于前八类的国际性保护区。

1．绝对自然保护区／科研保护区

主要是保护自然界，使自然过程不受干扰，以便为科学研究、环境监测、教育提供具有代表性的自然环境实例，并使遗传资源保持动态和演化状态。

2．国家公园

保护在科研、教育和娱乐方面具有国家意义或国际意义的重要自然区和风景区。这些地区实质上是未被人类活动改变的较大自然区域。

3．自然纪念物保护区／自然景物保护区

保护和保留那些具有特殊意义或独特性的重要自然景观。

4．受控自然保护区／野生生物保护区

是为了保护具有国家和世界意义的生态系统、生物群落和生物物种，保护它们持续生存所需要的特定的栖息地。

5．保护性景观和海景

保护具有国家意义的景观，这些景观以人类与土地和睦相处为特征，并通过这些地区正常生活方式、娱乐和旅游，为公众提供享受机会。

6．自然资源保护区

这类保护区既可以是多种单项自然资源的保护和储备地，也可以是综合自然资源的整体性保护地。目的是保护自然资源，防止和抑制那些可能影响自然资源的开发活动，使自然资源得到合理利用。

7．人类学保护区／自然生物保护区

对偏僻隔离地区的部落民族所在地加以保护，保持那里传统的资源开发方式。

8. 多种经营管理 / 资源经营管理区

这一类保护区范围广，可以包括木材生产、水资源、草场、野生动物等多方面利用，或可能因受到人为影响而改变自然地貌，为了保持物种种源以及本地区永续利用，对该地区进行规划经营，加以保护性管理。

9. 生物圈保护区

这是为了目前和未来的利用而保护生态系统中动植物生物群落的多样性和完整性，保护物种继续演化所依赖的物种遗传多样性。

10. 世界自然遗产保护区

这类保护区是为了保护具有世界意义的自然地貌，是由世界遗产公约成员国所推荐的世界独特自然区和文化区。

（二）自然保护区的等级别分

国际自然保护同盟（IUCN，1994）将保护区划分为如下六个等级：

I 类保护区：严格的自然保护或野生保护区。为科学研究、环境监测、教育和在动态进化条件下保护遗传资源，维持自然过程不受干扰。

II 类保护区：自然公园。为了科研、教育等而予以保护的国内或国际上有重要意义的自然区和风景区。这类区域通常面积较大，未受人类活动干扰，不允许从保护区获得资源。

III 类保护区：自然山峰或自然陆地标记物。被保护的有重要意义的自然特征，它们有特别的价值或独特的风格。这类保护区通常面积较小，只对其特征部分子以保护。

IV 类保护区：生境或物种管理区。为了就地保护具有重要意义的物种、类群、生物群落以及生态环境特征，对其自然条件予以保护，并进行必要的人工管理。在这类保护区中，允许适当采集某些资源。

V 类保护区：自然景观或海洋景观保护区。指维持自然状态的重要自然风景区，在这些风景区中人与环境和谐相处，人们可以在此休息和旅游。这些风景区通常是自然景观和人文景观结合的产物，其传统的土地利用保持不变。

VI 类保护区；资源管理保护区。在长期保护和维护生物多样性的同时，提供持续的自然产品和服务以满足当地居民的需要。它们的面积比较大，自然系统基本上未被改变。在这里，传统的和可持续的资源利用得到鼓励。

我国按自然保护区的重要性将其划分为国家级、省（市）级、市级、县级自然保护区。

## 二、自然保护区现状

### （一）世界自然保护区概况

理想状态下，被保护的区域应该包括所有地区类型的代表，然而，保护区的分布常常是不平衡的，它受社会和当地实际情况的影响很大。但是，保护区的分布应尽可能根据生态原则按管理目标和物种生态分区而安排。

保护区应尽可能代表一个国家的物种或生态系统，并在面积上具有相当的规模以维持其生态功能。在联合国自然公园与保护区清单中，有37000个保护区（IUCN，1994），但国际自然保护同盟（IUCN）对保护区的登记有面积、管理目标和管理机构，对此三方面有严格要求。如对面积的要求是；面积必须在$10km^2$以上，近海岸或海洋岛屿例外，但其保护面积也应在$1km^2$以上。鉴于这样的原因，至1994年被IUCN承认的保护区只有9832个。保护区的面积占土地面积的6．3%。各地区之间分布很不平衡，北美保护区面积最大，为12．6%，北非和中东地区保护区的面积只有2．8%。从保护区的规模来看，小型保护区（面积$10\sim49km^2$）的数量很多，而大型保护区的数量很少，面积超过$10^5km^2$的保护区只有4个，但它们覆盖的面积达$1．7\times106km^2$，约占全球保护区面积的17%。

### （二）中国自然保护区现状

截止到2000年底，我国共建立各种自然保护区1276处，总面积$1．23\times10^8hm^2$，占全国陆地国土面积的12．44%，位居世界前列。经过国务院批准的国家级自然保护区155处，其中三江源自然保护区面积$3.18\times10^7hm^2$，占全国国土面积的3.31%，是我国最大的自然保护区。全国还建立各类自然保护小区50319个，总面积约$1．36\times10^6hm^2$，其中国家森林公园344处，总面积约$6．93\times10^6hm^2$。规划到2050年，自然保护区的面积占到国土面积的18%。

截止到2000年底，我国已建湿地类型自然保护区289处，总面积约$4．95\times10^7hm^2$，以保护大熊猫为主的自然保护区33处，总面积约$1．87\times10^6hm^2$。

目前，我国已有长白山、卧龙、鼎湖山、梵净山、神农架、武夷山等19处自然保护区加入了“国际生物图保护区网”。另外，有7处自然保护区被列入“国际重要湿地名录”。张家界、九寨沟和黄龙洞3处自然保护区被列为世界自然遗产。

但是，我国目前自然保护区存在面积偏小，分布不平伤，往往成为孤立的岛屿，内部功能分区不尽合理等问题：而且有些地区资源开发和保护的矛盾日益加剧，为了使开发保护区的资源合理化，随意变更保护区的边界和功能分区；有些开展旅游业的保护区，缺乏控制和管理，造成了环境的破坏和污染。这些问题严重制约着自然保护区的健康发展。

（三）选择自然保护区的条件

根据区域的典型性、自然性、稀有性、脆弱性、生物多样性、面积大小及科学研究价值等方面选择确定自然保护区，一般应满足下述条件：

1. 不同自然地带具有代表性的生态系统（在原生类型已消灭的地区，可选择具有代表性的次生类型）和自然综合体；

2. 区域特有的或世界性的珍稀或濒危生物种和生物群落的集中分布区；

3. 具有重要科学价值的自然历史遗迹（地质的、地貌的、古生物的、植物的等）；

4. 在维护生态平衡方面具有特殊重要意义而需要保护的地区，

5. 在利用和保护自然方面具有成功经验的地区，这些地区往往不仅具有重要的科学研究或观赏意义，而且有重要的经济价值。

在具体设立保护区网络时，一般可将全国分成不同的区域，在每个区域内，按其包括的主要生物群落类型，确定一批具有代表性和具有特殊保护价值的地域，作为设立保护区的考虑对象。

（四）自然保护区功能分区

一个典型的自然保护区，一般可划分为三个区域，即核心区、缓冲区和实验区。由于三个区域的生物多样性、地位和功能不同，保护的重点和方式也有所不同。

核心区是各种原生性生态系统保存最好和珍稀濒危动植物集中分布的区域。它突出反映保护区的保护目的，并且包括保护对象持续生存所必需的所有资源。核心区应具有丰富的自然多样性和一定程度的文化多样性，重点是保护完整的、有代表性的生态系统及其生态过程，因此核心区的面积应大到足以构成有效的保护单元。核心区的人为活动应严格限制，一般仅限于物种调查和生态检测，不能采样或采集标本。为保持自然状态还应限制其中科学考察活动的频率和规模。核心区可以有一个或几个。

核心区外围应设缓冲区。缓冲区是自然性景观向人为影响下的自然景观过渡的区城，其主要目的是保护核心区，以缓冲外来干扰对核心区的影响。缓冲区的生物群落应与核心区相同或是其中的一部分，其宽度应根据保护性质和实际需要确定，一般应小于 500m。对于核心区比较小或保护对象季节性迁移的保护区，较宽阔的缓冲区直接起到保护作用。缓冲区是保护区内开展定位科学研究的主要区域，可以适当采样和采集标本，以及有限制的旅游活动。

核心区和缓冲区的外围是实验区，它包括部分原生或次生生态系统，人工生态系统或荒山荒地，也可以包括当地居民传统土地利用方式而形成的与周围环境和谐的自然景观。

实验区主要是探索资源保护与可持续利用有效结合的途径，在有效保护的前提下，对资源进行适度利用，并成为带动周围更大区域实现可持续发展的示范地。

在实验区内可以进行一定规模的幼林抚育、次生林改造、林副产品利用、荒山荒地造林以及动物饲养、驯化、招引等活动。通过这些活动，使自然保护区纳入地区发展规划中，既保护了自然资源和生物多样性，又促进了地区发展。

自然保护区功能分区应遵循下述原则：

1．保护第一的原则

核心区、缓冲区和实验区的功能有所不同，核心区重点在保护，缓冲区提供研究基地，实验区为地区发展作示范作用。无论是核心区、缓冲区，还是实验区，保护目标应是统一的，都必须有利于保护对象的持续生存。保护区中一般只允许在实验区有人工景观，但仅限于必要设施，与保护无关的生活服务、旅游接待等设施应尽可能布置在保护区外。

2．核心区与缓冲区的生态完整性原则

核心区的景观应是自然的、多样性的。野生生物的栖息地板块中，有时合出现已退化的不适合野生生物生存的零星碎片，形成栖息地空洞现象。将这些碎片与好的栖息地背景一并设计成一个完整的没有空洞的核心区，会使这些退化的栖息地碎片得以逐步恢复（李文军，1997）。一些生态环境不太好的地段，如果被核心区包围或基本隔绝，那么应按核心区的标准来管理，重点保护生物的栖息地，应纳入核心区；对不便于划入核心区的地块，可划入缓冲区。

3．实验区的可持续性原则

实验区具有保护与发展的双重任务，其可持续性直接影响到自然保护区的可待续发展。实验区由于要同时实现保护、科研和资源利用等多重目标，因而与核心区相比，其管理要求应当更高。实验区不应固定比例，其位置和面积应在确保保护目标的前提下，根据自然资源利用的可能性及限制条件决定。

实验区的一切科学试验活动要有利于保护目标的实现和保护区的可持续发展，要对试验活动的规模、类型和强度作必要的限制。可以根据生物圈保护区的思想，在实验区外围设置保护地带，并对保护地带内的生产活动作出规定，以扩大保护区的实际保护范围。

# 第十八章 人口、资源与环境

## 第一节 人口与环境

在人类影响环境的诸因素中．人口是最主要、最根本的因素。人是环境的产物，又是环境的塑造者。人类是其自身生产和物质资料生产两种生产的主体，后者又是前者的约束条件。人类自身的生产和物质资料生产都是在一定的环境中进行的，人们既受环境条件的约束，又会在生产消费过程中或破坏、污染，或改善、促进环境的发展，而变化了的环境再反作用于两种生产的发展。在地球上人口较少和科学技术较不发达的时期，社会的结构和文化要求较低，自然资源不仅能满足人类的需要，而且地球的生态系统能够净化人类生活和生产中所排放出的废弃物。因此，基本上不存在环境的污染问题，更不存在资源耗竭问题。但是，随着人口的增加，生产力的发展，再加上长期的不合理地开发利用自然资源，以及生产和生活排放的污染物超过了自然环境的容许量，这种变化不仅影响了局部地区的环境质量状况，而且也导致了全球性的环境破坏，威胁着全人类的生存。人口是其数量特征和质量特征的统一体，因此人口与环境的关系，也应从数量和质量两个方面探索。协调人与环境之间的关系，有赖于人口数量的控制和人口素质的提高。

一、环境对人口的影响

现在，虽然人类利用、改造和创新环境的能力空前提高，但人类自身的生产和物质资料的生产以及它们与环境之间的关系还必然受自然规律和经济规律的制约。

（一）环境对人口数量及其分布的影响

人口数量受自然因素和社会因素的影响，更取决于社会经济规律的作用。在1万多年前的冰期，地球气候寒冷，生态环境恶劣，全球人口不过500万人。在1万年以来的冰后期，由于气候转暖，生态环境改善，全球人口迅速增加。进入新石器时代，人类生产逐渐以农耕和畜牧为主，有了比较稳定的食物来源，人口发展速度加快。在旧石器时代，人口增加1倍需3万年。到了新石器时代，人口增加1倍需要的时间大为缩短，到了应用金属工具的公元初人口增加1倍只需要1000年。工业革命以后，生产力大幅度提高，人口增长速度也随之加快。到了19世纪中期，人口增加1倍的时间缩短为150年。到1830年世界人口达到10亿。到1930年，仅仅过去了100年，世界人口就达到20亿；到1960年，仅用了30年，世界人口达到30亿；到了1987年，世界人口就达到50亿；到2000年，世界人口增至62亿。

世界各地人口增长率也有很大差别，50年代初，发达地区人口年均增长率为1．2%，不发达地区为2．1%，自此以后，发达地区人口年平均增长率持续下降，在1980～1985年间降至0．6%．1985～1990年期间基本不变，仍是0．6%；而不发达地区人口年均增长率则逐年增加，1980～1985年期间为2．0%，1985～1990年期间为1．9%。预计到2025年，发达地区人口年均增长率将下降到0．3%，不发达地区下降到1．0%。

环境对人口的分布影响也很大。人类起源于热带、亚热带地区；而后逐步分布到温带地区，还有少量人口分布在寒带边缘地带，例如爱斯基摩人就生活在北冰洋沿岸。但是，直到今日，寒带的人口仍然十分稀少，南极洲至今也无一人定居生活。人类大部分分布在湿润、半湿润地带，干旱的荒漠和半干旱的草原地区，人口数量都很少，特别是沙漠，只有在沙漠边缘的绿洲中才有人类定居。在于旱地带人口压力临界指标为7人/$km^2$在半干旱地带人口压力临界指标为20人/$km^2$。目前世界陆地尚有35%～10%基本无人居住，都是寒冷的极地和干旱的沙漠。世界总人口的2／3集中分布在地球陆地1／7的土地上。这里基本上都是富饶的平原地区，气候适宜，土地肥沃，对人类的生存和发展十分有利。当然有些矿产资源丰富的地区，人口也比较集中，不过占全球总人口的比例并不大。中国人口分布也很不均．据2000年全国人口普查，全国人口密度为135/$km^2$，约为世界平均水平的三倍。从人口的地线分布看，由沿海到内地，由平原到山地、高原人口逐渐稀疏，这是由人类生存对环境的要求所决定的。同时，这种分布趋势也是与经济发展的布局相适应的。

地球化学环境对人口数量及其分布也有明显的影响。由于地球化学环境因素，会导致某些区域产生地方病，威胁人类健康，当然对人口数量的增长产生影响；同样，地球化学环境影响人口的分布。

（二）环境对人口素质的影响

人口素质是人口适应和改造客观世界的能力，人口素质包含的内容非常广泛，但大体上可分为身体素质和文化素质两大类，前者包括体格、体力、健康状况和寿命等，后者包括文化程度、劳动技能和特殊技能等。但任何一种人口素质特征都是遗传因素和环境因素共同作用的产物。

环境对人口素质的影响，主要表现在对人口健康的影响方面。人体血液中60多种化学元素的含量与地壳中这些元素的分布有着明显的相关性，其丰度曲线有一致性。因此，某些地区环境中某些元累的含量多少会影响到人体的生理功能，甚至可能对健康产生影响，进而形成疾病。例如环境中缺碘可导致地方病甲状腺肿的发生和流行；环境中含氟过高，可引起氟骨症，还有克山病、大骨节病都与环境中缺硒有关；我国的食管癌高发地区也有明显的环境因素等等。

生长发育状况是人口身体素质的重要组成部分，在遗传素质确定的条件下，生长发育状况的优劣完全取决于环境条件。各项研究表明，营养条件是影响生长发育的基本环境因素。能量、蛋白质、脂肪、碳水化合物、维生素和矿物质等各类营养元素在数量上和质量上对人体需求的满足程度，从根本上决定生长发育状况。而营养条件是否满足，又取决于很多环境因素。

二、人口对环境的影响

（一）环境影响方程

生态经济学家常用环境影响方程来表示人口对环境的影响，环境影响方程表示为：

$$I = P \bullet A \bullet T$$

式中，I 代表影响，P 代表人口；A 代表消费；T 代表对环境不利的技术。从环境影响公式中可以看出，人口 P 显然是一个很重要的参数。不同的人群以他们不同的消费方式、消费水平和掌握的不同技术对环境造成不同的影响。

图 18-1 是生态经济学家戴维·皮尔斯用来表示人口变化作用于一个具体部门（如农业）可能产生的某些影响。人口增长会对正在使用的资源和尚未开发的资源产生影响。现有资源可能被更强化地使用，导致休耕期的缩短和土地生产力的降低，人口压力也会迫使人们开拓以前未使用的资源，结果使不可再生资源耗竭，可再生资源利用强度超过资源再生能力。造成土壤侵蚀和土壤生产力降低，并因此降低了产量，收入减少，贫困随之发生。由于穷人要通过扩大边际土地的耕种以及过度放牧来维持生计，这种贫困本身还将导致进一步的土地退化。这种反馈作用有时也可能为正影响。人口增长在某种程度上会鼓励农民采用技术革新来强化农业生产，但现代农业发展最重要的因素是研究、开发、投资、价格及管理，而不是人口增长。人口的增长对环境的影响，当然远不只限于农业一个具体部门，如工业的发展消耗了大量的能源和资源，对环境造成了严重的影响：一是增加了环境的污染，改变了生态平衡；二是永久性地改变了地貌。

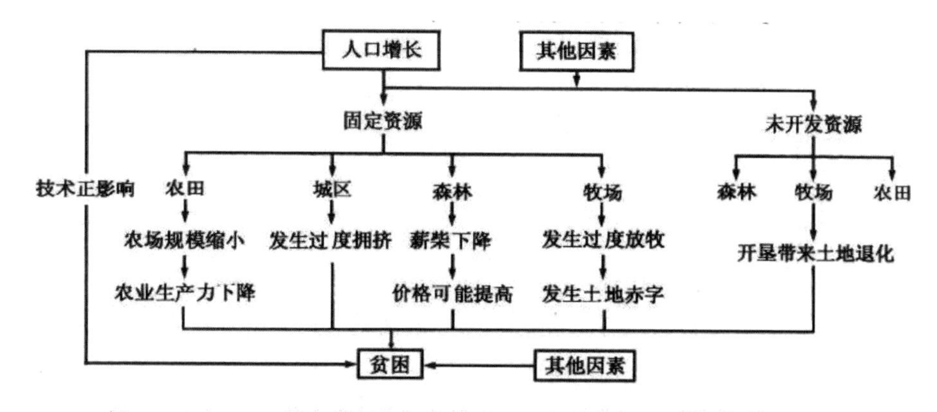


图 18-1 人口、环境与贫困之间的联系（引自厉以宁，环境经济学，1995）

（二）人口膨胀对环境的压力

目前，人口问题成了举世瞩目的重大问题。人口问题，从广义来理解，是由于人口数量的增加、体质下降、结构不合理及行为失控等导致的有害现象和过程，即可能对人类自身繁衍和生存环境造成负面影响的动态变化。狭义的人口问题就是人口数量问题。本处仅涉及人口问题直接诱发的环境问题。

不少人忧心忡忡，认为我们这个星球由于人口增长而面临着人口危机，甚至将目前世界人口的激增称为“无声的爆炸”。中国是世界上人口最多的国家，虽然，中国计划生育工作取得了明显的成效，人口猛增的势头得到了初步控制。自全面推行计划生育以来，中国少生了约两亿多人。但中国面临的人口形势依然严峻，实现控制人口的任务仍然十分艰巨。中国人口基数大，增长速度快，素质较低，地域分布不平衡，且农村人口分布不平衡，城市人口增长过快。上述这些特点对环境造成强大的压力。

1. 人口增长对土地资源的影响

土地资源是人类赖以生存的基础。在人类生存所需的食物能量的来源中，耕地上生长的农作物占 88%，草原和牧区占 10%，海洋占 2%。随着对海洋的开发利用，海洋为人类提供的食物能量将会增加。从目前来看，全球适于人类耕种的面积约为 $3\times10^{9}hm^{2}$，人均只有 0. $5hm^{2}$。但是，这有限的耕地资源仍在不断地减少。其主要原因是：第一，由于人口的增长，城乡的不断扩展、工矿企业的建设、交通路线的开辟等，每年约有 $10^{7}hm^{2}$ 耕地被占用。第二，为了解决因人口增加而增加的粮食需求，一方面对土地过度利用，其结果是耕地表土侵蚀严重，肥力急剧下降；另一方面为了增加耕地面积，不得不砍伐森林、开垦草原、围湖造田，其结果破坏了生态平衡。上述两个方面的最终危害是导致土地沙化。全世界每年因沙化丧失的土地达 6×

$10^6$—$7\times10^6$hm$^2$。第三，为了提高单位面积粮食产量，除了推广优良品种，改良土壤和精耕细作外，就是大量施用化肥和农药，而后者已成为污染土壤的重要因素。上述原因促使世界人口增长与土地资源减少之间的矛盾越来越尖锐，人口增长对土地资源的压力越来越大。中国的情况更为突出。按照中国目前的生产力．需要人均0．2hm$^2$左右的土地，才能最低限度地养活全部人口和支持经济和工业的适度发展。然而，当前的人均土地面积不足上述面积的1／2，再加上水土流失、土地沙化、土壤次生盐渍化、土壤污染、工业和城市发展蚕食耕地等种种原因，又使我国耕地面积正以每年4．$7\times10^5$～6．$7\times10^5$hm$^2$的速度减少。人口对土地的压力形势是严峻的，必须从多方面采取强有力的综合对策，力争人口与土地的矛盾从恶性循环状态向良性循环状态转化。

2．人口对森林资源的影响

人口增长，人类需求也不断增加，为了满足其衣、食、住、行的要求，在一些地区，不得不冲破自然规律的制约，不断进行掠夺性开发，包括毁林造田、毁林建房、其他不当的管理等，结果使越来越多的森林资源受到破坏，世界森林曾达到7.6$\times10^9$hm$^2$，现在减为$2\times10^9$hm$^2$多。20世纪80年代，热带雨林主要生长国巴西、印度尼西亚、扎伊尔三个国家每年被砍伐的林木超过$2\times10^6$hm$^2$。科特迪瓦是世界上人口自然增长率最高的国家之一，1987年其人口增长率为3．0%，而每年森林损失率为5．9%。半干旱地区也因大量开采薪炭林，导致林木密度减少。

我国在历史上是一个森林资源丰富的国家。但随着人口的增加，耕地需求的增加，森林资源承受着过重的需求压力，大量森林被砍伐破坏，已使我国变成了一个少林国。在世界160个国家和地区中，名列第120位。人均森林面积仅0．11hm$^2$，相当于世界人均的18%。我国人均占有林木蓄积量很低，为了满足人口增长和经济建设的需要，诱发了过量开采；农村人口增长和农村能源短缺，导致乱砍乱伐；人口增长对粮食和耕地的需求压力加剧了毁林开荒；森林是具有多种效益的可更新资源，但长期以来，我国森林却重砍伐轻抚育，加剧了人口与森林资源的矛盾，加之林区人口密度大，素质差，森林灾害加重等，都使我国的森林资源遇到严重破坏。

3．人口增长对能源的影响

能源为人类生活和生产所必需。随着人口增加和工业现代化进展，人类对能源的需求量越来越大。据统计，1850～1950年的100年间，世界能源消耗年均增长率为2%。而20世纪60年代以后，工业发达国家年均增长率达到4%～10%，出现能源紧缺危机。

人口激增，造成能源短缺，是一个世界性的问题。为了满足人口和经济增长对能源需求与消耗，除了化石燃料外，木材、秸秆、粪便都成了能源，给环境带来巨大压力。发展中国家的燃料有 90%来自森林，造成森林资源的破坏。许多地区树木被砍光，植物秸秆被烧光，甚至牲畜粪便也用来做燃料。据联合国粮农组织估算，在亚洲、近东和非洲，每年作燃料燃烧掉的粪便大约为 $4\times10^{8}$t，使农田肥力减退，人民生活更加贫困。全球目前以化石燃料为主，生产和生活小所消耗的煤、石油和天然气等释放出大量的 $CO_2$，再加上热带雨林的砍伐等，使大气中 $CO_2$浓度增加，从而可能导致温室效应，改变全球气候，危害生态系统。

我国能源的产量和储量绝对数量大，但人均占有量很少。随着国民经济的发展和人民生活水平提高，对能源的需求还将大幅度上升。逐年增长的能源消耗，加上中国以煤为主的能源结构，对环境潜伏着巨大压力。

我国人口的迅速增长，能源供给长期短缺，缺少选择优质能源的余地，阻碍了清洁、热量高的优质能源替代劣质能源的进程，能源消费者不得不使用各种低热值的“脏”的能源。如城镇人口增长过快，煤气还不能普及，集中供热也局限于一定区域。农村人口众多，人口增长快，生活用能总量大，商品能源供给困难，不少地区的农村能源还以秸秆、薪柴、畜类等非商品能源为主。导致植被破坏，水土流失加重，河床抬高，水库淤积，灾害增多；由于秸秆不能还田，耕地有机肥奇缺，土壤板结，肥力下降，恶化了耕作条件，易旱易涝，病虫害增加，进一步影响农作物产量。

4. 人口增长对水资源的影响

淡水是陆地上一切生命的源泉。地球上的淡水资源并不丰富，淡水资源主要来自大气降水。由于人口分布极不均匀，再加上降水的分配量无论从空间上还是时间上也都极不均匀，因此，世界上许多地区淡水不足。加上人口激增，用水量不断增加，同时污水排放量也相应增长，是本来就不丰富的淡水资源显得更加紧张，目前全世界已有十几个国家发生水荒。

我国人口增长，尤其是建国后人口急剧膨胀，加剧了供水不足和水资源浪费，使人类与水的矛盾十分紧张。建国初期到现在，人口从 6 亿增加到 12 亿多，增长了一倍，相当于人均水资源量减少一半以上；同时，随着人民生活水平的提高，城市人口的膨胀，经济的发展，人均用水量、生活用水量和生产用水量大大增加，导致大范围的缺水。据统计，我国缺水的城市已达 200 多个，仅山东省年缺水就达 $1.2\times10^{10}$m³以上。我国既存在水源不足，又存在用水效率低、浪费严重的问题，更加剧人一水矛盾。特别是北方地区缺水严重，直接影响这一地区工农业生产发展和城市广大群众生活用水供应。我国西北干旱地区和一些高原地区，缺水情况更难缓解。

5. 人口膨胀对城市环境的影响

城市是人类改造环境的产物，随着人口的增长，人口大量向城市集中。人们的生产和生活活动的强度在城市生态系统格外大，影响力突出，并产生了诸多的环境问题。

城市是文明和进步的象征，是国家和地区的政治、经济、文化中心。

我国城市市区面积仅占国土面积的1‰，但居住着全国15%以上的人，集中了90%以上的工业产值和75%左右的自然科学人才。人口城镇化是社会发展的趋势。但人口过分集中，也导致了住房拥挤、交通堵塞、基础设施建设滞后、环境污染严重等一系列“城市病”。

由于城市是人口员集中，经济活动最频繁的地方，也是人类对自然环境干预最强烈，自然环境变化最大的地方，而且这种变化往往是不可逆的。在城市集中了大量的工矿企业，人类的生产和生活活动消耗了大量的能源和物质，伴随着生成大量废弃物，远远超出了自然净化能力，城市成为污染员严重的地区。

城市生态系统又是一个多功能的复杂而脆弱的生态系统，只要其中某一环节发生问题，就会破坏整个城市生态环境的平衡，造成严重的环境问题。

人口增长对环境的压力，还包括对其他资源的压力，如对矿产资源、草地资源等，也还包括对气候环境，对工业生产及人类生活环境各方面的影响，这种影响无论在发达国家还是在发展中国家都有不同程度的存在。但发展中国家生态环境的破坏程度远比发达国家大，主要是人口增长的压力造成的。许多发展中国家，人口已超过它本国资源的承载力。如我国的人均耕地、森林、草原、水资源均低于世界人均水平。

（三）环境承载力

人口承载量是“一定区域内可容纳的人口数量”，它表示某一地区在维持长期发展的前提下所可能承载的最大人口。一般而言，这一最大人口并非固定不变，它一方面可随技术进步与生产水平的发展而提高，另一方面在同一时期也随该区域的价值取向而变动，不同的发展取向或目标可以对应相当不同的人口承载量。如从生活标准尺度看，可以是维持最低生存标准的人口承载量、保持现有生活标准的人口承载量、生活标准逐步提高的人口承载量；从生态意义看，可以是维持生态平衡的环境人口承载量，即环境承载力。

自然生态环境系统很少发生因无法承载自然界某一消费者种群而导致系统突然崩溃的事，但在人类干预和人口压力下，其发生概率会大大提高。即人口压力突破环境承载力而导致生态系统的崩溃。自然生态环境系统被突破后具有三个特点：

1．危机的爆发具有很强的滞后性

危机的爆发具有很强的滞后性，产生滞后性的原因除了生态系统有自身的补偿功能、环境自身有一定修复功能外，还有人类社会的两个因素是必须注意的。一是可以通过加速消耗资源存量以弥补生态系统再生能力的下降，因为这样做可以短时间地弥补初级生产力不足。虽然从长期效果来说，这无疑是杀鸡取卵、寅吃卯粮的做法，但短时间内能使人们暂时摆脱困境；二是人类的社会机制可在一定范围内起到掩饰作用，尽管这种滞后性有使人类获得喘息机会的一面，但消极性是主要的，对沉湎于眼前利益的人类社会来说，它增加了未来的不确定性。

2．人口压力超过环境承载力造成全方位的影响

人口压力超过环境承载力造成的影响不仅仅局限于使环境退化，其作用是全方位的。如二氧化碳浓度升高，森林缩减和平均气温升高呈现在我们面前的主要是气候更为反复无常，灾害范围扩大，这一过程与环境污染结合，会使诸如酸雨一类的事件更具有破坏力，若与土地生产力下降和耕地减少结合，则将造成更为经常的农产品短缺或粮食危机。上述现象会造成广泛的社会经济后果。在人口压力已过载的情况下，社会经济系统会变得更为脆弱。如在粮食储备不足时，大规模自然灾害的后果必然是灾难性的，庞大的生态难民流和社会动荡几乎不可避免。

3．人口压力超过环境承载力引发恶性循环

当人口压力突破环境承载力之后，则能引起环境承载力下降，而环境承载力衰退则会影响经济系统，使之也发生衰退。衰退的环境和经济系统又要承受更大的人口压力，从而导致进一步的衰退。其结果势必引发人口与环境能力之间的恶性循环。

## 第二节 自然资源的开发利用与环境保护

一、自然资源的自然属性

自然资源是在一定的时间、地点、条件下，能够产生经济价值以提高人类当前和未来福利的自然环境因素。自然资源通常有土地资源、水资源、气候资源、生物资源、矿产资源等门类。自然资源既有自然方面的属性．也有社会方面的属性。从自然后性来看，自然资源有整体性、有限性、多用性、区域性、发生上的差异性等。

（一）整体性

各个自然资源要素有不同程度的相互联系，形成有机整体。

（二）有限性

自然资源的规模和容量有一定限度。有限性决定自然资源的可垄断性，决定对自然资源必须合理开发利用。如果规模是无限的，就不称为自然资源了。

有限性决定自然资源替代状况的重要性。按照自然资源的替代状况，可将其分为两类：一类是可以替代的自然资源，如木材等各种材料资源；一类是较难替代的自然资源，如水、氧气等。从长远的观点看，不可替代自然资源的重要性在上升。淡水资源是大量消耗的不可替代资源，被称为21世纪的“石油”。美国五大湖占全世界淡水资源五分之一，占全美国淡水资源95%。第二次世界大战以后，传统工业发达的五大湖地区成为经济萧条区。沿湖各州寄望于向西南缺水区出售淡水，实现经济再振兴。

（二）多种性

大部分自然资源有多种用途。随着社会经济技术的发展，自然资源的用途在拓宽。以河流资源为例，首先出现汇洪、排水、补给地下水和供鱼类繁殖的功能。农业社会出现灌溉、运输功能。工业社会出现发电功能。近来，调节小气候、净化大气、水质等环境功能，娱乐、陶冶情操、景观等休憩功能，防灾避难功能等方面正在上升。

多用性决定了综合开发、优化开发，这是利用自然资源的重要方向。

4．区域性

自然资源的空间分布很不平衡。有的地区富集，有的地区贫乏。自然资源分布不平衡决定了自然资源在地域间的流通和调给。

自然资源按空间流通形式可分三类。第一类是可移动的自然资源，如径流，第二类是制成品可移动的自然资源，如矿石、木材等；第三类是不可移动的自然资源，如土地。

5．发生上的差异性

每类自然资源都按特定的方式发生变化。从发生角度可以将自然资源分为三类：

（1）可再生的自然资源，如太阳能、风能、径流等，周期性连续出现；

（2）可更新的自然资源，包括动物资源和植物资源。更新取决于自身的繁殖能力和外界的环境。人类应当引导它们向有利于社会的方面更新，以便永续利用。保存种源是保护更新自然资源的基础；

（3）不可再生自然资源，如矿物燃料，金属矿、非金属矿等。这类资源的形成周期长，总量有限，消耗多少就减少多少，应当杜绝不可再生资源的浪费和破坏。

二、自然资源管理的基本原则

（一）自然资源有偿使用的原则

长期以来，人们往往认为自然资源是自然的馈赠，因而无价索取使用。人们对诸如水、空气等自然资源，认为只具有使用价值，本身没有交换价值。对自然资源的这种无偿性的认识，给资源造成浪费与破坏、对国民经济的发展起到极大的消极作用。当前我国还存在的“产品高价、原料低价、资源无价”的严重价格扭曲现象，其主要根源就是这种自然资源无价的传统经济观点及其派生出来的不合理定价方法。这种资源价格体系的紊乱，导致资源市场无法启动和运转，市场调节作用无从发挥。显然，在这种情况下，单靠行政手段，根本无力纠正和抑制目前的滥用及浪费资源的倾向。为促进资源的合理开发和节约利用，增进基础材料产业的发展，国内外不少学者提出了对自然资源有偿使用的办法．即依靠价格这个有力的调节杠杆，建立和完善资源产品和资源市场，把自然资源看作资产加以利用和管理。

（二）实行谁开发利用谁保护的原则

长期以来，我国存在开发利用资源的部门无保护之责，而只有开发利用之权，结果造成了资源的极大浪费。要解决这个问题，就必须实行“谁拥有谁管理，谁开发利用谁保护，谁保护谁受益，谁破坏谁治理”的原则。要使管理者、保护者行使应有的职权，取得相应的经济效益，破坏者应担负治理责任。只有这样职责分明，职权清楚，才能把对自然资源的管理落到实处，而不是停留在口头上。

为此，要树立资源产权观念，建立资源资产管理制度，加强产权管理，实行资源所有权和使用权分离，对资源使用实行有偿使用和转让。建立和完善资源的产权制度，明确产权关系，强化对资源资产的管理，是改善资源利用和保护关系的基本社会条件。

（三）开发利用自然资源委以生态理论为知道，保证生态平衡

自然资源是自然环境的组成部分，而自然环境又是具有内在联系的统一生态系统，系统中不断发生的物质循环、能量流动和信息传递，尽管形式多种多样，但系统的输入和输出，总的来说是趋于平衡的，这是一条客观规律。这条规律要求人们在现代化大生产的条件下，在制定自然资源的开发利用方案时，必须全面深入研究资源开发与周围环境的关系。使资源的开发利用符合生态规律，促进生态系统的良性循环。事实上．这种资源管理的生态观念，正日益深入地渗透到传统的农业、林业、渔业和野生动植物的经营与管理之中。

就资源的使用而言，生态规律要求资源的使用必须与资源的再生增殖、换代补给相适应，也就是说它们在客观上要保持着一种平衡的关系。因此，控制资源的过度消耗，保护、恢复、再生、更新、积累自然资源，进行资源的社会再生产．是扭转资源危机的主动和积极的战略举措。

（四）节约资源，综合利用的原则

科学的发展表明，就自然界整体而言，资源是无阻的。这种对资源前景抱有的乐观看法，其依据是：随着现代科学技术的飞速发展，人类将更善于利用自然资源，新的资源将不断出现，以弥补或取代原来的资源。例如，海洋和地壳的更深处就埋藏着大量的资源，一旦找到经济可行的办法，就会成为用之不竭的资源宝库。但是，就某一资源而言．在一定时期内和一定条件下，并不是取之不尽、用之不竭的，即资源是有限的。所以，应建立和健全节约资源的宏观经济调控体系，主要从以下方面人手：

1．要制定有利于节约资源的产业政策，要使经济由资源密集型结构向技术密集型结构转变；

2．要把提高资源利用效率作为制定计划、安排投资的重要指标．优先考虑资源利用效率高，环境效益、经济效益、社会效益明显的项目，强化对资源利用的计划监督；

3．要逐渐废除那些变相鼓励资源消耗的经济政策，特别是在价格、税收、信贷、外贸等方面对资源或资源产品的使用者给予补贴或变相补贴的经济政策，强化对节约和综合利用资源的经济优惠政策；

4．结合各部门各行业的工艺技术特点和发展方向，建立和完善一套相应的节约资源的技术政策和技术规范体系，特别是对那些资源密集型部门（如能源、冶金、

化工等部门）开展这方面的工作；

5．大搞综合利用。

## 第三节 土地资源的开发利用与生态环境保护

土地和土壤是两个既有联系又有区别的概念。联合国粮农组织1976年出版的《土地评价纲要》中的定义是；“土地是地球表面的区域，其特性包含与该区域上下垂直的生物田的所有相当稳定或周期循环的属性，包括大气、土壤、地质、水文和动植物群的属性，以及过去和现在人类活动的后果，这些属性对人类现在和将来的土地利用有明显影响。”可见，土壤是土地的组成部分，而不是全部。土壤是地球陆地上能生长植物并能结果的疏松表层。

一、世界土地资源概况及发展趋势

土地有两个主要属性：面积和质量。

在地球5．1×$10^8$km$^2$的总面积中，大陆和岛屿面积只有1．494×$10^8$km$^2$，占地球总面积的29．2%，其中还包括南极大陆和其他大陆上高山冰川所覆盖的土地。如果减去这部分长年被冰雪覆盖的土地，则地球上无冰雪的陆地面积仅为1．33×$10^8$km$^2$。

如果从农业利用的角度来看土地的质量，它包括土地的地理分布、土层厚薄、肥力大小、水源远近、潜水埋深和地势高低、坡度大小等，这些性质对农业生产都有着不同的影响。如果土地用于工矿和城镇建设等用途，则还要考虑地基的稳定性、承压性能和受地质地貌灾害（如火山、地层、滑坡等）、气象灾害（如暴雨、山洪等）威胁的程度等。

如果考虑到土地质量的上述因素，则陆地面积中大约有20%处于极地和各大陆的高寒地区，另有20%属于干旱区，20%为山地的陡坡，还有10%岩石裸露，缺乏土壤和植被。以上四项，共占陆地面积的70%，在土地利用上存在着不同的限制性因素，地理学家和生态学家称之为“限制性环境”。其余的30%限制性较小，适于人类居住，称为“适居地”，包括可耕地和住宅、工矿、交通、文教与军事用地等，人均占有量为0．9hm$^2$。在全部适居地中，可耕地约占60%～70%，折合人均0．54～0．63hm$^2$。

据联合国粮农组织和美国农业部20世纪70年代所提供的数据，全世界可耕地总面积为2．95×$10^9$hm$^2$，其中的一半，即最肥沃、通达性最好、最容易开垦的一半已被耕种，面积为1．$54\times10^9hm^2$，其余一半尚有开垦的潜力，但由于土壤肥力、土地的通达性等质量因素的限制，必须采用灌溉、施肥和其他土壤改良措施，开垦的成本将大大增加。在可耕地中，肥力较高的软土只占可耕地面积的1／6，而肥力较低的热带氧化土则占1／3以上，其余的1／3强，包括相当多的肥力低至中等的土壤。

由于人口的急剧增长，以及非农业用地的不断增加，原有耕地被蚕食，使得全人类面临土地不足的问题已经为期不远。

人类将在几十年内面临土地不足的问题。尽管对于这一天到来的时间还有争论，但是，如果人类在控制人口增长与制止耕地损失两方面不立即采取有力的措施，则这一天的到来必定为期不远。

二、土地退化

（一）土地退化程度的分级和类型

1．土地退化的概念

土地退化是指土地资源质量的降低，而土地资源的质量通常是以其生物生产力来衡量的，因此，土地退化也就是指土地生物生产力的降低。土地退化的表现是农田产量的下降或作物品质的降低、牧场产草量的下降和优质草种的减少从而导致载畜量的下降，而在一般的林地、草原或自然保护区则是生物多样性的减少。

2．土地退化程度分级

20世纪90年代初，UNEP开展了一个名为“全球土壤退化评价（GLASOD）的项目”，GLASOD将土壤退化程度分为轻度、中度、重度、极度四个等级。

3．土地退化的类型

土地退化的类型分为四种：水土流失，风沙侵蚀，物理退化和化学退化。

在全球范围内，以水土流失这种退化类型最为严重，占退化总面积的56%，其次是风侵蚀，占退化总面积的28%，再其次是化学退化和物理退化，分别占12%和4%。

水土流失：水土流失分为表层土损失和地形改变两种情况。表层土损失是指表层土随水流失。地形改变是指由于水的冲刷作用导致土壤的非均匀移动，从而形成沟望，或引起山崩和塌方。表层土损失的退化面积远远高于地形改变的退化面积。

风沙侵蚀：风沙侵蚀分为表层土损失、地形改变和尘沙覆盖。表层土损失是指表层土随风飞散，移走。地形改变指由于风的作用导致土壤的非均匀移动，从而形成丘或填平坑洼。尘沙覆盖是指风中携带的尘沙冠盖地面，是一种风沙侵蚀的异地影响。

物理退化：物理退化包括两种类型：板结、水涝和沉降。板结指由于重机械的挤压和畜群的践踏，使土壤结构退化而造成板结。另外，如果土表没有植被和枯枝落叶在雨水冲刷时保护土表层，土壤也会板结。水涝指由人类对天然泄洪系统的干扰，使雨水和河水浸泡、淹没土地。沉降指由于抽取地下水或氧化作用，有机质土壤沉降，使土壤的农业生产潜力下降。

化学退化：化学退化包括四种类型：养分损失、盐渍化、化学污染、土壤酸化。养分损失是指在中等肥力的土地上或贫瘠的土地上，由于有机肥和化肥用量不足所造成的土壤养分损失,还包括作物收获后秸秆等有机物质不还田所造成的养分损失。但不包括风蚀和雨水冲刷造成的养分损失，因为在这两种情况下，养分损失只是风蚀和雨水冲刷的副作用。盐渍化是指土壤含盐量的增加。人为因素引起的盐演化通常是在案约化农业生产地区，因为不适当的灌溉，使咸水进入地表水，由于强烈的水分挥发．使原岩或地表水中的盐分在土壤中积累。化学污染包括农药、城市或工业废弃物、酸性物、油性物和其他物质引起的土壤污染。土壤酸化是由过度使用酸性化肥或土壤中黄铁矿的逐渐耗竭引起。

纵观水土流失，风沙侵蚀，化学退化和物理退化四大类型及其再分的 12 种小类型，如表土损失、地形改变、表土损失、地形改变、尘沙覆盖、养分损失、盐渍化、化学污染、土壤酸化、板结、水涝、沉降等。在全球范围内，以耕层厚度变薄（表土层损失）、土壤养分损失和土壤板结三种最为严重。

（二）引起土地退化的人类活动

GLASOD 把引起土地退化的人类活动分为移走植被、过度利用、过度放牧、农业活动和生物工业活动五种类型。

移走植被：移走植被是指由于农业生产、伐木、城市化和工业建设而使天然植被完全消失的情况。

过度利用：过度利用是指为了获得生活燃料，建设篱笆和房子必须用的木材而砍伐天然植被的行为。通常情况下，这种砍伐并不会导致植被的完全消失，但会引起植被退化和相应的土壤退化。

过度放牧；过度放牧包括家畜摄食引起的植被覆盖度减少和家畜游荡所产生的其他影响（如引起土壤板结）。

农业活动；农业活动包括所有可能引起土壤退化的不适当的土地管理方式，如有机肥的使用不足和化肥的过量使用，陡坡种植，于旱地区在没有适当的防风蚀措施下种植，不适当的灌溉方式，或不合理的耕作习俗破坏了结构脆弱的土地稳定性。

生物工业活动：生物工业活动是指使土壤面临污染危险的所有活动，如废物处置，农药和化肥的过量使用。

三、荒漠化

（一）荒漠化的定义

荒漠化是土地退化的一种，它不是指一般的土地退化，而是指在脆弱生态环境下由于人为活动过度而引起的退化。荒漠化是一种在人为和自然双重因素作用下导致的土地质量全面退化和有效经济用地数量减少的过程。荒漠化的最直接结果是沙漠化。

1994 年 6 月制定的《联合国防治荒漠化公约》将荒漠化定义为："包括气候变化和人类活动在内的种种因素造成的干旱、半干旱和半湿润半干旱地区的土地退化。"这里的土地退化包括；风蚀和水蚀致使土壤物质流失，土壤的物理、化学和生物特性或经济特性退化；自然生产力丧失。这里所说的"干旱、半干旱和半湿润半干旱区"指降水量与蒸发量之比在 0．05～0．65 之间的地区。

（二）荒漠化的等级和判断

20 世纪 70 年代，有人根据环境退化的严重程度，把荒漠化定性划分为四个等级：

1．轻度：植物覆盖稍有或没有发生退化；

2．中度：植被覆盖已退化到中等程度；小丘、小沙丘、小冲沟，这些表示风蚀或水蚀的地貌已经加速发生；土壤的盐度位作物减产 10%～50%：

3．严重：令人不愉快的杂草和灌木丛取代了令人愉快的草地，或者杂草和灌木丛已经扩展为当地优势植物；片蚀、风蚀和水蚀已大量剥夺了地面植被，或者出现了巨大冲沟；受排水和淋溶控制的盐度使作物减产已超过 50%；

4．很严重：广大的、移动的、不毛的沙丘已经形成；巨大的、深的、众多的冲沟已经产生；在几乎是不适水的灌溉土地上已形成盐结皮。

通常用人、奋的密度作为衡量人、畜对土地的压力程度。以 7 / $km^2$ 或一个牲畜单位 / 5$hm^2$ 为干旱带的临界线；20 人 / 1$km^2$ 或一个牲畜单位 / 1$hm^2$ 为半干旱带的临界线。只考虑农村人口。牲畜单位采用下列的当量：

1 头牛＝10 只绵羊或山羊＝2 头驴＝1 匹马＝1 匹骆驼

一般把沙漠扩展速度、流沙所占面积、植被覆盖度及土地滋生力情况，作为荒漠化程度的判断依据，将荒漠化程度划分为潜在荒漠化、正在发展的荒漠化、剧烈发展的荒漠化和严重荒漠化。

（三）世界荒漠化的分布

目前，全球有 12 亿人口受到荒漠化的影响，其中有 1．35 亿人在短期内有失去土地的危险；全球 100 多个国家和地区受到荒漠化的危害；全球陆地面积的 1／4 以上受到荒漠化的威胁；而且荒漠化还在发展中，从 1984 年的 3．475×$10^9$hm$^2$ 增加到 1991 年的 3．592×$10^9$hm$^2$，平均每年增加 0．5％。

荒漠化具有显著的区域性，在干旱区边缘和半干旱区尤为严重。非洲是世界上荒漠化最严重的洲。目前非洲有 1／5 的土地为沙漠，荒漠化土地在加速扩大。近 50 年来撒哈拉沙漠扩大了 $10^6$km$^2$，目前还以每年 6km 的速度向南扩展。

在分布范围上，荒漠化不限于沙质荒漠的边缘，在东南亚、中国南方、赤道非洲以南、巴西的东北部的土地荒漠化，都是分布在具有干旱季节交替的湿润、半湿润地区。

四、中国土地资源开发利用中存在的主要问题

（一）土地供需矛盾尖锐，人均耕地面积不断下降

我国是一个人口大国，人均土地相当有限。由于土地资源紧缺．经济建设与农业农、林、牧之间用地争地矛盾相当突出。耕地锐减和人口剧增使人均耕地占有量

不断下降，1992 年人均耕地已减至 0．$10^5$hm$^2$。同时，耕地过多的被占用，也使耕地面积急剧减少。有些企业、机关受土地无偿使用影响，占地过多，早征迟用，甚至征而不用，造成土地浪费。城市土地利用也存在着许多不合理的现象，比如大中城市中心商业区的土地开发利用不够，建筑层次偏少等。

（二）土地荒漠化

1．中国的荒漠化现状

根据 1996 年完成的全国荒漠化土地普查，中国荒漠化土地总面积达 2．623×$10^6$km$^2$，占国土总面积的 27．3％。其中沙漠化土地面积 3．71×105km$^2$，占国土面积的 3．9％。且仍在以每年 2000km$^2$ 以上的速度扩展。中国还有大片易受沙漠化影响的土地。

沙漠化的发展，不仅使土地退化，也使我国沙尘暴发生越来越频繁，且强度大、范围广。产生沙尘暴最主要的因素有两个，一是出现能吹起扬沙的大风，二是地面在大风条件下有干燥疏松的沙生物质提供。我国北方地区沙漠化的扩展使沙尘物质源区扩大。据统计，我国北方地区从 20 世纪 50 年代共发生大范围强沙尘暴灾害 5 次，60 年代 8 次，70 年代 13 次，80 年代 14 次，90 年代 23 次。特别是 2000 年春

季，北方地区就发生强风沙天气 10 次。如 2000 年 4 月 15～21 日，发生了一场席卷我国干旱、半干旱和半湿润地区的范围广大的强沙尘暴，选经新疆、甘肃、宁夏、陕西、内蒙古、河北和山西西部，4 月 16 日飘浮于高空的细土尘埃在京、津及长江下游以北地区沉降，形成了大面积的浮尘天气，北京、济南等地浮尘与降雨相遇形成了“泥雨”。仅新疆 12 个地区、州的 52 个县（市），300 多个乡镇先后道受了 20 年来罕见的强风暴袭击，使交通、通讯、供电、供水受到严重灾害，直接经济损失达 3．22 亿元。

2．中国的荒漠化分区

中国荒漠化的分布一般可分为六个区：

（1）西北干旱区绿洲外围沙漠地区：共涉及 95 个县，其中新疆 54 个县、甘肃 19 个县、宁夏 11 个县、内蒙古 11 个县。本干旱区沙漠化的共同特点是：沿河湖多，绿洲多，矿区多，干旱区人口集中区多。西北干旱区集中了我国 90％的沙漠，但沙漠化土地以零星片状分布为主。水源地减少、水系的变化是土地沙漠化的主要原因；沙漠前移速度较慢，河西地区每年前移 3～5m，民勤地区每年前移 8～10m；绿洲靠灌溉支撑的，都伴随有盐碱化现象；在西北干旱区建设工矿交通设施，易遭风沙危害。

（2）内蒙古及长城沿线半干旱草原沙漠化地区：共 94 个县，其中内蒙古 59 个县旗、辽宁 3 个县、吉林 1 个县、河北 6 个县、山西 15 个县、陕西 7 个县、宁夏 2 个县、甘肃 1 个县。其特点是：沙漠化发生与干旱年、干旱季节有关；开垦土地导致的沙漠化突出；与沙质物质基础有关，沙漠化有自然逆转的可能。

（3）北方东部半湿润风沙化地区；共 115 个县，其中黑龙江 10 个县、吉林 9 个县、北京 8 个县（区）、天津 1 个县、河北 18 个县、河南 30 个县、山东 35 个县、江苏 2 个县、陕西 1 个县、安徽 1 个县。其特点是：风沙危害有季节性；分布零星；以农田土壤风蚀为主；与河流下游、三角洲有关；洼地风沙化与盐碱化并存。

（4）南方湿润土地风沙化区。

（5）海岸土地风沙化地区。

（6）青藏高原高寒土地沙漠化地区向西河谷等。

3．荒漠化成因

荒漠化是人类不合理活动和气候因素共同造成的。专家们认为，在荒漠化的成因中，自然因素只占 5％，人为因素占 95％。

自然因素主要是干旱的影响，即 1～2 年或更长时间里年降水量低于多年平均，或者是一个干旱时期待续达10年的干旱化。近几十年来气候的干旱化，是加重荒漠化程度的主要自然因素。但干旱环境与荒漠化既有区别又有联系。干旱环境是一种自然现象，是经地质历史的自然演化而形成的；荒漠化则主要是在人为因素影响下诱发的土地退化过程，它以干旱环境为背景，人为荒漠化速度远大于自然演化速度；二者的共同点是都与干旱环境有关，但荒漠化还可出现在半湿润区；荒漠化的极端结果就是沙漠化。

荒漠化的发生发展与社会经济有着密切的关系。人类不合理的经济活动是荒漠化的主因，也是荒漠化的受害者，特别是人口增长每年超过3．0%～3．5%时，对生产的要求增加，加大了对现有生产性土地的压力，促使生产边界线向“边缘”地区扩展，使潜在荒漠化土地成为荒漠化土地。

据研究，在我国北方荒漠化的成因中，草原过度农垦占25．45%，过度放牧占28．3%，过度采伐占31．8%，工矿城市建设破坏植被占0．7%，水资源利用不当占8．3%，自然因素占5．5%。

虽然气候暖干化趋势是我国北方地区沙漠化土地不断增大的一个重要背景因素，但人为因素起了最关键的作用。人为因素主要有；人口数量多，人口增长速度快。中国干旱区人口压力很大，现在北方荒漠化严重发展的草原南部农耕区人口已达到30～862人／$km^2$，乌兰察布草原人口密度超过60人／$km^2$，早已超出了世界干旱区7人／$km^2$和半干旱区20人／$km^2$的标准。

农牧活动频繁。牧业地区人口增加，为了达到每人2～4头标准牲畜单位的最低生活水平，必然导致牲口数量的增加，使草原的载畜量增加，草地负担加重。而我国草场的产草量仅为相同气候条件下美国的1／27，新西兰的1／83。

人为不合理的活动破坏生态平衡，导致气候干旱，出现沙漠化。在草原区，为了达到每人每年250kg谷物的需求量，在单产不大可能大幅度提高的情况下，就靠开垦耕地增加粮食产量。如内蒙古锡林郭勒盟的阿巴嘎旗，1961年开垦草场1．5$\times 10^4 hm^2$，严重破坏了这一带的草原生态系统，使气候变得更加干燥。最初2～3年小麦、糜子、燕麦的产量为500～600kg／$hm^2$，几年后连种子也收不回来，封闭后生长的全是臭蒿等劣质草，草场也随之破坏了。

工矿开发引起荒漠化。如晋、陕、内蒙古等煤炭基地，由于煤矿开发形成严重的荒漠化，使水土流失加剧，形成土石镕堆积物3．615$\times 10^6 m^2$，高于河流水面7m多，行洪能力由百年一遇降为20年一遇；植被破坏加速了风速和土地沙漠化。

4．防治荒漠化对策

（1）积极参与国际合作，履行签约国职责。

（2）中国西北山川秀美科技行动计划。

（3）防治沙漠化的技术。防治沙漠化的技术，一是增水，二是提高植被覆盖率。

（4）人口对策。严格控制干旱区的人口数量，提高人口素质，规范人为活动。

（三）水土流失

中国是世界上水土流失最严重的国家之一。水土流失现象遍布各省（区），尤以黄土高原和南方红壤丘陵区最为严重。全国水土流失面积3．67×106km$^2$，占国土面积的38．2%。每年流失土壤5×10$^9$t多，为世界陆地剥离泥沙总量的8．3%。

造成水土流失的直接原因是植被破坏、陡坡开垦、坡地过度放牧以及采矿等人类活动。建国以来，政府虽然采取各种措施，进行水土保持，并且取得很大成绩，但由于多种原因，水土流失面积仍在扩大。

（四）土壤次生盐渍化

1992年我国盐渍化土地7．6×10$^6$hm$^2$。中国的华北、东北和西北地区，由于灌溉不合理，造成大面积土地次生盐渍化。从1958年到1978年的20年间，中国有6.6×10$^6$hm$^2$的耕地退化为次生盐碱土。许多灌区次生盐碱土可占到灌溉面积的15%。从20世纪70年代起．全国各地大力开展盐田土治理工作，停止不合理灌溉，疏通河道，完善排灌配套工程以及采取生物和农业技术措施等，使盐渍化现象得到控制。特别在华北和东北平原。

# 第四节 水资源的开发利用与环境保护

水是人类赖以生存的最基本的物质基础，是一切生物必不可少的物质，也是决定一个区域范围内植被群落和生产力的关键因素之一；水还可以决定动物群落的类型、动物行为等等。水调节地球的气候、“雕塑”着地球表面形态。

一、世界水资源

水占地球表面积的71%，总体积约有12．68×$10^8$$km^3$。水资源的分布存在两个明显的特点：第一，水资源分布极不均匀。水资源有97%左右分布在世界的海洋；陆地上，除去无法取用的冰川和高山顶上的冰雪之外，地面水又有一半是盐碱湖和内海。适用于人类饮用的淡水和河流的水量不到地球总水量的1%。第二，在各大洲陆地上，淡水资源的分布也极不均匀。世界上水资源最丰富的地区是赤道带．尤其是南美洲和非洲赤道地区，热带和亚热带差不多只有它的1／10。

当今世界面临水资源的危机，主要有以下几方面原因：

（一）自然条件影响。由于水资源特别是淡水资源在地球上分布不均，而且受到气候变化的影响，所以许多国家或地区可用水量甚缺。

（二）城市和工业区集中发展。世界城市人口发展松快，日前，城市占地面积只有地球土地总面积的0．3%，但集中了约40%的人口。在城市周围又建设了大量工业区，因此，集中用水量很大，超过当地水资源的供水能力。

（三）水体污染严重。水体污染破坏了水资源是造成水资源危机的重要原因之一。目前，全世界每年约4．2×1011m2的污水排入江河湖海，污染了5．5×1011m3的淡水，约占全球径流量的14%以上。估计今后30年内，全世界污水量将增加14倍，为了稀释这些污水（按污水处理程度增加一倍）需要的河水量将为实际稳定流量的3．3倍，特别是发展中国家，污、废水基本不经处理即排入水体，使水体污染更加严重，造成世界的一些地区虽然有水，但却严重缺水的现象。

（四）用水浪费和盲目开采造成水资源不足。城市生活和工业用水都存在大量的浪费。城市生活水平越发达的国家，其生活用水浪费越大。例如美国家庭用水200L／（人•d）。其次是城市管网的漏水。而工业用水中实际消耗的只占用水量的很小一部分。例如，工业实际耗水量仅占工业用水量的1%，大约97%的水作为废水排放，不仅浪费大，而只造成污染。此外，盲目开采和超量开采造成的水资源问题也很大，特别是盲目超量开采地下水。

二、中国陆地水资源

陆地水资源由地表水、土壤水和地下水组成。这三种水彼此密切相关、相互转化、构成一个完整的水循环体系。大气降水为其补充源，使其逐年得到更新，达到动态的平衡。

（一）基本特点

1. 人均占有水资源量少

2. 时空分配不均，水土资源不平衡

3. 部分河流含沙量大

（二）中国陆地水资源面临的主要问题

1. 径流缺乏，湖泊泯灭，缺水矛盾尖锐

（1）由于人均占有水量少，水的时空分布不均衡，对水资源缺乏统筹安排

（2）水资源短缺，造成径流缺乏，许多河流断流

（3）湖泊的泯灭

2. 地下水过度开采

（1）地下水位下降以至含水层耗竭

（2）地面沉陷

3. 水资源浪费多

4. 缺乏生态用水

5. 旱涝灾害频繁

6. 水资源污染严重，水环境日愈恶化

四、水利工程对水圈的影响

几千年来，人类为了开发水利、消除水患，修堤筑坝、开渠凿井、疏浚河道……工程规模愈来愈大，对水圈的干预愈来愈强烈。这些行动在达到其预期目的的同时，有些已对环境造成了危害。

（一）大型水库的环境效应

大型水库一般是多功能的，具有防洪、灌溉、给水、发电、养殖和旅游娱乐等多方面的作用。然而，事物总有其二重性，与中小型水库相比，大型水库往往存在一些不可避免的问题。大型水库除造价高昂，淹没区大，安置淹没区移民数量多等重大问题外，水库有时还产生一些不良的生态学效应，例如为了防汛的目的常在汛期前大量放水，如果适逢鱼类产卵期，浅水的产卵区被排干，影响孵化；水库下游人海水量减少，河口地区海水入侵，并渗入地下淡水含水层，使其盐度升高，妨碍

陆生植被与农作物生长；人海淡水量减少还可能增加河口地区海水的盐度，一些有经济价值的鱼类可能不适应这种变化，如北美洲西北部原先盛产的鲑鱼因许多河流筑坝后影响了其回游与产卵而减少了 90%，水库拦蓄泥沙，使入海泥沙量减少，破坏了河口地区的沉积与侵蚀平衡，往往引起海岸的侵蚀，岸线后退。大型水库还可触发地震，在坝基木良或溢洪能力不强等条件下，还可能触发坝基坍塌，带来安全问题。

可见，修筑水坝在给人类带来日大利益的同时，也可能造成一些环境问题和社会问题，达主要是由于对坝址与库区的地质、水文和气候等自然条件了解不够，或是由于设计、施工或管理运营不当所造成的。

水坝的效益主要有以下四方面：

1．防洪

2．防凌

3．灌溉与城市用水得到解决

4．发电

遇到的问题，也可以概括为四方面：

1．泥沙淤积问题

2．蓄水后引起地下水位上升。

3．塌岸

4．移民后遗症

（二）小河渠道化的利弊

所谓渠道化就是为了防洪的目的把整条小河流或某一河段挖深与取直，把天然河流变成人工的渠道。渠道化的最大利益就是便于排水防洪，使两岸农田的收成得到保障。另外河道截弯取直以后，残留的河曲形成一些小湖沼，可能有娱乐价值，或者可成为野生生物的栖居地。然而，渠道化常常带来一系列生态学、水文学的问题。

首先，渠道化可能对水生生物系统带来灾难的影响。渠道化清除了河道中原有的饵料河床覆盖物，原来多种多样的底栖生物遭到消灭或迁徙他处；两岸植被清除以后，不再有落叶给河水带来养分，随之落人河中的昆虫也几乎绝迹，减少了鱼类的饵料来源；天然河流深浅相间，鱼类栖息在深水处，法水处则为饵料昆虫的繁殖场所，渠道化后平坦的河床消灭了这种差别，加上许多渠道化的河流夏季完全干涸，水生生物无处逃避，而天然河道中的深潭本来是它们的避难所；此外，两岸农田直逼河岸，所使用的除草剂与杀虫剂迅速排入河中，经常造成下游的死鱼事件。

其次为对河道的影响。由于清除了两岸的植被，河岸抗蚀能力降低；无树木荫蔽的河道受阳光直接照射，使河水温度升高，溶解氧降低；河道平直，流速增加，侵蚀能力增强，容易引起塌岸；河道挖深后一些地区地下水位降低，部分水井干涸，近海地带则导致海水入侵地下含水层，使其盐度增加，影响灌溉水的质量。

四、中国水资源可持续发展的途径

要建立起“以水定人口，以水定生产，以水定发展”的宏观调控机制。各行各业要千方百计降低对水的需求，这要求工业发展必须按水资源条件设置，严重缺水地区不能不切实际地建设耗水大的企业，要根据水资源的变化情况，调整工业产业布局、产业规模和产业结构；小城镇建设不能撇开水资源现状，盲目地发展、扩大。各地都要从人口、资源、环境协调发展的高度，根据实际拥有的水量来制定自己的可持续发展的规划。要进一步提高民众水危机意识，建立起水是一种珍贵的再生资源意识。提高珍惜水资源、保护水资源的自觉性，在全社会形成节约用水的风气。控制人口的过度增长，有节制地开发土地，制止对森林和草地的人为破坏，确保新世纪国民经济和社会可持续发展。

要建立权威、高效、协调的水资源管理体制，全面实行水资源的统一规划、统一调配、统一管理，使有限的水资源得到高效合理利用。治理上，要树立大流域的观点和综合治理的观点，通过上下游、左右岸的共同努力，实现水资源的空间配置、时间配置、用水配置和管理配置。健全水资源整治与管理指导方案，水净化指导方案以及使用地下水的政策，形成水资源管理上的先进模式。

要制定治水的长远规划，统筹当前与长远、南方与北方、上游与中下游、农业与工业、城市与农村的用水治水。当前首先要制定大江大河的防洪规划，南水北调规划，黄河上中下游用水规划等。

要对流域进行全面治理，否则不仅难以保护好下游地区的生态环境，上游中游地区生态保护和持续发展也无法得到保证。如黑河是张掖地区和额济纳旗的母亲河，也是该地区的生命线，由于黑河水的浇灌，才有额济纳绿洲的存在，才遏制腾格里沙漠和巴丹吉林沙漠的汇合：但是，如果出现“沙进人退”的结局．中游地区的张掖也不得安宁。这是一种唇齿相依的关系，表明了全面治理和合作抬水的必要性。

把生态建设和水利建设结合起来，加大生态建设和水利建设的力度。生态建设是流域治理的根本，像长江、黄河等一些大江大河流域，治理开发中应以生态环境保护为前提，合理配置水资源。

要加大水利资金的投入，在上游和干流建设一些水利工程，增加有效水量，减少水资源在河道中没散、渗漏、蒸发，在灌区开展节水工程建设。

不断提高水资源管理技术。包括掌握水循环预测、水循环分析，建立起水资源循环体系，创造条件，逐步运用卫星分析系统，采用卫星图片，对自来水的供应和水灾进行预测，以及对蓄水工程进行调节，借以提高水资源的合理利用率，避免浪费。

改善农业用水，改进用水结构和技术。

节约城镇和工业用水，实施多次利用。

要合理制定水价，改变人们无偿用水的观念。各地需根据水资源状况，制定不同的水价和相应的用水定额，实行超定额用水加价的办法，利用经济杠杆促进建立节水型工业、节水型城市、节水型社会目标的实现。

## 第五节 森林资源的开发利用和保护

一、森林的生态作用

森林是陆地生命的摇篮，是天然制氧机，因此也是生物得以生存的基本保障。森林除生产生物资源外，还具有极其重要的生态功能。主要有：

（一）蓄水保水、缓解旱涝等极端水情

（二）保护土壤，防止水土流失

（三）防风固沙，防止土地沙漠化

（四）保护和维持生物多样性

（五）净化和更新空气，改善气候

二、森林资源破坏对环境的影响

森林资源破坏会引起生态平衡的失调。森林面积的锐减，使复杂的生态结构受到破坏，原有的功能消失或减弱，导致生态平衡失调，环境质量退化，引起水土流失，土质沙化，破坏野生动植物的栖息和繁衍场所，造成野生动植物物种减少，生态破坏造成大批生态难民，使人民生活贫困，也使自然灾害频发。

森林的减少使泥石流、滑坡等灾害加重，入湖泥沙增多，调蓄能力降低。

三、森林的现状

森林的现状包括森林面积和森林的健康状况。森林面积指树冠覆盖率大于或等于 10%的土地面积。森林的健康状况可以用森林退化，片断化和生物量的变化来衡量。

（一）世界森林的现状

1．森林覆盖率不断降低

2．森林退化和片段化

（二）中国森林资源现状

1．森林覆盖率低

2．森林林种结构不合理

3．森林资源破坏严重

四、森林的保护和重建

禁伐天然林，因地制宜封山育林、退耕还林，坚持不懈地植树造林，强化对森林的抚育和管理，是保证森林资源永续利用的前提。根据《全国生态环境建设规划》的要求，在不同类型的生态区，采取不同的对策使森林资源增殖，改善生态环境。

黄河上中游地区要以小流域为治理单元，综合运用工程措施、生物措施和耕作措施治理水土流失。陡坡地退耕还林还草．实行乔、酒、草相结合，恢复和增加植被，在砒砂岩地区大力营造沙棘水土保持林。长江中上游地区以改造坡耕地为主攻方向，开展小流域和水系综合治理，恢复和扩大林草植被，控制水土流失。保护天然林资源，支持重点林区调整结构，停止天然林砍伐。营造水土保持林、水泥涵养林和人工草地，有计划有步骤地使坡度在25°以上的陡坡耕地退耕还林还草，禁止滥垦乱伐，过度利用。“三北”风沙综合防治区要在沙漠边缘地区，采取综合措施，大力增加沙区林草植被，控制荒漠化扩大趋势。禁止毁林毁草开荒。南方丘陵红壤区要生物措施和工程措施并举，加大封山育林和退耕还林力度，大力改造坡耕地，恢复林草植被，提高植被覆盖率。山丘顶部通过封育治理或人工种植．发展水泥涵养林、用材林和经济林。坡耕地实现梯田化，发展经济林果和人工草地。北方土石山区要加快石质山地造林绿化步伐。多林种配置是开发荒山荒坡，陡坡地退耕造林种草．积极发展经济林果和多种经营。东北黑土漫岗区要停止天然林砍伐，保护天然草地和湿地资源，完善三江平原和松辽平原农田林网。青藏高原冻融区要以保护现有的自然生态系统为主，改善天然草场，加强长江、黄河源头水源涵养林和原始森林的保护，防止不合理开发。草原区要保护好现有林草植被，大力开展人工种草和改良草场（种），配套建设水利设施和草地防护林网，加强草原鼠虫灾防治，提高草场的载畜能力。

## 五、森林可持续管理的相关指标

### （一）生物多样性保护

#### 1．生态系统多样性

不同森林类型的面积占森林总面积的比例；森林类型面积的大小和按不同年龄段和演替阶段类型的森林面积大小；应受保护的地区中森林类型面积大小；按年龄段或演替阶段定义的保护区域内森林类型面积大小；森林类型的片断化。

#### 2．物种多样性

依赖森林物种的数目；依赖森林的物种不能维持成活的繁殖种群的风险状况（受威胁的，稀有的，脆弱的，濒危的或灭绝的物种状况）。

#### 3．基因多样性

比上一代物种分布范围小很多的依赖森林的物种数目；在被检测的多种生境内的代表物种的种群水平。

### （二）森林生态系统生产力的维持

森林土地面积和适合木材生产的森林土地净面积；适合木材生产的商业和非商业树种的总储积量；本地和外来物种种植面积和储积量；实际的木材砍伐量与可持续的木材砍伐量之比；非木材产品的收获量与可持续的非木材产品收获量之比。

### （三）森林生态系统的健康与存活的维护

受非正常因家影响的森林面积及百分比；遭受空气污染不良影响或紫外线B影响的森林土地面积和百分比；正在消失的基本生态过程或生态连续性（在功能上具有重要意义的监测性物种，如菌类、树栖附生植物、线虫、甲虫、黄峰等）的生物组成成分的森林面积和百分比。

### （四）土壤和水资源的保护与维护

遭受严重水土流失的森林土地面积与百分比；主要用于保护生境的森林土地面积和百分比；覆盖森林的流域面积内流量和时间大大超出历史变化范围的溪流的长度和百分比；土壤有机成分大量消失或其他土壤化学性质发生变化的森林土地面积和百分比；由人类活动导致的土壤板结或土壤物理性状发生变化的森林面积和百分比，生物多样性变化范围明显超出历史状况的森林水体变化百分比；PH、溶解氧、化学物质水平、沉积或温度变化明显超出历史变化范围的森林水体的变化率；积累了难分解有毒物质的森林土地面积和百分比。

### （五）维护森林对全球碳循环的贡献

包括森林生态系统的总生物量和碳源；森林生态系统对全球总碳平衡的贡献，

包括碳的吸收和释放；森林产品对全球碳平衡的贡献。

（六）维持和加强长期的多方面的社会经济效益以满足社会的需求

1．生产和消费

包括木材及木材产品生产的价值和总量；非木材森林产品的产量和价值；木材及木材产品的供给及消费；木材和非木材产品生产的价值占国内生产总值的百分比；森林产品的回收利用率；非木材产品的供给和消费。

2．娱乐和旅游

作为一般性娱乐和旅游管理的森林土地面积以及百分比；人均和林均娱乐和旅游设施数目；娱乐和旅游天数。

3．森林方面的投资

包括投资数；研究和开发以及教育方面的开支水平

4．文化、社会、精神需求和价值

用作保护文化、社会、精神需求的森林面积及面积百分比；森林价值的非消费用途。

5．就业和社区需求

森林部门的直接和间接就业人口及占总就业人口的百分比；森林部门的平均工资；依赖森林的社区，包括土著社区对经济情况发生变化时的适应性和生存性；用作生计目的的森林土地面积和百分比。

（七）森林保护和可持续发展的法律、机构和经济手段

1．法律手段

包括明确产权，合理安排适宜的土地使用，承认土著居民的习惯及保持传统的权力，通过适当的程序提供解决纠纷的手段；提供周期性的与森林相关的规划、评价和确认森林价值；给公众提供参与与森林相关的公众政策、决策以及获得信息的机会；鼓励推行森林管理的最佳实践准则；实行森林管理以保护特殊的环境、文化、社会和科学价值。

2．行政手段

包括提供公众教育计划，提供与森林相关的信息；制定并实施规划、评价和政策审议，包括跨部门的规划和协调；开发和维护跨学科的人力资源；建设基础设施，促进森林产品的供给和服务，并支持森林管理；执行法律、法规和指南。

3．经济政策和手段

包括确认长期的投资属性并允许森林部门的资金流入和流出以适应市场变化市

场经济定价和公共政策决策；对森林产品的非歧视贸易政策。

4．强化量度和监测的能力

包括相关指标的最新数据、统计资料和其他信息；森林名录、评价、监测和其他相关信息；在指标的度量、监测和报告方面与其他国家的兼容性。

5．研究与开发能力

包括加深对森林生态系统特征及功能的科学理解；在国家核算系统中反映出与森林相关的资源耗竭或补充；新技术的应用以及评价其社会经济后果；预测人类干扰森林所产生的影响；预测可能的气候变化对森林影响。

## 第六节 能源的开发利用与环境

一、能源分类

人们从不同角度对能源进行了多种多样的分类，如一次能源和二次能源，常规能源和新能源以及可再生能源和不可再生能源等。

一次能源是从自然中直接得到的，这类能源也称为天然（或初级）能源。二次能源是由一次能源经加工、转换而得到的。

常规能源是指当前已被人们广泛利用的能源。新能源是指目前尚未被人们广泛利用而正在研究以便推广应用的。

根据能源能否再生又分为可再生能源和不可再生能源。不可再生能源是须经过地质年代（亿万年）才能形成，在短期内无法形成的一次能源。它们是用一点少一点，总有枯竭的时候，但它们又是人类目前主要利用的能源。

另外，根据能源消费后是否造成环境污染，又可分为污染型能源和清洁型能源。煤炭和石油类能源是污染型能源；水力能、电能、太阳能和沼气能等是清洁型能源。

从自然界能源的数量看，地球上拥有使用不完的能源，特别是可再生能源的量，比不可再生能源要多得多。当前全世界消费的能量主要来自煤炭、石油、天然气和水电，原子核能、太阳能、地热能等数量较少。产生这种现象的原因是：有一些能源的利用技术现在还没有掌握，还有些能源保太阳能、风能、海洋能等，由于能量密度太低，开发技术不成熟，利用起来经济上还不合理，所以没有得到广泛利用。

二、世界能源的供求现状和前景

（一）化石燃料

人类对能源消费的增长速度是惊人的，就全人类而言．有人做过估计，自从700

年前人类开始利用煤炭以来，到1860年令人类共消费了煤炭约$7\times10^9$t，而从1860～1970年的110年间共消费了1．33×$10^{11}$t，为过去700年的19倍。如果把所有能源均包括在内，则从远古至1860年全人类所消费的能源约为3．5×$10^{10}$t煤当量（英文缩写为t．c．e．），大约等于1Q（1Q＝36．62×$10^9$t．c．e．）。而1860～1970年的消费量约为10Q，20世纪的最后30年的能源消费约为20Q。从历史上看，全世界的能源消费不仅呈指数增长，而且增长率愈来愈大。19世纪中期世界能源消费的年增长率约为2%，至20世纪初增长率为3．5%，而20世纪60年代的平均年增长率为5.6%，如果按这一比例外推，则到2025年全世界的能源需求将达到200～400Q。而岩石圈中所有化石燃料的总储量约为250Q。

（二）其他能源

粗略推测，考虑到化石燃料产品的增长和可能新探明的储量，石油的有效开采期还可持续50～70年，煤炭的可用期限为200～400年。

人类目前利用和将来可望利用的能源还有水力、地热能、核能、太阳能、风能等。

世界各国均致力于水电的开发，至1988年，水电已占世界电力供应的21%和商业能源供应的6%。有些国家水力发电已成为其主要能源。例如，挪威所用电力几乎全部为水电，瑞士水电占全国电力的74%，加拿大占70%，奥地利占67%。水力发电具有很多优点：无污染、运行费用很低、水库寿命一般比火电站和核电站长，而且水库还有多方面的效益等等。但水力发电还有一个弱点，就是水库的寿命，由30年至300年不等，视当地土壤侵蚀的程度而异。水库一旦被淤平，将永远失去其功能，在其上游或下游不远处修筑新的水库往往不可能。

地热能指地下热岩和热液中所储存的能量，现已开发利用的多为后者，通常以三种形式存在：干蒸汽（其中不含水滴）、湿蒸汽（蒸汽中含水滴）和热水，以干蒸汽质量最佳，最易开发利用。目前在世界能源供应中地热能所占份额很小（与风能一起共占0．045%），其优点是在有可能开发的地方成本比较低廉，其电力成本约为燃煤发电站的一半，所排出的CO2也很少。其主要限制在于资源过于稀少，可供开发的地点不多。而且就地热蒸汽与热水而言，其更新速度缓慢，一旦开采速度过大，就会面临耗竭的前景。此外，地热资源也只是相对地“干净”，地热蒸汽与热水中通常含有硫化氢、氨气、放射性物质（例如氡）、可溶性盐类乃至有毒物质等。

核能是来自岩石圈的新能源。原子核能的释放可以通过两条途径：一是某种元素裂变为原子量较小的其他元素；二是两个轻元素的原子核聚变为一个较重元素。无论是哪一条途径，都伴随着巨额能量的释放，同时质量有所减少，所减少的质量$\Delta m$即转化为释放的能量$\Delta E$。

风能、海洋的潮汐能、波浪能以及太阳能等，目前在世界能源供应中所占比例虽小，但从长远看，可能是未来人类取之不竭的永久性能源。以太阳能为例，现在全球每年经生物圈转化的太阳能即为世界能耗的十几倍。而且，到达大气层顶部的太阳能比到达地面的要多得多。如果能实现在那里对太阳能的接收、转化和传输，则人类可利用的能量几乎是无限的。

三、中国的能源生产与消费特点

我国的能源生产和消费有以下几个特点：

（一）能源丰富而人均消费量少

（二）能源构成以煤为主，二次能源比例低

（三）大量原煤直接燃烧，且能源利用率低，严重污染环境

（四）农村能源供应短缺

四、能源开采、加工和利用对环境的影响

（一）能源开采和加工对环境的影响

化石燃料开采、加工、运输和燃烧耗用对环境都有较大的影响。下面主要分析化石燃料的开采和加工对环境的影响。

1．煤炭开采和加工对环境的影响

煤炭开采和加工对环境的影响主要在以下几个方面：

（1）地表沉陷。

（2）露天开采占地。

（3）酸性矿井水污染水体和土壤。

（4）矿井瓦斯污染环境，危险井下作业工人安全。

（5）煤炭贮运中的污染。

（6）洗煤厂排放水壅塞河道，影响生物活动。

（7）煤矸石堆放与自燃。

（8）煤炭的焦化和气化污染环境。

2．石油开采加工对环境的影响

（1）钻井泥浆，井喷不仅会造成人员伤亡和原油损失，而且还会污染大片农田或海域。

（2）含油污水，会污染海洋、淡水水域和土壤。

（3）石油废气，对大气造成污染

（4）炼油厂废渣，处置不当，会对水体、土壤造成污染。

3．天然气开采对环境的影响

天然气开采中主要有两种污染物一是硫化物，为保护管道，在天然气开采时首先脱硫，但转化率不高时尾气污染严重；二是伴生盐水，排入河流成为一害。

（二）化石燃料利用过程中的环境污染

目前除极少数化石能源用作化工原料外，基本上都用作燃料，燃料的有效利用只有1／3左右，其余都作为废物排入环境中。化石燃料在利用过程中对环境的影响，主要是由燃烧产生的废气、固体废物和发电时的余热所造成的污染。汽车、锅炉是城市的两大污染源。

化石燃料燃烧产生的污染物对环境造成的影响主要表现在如下几个方面；

1.温室效应

2.酸雨

3.能源型空气污染

4.热污染

五、解决我国能源问题的途径

（一）煤的综合利用与燃烧技术的改进

我国以煤为主的能源结构，存在着利用率低，经济效益差，污染严重和运输量大等问题。从全国总体情况来看，以煤为主的能源结构在近期内不可能有较大的变化。为了有效解决能源及其污染问题，需要：

1．提高煤炭转化为二次能源的比例

2．开发和推广洁净煤技术

（二）节约能源保护环境的其他技术措施

1．提高热和电的利用率

采取以下技术措施，以提高热能和电能的利用率：

（1）集中供暖和联片供热。

（2）加速研究热机新技术和发展高效率的电热并供装置。

2．合理利用石油资源

3．加强能源软科学的研究